I0479408

Manuel O. Zevallos Estrada

LEY GENERAL DEL AMBIENTE
Ley N° 28611
Comentario Técnico y Ejemplos Prácticos

LEY GENERAL DEL AMBIENTE
Ley N° 28611 - Comentario Técnico y Ejemplos Prácticos
Autor-Editor: © Manuel Orlando Zevallos Estrada
manuelzeta@cip.org.pe
Lima – Perú

Primera edición, abril 2023
Tiraje: Publicación digital
Se terminó de imprimir en abril del 2023

Diseño de carátula y contracarátula: Manuel Orlando Zevallos Estrada
Fotografía de carátula: Manuel Orlando Zevallos Estrada

Presentación

Con gran satisfacción presento el libro "Ley General del Ambiente N° 28611 Comentario Técnico y Ejemplos Prácticos". Este libro es una obra especializada y rigurosa que ofrece un análisis detallado de la ley fundamental de protección ambiental en el Perú, la Ley General del Ambiente N° 28611.

La protección ambiental y el desarrollo sostenible son temas de gran importancia en la actualidad, y en el Perú, la Ley N° 28611 es la norma que regula la gestión ambiental. Este libro ofrece una visión completa y detallada de la ley, desde un enfoque técnico y crítico, con el objetivo de brindar una interpretación rigurosa y práctica de la norma.

En el presente hago un comentario detallado de cada artículo e inciso de la ley, abordando temas clave como la evaluación de impacto ambiental, la gestión de residuos, la protección de la biodiversidad, la responsabilidad ambiental y la participación ciudadana en la gestión ambiental. Además, el libro incluye ejemplos prácticos y recreados que ilustran cómo se aplica la ley en la realidad peruana y cómo se puede mejorar la gestión ambiental a través de una mejor implementación de la ley.

Este libro es una herramienta valiosa para aquellos interesados en la protección del medio ambiente y el desarrollo sostenible en el Perú, así como para los profesionales y estudiantes de derecho ambiental, ingeniería ambiental y disciplinas afines. Espero que este análisis detallado y los ejemplos prácticos presentados en el libro contribuyan a mejorar la implementación de la ley y la gestión ambiental en el país.

Índice

Índice de Cuadros

Prologo

Desde su promulgación en el año 2005, la Ley N° 28611 ha sido una herramienta clave para la protección del ambiente y la promoción del desarrollo sostenible en el país. Esta norma ha establecido los principios y normas básicas para asegurar el ejercicio del derecho a un ambiente saludable, equilibrado y adecuado para el pleno desarrollo de la vida, y ha fomentado la participación ciudadana en la gestión ambiental.

En este libro, ofrecemos un análisis detallado de la Ley N° 28611 y un comentario crítico sobre su implementación y efectividad en la gestión ambiental del Perú. El contenido de este libro aborda temas clave como la evaluación de impacto ambiental, la gestión de residuos, la protección de la biodiversidad, entre otros.

Esta obra es una valiosa contribución al debate sobre la gestión ambiental en el Perú y ofrece una reflexión sobre los desafíos y oportunidades que presenta la implementación de la Ley N° 28611. Presento una visión crítica sobre la norma y los invito a reflexionar sobre cómo podemos mejorar la gestión ambiental en el país.

En resumen, este libro es una herramienta fundamental para todos aquellos interesados en la gestión ambiental en el Perú. El análisis de la Ley N° 28611 nos invitan a reflexionar sobre cómo podemos trabajar juntos para lograr un desarrollo sostenible y una gestión ambiental efectiva en el país.

INTRODUCCIÓN

La ley general del ambiente Ley N° 28611, aprobada en el año 2005, es la norma rectora del marco normativo legal para la gestión ambiental en el Perú. Su objetivo es establecer los principios y normas básicas para asegurar el efectivo ejercicio del derecho a un ambiente saludable, equilibrado y adecuado para el pleno desarrollo de la vida, así como el cumplimiento del deber de contribuir a una efectiva gestión ambiental y proteger el ambiente y sus componentes, con el fin de mejorar la calidad de vida de la población y lograr el desarrollo sostenible del país.

La Ley establece que la gestión ambiental es responsabilidad del Estado, la sociedad y las empresas, y su objetivo es lograr un equilibrio entre el desarrollo económico, social y ambiental del país. Para ello, se establecen los siguientes principios:

El derecho de toda persona a gozar de un ambiente saludable, equilibrado y adecuado para el pleno desarrollo de la vida.

a) La prevención y control de la contaminación y los impactos negativos sobre el ambiente.
b) La conservación y uso sostenible de los recursos naturales y la biodiversidad.
c) La participación ciudadana en la gestión ambiental.
d) La responsabilidad ambiental de las empresas y el fomento de prácticas ambientalmente responsables.
e) La cooperación internacional en la gestión ambiental.

Además, la Ley establece los instrumentos de gestión ambiental, como la Evaluación de Impacto Ambiental, los Planes de Adecuación y Manejo Ambiental, los Planes de Cierre, entre otros, para asegurar una gestión ambiental efectiva.

La Ley N° 28611 como marco normativo legal para la gestión ambiental en el Perú. Establece los principios y normas básicas para asegurar el ejercicio del derecho a un ambiente saludable, equilibrado y adecuado para el pleno desarrollo de la vida y contribuir a una efectiva gestión ambiental y protección del ambiente y sus componentes, con el objetivo de mejorar la calidad de vida de la población y lograr el desarrollo sostenible del país.

Ley General del Ambiente Ley 28611
Comentario Técnico y Ejemplos Prácticos

La Ley N° 28611 (Congreso de la República del Perú, 2005), aprobada en el año 2005, es una de las normas más importantes en el marco normativo legal para la gestión ambiental en el Perú. Esta ley establece los principios y normas básicas para garantizar el ejercicio efectivo del derecho a un ambiente saludable, equilibrado y adecuado para el pleno desarrollo de la vida, así como el cumplimiento del deber de contribuir a una efectiva gestión ambiental y de proteger el ambiente y sus componentes.

La Ley N° 28611 es una herramienta fundamental para la promoción y protección del medio ambiente en el Perú, y tiene como objetivo mejorar la calidad de vida de la población y lograr el desarrollo sostenible del país. Esta ley establece los principios y normas básicas para la gestión ambiental, incluyendo la prevención y control de la contaminación, el aprovechamiento sostenible de los recursos naturales, la conservación de la biodiversidad y la protección del patrimonio cultural vinculado al ambiente.

Además, la Ley N° 28611 establece el marco jurídico para la participación ciudadana en la gestión ambiental, promoviendo la participación activa de la sociedad civil en la toma de decisiones y en la definición de políticas y medidas ambientales efectivas y responsables. Esta ley también establece las responsabilidades y obligaciones de las entidades públicas y privadas en la gestión ambiental, y promueve la cooperación y coordinación entre ellas para garantizar la protección del medio ambiente y la salud de las personas.

En este sentido, es importante destacar que la Ley N° 28611 es una ley de carácter transversal, que abarca diversos sectores y actividades económicas, y que establece un marco normativo integral para la gestión ambiental en el país. Esta ley es aplicable a todas las personas naturales y jurídicas que realizan actividades que puedan generar impactos ambientales significativos, y establece las responsabilidades y obligaciones de cada una de ellas en la gestión ambiental.

La Ley N° 28611 es una norma fundamental para la gestión ambiental en el Perú, que establece los principios y normas básicas para garantizar el ejercicio efectivo del derecho a un ambiente saludable, equilibrado y adecuado para el pleno desarrollo de la vida. Esta ley promueve la participación ciudadana en la gestión ambiental, establece las responsabilidades y obligaciones de las entidades públicas y privadas en la gestión ambiental, y establece un marco normativo integral para la gestión ambiental en el país.

TÍTULO PRELIMINAR

El presidente del congreso de la república
Por cuanto:
El congreso de la república;
Ha dado la Ley siguiente:
LEY GENERAL DEL AMBIENTE

TÍTULO PRELIMINAR DERECHOS Y PRINCIPIOS

IMPORTANCIA DE NUESTRO MEDIO AMBIENTE

Artículo I.- Del derecho y deber fundamental

Toda persona tiene el derecho irrenunciable a vivir en un ambiente saludable, equilibrado y adecuado para el pleno desarrollo de la vida, y el deber de contribuir a una efectiva gestión ambiental y de proteger el ambiente, así como sus componentes, asegurando particularmente la salud de las personas en forma individual y colectiva, la conservación de la diversidad biológica, el aprovechamiento sostenible de los recursos naturales y el desarrollo sostenible del país.

Comentario Artículo I.- Del derecho y deber fundamental:

El derecho a vivir en un ambiente saludable, equilibrado y adecuado para el pleno desarrollo de la vida es un derecho fundamental reconocido en la mayoría de las constituciones y tratados internacionales de derechos humanos. Este derecho se refiere a la necesidad de garantizar un entorno que permita a las personas vivir con dignidad y en condiciones que favorezcan su bienestar físico y emocional.

La protección del medio ambiente y la gestión adecuada de los recursos naturales son componentes esenciales para la realización de este derecho. Todas las personas tienen el deber de contribuir a una efectiva gestión ambiental y proteger el ambiente y sus componentes, ya que esto es necesario para garantizar la salud de las personas, la conservación de la diversidad biológica, el aprovechamiento sostenible de los recursos naturales y el desarrollo sostenible del país.

La salud de las personas, tanto individual como colectiva, es uno de los componentes más importantes del ambiente que deben ser protegidos. La exposición a contaminantes ambientales puede tener efectos negativos en la salud, incluyendo enfermedades respiratorias, cardiovasculares, neurológicas y cancerígenas. Por lo tanto, es importante que se adopten medidas para controlar la contaminación ambiental y garantizar que las personas vivan en un ambiente saludable.

La conservación de la diversidad biológica también es un componente clave del ambiente que debe ser protegido. La biodiversidad es esencial para el equilibrio ecológico y para proporcionar los recursos naturales necesarios para la subsistencia humana. La degradación de los ecosistemas y la pérdida de biodiversidad pueden tener graves consecuencias, incluyendo la extinción de especies, la erosión del suelo, la desertificación y la disminución de la calidad del agua y del aire.

El aprovechamiento sostenible de los recursos naturales es otro componente importante del ambiente que debe ser protegido. La explotación irresponsable de los recursos naturales puede llevar a la sobreexplotación, el agotamiento y la degradación del medio ambiente. Por lo tanto, es importante que se adopten medidas para garantizar que los recursos naturales se utilicen de manera sostenible y se proteja su capacidad para regenerarse.

Por último, el desarrollo sostenible del país es un objetivo importante que debe ser perseguido para garantizar que las necesidades presentes no comprometan el bienestar de las generaciones futuras. El desarrollo sostenible se refiere a un modelo de desarrollo que es económicamente viable, socialmente justo y ambientalmente responsable. Por lo tanto, es importante que se adopten medidas para garantizar que el desarrollo se realice de manera sostenible y se promueva la protección del ambiente y sus componentes.

El derecho a vivir en un ambiente saludable, equilibrado y adecuado para el pleno desarrollo de la vida es un derecho fundamental que implica la protección del ambiente y sus componentes, la conservación de la diversidad biológica, el aprovechamiento sostenible de los recursos naturales y el desarrollo sostenible del país. Todas las personas tienen el deber de contribuir a una efectiva gestión ambiental y proteger el ambiente y sus componentes para garantizar la salud de las personas, la conservación de la biodiversidad y la sostenibilidad del desarrollo.

Ejemplo Artículo I.- Del derecho y deber fundamental:

Un ejemplo concreto sobre el derecho a vivir en un ambiente saludable y del deber de proteger el ambiente es el caso de la contaminación del aire en las ciudades.

El smog, la niebla tóxica y la contaminación del aire son problemas ambientales que afectan a muchas personas en todo el mundo. La contaminación del aire puede tener efectos negativos en la salud de las personas, incluyendo problemas respiratorios, enfermedades cardíacas y cáncer.

En este contexto, el derecho a vivir en un ambiente saludable implica que todas las personas tienen el derecho irrenunciable de respirar aire limpio y saludable, sin importar su ubicación geográfica o su situación socioeconómica.

Por otro lado, el deber de contribuir a una efectiva gestión ambiental y de proteger el ambiente implica que todas las personas tienen la responsabilidad de tomar medidas para reducir la contaminación del aire y proteger el ambiente. Esto podría incluir la reducción del uso de vehículos, la promoción del transporte público y la implementación de tecnologías más limpias en la industria.

Además, la protección del ambiente también incluye la conservación de la diversidad biológica y el aprovechamiento sostenible de los recursos naturales. Esto implica que las personas deben tomar medidas para proteger la fauna y la flora silvestre, así como para asegurar que los recursos naturales se utilicen de manera sostenible para asegurar su disponibilidad para las generaciones futuras.

Vivir en un ambiente saludable y el deber de proteger el ambiente son esenciales para el pleno desarrollo de la vida y el bienestar de las personas. Es importante que todos contribuyamos a una efectiva gestión ambiental y protejamos el ambiente, la biodiversidad y los recursos naturales. La salud de las personas, la conservación de la diversidad biológica, el aprovechamiento sostenible de los recursos naturales y el desarrollo sostenible del país son aspectos fundamentales que debemos considerar para asegurarnos un futuro saludable y sostenible.

Artículo II.- Del derecho de acceso a la información

Toda persona tiene el derecho a acceder adecuada y oportunamente a la información pública sobre las políticas, normas, medidas, obras y actividades que pudieran afectar, directa o indirectamente, el ambiente, sin necesidad de invocar justificación o interés que motive tal requerimiento.

Toda persona está obligada a proporcionar adecuada y oportunamente a las autoridades la información que éstas requieran para una efectiva gestión ambiental, conforme a Ley.

Comentario Artículo II.- Del derecho de acceso a la información:

El derecho de acceso a la información pública en materia ambiental es fundamental para la protección del medio ambiente y para la participación ciudadana en la toma de decisiones que afectan al ambiente. Este derecho implica que toda persona tiene el derecho a acceder a la información pública sobre políticas, normas, medidas, obras y actividades que puedan afectar el ambiente, sin necesidad de justificación o interés específico.

La información pública en materia ambiental es esencial para que las personas conozcan los riesgos ambientales a los que están expuestos y para que puedan participar en la toma de decisiones que afectan al ambiente. La información también es importante para la rendición de cuentas de las autoridades y para la transparencia en la gestión ambiental.

Además, todas las personas están obligadas a proporcionar información adecuada y oportuna a las autoridades que lo requieran para una efectiva gestión ambiental, conforme a la ley. Esta obligación se extiende a las empresas y organizaciones que deben proporcionar información sobre las actividades que realizan y sus posibles impactos ambientales.

El acceso a la información pública en materia ambiental es particularmente importante para las comunidades que pueden verse afectadas por proyectos o actividades que tienen un impacto en el ambiente. Estas comunidades tienen el derecho a ser informadas sobre los posibles impactos ambientales de dichos proyectos y a participar en la toma de decisiones que los afectan.

La obligación de proporcionar información adecuada y oportuna a las autoridades también es importante para garantizar una gestión ambiental efectiva y responsable. Las autoridades necesitan información precisa y actualizada para tomar decisiones informadas sobre políticas, normas y medidas que afectan al ambiente.

El derecho de acceso a la información pública en materia ambiental es fundamental para la protección del medio ambiente y para la participación ciudadana en la toma de decisiones que afectan al ambiente. Todas las personas tienen el derecho de acceder a la información pública sobre políticas, normas, medidas, obras y actividades que puedan afectar al ambiente, y están obligadas a proporcionar información adecuada y oportuna a las autoridades para una efectiva gestión ambiental. Este derecho es esencial para garantizar una gestión ambiental efectiva, responsable y transparente.

Es importante destacar que el acceso a la información pública en materia ambiental no solo se refiere a la información que las autoridades gubernamentales deben proporcionar a la sociedad, sino también a la información que las empresas y organizaciones deben compartir sobre sus actividades y posibles impactos ambientales.

En muchos casos, las empresas y organizaciones pueden tener información valiosa sobre los posibles impactos ambientales de sus actividades, así como sobre las medidas que están tomando para mitigarlos. Por lo tanto, es importante que se les exija proporcionar esta información de manera transparente y accesible a la sociedad.

Además, es importante que la información pública en materia ambiental sea adecuada y oportuna. Esto significa que la información debe ser precisa, actualizada y relevante para la toma de decisiones informadas sobre políticas, normas y medidas que afectan al ambiente.

En algunos casos, puede ser necesario que la información se proporcione de manera proactiva, es decir, antes de que se solicite. Por ejemplo, en el caso de proyectos que pueden tener un impacto significativo en el ambiente, las autoridades y las empresas deben proporcionar información detallada sobre los posibles impactos y las medidas de mitigación antes de que se tomen decisiones importantes.

El derecho de acceso a la información pública en materia ambiental es esencial para garantizar una gestión ambiental efectiva, responsable y transparente. Todas las personas tienen el derecho de acceder a la información pública sobre políticas, normas, medidas, obras y actividades que puedan afectar al ambiente, y están obligadas a proporcionar información adecuada y oportuna a las autoridades para una efectiva gestión ambiental. Es importante que la información pública en materia ambiental sea adecuada, oportuna y accesible a la sociedad para garantizar la protección del medio ambiente y la participación ciudadana en la toma de decisiones que afectan al ambiente.

Ejemplo Artículo II.- Del derecho de acceso a la información:

Un ejemplo concreto sobre el derecho de acceso a la información pública en materia ambiental es el caso de la exploración y explotación de recursos naturales, como la minería o la extracción de petróleo y gas. Estas actividades pueden tener un impacto significativo en el ambiente y en las comunidades cercanas, por lo que es fundamental que la información sobre estas actividades sea accesible a la sociedad.

En muchos casos, las empresas que realizan estas actividades deben proporcionar información sobre los posibles impactos ambientales de sus proyectos, así como sobre las medidas que están tomando para mitigarlos. Además, las autoridades encargadas de la regulación de estas actividades deben proporcionar información sobre las políticas, normas y medidas que se aplican a estas actividades.

El acceso a esta información es fundamental para que las comunidades afectadas puedan tomar decisiones informadas sobre estas actividades y para garantizar que se tomen medidas adecuadas para proteger el ambiente y las comunidades cercanas.

Otro ejemplo:

El caso de la gestión de residuos y la contaminación ambiental. En este caso, las autoridades encargadas de la gestión de residuos y la regulación de la contaminación deben proporcionar información sobre las políticas, normas y medidas que se aplican a estas actividades.

Además, las empresas y organizaciones que generan residuos o que emiten contaminantes deben proporcionar información sobre sus actividades y posibles impactos ambientales. El acceso a esta información es fundamental para garantizar que se tomen medidas adecuadas para la gestión de residuos y la prevención de la contaminación ambiental.

En ambos casos, el acceso a la información pública en materia ambiental es esencial para garantizar una gestión ambiental efectiva, responsable y transparente. La información pública en materia ambiental también es esencial para la participación ciudadana en la toma de decisiones que afectan al ambiente y para la rendición de cuentas de las autoridades y las empresas que realizan actividades que pueden tener un impacto en el ambiente.

Artículo III.- Del derecho a la participación en la gestión ambiental

Toda persona tiene el derecho a participar responsablemente en los procesos de toma de decisiones, así como en la definición y aplicación de las políticas y medidas relativas al ambiente y sus componentes, que se adopten en cada uno de los niveles de gobierno. El Estado concerta con la sociedad civil las decisiones y acciones de la gestión ambiental.

Comentario Artículo III.- Del derecho a la participación en la gestión ambiental:

Este derecho a la participación ciudadana en la gestión ambiental es fundamental para garantizar que se tomen decisiones responsables y efectivas en relación con el ambiente y sus componentes. La participación ciudadana permite que las personas afectadas por las decisiones ambientales puedan expresar sus opiniones y preocupaciones, y contribuir con su conocimiento y experiencia para tomar decisiones informadas y responsables.

En este sentido, es importante destacar que la participación ciudadana no solo es un derecho, sino también una responsabilidad. Todas las personas tienen la responsabilidad de participar de manera responsable en los procesos de toma de decisiones en materia ambiental, ya que esto contribuye a garantizar una gestión ambiental efectiva y responsable.

Además, el Estado tiene la responsabilidad de garantizar que se realice una consulta pública adecuada antes de tomar decisiones importantes en materia ambiental. Esto implica que el Estado debe trabajar en colaboración con la sociedad civil para garantizar que las decisiones en materia ambiental se tomen de manera transparente, responsable y efectiva.

Sin embargo, es importante destacar que la participación ciudadana en la gestión ambiental no siempre es fácil de lograr. En muchos casos, las personas pueden enfrentar barreras como la falta de acceso a la información, la falta de recursos y la falta de capacidad para participar de manera efectiva en los procesos de toma de decisiones.

Por lo tanto, es importante que el Estado y la sociedad civil trabajen juntos para garantizar que todas las personas tengan acceso a la información necesaria para participar de manera efectiva en la gestión ambiental. Esto puede incluir la implementación de mecanismos de consulta pública efectivos, la promoción de la educación ambiental y la capacitación de las personas para participar de manera efectiva en los procesos de toma de decisiones.

El derecho a la participación ciudadana en la gestión ambiental es fundamental para garantizar una gestión ambiental efectiva, responsable y transparente. Todas las personas tienen la responsabilidad de participar de manera responsable en los procesos de toma de decisiones en materia ambiental, y el Estado tiene la responsabilidad de garantizar que se realice una consulta pública adecuada antes de tomar decisiones importantes en materia ambiental. Es importante que se trabaje en colaboración entre el Estado y la sociedad civil para garantizar que todas las personas tengan acceso a la información necesaria y puedan participar de manera efectiva en la gestión ambiental.

Además, es importante destacar que la participación ciudadana en la gestión ambiental no solo beneficia a las personas individualmente, sino que también beneficia a la sociedad en su conjunto. Cuando las decisiones ambientales se toman de manera responsable y efectiva, se pueden lograr beneficios ambientales, económicos y sociales para la sociedad.

Por ejemplo, cuando se toman medidas para reducir la contaminación del aire en las ciudades, se pueden lograr beneficios para la salud de las personas, como la reducción de enfermedades respiratorias y cardíacas. Además, la reducción de la contaminación del aire también puede tener beneficios económicos, como la reducción de los costos de atención médica y la promoción de la innovación en tecnologías más limpias.

Por lo tanto, la participación ciudadana en la gestión ambiental es esencial para garantizar un desarrollo sostenible y equitativo en el largo plazo. Cuando las decisiones ambientales se toman de manera responsable y efectiva, se pueden lograr beneficios ambientales, económicos y sociales para la sociedad en su conjunto.

En este sentido, es importante destacar que la participación ciudadana en la gestión ambiental no debe limitarse solo a la toma de decisiones en relación con el ambiente y sus componentes. También es importante que las personas participen en la definición y aplicación de políticas y medidas en otros ámbitos, como la planificación urbana, la gestión de recursos naturales y la promoción del desarrollo sostenible.

La participación ciudadana en la gestión ambiental es fundamental para garantizar una gestión ambiental efectiva, responsable y transparente. La participación ciudadana no solo beneficia a las personas individualmente, sino que también beneficia a la sociedad en su conjunto al promover un desarrollo sostenible y equitativo en el largo plazo. Es importante que se trabaje en colaboración entre el Estado y la sociedad civil para garantizar que todas las personas tengan acceso a la información necesaria y puedan participar de manera efectiva en la gestión ambiental.

Ejemplo Artículo III.- Del derecho a la participación en la gestión ambiental:

Un ejemplo concreto del derecho a la participación ciudadana en la gestión ambiental podría ser el caso de la construcción de una represa hidroeléctrica en una zona rural.

Antes de construir la represa, el Estado debería garantizar que se realice una consulta pública adecuada en la que las personas afectadas puedan expresar sus opiniones y preocupaciones sobre el proyecto. Además, el Estado debería trabajar en colaboración con la sociedad civil, incluyendo organizaciones no gubernamentales y grupos comunitarios, para garantizar que el proyecto se diseñe y se implemente de manera responsable y sostenible.

En este contexto, la participación ciudadana permitiría que las personas afectadas por la construcción de la represa puedan expresar sus preocupaciones y contribuir con su conocimiento y experiencia para tomar decisiones informadas y responsables. Además, la colaboración entre el Estado y la sociedad civil permitiría garantizar que el proyecto se diseñe y se implemente de manera responsable, teniendo en cuenta los impactos ambientales, sociales y económicos del proyecto.

En este caso, la participación ciudadana en la gestión ambiental no solo sería un derecho, sino también una responsabilidad de todas las personas involucradas. La participación ciudadana permitiría garantizar que se tomen decisiones informadas y responsables, y que se promueva un desarrollo sostenible y equitativo en la zona rural donde se construiría la represa.

El derecho a la participación ciudadana en la gestión ambiental es esencial para garantizar que se tomen decisiones informadas y responsables en relación con el ambiente y sus componentes. La participación ciudadana permite que las personas afectadas puedan expresar sus opiniones y preocupaciones, y contribuir con su conocimiento y experiencia para tomar decisiones informadas y responsables. Además, la colaboración entre el Estado y la sociedad civil es esencial para garantizar que se promueva un desarrollo sostenible y equitativo en el largo plazo.

Es importante destacar que la participación ciudadana en la gestión ambiental no solo se limita a la toma de decisiones en relación con proyectos específicos, como en el caso de la represa hidroeléctrica. También es fundamental que las personas participen en la definición y aplicación de políticas y medidas ambientales a nivel nacional y local.

Por ejemplo, la participación ciudadana en la definición y aplicación de políticas y medidas ambientales podría implicar la participación en la elaboración de planes de acción para combatir el cambio climático, la definición de políticas de conservación de la biodiversidad, o la implementación de medidas para reducir la contaminación.

En este sentido, la participación ciudadana en la gestión ambiental no solo implica la participación en procesos de consulta pública, sino también la participación en procesos de diálogo y colaboración entre el Estado y la sociedad civil para definir políticas y medidas ambientales efectivas y responsables.

Además, la participación ciudadana en la gestión ambiental también puede tener beneficios económicos y sociales. Por ejemplo, la participación de las comunidades locales en la gestión de los recursos naturales puede promover la sostenibilidad económica y la creación de empleo en las zonas rurales.

La participación ciudadana en la gestión ambiental es fundamental para garantizar una gestión ambiental efectiva, responsable y transparente. La participación ciudadana no solo implica la participación en procesos de consulta pública, sino también la participación en procesos de diálogo y colaboración para definir políticas y medidas ambientales efectivas y responsables. La participación ciudadana en la gestión ambiental es esencial para promover el desarrollo sostenible y equitativo en el largo plazo, y puede tener beneficios económicos y sociales para las comunidades locales.

Artículo IV.- Del derecho de acceso a la justicia ambiental

Toda persona tiene el derecho a una acción rápida, sencilla y efectiva, ante las entidades administrativas y jurisdiccionales, en defensa del ambiente y de sus componentes, velando por la debida protección de la salud de las personas en forma individual y colectiva, la conservación de la diversidad biológica, el aprovechamiento sostenible de los recursos naturales, así como la conservación del patrimonio cultural vinculado a aquellos.

Se puede interponer acciones legales aun en los casos en que no se afecte el interés económico del accionante. El interés moral legitima la acción aun cuando no se refiera directamente al accionante o a su familia.

Comentario Artículo IV.- Del derecho de acceso a la justicia ambiental:

El derecho a una acción rápida, sencilla y efectiva en defensa del ambiente y sus componentes es fundamental para garantizar la protección del medio ambiente y la salud de las personas. Este derecho permite a las personas actuar de manera efectiva en situaciones en las que se percibe un riesgo o una amenaza para el medio ambiente y la salud.

En este sentido, es importante destacar que este derecho no solo se limita a la protección de la salud de las personas, sino que también abarca la conservación de la diversidad biológica, el aprovechamiento sostenible de los recursos naturales y la conservación del patrimonio cultural vinculado a aquellos.

Además, es importante destacar que este derecho permite a las personas interponer acciones legales incluso en los casos en que no se afecte su interés económico. Esto significa que el interés moral es suficiente para legitimar la acción, lo que permite que las personas actúen en defensa del ambiente y sus componentes, incluso si no se refiere directamente a ellos o a su familia.

En este contexto, la protección del medio ambiente y la salud de las personas se convierte en un derecho fundamental que trasciende las fronteras individuales, y se convierte en una responsabilidad colectiva. Esto implica que todos tenemos la responsabilidad de actuar de manera efectiva en la defensa del medio ambiente y sus componentes, y de promover prácticas sostenibles y responsables en nuestras actividades diarias.

El derecho a una acción rápida, sencilla y efectiva en defensa del ambiente y sus componentes es fundamental para garantizar la protección del medio ambiente y la salud de las personas. Este derecho permite a las personas actuar de manera efectiva en situaciones en las que se percibe un riesgo o una amenaza para el medio ambiente y la salud, y representa una responsabilidad colectiva para promover prácticas sostenibles y responsables en nuestras actividades diarias.

Es importante destacar que el derecho a una acción rápida, sencilla y efectiva en defensa del ambiente y sus componentes también implica la necesidad de contar con mecanismos efectivos de acceso a la justicia ambiental. Esto significa que las personas deben tener acceso a los tribunales y a otros mecanismos legales para promover la protección del medio ambiente y la salud, y para hacer valer sus derechos en caso de violaciones.

En este sentido, es fundamental que los Estados adopten medidas para garantizar el acceso efectivo a la justicia ambiental, incluyendo la eliminación de barreras para el acceso a la información ambiental y a los tribunales, la promoción de la participación ciudadana en la toma de decisiones ambientales, y la adopción de medidas efectivas para prevenir y remediar la contaminación y otros daños ambientales.

Además, es importante destacar que la protección del medio ambiente y la salud de las personas no es solo una responsabilidad del Estado, sino que también implica la responsabilidad de las empresas y de la sociedad en su conjunto. Las empresas tienen la responsabilidad de adoptar prácticas sostenibles y responsables en sus actividades, y la sociedad en su conjunto tiene la responsabilidad de promover prácticas sostenibles y responsables en sus actividades diarias.

En este contexto, es fundamental que se promueva una cultura de responsabilidad ambiental, en la que todas las personas y entidades asuman su responsabilidad en la protección del medio ambiente y la salud de las personas. Esto implica la necesidad de adoptar medidas efectivas para prevenir y remediar la contaminación y otros daños ambientales, y de promover prácticas sostenibles y responsables en todas las actividades humanas.

Una acción rápida, sencilla y efectiva en defensa del ambiente y sus componentes es fundamental para garantizar la protección del medio ambiente y la salud de las personas. Este derecho implica la necesidad de contar con mecanismos efectivos de acceso a la justicia ambiental, y representa una responsabilidad colectiva para promover prácticas sostenibles y responsables en todas las actividades humanas.

Ejemplo Artículo IV.- Del derecho de acceso a la justicia ambiental:

Un ejemplo concreto del derecho a una acción rápida, sencilla y efectiva en defensa del ambiente y sus componentes podría ser el caso de una comunidad que vive cerca de una mina de carbón.

En este caso, la comunidad podría percibir un riesgo para su salud debido a la contaminación del aire, el agua y el suelo causada por la actividad minera. Además, la comunidad podría estar preocupada por la pérdida de biodiversidad y la degradación del paisaje natural en la zona.

En este contexto, la comunidad podría ejercer su derecho a una acción rápida, sencilla y efectiva en defensa del ambiente y sus componentes, y presentar una demanda ante las entidades administrativas y jurisdiccionales correspondientes. La demanda podría solicitar medidas para garantizar la protección de la salud de las personas, la conservación de la diversidad biológica y el aprovechamiento sostenible de los recursos naturales en la zona.

Es importante destacar que, en este caso, la comunidad podría interponer acciones legales aun cuando no se afecte su interés económico. El interés moral de la comunidad en la protección del medio ambiente y la salud de las personas es suficiente para legitimar la acción, aun cuando no se refiera directamente al accionante o a su familia.

En este caso, la acción legal podría solicitar medidas específicas, como la implementación de tecnologías más limpias en la actividad minera, la adopción de medidas de control de la contaminación, o la creación de áreas protegidas para la conservación de la biodiversidad en la zona.

El derecho a una acción rápida, sencilla y efectiva en defensa del ambiente y sus componentes es fundamental para garantizar la protección del medio ambiente y la salud de las personas. Este derecho permite a las personas actuar de manera efectiva en situaciones en las que se percibe un riesgo o una amenaza para el medio ambiente y la salud, y representa una responsabilidad colectiva para promover prácticas sostenibles y responsables en todas las actividades humanas.

Es importante destacar que este ejemplo ilustra la importancia de la participación ciudadana en la gestión ambiental. La comunidad afectada por la actividad minera tiene el derecho y la responsabilidad de participar en la toma de decisiones y en la definición de políticas y medidas ambientales efectivas y responsables.

Además, este ejemplo muestra que la protección del medio ambiente y la salud de las personas no es solo una responsabilidad del Estado, sino que también implica la responsabilidad de las empresas y de la sociedad en su conjunto. Las empresas tienen la responsabilidad de adoptar prácticas sostenibles y responsables en sus actividades, y la sociedad en su conjunto tiene la responsabilidad de promover prácticas sostenibles y responsables en sus actividades diarias.

En este contexto, es fundamental que se promueva una cultura de responsabilidad ambiental, en la que todas las personas y entidades asuman su responsabilidad en la protección del medio ambiente y la salud de las personas. Esto implica la necesidad de adoptar medidas efectivas para prevenir y remediar la contaminación y otros daños ambientales, y de promover prácticas sostenibles y responsables en todas las actividades humanas.

El ejemplo de la comunidad afectada por la actividad minera ilustra la importancia del derecho a una acción rápida, sencilla y efectiva en defensa del ambiente y sus componentes. Este derecho permite a las personas actuar de manera efectiva en situaciones en las que se percibe un riesgo o una amenaza para el medio ambiente y la salud, y representa una responsabilidad colectiva para promover prácticas sostenibles y responsables en todas las actividades humanas. La protección del medio ambiente y la salud de las personas es una responsabilidad compartida entre el Estado, las empresas y la sociedad en su conjunto, y requiere la participación activa y responsable de todos los actores involucrados.

Artículo V.- Del principio de sostenibilidad

La gestión del ambiente y de sus componentes, así como el ejercicio y la protección de los derechos que establece la presente Ley, se sustentan en la integración equilibrada de los aspectos sociales, ambientales y económicos del desarrollo nacional, así como en la satisfacción de las necesidades de las actuales y futuras generaciones.

Comentario Artículo V.- Del principio de sostenibilidad:

La integración equilibrada de los aspectos sociales, ambientales y económicos del desarrollo nacional es fundamental para garantizar una gestión ambiental efectiva y sostenible en el Perú. Esta integración debe buscar satisfacer las necesidades de las actuales y futuras generaciones, lo que implica adoptar un enfoque de desarrollo sostenible que permita el uso responsable y sostenible de los recursos naturales y la protección del medio ambiente y la salud de las personas.

Es importante destacar que la gestión ambiental no puede ser considerada de manera aislada, sino que debe ser parte de un enfoque más amplio de desarrollo sostenible que integre los aspectos sociales, ambientales y económicos. Esto implica que la gestión ambiental debe ser compatible con el desarrollo económico y social, y que la protección del medio ambiente y la salud de las personas no debe ser vista como un obstáculo para el desarrollo, sino como una condición necesaria para un desarrollo sostenible y equitativo.

En este sentido, es fundamental que se promueva una cultura de responsabilidad ambiental en el país, en la que todas las personas y entidades asuman su responsabilidad en la protección del medio ambiente y la salud de las personas. Esto implica la necesidad de adoptar medidas efectivas para prevenir y remediar la contaminación y otros daños ambientales, y de promover prácticas sostenibles y responsables en todas las actividades humanas.

Además, es importante destacar que la integración equilibrada de los aspectos sociales, ambientales y económicos del desarrollo nacional implica la necesidad de considerar los impactos ambientales y sociales de las actividades económicas y de promover prácticas sostenibles y responsables en todos los sectores económicos. Esto implica, por ejemplo, promover la adopción de tecnologías más limpias y eficientes, reducir el consumo de energía y recursos naturales, y fomentar la producción y consumo responsable.

La integración equilibrada de los aspectos sociales, ambientales y económicos del desarrollo nacional es fundamental para garantizar una gestión ambiental efectiva y sostenible en el Perú. Esta integración debe buscar satisfacer las necesidades de las actuales y futuras generaciones, adoptando un enfoque de desarrollo sostenible que permita el uso responsable y sostenible de los recursos naturales y la protección del medio ambiente y la salud de las personas. La promoción de una cultura de responsabilidad ambiental y la adopción de prácticas sostenibles y responsables en todas las actividades humanas son fundamentales para lograr este objetivo.

Es importante mencionar que la integración equilibrada de los aspectos sociales, ambientales y económicos del desarrollo nacional no solo es fundamental para garantizar una gestión ambiental efectiva y sostenible, sino que también es una necesidad urgente a nivel global. La crisis climática y la pérdida de biodiversidad son dos de los mayores desafíos que enfrenta la humanidad en la actualidad, y requieren una respuesta urgente y coordinada a nivel global.

En este contexto, es fundamental que los países adopten un enfoque de desarrollo sostenible que permita la protección del medio ambiente y la salud de las personas, sin comprometer el desarrollo económico y social. Esto implica la necesidad de promover la adopción de prácticas sostenibles y responsables en todos los sectores económicos, incluyendo la agricultura, la industria, el transporte y la energía.

Además, es importante destacar que la integración equilibrada de los aspectos sociales, ambientales y económicos del desarrollo nacional también implica la necesidad de considerar los impactos ambientales y sociales de las políticas y medidas adoptadas por los gobiernos. Esto implica, por ejemplo, la necesidad de realizar evaluaciones ambientales y sociales previas a la adopción de políticas y medidas, y de promover la participación ciudadana en la toma de decisiones.

La integración equilibrada de los aspectos sociales, ambientales y económicos del desarrollo nacional es fundamental para garantizar una gestión ambiental efectiva y sostenible en el Perú y a nivel global. La crisis climática y la pérdida de biodiversidad requieren una respuesta urgente y coordinada a nivel global, y la adopción de un enfoque de desarrollo sostenible que permita la protección del medio ambiente y la salud de las personas, sin comprometer el desarrollo económico y social, es fundamental para enfrentar estos desafíos. La promoción de prácticas sostenibles y responsables en todos los sectores económicos y la consideración de los impactos ambientales y sociales de las políticas y medidas adoptadas por los gobiernos son medidas fundamentales para lograr este objetivo.

Ejemplo Artículo V.- Del principio de sostenibilidad:

El principio de sostenibilidad establecido en el artículo V de la Ley General del Ambiente N° 28611 ha sido aplicado en la gestión de residuos en la ciudad de Lima. La integración equilibrada de los aspectos sociales, ambientales y económicos ha sido clave para garantizar una gestión de residuos sostenible en la ciudad.

En este sentido, se ha implementado un enfoque que promueve la reducción, reutilización y reciclaje de residuos, a través de programas de educación ambiental y campañas de sensibilización. Además, se ha fomentado la participación ciudadana en la gestión de residuos, involucrando a la sociedad en la toma de decisiones y en la implementación de soluciones sostenibles.

Todo esto ha permitido reducir la cantidad de residuos que van a los vertederos y promover su reutilización y reciclaje, generando beneficios económicos para las empresas y reduciendo el impacto ambiental de la gestión de residuos en la ciudad.

Asimismo, este enfoque de sostenibilidad en la gestión de residuos en Lima ha permitido satisfacer las necesidades presentes y futuras de la sociedad, al garantizar un ambiente saludable y una gestión de residuos sostenible en la ciudad. Además, se ha fomentado la economía circular y el uso responsable de los recursos naturales, lo que contribuye al desarrollo sostenible del país.

Es importante destacar que la aplicación del principio de sostenibilidad en la gestión de residuos en Lima no ha sido una tarea fácil. Ha requerido de la participación activa de la sociedad, la cooperación de las empresas y el compromiso del gobierno en la implementación de políticas sostenibles. Sin embargo, los resultados obtenidos demuestran que la aplicación de este principio es clave para garantizar un futuro sostenible para todos.

La aplicación del principio de sostenibilidad en la gestión de residuos en Lima es un ejemplo práctico de cómo la integración equilibrada de los aspectos sociales, ambientales y económicos es clave para garantizar un desarrollo sostenible en el país. Esperamos que este ejemplo inspire a más personas y entidades a adoptar este enfoque en sus prácticas y contribuir así a la protección del medio ambiente y el desarrollo sostenible en el Perú.

Artículo VI.- Del principio de prevención

La gestión ambiental tiene como objetivos prioritarios prevenir, vigilar y evitar la degradación ambiental. Cuando no sea posible eliminar las causas que la generan, se adoptan las medidas de mitigación, recuperación, restauración o eventual compensación, que correspondan.

Comentario Artículo VI.- Del principio de prevención:

La gestión ambiental es una herramienta fundamental para garantizar la protección y conservación del medio ambiente. Una de las prioridades de la gestión ambiental es prevenir, vigilar y evitar la degradación ambiental. Esta tarea implica la identificación de las causas que generan la degradación y la adopción de medidas para minimizar sus impactos negativos.

En ocasiones, no es posible eliminar completamente las causas que generan la degradación ambiental, ya sea por limitaciones tecnológicas o por la necesidad de ciertas actividades humanas. En estos casos, se deben implementar medidas de mitigación para reducir los impactos negativos. Por ejemplo, en una industria que emite gases contaminantes, se pueden utilizar tecnologías más eficientes para reducir las emisiones o se pueden establecer medidas de control de calidad del aire en el entorno para minimizar los efectos en la población.

Además de la mitigación, la gestión ambiental también debe incluir medidas de recuperación, restauración y eventual compensación. La recuperación se refiere a la recuperación de ecosistemas que han sufrido daños, por ejemplo, mediante la reforestación de áreas degradadas. La restauración es la recuperación de la estructura y función de los ecosistemas, lo que implica no solo recuperar la vegetación sino también la fauna, los ciclos de nutrientes, entre otros. La compensación es una medida que se adopta cuando no es posible recuperar el medio ambiente en su estado original. En este caso, se busca compensar los daños mediante la implementación de medidas alternativas que proporcionen beneficios ambientales equivalentes.

Es importante destacar que la gestión ambiental no solo es responsabilidad de las autoridades y empresas, sino que también es una tarea de la sociedad en general. Todos los individuos pueden contribuir a la gestión ambiental adoptando prácticas sostenibles en su vida cotidiana, tales como el ahorro de energía y agua, el uso de medios de transporte no contaminantes, la separación de residuos y la reducción del consumo de productos de un solo uso.

La gestión ambiental es esencial para prevenir, vigilar y evitar la degradación ambiental. Cuando no es posible eliminar las causas que generan la degradación, se deben adoptar medidas de mitigación, recuperación, restauración o eventual compensación que correspondan. La gestión ambiental es una tarea de todos y cada uno de nosotros, y es fundamental para garantizar un futuro sostenible para las generaciones presentes y futuras.

Además, la gestión ambiental es clave para el desarrollo sostenible, ya que busca equilibrar los aspectos sociales, ambientales y económicos del desarrollo. Una gestión ambiental efectiva debe integrar la participación ciudadana y la toma de decisiones informada, para garantizar que las medidas adoptadas sean efectivas y estén en línea con las necesidades y expectativas de la sociedad.

En este sentido, la gestión ambiental también puede contribuir al fortalecimiento de la economía verde y al desarrollo de tecnologías limpias y sostenibles. Al fomentar la adopción de prácticas y tecnologías más sostenibles, se pueden reducir los impactos negativos en el medio ambiente y al mismo tiempo generar oportunidades económicas y de empleo en sectores como la energía renovable, la gestión de residuos y la agricultura sostenible.

Es importante destacar que la gestión ambiental no es una tarea fácil, ya que implica la integración de diversos aspectos y la toma de decisiones complejas en un contexto de incertidumbre y múltiples intereses. Por lo tanto, se requiere de la colaboración y el compromiso de todos los actores involucrados, incluyendo a las autoridades, empresas, organizaciones civiles y ciudadanos en general.

En resumen, la gestión ambiental es esencial para garantizar la protección y conservación del medio ambiente, y para lograr un desarrollo sostenible y equilibrado. La prevención, vigilancia y mitigación de la degradación ambiental, junto con medidas de recuperación, restauración y eventual compensación, son objetivos prioritarios de la gestión ambiental. Para lograr una gestión ambiental efectiva, se requiere de la participación activa y compromiso de todos los actores involucrados en la toma de decisiones informada y en la adopción de prácticas sostenibles en la vida cotidiana.

Ejemplo Artículo VI.- Del principio de prevención:

En el caso del Perú, la gestión ambiental ha sido un tema de gran importancia en las últimas décadas, dado que el país cuenta con una gran diversidad biológica y una riqueza natural única. En este sentido, el objetivo de prevenir, vigilar y evitar la degradación ambiental ha sido una prioridad en la gestión ambiental del país.

Un ejemplo de la adopción de medidas de mitigación en el Perú se encuentra en la minería. La actividad minera es una de las principales actividades económicas del país, pero también puede tener impactos ambientales negativos significativos. En este sentido, se han implementado medidas de mitigación, como la creación de planes de gestión ambiental, la adopción de tecnologías más limpias y la promoción de buenas prácticas ambientales en la industria minera.

Por otro lado, en el Perú también se han adoptado medidas de recuperación y restauración ambiental en áreas degradadas. Un ejemplo de esto es el Proyecto de Restauración de Bosques y Biodiversidad en la región de San Martín, que tiene como objetivo restaurar los bosques degradados y promover la biodiversidad en la zona.

Según una publicación del Instituto de Investigaciones de la Amazonía Peruana (IIAP), la gestión ambiental en el Perú todavía enfrenta muchos desafíos, como la falta de coordinación entre los distintos sectores involucrados y la falta de recursos financieros y humanos para implementar y hacer cumplir las leyes y regulaciones ambientales. Sin embargo, también se destacan los avances realizados en la adopción de medidas de mitigación y restauración ambiental en áreas críticas.

La gestión ambiental en el Perú ha sido un tema de gran importancia en las últimas décadas, y el objetivo de prevenir, vigilar y evitar la degradación ambiental ha sido una prioridad en la gestión ambiental.

También es importante mencionar como un ejemplo la implementación del Plan Nacional de Acción Ambiental 2019-2023.

El Plan Nacional de Acción Ambiental 2019-2023 tiene como objetivo principal establecer estrategias y acciones concretas para la gestión ambiental sostenible en el país. El plan se enfoca en áreas clave, como la conservación de la biodiversidad, la gestión de los recursos hídricos, la mitigación y adaptación al cambio climático, la gestión de residuos sólidos y la promoción de la economía circular.

En un estudio realizado por el Instituto de Investigación de la Amazonía Peruana, se analiza la importancia de promover la gestión sostenible de los recursos naturales en el país. Los autores señalan que la implementación del Plan Nacional de Acción Ambiental puede contribuir a reducir la degradación ambiental y mejorar la calidad de vida de la población local. Además, destacan la importancia de la colaboración entre el gobierno, la sociedad civil y el sector privado para garantizar la implementación efectiva del plan.

En otro estudio realizado por el Instituto de Investigaciones de la Universidad Nacional Agraria La Molina, se analiza la importancia de promover la agricultura sostenible en el país. Los autores señalan que la implementación de prácticas de manejo sostenible de la tierra y la promoción de la agricultura orgánica y agroecológica pueden contribuir a reducir la degradación ambiental y mejorar la productividad agrícola. Además, destacan la importancia de la capacitación y el apoyo técnico y financiero para promover la adopción de estas prácticas por parte de los agricultores.

En resumen, la implementación del Plan Nacional de Acción Ambiental 2019-2023 y la promoción de la gestión sostenible de los recursos naturales y la agricultura sostenible pueden contribuir a prevenir y mitigar la degradación ambiental en el país. La adopción de estas prácticas requiere la colaboración y el compromiso de diferentes actores y sectores, y puede contribuir a mejorar la calidad de vida de la población local y la conservación de los recursos naturales en el país.

Artículo VII.- Del principio precautorio.

Cuando haya peligro de daño grave o irreversible, la falta de certeza absoluta no debe utilizarse como razón para postergar la adopción de medidas eficaces y eficientes para impedir la degradación del ambiente.(*)

(*) De conformidad con el Artículo 2 de la Ley N° 29050, publicada el 24 junio 2007, se adecúa el texto del presente Artículo, y el de todo texto legal que se refiera al "criterio de precaución", "criterio precautorio" o "principio de precaución" a la definición del Principio Precautorio que se establece en el artículo 5 de la Ley N° 28245, modificado por el artículo 1 de la citada Ley.

Comentario Artículo VII.- Del principio precautorio:

El principio precautorio es uno de los principios fundamentales de la gestión ambiental y se refiere a la necesidad de adoptar medidas preventivas para evitar posibles daños ambientales, incluso cuando no hay certeza científica absoluta sobre la existencia o magnitud de los riesgos. En este sentido, el Artículo VII de la Ley General del Ambiente 28611 del Perú establece claramente que cuando haya peligro de daño grave o irreversible, la falta de certeza absoluta no debe utilizarse como razón para postergar la adopción de medidas eficaces y eficientes para impedir la degradación del ambiente.

Este artículo es de gran importancia porque reconoce la necesidad de actuar de manera preventiva para evitar daños ambientales irreversibles, incluso cuando no se dispone de información científica completa. Esto significa que no podemos esperar a tener pruebas definitivas de los posibles riesgos ambientales antes de tomar medidas para prevenirlos. En lugar de ello, debemos actuar con precaución y tomar medidas preventivas para proteger el ambiente y la salud humana.

Es importante destacar que el principio precautorio no significa que no se deba seguir investigando y recopilando información científica para conocer mejor los riesgos ambientales. Sin embargo, mientras tanto, se deben adoptar medidas preventivas para evitar posibles daños. Además, es necesario que estas medidas sean eficaces y eficientes, es decir, que sean capaces de prevenir o minimizar los daños ambientales de manera efectiva y que se utilicen los recursos de manera óptima.

El Artículo VII de la Ley General del Ambiente del Perú establece el principio precautorio como un elemento fundamental de la gestión ambiental y reconoce la importancia de actuar con precaución para prevenir posibles daños ambientales irreversibles. Es fundamental que la adopción de medidas preventivas sea eficaz y eficiente para proteger el ambiente y la salud humana.

Además, es importante señalar que el principio precautorio es un concepto clave en la toma de decisiones ambientales, ya que permite considerar los posibles riesgos ambientales en situaciones en las que la información científica es limitada o incierta. En este sentido, el principio precautorio puede ser utilizado en distintos ámbitos de la gestión ambiental, como en la evaluación de impacto ambiental, la gestión de sustancias tóxicas, la gestión de residuos, entre otros.

En el contexto peruano, el principio precautorio es fundamental para la protección del ambiente y la salud humana, especialmente en un país como Perú que cuenta con una gran diversidad de ecosistemas y recursos naturales. La adopción de medidas preventivas para evitar la degradación ambiental y la protección de la biodiversidad son fundamentales para garantizar un desarrollo sostenible y equitativo en el país.

En resumen, el Artículo VII de la Ley General del Ambiente 28611 del Perú establece el principio precautorio como un elemento clave de la gestión ambiental y reconoce la necesidad de actuar con precaución para prevenir posibles daños ambientales irreversibles. La adopción de medidas preventivas eficaces y eficientes es fundamental para proteger el ambiente y la salud humana, especialmente en un país como Perú que cuenta con una gran diversidad de ecosistemas y recursos naturales.

Ejemplo Artículo VII.- Del principio precautorio:

Proyecto Conga: En el año 2011, el proyecto minero Conga, ubicado en la región de Cajamarca, generó una gran controversia debido a la posible afectación de los ecosistemas y la calidad del agua de la zona. Ante la falta de consenso y la incertidumbre sobre los posibles impactos ambientales, diversos grupos ambientalistas y comunidades locales demandaron la aplicación del principio precautorio en la gestión del proyecto. Finalmente, en el año 2012, el gobierno peruano decidió suspender el proyecto debido a la falta de consenso y al riesgo de daños ambientales irreversibles.

Proyecto Gasoducto Sur Peruano: En el año 2014, el proyecto Gasoducto Sur Peruano, que tenía como objetivo transportar gas natural desde la selva peruana hasta la costa, generó un gran debate debido a la posible afectación de los ecosistemas y las comunidades locales. Ante la falta de información científica completa sobre los posibles impactos ambientales del proyecto, diversos grupos ambientalistas y comunidades locales demandaron la aplicación del principio precautorio en la gestión del proyecto. Finalmente, en el año 2015, el gobierno peruano decidió suspender el proyecto debido a la falta de consenso y al riesgo de daños ambientales irreversibles.

Proyecto Tía María: En el año 2019, el proyecto minero Tía María, ubicado en la región de Arequipa, generó una gran controversia debido a la posible afectación de los ecosistemas y las comunidades locales. Ante la falta de información científica completa sobre los posibles impactos ambientales del proyecto, diversos grupos ambientalistas y comunidades locales demandaron la aplicación del principio precautorio en la gestión del proyecto. Finalmente, en el año 2019, el gobierno peruano decidió suspender el proyecto debido a la falta de consenso y al riesgo de daños ambientales irreversibles.

Los casos del proyecto Conga, Gasoducto Sur Peruano y Tía María son ejemplos concretos de la aplicación del principio precautorio en la gestión ambiental en Perú. En todos estos casos, la falta de información científica completa sobre los posibles impactos ambientales justificó la aplicación del principio precautorio y motivó la adopción de medidas preventivas para evitar posibles daños ambientales irreversibles.

Artículo VIII.- Del principio de internalización de costos

Toda persona natural o jurídica, pública o privada, debe asumir el costo de los riesgos o daños que genere sobre el ambiente.

El costo de las acciones de prevención, vigilancia, restauración, rehabilitación, reparación y la eventual compensación, relacionadas con la protección del ambiente y de sus componentes de los impactos negativos de las actividades humanas debe ser asumido por los causantes de dichos impactos.

Comentario Artículo VIII.- Del principio de internalización de costos:

El artículo VIII de la Ley General del Ambiente en Perú establece el principio de internalización de costos ambientales. Este principio establece que toda persona, natural o jurídica, pública o privada, que cause daños o riesgos al ambiente debe asumir el costo de los mismos. Además, la persona o entidad responsable debe cubrir los costos de las acciones necesarias para prevenir, vigilar, restaurar, rehabilitar, reparar y eventualmente compensar los daños ambientales causados por sus actividades.

Este principio de internalización de costos tiene como objetivo incentivar a las personas y entidades a tomar medidas preventivas para evitar los posibles daños ambientales que sus actividades puedan causar. Asimismo, busca garantizar la protección del ambiente y sus componentes, así como promover una gestión ambiental responsable y sostenible.

Es importante destacar que este principio se aplica a todas las actividades humanas, desde las más simples hasta las más complejas, y que la obligación de asumir los costos ambientales afecta a todas las personas o entidades que causen daños o riesgos al ambiente. De esta manera, se busca promover una cultura de responsabilidad ambiental en la sociedad y en todas las actividades económicas.

El artículo VIII de la Ley General del Ambiente en Perú establece el principio de internalización de costos ambientales, que obliga a las personas y entidades que causen daños o riesgos al ambiente a asumir los costos de prevención, vigilancia, restauración, rehabilitación, reparación y compensación de los mismos. Este principio tiene como objetivo promover una gestión ambiental responsable y sostenible en todas las actividades humanas.

La internalización de costos ambientales es un principio fundamental en la gestión ambiental, ya que busca que las personas y entidades responsables de causar daños ambientales asuman los costos de sus acciones. Esto implica que las empresas y otras entidades deben considerar los costos ambientales en sus decisiones de inversión y producción, y tomar medidas preventivas para evitar los posibles daños ambientales que puedan causar.

Además, la internalización de costos ambientales también promueve la responsabilidad social y ambiental de las empresas, ya que les obliga a considerar los impactos ambientales de sus actividades en su toma de decisiones. De esta manera, las empresas pueden contribuir a la protección del ambiente y a la promoción de una gestión ambiental sostenible.

Por otro lado, la internalización de costos ambientales también puede ser beneficiosa para la sociedad en su conjunto, ya que puede prevenir daños ambientales y proteger la salud y el bienestar de las personas. Además, al obligar a las empresas a asumir los costos ambientales de sus actividades, se puede evitar que los costos sean transferidos a la sociedad o al Estado.

La internalización de costos ambientales es un principio clave en la gestión ambiental, ya que busca que las personas y entidades responsables de causar daños ambientales asuman los costos de sus acciones. Esto puede promover una gestión ambiental responsable y sostenible, así como contribuir a la protección del ambiente y al bienestar de la sociedad en su conjunto.

Ejemplo Artículo VIII.- Del principio de internalización de costos:

Un ejemplo sobre este articulo podría ser la aplicación del principio de internalización de costos ambientales es el caso de la empresa minera. La empresa operó durante varios años en la ciudad de La Oroya, en la región de Junín, realizando actividades de extracción y procesamiento de minerales.

Sin embargo, las emisiones de gases tóxicos y otros contaminantes generados por las actividades de la empresa en La Oroya causaron graves daños ambientales y afectaron la salud de la población local. Ante esta situación, las comunidades afectadas y las autoridades ambientales exigieron a la empresa asumir los costos de los daños ambientales causados.

En el año 2007, la empresa fue obligada por las autoridades peruanas a suspender sus operaciones en La Oroya debido a los altos niveles de contaminación. Posteriormente, en el año 2012, la empresa presentó un plan de remediación ambiental para la zona, que incluía medidas de prevención, vigilancia, restauración y rehabilitación, así como la eventual compensación de los daños causados.

Este caso ilustra la importancia de la internalización de costos ambientales, ya que obliga a las empresas a asumir los costos de los daños ambientales causados por sus actividades. Asimismo, destaca la necesidad de que las empresas adopten medidas preventivas para evitar los posibles daños ambientales que puedan causar y promuevan una gestión ambiental responsable y sostenible.

Artículo IX.- Del principio de responsabilidad ambiental

El causante de la degradación del ambiente y de sus componentes, sea una persona natural o jurídica, pública o privada, está obligado a adoptar inexcusablemente las medidas para su restauración, rehabilitación o reparación según corresponda o, cuando lo anterior no fuera posible, a compensar en términos ambientales los daños generados, sin perjuicio de otras responsabilidades administrativas, civiles o penales a que hubiera lugar.

CONCORDANCIAS: Ley N° 29325, Art. 23, núm. 23.1 (Ley del Sistema Nacional de Evaluación y Fiscalización Ambiental).

Comentario Artículo IX.- Del principio de responsabilidad ambiental:

El principio de responsabilidad ambiental es fundamental en la gestión ambiental, ya que establece que toda persona o entidad que cause degradación del ambiente y sus componentes está obligada a adoptar medidas para su restauración, rehabilitación o reparación según corresponda. Si esto no fuera posible, la persona o entidad responsable debe compensar en términos ambientales los daños causados. Este principio busca promover una gestión ambiental responsable y sostenible en todas las actividades económicas.

Es importante destacar que la responsabilidad ambiental no solo implica cumplir con las obligaciones legales, sino también ir más allá y adoptar medidas preventivas para evitar los posibles daños ambientales que puedan causar. Las empresas y otras entidades deben considerar los impactos ambientales de sus actividades y tomar medidas para minimizar o prevenir los posibles impactos negativos.

Además, es importante destacar que la responsabilidad ambiental no excluye la posibilidad de otras responsabilidades administrativas, civiles o penales a las que pueda haber lugar. Esto significa que las empresas y otras entidades deben cumplir con las obligaciones legales y asumir las consecuencias de sus acciones.

En Perú, la Ley General del Ambiente establece el principio de responsabilidad ambiental y lo complementa con la Ley del Sistema Nacional de Evaluación y Fiscalización Ambiental, que establece un marco para la evaluación y fiscalización ambiental de las actividades económicas.

El principio de responsabilidad ambiental es fundamental para promover una gestión ambiental responsable y sostenible en todas las actividades económicas. Las empresas y otras entidades deben considerar los impactos ambientales de sus actividades y adoptar medidas preventivas para evitar los posibles daños ambientales que puedan causar. Además, deben cumplir con las obligaciones legales y asumir las consecuencias de sus acciones. La aplicación de este principio busca proteger el ambiente y promover un desarrollo sostenible en beneficio de la sociedad en su conjunto.

Es importante destacar que la aplicación del principio de responsabilidad ambiental no solo implica un compromiso ético y social por parte de las empresas y otras entidades, sino también una oportunidad para la innovación y el desarrollo sostenible. Es decir, al adoptar medidas preventivas y correctivas para minimizar los impactos ambientales de sus actividades, las empresas pueden mejorar su eficiencia y competitividad, reducir costos y generar valor añadido.

Además, la aplicación del principio de responsabilidad ambiental también puede contribuir a mejorar la calidad de vida de las comunidades locales y proteger su salud y bienestar. La degradación del ambiente y sus componentes puede tener efectos negativos en la salud humana, como enfermedades respiratorias, cáncer y otros problemas de salud.

Por otro lado, también es importante destacar la necesidad de una regulación efectiva y un sistema de control y fiscalización ambiental que garantice el cumplimiento de las obligaciones legales y la aplicación del principio de responsabilidad ambiental. Esto implica la necesidad de que los Estados adopten políticas y medidas para promover una gestión ambiental responsable y sostenible, así como para sancionar a las empresas y otras entidades que incumplen con sus obligaciones.

La aplicación del principio de responsabilidad ambiental es fundamental para promover una gestión ambiental responsable, sostenible e innovadora en todas las actividades económicas. Esto implica adoptar medidas preventivas y correctivas para minimizar los impactos ambientales, cumplir con las obligaciones legales y asumir las consecuencias de las acciones. Además, también es necesario contar con una regulación efectiva y un sistema de control y fiscalización ambiental que garantice el cumplimiento de las obligaciones y la protección del ambiente y la salud de las personas.

Ejemplo Artículo IX.- Del principio de responsabilidad ambiental:

El principio de responsabilidad ambiental es un tema de gran importancia en Perú, dada la riqueza de su biodiversidad y la presencia de diversas actividades económicas que pueden causar impactos ambientales negativos. La Ley General del Ambiente establece que cualquier persona o entidad que cause degradación del ambiente y sus componentes, sea una persona natural o jurídica, pública o privada, está obligada a adoptar medidas para su restauración, rehabilitación o reparación según corresponda.

Un ejemplo en Perú de la aplicación del principio de responsabilidad ambiental es el caso de la empresa minera Buenaventura, que en el año 2019 fue sancionada por el Organismo de Evaluación y Fiscalización Ambiental (OEFA) por causar impactos negativos en el ambiente y la salud de las personas en la provincia de Espinar, en el departamento de Cusco. La empresa fue multada y obligada a cumplir con medidas de remediación ambiental en la zona.

Este caso ilustra la importancia de la aplicación del principio de responsabilidad ambiental, ya que obliga a las empresas a asumir las consecuencias de sus acciones y adoptar medidas para minimizar los impactos ambientales de sus actividades. Además, también evidencia la necesidad de un sistema efectivo de control y fiscalización ambiental que garantice el cumplimiento de las obligaciones legales y la protección del ambiente y la salud de las personas.

Sin embargo, a pesar de la existencia de este principio y las obligaciones legales correspondientes, en Perú todavía existen numerosos casos de degradación del ambiente y sus componentes por parte de empresas y otras entidades. Esto se debe en parte a la debilidad de los sistemas de control y fiscalización ambiental, la falta de recursos y capacidad de las autoridades ambientales y la falta de compromiso y cultura ambiental por parte de las empresas y la sociedad en general.

Es necesario, por tanto, seguir impulsando la aplicación del principio de responsabilidad ambiental y fortalecer los sistemas de control y fiscalización ambiental en Perú. Asimismo, es importante promover una cultura ambiental responsable y sostenible en todas las actividades económicas y en la sociedad en general. Solo así se podrá garantizar la protección del ambiente y la salud de las personas, y promover un desarrollo sostenible que beneficie a toda la sociedad.

Artículo X.- Del principio de equidad

El diseño y la aplicación de las políticas públicas ambientales deben contribuir a erradicar la pobreza y reducir las inequidades sociales y económicas existentes; y al desarrollo económico sostenible de las poblaciones menos favorecidas. En tal sentido, el Estado podrá adoptar, entre otras, políticas o programas de acciones afirmativas, entendidas como el conjunto coherente de medidas de carácter temporal dirigidas a corregir la situación de los miembros del grupo al que están destinadas, en un aspecto o varios de su vida social o económica, a fin de alcanzar la equidad efectiva.

Comentario Artículo X.- Del principio de equidad:

El principio de equidad establecido en el Artículo X de la Ley General del Ambiente en Perú, es un principio fundamental para garantizar que el diseño y la aplicación de políticas públicas ambientales contribuyan a erradicar la pobreza y reducir las inequidades sociales y económicas existentes. Este principio reconoce que el desarrollo económico sostenible debe ser inclusivo y abordar las necesidades y desafíos de las poblaciones menos favorecidas.

Es importante destacar que la equidad ambiental implica la distribución justa de los costos y beneficios ambientales, y la participación significativa de las comunidades locales en la toma de decisiones y la gestión ambiental. Esto significa que las políticas y programas ambientales deben garantizar que las poblaciones menos favorecidas tengan acceso a los recursos naturales y servicios ambientales, y que se promueva su participación activa en la gestión de los recursos naturales.

Además, el Artículo X de la Ley General del Ambiente también establece la posibilidad de adoptar políticas o programas de acciones afirmativas, entendidas como el conjunto coherente de medidas de carácter temporal dirigidas a corregir la situación de los miembros del grupo al que están destinadas, en un aspecto o varios de su vida social o económica, a fin de alcanzar la equidad efectiva. Esto implica que el Estado puede adoptar medidas específicas para garantizar la equidad ambiental, como, por ejemplo, la implementación de programas de educación ambiental en áreas rurales o el acceso prioritario a servicios ambientales para las poblaciones más vulnerables.

Es importante destacar que la equidad ambiental no solo es un tema de justicia social, sino también de sostenibilidad y eficiencia. Una gestión ambiental equitativa y participativa puede contribuir a la construcción de sociedades más justas y sostenibles, y a la reducción de conflictos ambientales entre las comunidades locales y las empresas o entidades que operan en su territorio.

El principio de equidad ambiental es fundamental para garantizar que el desarrollo económico sostenible sea inclusivo y aborde las necesidades y desafíos de las poblaciones menos favorecidas. La equidad ambiental implica la distribución justa de los costos y beneficios ambientales, y la participación significativa de las comunidades locales en la toma de decisiones y la gestión ambiental. Además, la posibilidad de adoptar políticas o programas de acciones afirmativas puede contribuir a garantizar la equidad efectiva en la gestión ambiental. La aplicación efectiva de este principio puede contribuir a la construcción de sociedades más justas y sostenibles, y a la reducción de conflictos ambientales.

No obstante, en la práctica, la aplicación efectiva del principio de equidad ambiental puede enfrentar diversos desafíos y obstáculos. En muchos casos, las poblaciones menos favorecidas son las más afectadas por los impactos ambientales negativos, pero tienen menos capacidad para participar en la toma de decisiones y hacer valer sus derechos. Además, en algunos casos, los intereses económicos y políticos pueden prevalecer sobre los derechos de las comunidades locales y los principios ambientales.

Por otro lado, también es importante destacar la importancia de contar con información y datos confiables y actualizados para la implementación efectiva del principio de equidad. Es necesario conocer las características y necesidades específicas de las poblaciones menos favorecidas para poder diseñar políticas y programas ambientales adecuados y efectivos.

En Perú, la aplicación del principio de equidad ambiental ha sido objeto de debate y críticas en diversos contextos, como en el caso de la implementación de proyectos de infraestructura y extractivos en territorios de comunidades indígenas y poblaciones rurales. En muchos casos, se ha denunciado la falta de consulta y participación de las comunidades locales, así como la falta de atención a sus necesidades y preocupaciones.

La aplicación efectiva del principio de equidad ambiental es fundamental para garantizar la justicia social y la sostenibilidad ambiental en Perú y en todo el mundo. La distribución justa de los costos y beneficios ambientales, la participación significativa de las comunidades locales y la adopción de medidas de acciones afirmativas son elementos clave para lograr una gestión ambiental equitativa y efectiva. Es importante seguir trabajando en el fortalecimiento de los sistemas de participación ciudadana y en la promoción de una cultura ambiental responsable y sostenible para lograr una sociedad más justa y sostenible.

Ejemplo Artículo X.- Del principio de equidad:

Un ejemplo concreto de la aplicación del principio de equidad ambiental en Perú es el caso de la Reserva Nacional de Paracas, ubicada en la región de Ica. Esta área protegida es un importante ecosistema marino y terrestre que alberga una gran biodiversidad y es clave para la economía local, ya que es una importante fuente de recursos para la pesca y el turismo.

En este contexto, la implementación de políticas públicas ambientales ha buscado promover la equidad ambiental, asegurando la protección de la reserva y al mismo tiempo garantizando el acceso a los recursos naturales y servicios ambientales para las comunidades locales. Por ejemplo, se han implementado programas de conservación y restauración de ecosistemas, así como proyectos de turismo sostenible que involucran a las comunidades locales en su diseño y gestión.

Además, se han adoptado medidas de acciones afirmativas para garantizar la equidad efectiva en la gestión ambiental, como, por ejemplo, la implementación de programas de educación ambiental dirigidos a las comunidades locales y la promoción de la participación ciudadana en la toma de decisiones relacionadas con la gestión ambiental.

Este caso ilustra la importancia de la aplicación del principio de equidad ambiental en la gestión de áreas protegidas y la necesidad de adoptar medidas específicas para garantizar la participación y el acceso a los recursos naturales y servicios ambientales para las comunidades locales. Asimismo, evidencia la necesidad de contar con información y datos confiables y actualizados para la implementación efectiva del principio de equidad ambiental y la gestión ambiental en general.

Artículo XI.- Del principio de gobernanza ambiental

El diseño y aplicación de las políticas públicas ambientales se rigen por el principio de gobernanza ambiental, que conduce a la armonización de las políticas, instituciones, normas, procedimientos, herramientas e información de manera tal que sea posible la participación efectiva e integrada de los actores públicos y privados, en la toma de decisiones, manejo de conflictos y construcción de consensos, sobre la base de responsabilidades claramente definidas, seguridad jurídica y transparencia.

Comentario Artículo XI.- Del principio de gobernanza ambiental:

El principio de gobernanza ambiental establecido en el Artículo XI de la Ley General del Ambiente en Perú es fundamental para garantizar una gestión ambiental efectiva y sostenible. Este principio se refiere a la necesidad de armonizar las políticas, instituciones, normas, procedimientos, herramientas e información, para que sea posible la participación efectiva e integrada de los diferentes actores públicos y privados en la toma de decisiones, manejo de conflictos y construcción de consensos.

En este sentido, la gobernanza ambiental se enfoca en la promoción de una gestión ambiental participativa, transparente y responsable, que garantice la seguridad jurídica y la protección del ambiente y la salud de las personas. La aplicación efectiva del principio de gobernanza ambiental implica la definición clara de responsabilidades y la promoción de la participación ciudadana en la toma de decisiones y en la gestión de los recursos naturales.

Además, la gobernanza ambiental también implica la integración de los enfoques ambientales en la planificación y gestión del desarrollo económico y social, para garantizar la sostenibilidad ambiental y la equidad social. Esto implica el diseño de políticas y programas que promuevan la protección del ambiente y la salud de las personas, y que al mismo tiempo fomenten el desarrollo económico sostenible y la inclusión social.

En la práctica, la aplicación efectiva del principio de gobernanza ambiental puede enfrentar diversos desafíos y obstáculos, como la falta de información y datos confiables y actualizados, la falta de capacidad institucional y técnica, y la resistencia de los actores económicos y políticos. Por ello, es fundamental fortalecer los sistemas de participación ciudadana y promover una cultura de transparencia y responsabilidad en la gestión ambiental.

El principio de gobernanza ambiental es fundamental para garantizar una gestión ambiental efectiva y sostenible en Perú y en todo el mundo. La armonización de las políticas, instituciones, normas, procedimientos, herramientas e información, y la promoción de la participación ciudadana en la toma de decisiones y en la gestión de los recursos naturales son elementos clave para lograr una gestión ambiental participativa, transparente y responsable. Es importante seguir trabajando en el fortalecimiento de los sistemas de gobernanza ambiental y en la promoción de una cultura de responsabilidad y sostenibilidad para lograr una sociedad más justa y sostenible.

Uno de los desafíos más importantes en la aplicación del principio de gobernanza ambiental en Perú es la falta de capacidad institucional y técnica en las entidades encargadas de la gestión ambiental. En muchos casos, estas entidades enfrentan limitaciones en cuanto a recursos humanos, financieros y tecnológicos, lo que dificulta la implementación efectiva de políticas y programas ambientales.

Además, la falta de información y datos confiables y actualizados también puede ser un obstáculo para la implementación efectiva del principio de gobernanza ambiental. Es necesario contar con información precisa y actualizada sobre los impactos ambientales y sociales de los proyectos y actividades económicas, así como sobre las necesidades y preocupaciones de las comunidades locales, para poder tomar decisiones informadas y garantizar una gestión ambiental efectiva y sostenible.

En este sentido, es fundamental promover la transparencia y la accesibilidad de la información ambiental, para que las comunidades locales y otros actores interesados puedan participar de manera efectiva en la toma de decisiones y en la gestión ambiental. Esto implica la promoción de herramientas y mecanismos de participación ciudadana, como audiencias públicas, consultas previas y procesos de diálogo y concertación, que permitan la construcción de consensos y el manejo de conflictos en la gestión ambiental.

Otro aspecto importante en la aplicación del principio de gobernanza ambiental es la necesidad de definir claramente las responsabilidades de cada actor involucrado en la gestión ambiental. Esto implica la definición de roles y competencias claras para las entidades públicas y privadas, así como la promoción de la responsabilidad social y ambiental de las empresas y otros actores económicos.

La aplicación efectiva del principio de gobernanza ambiental en Perú requiere de un esfuerzo conjunto de los actores públicos y privados, así como de la sociedad civil y las comunidades locales. La armonización de las políticas, instituciones, normas, procedimientos, herramientas e información, la promoción de la participación ciudadana y la definición clara de responsabilidades son elementos clave para lograr una gestión ambiental efectiva y sostenible. Es importante seguir trabajando en el fortalecimiento de los sistemas de gobernanza ambiental y en la promoción de una cultura de responsabilidad y sostenibilidad para lograr una sociedad más justa y sostenible.

Ejemplo Artículo XI.- Del principio de gobernanza ambiental:

Un ejemplo concreto de la aplicación del principio de gobernanza ambiental en Perú es el caso del proyecto minero, que se ubicaba en la región de Cajamarca. Este proyecto minero había generado una gran controversia debido a los impactos ambientales y sociales que podría generar en la zona, así como a la falta de consulta y participación de las comunidades locales en la toma de decisiones.

Ante esto, el gobierno peruano decidió implementar un proceso de diálogo y concertación entre los diferentes actores involucrados en el proyecto, como las empresas mineras, las comunidades locales y las entidades gubernamentales. Este proceso de diálogo y concertación buscó generar acuerdos y consensos sobre la gestión ambiental y social del proyecto, en base a un enfoque de gobernanza ambiental participativa y transparente.

Durante este proceso, se establecieron medidas de mitigación y compensación ambiental, así como mecanismos de participación ciudadana y seguimiento de los impactos ambientales y sociales del proyecto. Asimismo, se promovió el fortalecimiento de las capacidades institucionales y técnicas de las entidades encargadas de la gestión ambiental.

Donde, se llegó a un acuerdo que permitió la redefinición del proyecto minero, en base a criterios de sostenibilidad ambiental y social. Este ejemplo ilustra la importancia de la aplicación del principio de gobernanza ambiental en la gestión de proyectos extractivos y la necesidad de promover un enfoque participativo y transparente en la toma de decisiones.

En cuanto a las opiniones, es importante destacar que la implementación efectiva del principio de gobernanza ambiental en Perú puede enfrentar diversos desafíos y obstáculos, como la falta de capacidad institucional y técnica, la resistencia de los actores económicos y políticos, y la falta de información y datos confiables y actualizados.

Por ello, es fundamental seguir trabajando en el fortalecimiento de los sistemas de gobernanza ambiental y en la promoción de una cultura de transparencia y responsabilidad en la gestión ambiental. Además, es necesario promover la participación ciudadana en la toma de decisiones y en la gestión de los recursos naturales, para garantizar una gestión ambiental efectiva y sostenible en Perú y en todo el mundo.

Es importante destacar que en Perú existen diversos ejemplos de procesos de diálogo y concertación que han permitido la aplicación efectiva del principio de gobernanza ambiental en la gestión de proyectos extractivos y en la protección de áreas naturales. Por ejemplo, el caso de la Reserva Nacional de Paracas, mencionado anteriormente, es un ejemplo de cómo la aplicación del principio de equidad ambiental y el enfoque de gobernanza ambiental participativa han permitido garantizar la protección de un importante ecosistema y al mismo tiempo, promover el acceso a los recursos naturales y servicios ambientales para las comunidades locales.

Además, también existen iniciativas de promoción de la gobernanza ambiental en el ámbito empresarial, como el Pacto Global de Naciones Unidas, que busca promover la responsabilidad social y ambiental de las empresas en todo el mundo. En Perú, diversas empresas han adoptado este pacto y han implementado medidas de gestión ambiental responsables y sostenibles, en base a los principios de transparencia, participación ciudadana y responsabilidad social.

En cuanto a las opiniones, es importante destacar que la aplicación efectiva del principio de gobernanza ambiental en Perú requiere de un esfuerzo conjunto de los actores públicos y privados, así como de la sociedad civil y las comunidades locales. Es necesario promover una cultura de responsabilidad y sostenibilidad en la gestión ambiental, que permita garantizar una gestión ambiental efectiva y sostenible en el largo plazo.

En este sentido, es fundamental seguir trabajando en el fortalecimiento de los sistemas de gobernanza ambiental y en la promoción de herramientas y mecanismos de participación ciudadana, que permitan la construcción de consensos y el manejo de conflictos en la gestión ambiental. Asimismo, es necesario seguir promoviendo la transparencia y accesibilidad de la información ambiental, para que las comunidades locales y otros actores interesados puedan participar de manera efectiva en la toma de decisiones y en la gestión ambiental.

TÍTULO I

TÍTULO I - POLÍTICA NACIONAL DEL AMBIENTE Y GESTIÓN AMBIENTAL

Capítulo 1 - Aspectos generales

Artículo 1.- Del objetivo

La presente Ley es la norma ordenadora del marco normativo legal para la gestión ambiental en el Perú. Establece los principios y normas básicas para asegurar el efectivo ejercicio del derecho a un ambiente saludable, equilibrado y adecuado para el pleno desarrollo de la vida, así como el cumplimiento del deber de contribuir a una efectiva gestión ambiental y de proteger el ambiente, así como sus componentes, con el objetivo de mejorar la calidad de vida de la población y lograr el desarrollo sostenible del país.

Comentario Artículo 1.- Del objetivo:

La política nacional del ambiente y la gestión ambiental son temas de gran importancia en el Perú, ya que permiten garantizar el derecho de la población a un ambiente saludable y equilibrado, así como el deber de contribuir a una efectiva gestión ambiental y protección del ambiente.

La Ley establece los principios y normas básicas para la gestión ambiental en el país, que incluyen la prevención, precaución, participación ciudadana, responsabilidad, equidad ambiental y cooperación. Estos principios son fundamentales para promover una gestión ambiental efectiva y sostenible en el largo plazo, y para garantizar el bienestar de la población y el uso adecuado de los recursos naturales.

Es importante destacar que la implementación efectiva de la política nacional del ambiente y la gestión ambiental no solo requiere de un marco normativo adecuado, sino también de una participación activa y comprometida de todos los actores involucrados. Esto incluye a las entidades públicas y privadas, la sociedad civil y las comunidades locales.

En este sentido, es fundamental promover una cultura de responsabilidad y sostenibilidad en la gestión ambiental, que permita garantizar una gestión ambiental efectiva y sostenible en el largo plazo. Esto implica promover la participación ciudadana en la toma de decisiones y la gestión ambiental, y fortalecer las capacidades institucionales y técnicas de las entidades encargadas de la gestión ambiental.

Además, es importante destacar que la gestión ambiental no solo implica la protección del ambiente, sino también la promoción de un desarrollo sostenible que permita garantizar el bienestar de la población y el uso adecuado de los recursos naturales. En este sentido, es fundamental promover un enfoque integrado de la gestión ambiental, que permita coordinar y articular las acciones de las entidades públicas y privadas en materia de gestión ambiental.

La política nacional del ambiente y la gestión ambiental son fundamentales para el desarrollo sostenible del Perú y el bienestar de su población. Es necesario seguir promoviendo una cultura de responsabilidad y sostenibilidad en la gestión ambiental, que permita garantizar una gestión ambiental efectiva y sostenible en el largo plazo.

Artículo 2.- Del ámbito

2.1 Las disposiciones contenidas en la presente Ley, así como en sus normas complementarias y reglamentarias, son de obligatorio cumplimiento para toda persona natural o jurídica, pública o privada, dentro del territorio nacional, el cual comprende el suelo, sub-suelo, el dominio marítimo, lacustre, hidrológico e hidrogeológico y el espacio aéreo.

2.2 La presente Ley regula las acciones destinadas a la protección del ambiente que deben adoptarse en el desarrollo de todas las actividades humanas. La regulación de las actividades productivas y el aprovechamiento de los recursos naturales se rigen por sus respectivas leyes, debiendo aplicarse la presente Ley en lo que concierne a las políticas, normas e instrumentos de gestión ambiental.

2.3 Entiéndase, para los efectos de la presente Ley, que toda mención hecha al "ambiente" o a "sus componentes" comprende a los elementos físicos, químicos y biológicos de origen natural o antropogénico que, en forma individual o asociada, conforman el medio en el que se desarrolla la vida, siendo los factores que aseguran la salud individual y colectiva de las personas y la conservación de los recursos naturales, la diversidad biológica y el patrimonio cultural asociado a ellos, entre otros.

Comentario Artículo 2.- Del ámbito:

El artículo 2 de la Ley de Política Nacional del Ambiente y Gestión Ambiental establece el ámbito de aplicación de la norma, dejando claro que todas las personas naturales o jurídicas, públicas o privadas, deben cumplir con ella dentro del territorio nacional. Esto implica que todas las actividades humanas deben ser reguladas por la ley en función de la protección del ambiente.

Es importante destacar que, si bien la ley regula las acciones destinadas a la protección del ambiente en el desarrollo de todas las actividades humanas, la regulación de las actividades productivas y el aprovechamiento de los recursos naturales se rigen por sus respectivas leyes. Sin embargo, deben aplicarse las políticas, normas e instrumentos de gestión ambiental establecidos en la ley.

En este sentido, es fundamental considerar que la protección del ambiente no es una tarea exclusiva de las entidades públicas, sino que también implica la responsabilidad de las empresas y de la sociedad en general. Por ello, la ley debe ser considerada como una herramienta para promover una cultura de responsabilidad ambiental y sostenibilidad en todas las actividades humanas.

La definición de ambiente y sus componentes en la ley es amplia y abarca todos los elementos físicos, químicos y biológicos de origen natural o antropogénico que conforman el medio en el que se desarrolla la vida. Esto implica que la protección del ambiente no solo se refiere a la conservación de los recursos naturales y la biodiversidad, sino también a la salud individual y colectiva de las personas y al patrimonio cultural asociado a ellos.

El artículo 2 de Política Nacional del Ambiente y Gestión Ambiental de la Ley 28611, establece un marco normativo amplio e inclusivo para la protección del ambiente en el Perú. Esta norma debe ser considerada como una herramienta fundamental para promover una cultura de responsabilidad ambiental y sostenibilidad en todas las actividades humanas, y para garantizar el bienestar de la población y la conservación de los recursos naturales.

Ejemplo Artículo 2.- Del ámbito:

La Política Nacional del Ambiente y Gestión Ambiental establece la importancia de proteger el ambiente y sus componentes, y regular las actividades humanas en el territorio nacional. A continuación, se presenta un ejemplo de aplicación considerando cada uno de los incisos del artículo 2 de la Ley:

En la región amazónica de Loreto, se ha implementado un plan de manejo ambiental para la extracción de recursos naturales, en el marco de la política ambiental del Estado. El plan ha sido financiado por el Ministerio del Ambiente y ha contado con la participación de diversas entidades públicas y privadas.

En cumplimiento del inciso 2.1 del artículo 2 de la Ley, las disposiciones contenidas en la presente Ley, así como en sus normas complementarias y reglamentarias, son de obligatorio cumplimiento para toda persona natural o jurídica, pública o privada, dentro del territorio nacional, el cual comprende el suelo, subsuelo, el dominio marítimo, lacustre, hidrológico e hidrogeológico y el espacio aéreo.

Por lo tanto, el plan de manejo ambiental para la extracción de recursos naturales debe cumplir con las disposiciones de la Ley y sus normas complementarias y reglamentarias.

En cumplimiento del inciso 2.2 del artículo 2 de la Ley, el plan de manejo ambiental para la extracción de recursos naturales se rige por la ley respectiva, debiendo aplicarse la presente Ley en lo que concierne a las políticas, normas e instrumentos de gestión ambiental. Por lo tanto, el plan de manejo ambiental debe incorporar las medidas necesarias para proteger el ambiente y sus componentes, y regular las actividades humanas en la región.

En cumplimiento del inciso 2.3 del artículo 2 de la Ley, el plan de manejo ambiental debe entender que toda mención hecha al "ambiente" o a "sus componentes" comprende a los elementos físicos, químicos y biológicos de origen natural o antropogénico que, en forma individual o asociada, conforman el medio en el que se desarrolla la vida, siendo los factores que aseguran la salud individual y colectiva de las personas y la conservación de los recursos naturales, la diversidad biológica y el patrimonio cultural asociado a ellos, entre otros. Por lo tanto, el plan de manejo ambiental debe incorporar medidas para proteger los recursos naturales, la diversidad biológica y el patrimonio cultural asociado a ellos.

La implementación del plan de manejo ambiental ha permitido la extracción de recursos naturales de manera sostenible, protegiendo el ambiente y sus componentes, y regulando las actividades humanas en la región.

La aplicación del artículo 2 de la Ley en la región amazónica de Loreto es un ejemplo práctico de cómo la protección del ambiente y sus componentes se regula en el territorio nacional, y las actividades humanas deben adaptarse a las políticas, normas e instrumentos de gestión ambiental. Esperamos que estos ejemplos inspiren a más autoridades y comunidades a promover la protección del ambiente y sus componentes en el país.

Artículo 3.- Del rol del Estado en materia ambiental

El Estado, a través de sus entidades y órganos correspondientes, diseña y aplica las políticas, normas, instrumentos, incentivos y sanciones que sean necesarios para garantizar el efectivo ejercicio de los derechos y el cumplimiento de las obligaciones y responsabilidades contenidas en la presente Ley.

Comentario Artículo 3.- Del rol del Estado en materia ambiental:

El rol del Estado en materia ambiental es fundamental para garantizar la protección del ambiente y la sostenibilidad del desarrollo en el Perú. El artículo 3 de Política Nacional del Ambiente y Gestión Ambiental establece que el Estado es el principal responsable de diseñar y aplicar las políticas, normas, instrumentos, incentivos y sanciones necesarios para garantizar el efectivo ejercicio de los derechos y el cumplimiento de las obligaciones y responsabilidades contenidas en la ley.

En este sentido, el Estado tiene la responsabilidad de promover una gestión ambiental efectiva y sostenible, que permita garantizar el bienestar de la población y la conservación de los recursos naturales. Para ello, debe diseñar políticas y normas que establezcan los principios y criterios básicos para la gestión ambiental, así como los instrumentos necesarios para su aplicación.

Entre estos instrumentos, se incluyen la evaluación de impacto ambiental, el manejo de residuos, la gestión de áreas naturales protegidas, la promoción de la ecoeficiencia, entre otros. Asimismo, el Estado debe establecer mecanismos de incentivos y sanciones que permitan garantizar el cumplimiento de las normas ambientales y la protección del ambiente.

Es importante destacar que el rol del Estado en materia ambiental debe ser complementado por la participación ciudadana y la cooperación interinstitucional. La participación ciudadana implica la inclusión de la sociedad en la toma de decisiones ambientales y en la implementación de las políticas y normas ambientales. Por su parte, la cooperación interinstitucional implica la coordinación y articulación de las acciones de las diferentes entidades públicas y privadas en materia de gestión ambiental.

El Estado tiene un rol fundamental en la protección del ambiente y la sostenibilidad del desarrollo en el Perú. Para ello, debe diseñar y aplicar políticas, normas e instrumentos que permitan garantizar una gestión ambiental efectiva y sostenible, y establecer mecanismos de incentivos y sanciones que permitan garantizar el cumplimiento de las normas ambientales. Asimismo, el Estado debe promover la participación ciudadana y la cooperación interinstitucional en la gestión ambiental.

Además, el rol del Estado en materia ambiental también implica la promoción de la educación y la conciencia ambiental en la población. La educación ambiental es esencial para sensibilizar a la población sobre la importancia de la protección del ambiente y la sostenibilidad del desarrollo, y para promover una cultura de responsabilidad ambiental.

En este sentido, el Estado tiene la responsabilidad de promover la educación ambiental en todos los niveles educativos, desde la educación básica hasta la educación superior. Asimismo, debe promover campañas de sensibilización y difusión sobre la importancia de la protección del ambiente y la sostenibilidad del desarrollo en la sociedad en general.

Otro aspecto importante del rol del Estado en materia ambiental es la cooperación internacional. La protección del ambiente es un problema global que requiere la cooperación y el trabajo conjunto de los países. En este sentido, el Estado debe promover la cooperación internacional en materia ambiental, estableciendo acuerdos y compromisos internacionales que permitan garantizar una gestión ambiental efectiva y sostenible.

El rol del Estado en materia ambiental es fundamental para garantizar la protección del ambiente y la sostenibilidad del desarrollo en el Perú. Para ello, debe promover una gestión ambiental efectiva y sostenible, establecer mecanismos de incentivos y sanciones, promover la educación y la conciencia ambiental, y fomentar la cooperación internacional en materia ambiental. Todo esto permitirá garantizar el bienestar de la población y la conservación de los recursos naturales en el país.

Ejemplo Artículo 3.- Del rol del Estado en materia ambiental:

Un ejemplo concreto del rol del Estado en materia ambiental en el Perú es la implementación del Programa Nacional de Conservación de Bosques para la Mitigación del Cambio Climático (Programa Bosques). Este programa tiene como objetivo principal contribuir a la mitigación del cambio climático a través de la conservación y restauración de bosques y la gestión sostenible de tierras en el país.

El Programa Bosques fue creado en el año 2010 y es liderado por el Ministerio del Ambiente. Este programa cuenta con la participación de diferentes entidades del Estado, organizaciones de la sociedad civil y comunidades locales, y tiene un enfoque integral que contempla aspectos sociales, económicos y ambientales.

Entre las acciones que se llevan a cabo en el marco del Programa Bosques, destacan la identificación y delimitación de áreas de conservación, la promoción de prácticas sostenibles de uso del suelo, la implementación de proyectos de reforestación y restauración de bosques, y la promoción de la participación ciudadana y la cooperación interinstitucional.

El Programa Bosques ha permitido la conservación de más de 3 millones de hectáreas de bosques en el país y la reducción de emisiones de gases de efecto invernadero en más de 30 millones de toneladas de CO_2 equivalente. Además, ha contribuido a la generación de empleo y al desarrollo de las comunidades locales, promoviendo un enfoque de desarrollo sostenible en la gestión de los recursos naturales.

Este ejemplo demuestra la importancia del rol del Estado en la protección del ambiente y la sostenibilidad del desarrollo en el Perú. El Programa Bosques es un ejemplo de cómo la implementación de políticas y programas ambientales integrales y participativos puede contribuir a la conservación de los recursos naturales y la mitigación del cambio climático, al mismo tiempo que promueve el desarrollo sostenible y la inclusión social.

El Programa Bosques es un ejemplo concreto del rol del Estado en materia ambiental en el Perú. Este programa ha permitido la conservación de bosques y la reducción de emisiones de gases de efecto invernadero, al mismo tiempo que ha promovido el desarrollo sostenible y la inclusión social en las comunidades locales. Este ejemplo demuestra la importancia de la implementación de políticas y programas ambientales participativos e integrales para garantizar la protección del ambiente y la sostenibilidad del desarrollo en el país.

Es importante destacar que la implementación del Programa Bosques también ha enfrentado desafíos y críticas. Por ejemplo, se han señalado deficiencias en la implementación de los mecanismos de compensación por servicios ambientales, así como en la participación efectiva de las comunidades locales en la toma de decisiones y la gestión de los recursos naturales.

Estos desafíos ponen de manifiesto la necesidad de fortalecer la institucionalidad y la participación ciudadana en la gestión ambiental en el país. Asimismo, es fundamental garantizar la transparencia y la rendición de cuentas en la implementación de los programas y políticas ambientales, para que los ciudadanos puedan evaluar su efectividad y aportar en su mejora continua.

El Programa Bosques es un ejemplo concreto del rol del Estado en materia ambiental en el Perú, que demuestra la importancia de la implementación de políticas y programas ambientales integrales y participativos para garantizar la protección del ambiente y la sostenibilidad del desarrollo en el país. Sin embargo, también se deben abordar los desafíos y críticas que surgen en su implementación para fortalecer la institucionalidad, la participación ciudadana y la transparencia en la gestión ambiental.

Artículo 4.- De la tributación y el ambiente

El diseño del marco tributario nacional considera los objetivos de la Política Nacional Ambiental, promoviendo particularmente, conductas ambientalmente responsables, modalidades de producción y consumo responsable de bienes y servicios, la conservación, aprovechamiento sostenible y recuperación de los recursos naturales, así como el desarrollo y uso de tecnologías apropiadas y de prácticas de producción limpia en general.

Comentario Artículo 4.- De la tributación y el ambiente:

El tema de la tributación y el ambiente es fundamental en la actualidad, ya que permite promover conductas ambientalmente responsables y fomentar la conservación y el uso sostenible de los recursos naturales. En este sentido, la Ley General del Ambiente 28611 establece que el diseño del marco tributario nacional debe considerar los objetivos de la Política Nacional Ambiental.

La tributación ambiental consiste en el uso de instrumentos fiscales para internalizar los costos ambientales en las decisiones económicas y promover conductas ambientalmente responsables. Esto se logra a través de la imposición de impuestos, tasas y otros tributos que gravan las actividades que generan impactos negativos en el ambiente, y la promoción de incentivos fiscales para aquellas actividades que contribuyen a la conservación y el uso sostenible de los recursos naturales.

En este contexto, el marco tributario nacional debe promover modalidades de producción y consumo responsable de bienes y servicios, que permitan reducir los impactos ambientales asociados a la producción y el consumo. Asimismo, debe fomentar la conservación, el aprovechamiento sostenible y la recuperación de los recursos naturales, incentivando la adopción de prácticas de producción limpia y el uso de tecnologías apropiadas.

Es importante destacar que la tributación ambiental debe ser diseñada de manera adecuada, considerando la realidad socioeconómica del país y los objetivos ambientales que se quieren alcanzar. En este sentido, se debe garantizar que los tributos ambientales sean justos y equitativos, y que no generen efectos negativos en la población más vulnerable.

La tributación ambiental es un instrumento fundamental para promover conductas ambientalmente responsables y fomentar la conservación y el uso sostenible de los recursos naturales. El diseño del marco tributario nacional debe considerar los objetivos de la Política Nacional Ambiental, promoviendo modalidades de producción y consumo responsable de bienes y servicios, la conservación, aprovechamiento sostenible y recuperación de los recursos naturales, así como el desarrollo y uso de tecnologías apropiadas y de prácticas de producción limpia en general. Sin embargo, es importante que la tributación ambiental sea diseñada de manera adecuada, garantizando su justicia y equidad, y evitando efectos negativos en la población más vulnerable.

Además, es importante destacar que la tributación ambiental no debe ser vista como un fin en sí mismo, sino como un instrumento complementario a otras políticas y medidas ambientales. La tributación ambiental debe ser parte de una estrategia integral de gestión ambiental que incluya medidas de prevención, control y corrección de los impactos ambientales, así como la promoción de prácticas y tecnologías ambientalmente responsables.

En este sentido, la Ley General del Ambiente 28611 establece que la gestión ambiental debe ser integral, participativa y descentralizada, y que debe promover la prevención y el control de la contaminación, la conservación y el uso sostenible de los recursos naturales, y la recuperación de áreas degradadas.

La tributación ambiental puede ser una herramienta efectiva para promover estos objetivos, pero debe ser parte de una estrategia integral que incluya la participación ciudadana y la cooperación interinstitucional. Además, es importante que la tributación ambiental sea transparente y que los recursos recaudados se destinen efectivamente a la protección del ambiente y la sostenibilidad del desarrollo.

La tributación ambiental es un instrumento importante para promover conductas ambientalmente responsables y fomentar la conservación y el uso sostenible de los recursos naturales. El marco tributario nacional debe considerar los objetivos de la Política Nacional Ambiental y promover modalidades de producción y consumo responsable de bienes y servicios, la conservación, aprovechamiento sostenible y recuperación de los recursos naturales, así como el desarrollo y uso de tecnologías apropiadas y de prácticas de producción limpia en general. Sin embargo, la tributación ambiental debe ser parte de una estrategia integral de gestión ambiental que incluya medidas de prevención, control y corrección de los impactos ambientales, la participación ciudadana y la cooperación interinstitucional, y la transparencia y rendición de cuentas en el uso de los recursos recaudados.

Ejemplo Artículo 4.- De la tributación y el ambiente:

Un ejemplo concreto de la aplicación de la tributación ambiental en el Perú es el impuesto a las bolsas plásticas, que fue establecido en el año 2019 con el objetivo de reducir el consumo de bolsas plásticas y promover conductas ambientalmente responsables en la población.

El impuesto a las bolsas plásticas se aplica a las empresas que comercializan bolsas plásticas no reutilizables, y se establece una tasa del impuesto por cada bolsa plástica que se distribuye. La tasa del impuesto se ha establecido de manera progresiva, siendo más alta en el primer año de aplicación y disminuyendo gradualmente en los siguientes años.

La implementación del impuesto a las bolsas plásticas ha tenido un impacto positivo en el ambiente y la sociedad en el Perú. Desde su implementación, se ha notado una reducción significativa en el consumo de bolsas plásticas en el país, lo que ha contribuido a la reducción de la contaminación y la protección de los ecosistemas.

Además, el impuesto ha incentivado a las empresas a adoptar prácticas más responsables en la producción y comercialización de bolsas plásticas, promoviendo la utilización de bolsas reutilizables y la adopción de prácticas de producción más sostenibles.

Sin embargo, también se han señalado desafíos y críticas en la implementación del impuesto a las bolsas plásticas. Por ejemplo, se ha cuestionado la efectividad del impuesto para reducir el consumo de bolsas plásticas, ya que algunas empresas han optado por aumentar el precio de las bolsas plásticas en lugar de reducir su uso. Asimismo, se ha señalado la necesidad de fortalecer los mecanismos de control y fiscalización para garantizar que las empresas cumplan con sus obligaciones tributarias ambientales.

El impuesto a las bolsas plásticas es un ejemplo concreto de la aplicación de la tributación ambiental en el Perú, que ha contribuido a reducir el consumo de bolsas plásticas y promover conductas ambientalmente responsables en la población y las empresas. Sin embargo, se deben abordar los desafíos y críticas que surgen en su implementación, para fortalecer los mecanismos de control y fiscalización, y garantizar que el impuesto cumpla efectivamente con su objetivo de reducir el consumo de bolsas plásticas y proteger el ambiente.

Es importante destacar que el impuesto a las bolsas plásticas es un ejemplo de cómo la tributación ambiental puede ser una herramienta efectiva para promover conductas ambientalmente responsables y fomentar la conservación y el uso sostenible de los recursos naturales. Además, demuestra que la implementación de impuestos ambientales puede tener un impacto positivo en la sociedad y la economía, promoviendo la adopción de prácticas más sostenibles y responsables.

En este sentido, es fundamental que el diseño del marco tributario nacional considere los objetivos de la Política Nacional Ambiental, y promueva modalidades de producción y consumo responsable de bienes y servicios, la conservación, aprovechamiento sostenible y recuperación de los recursos naturales, así como el desarrollo y uso de tecnologías apropiadas y de prácticas de producción limpia en general.

Además, es importante que la tributación ambiental sea diseñada de manera adecuada, considerando la realidad socioeconómica del país y los objetivos ambientales que se quieren alcanzar. En este sentido, se debe garantizar que los tributos ambientales sean justos y equitativos, y que no generen efectos negativos en la población más vulnerable.

La tributación ambiental fomenta conductas responsables y el uso sostenible de los recursos naturales. El marco tributario debe apoyar la Política Nacional Ambiental, promover producción y consumo responsables, conservación, aprovechamiento sostenible y tecnologías apropiadas. Pero, también es crucial asegurar que los impuestos ambientales sean justos y no afecten desproporcionadamente a la población vulnerable.

Artículo 5.- Del Patrimonio de la Nación

Los recursos naturales constituyen Patrimonio de la Nación. Su protección y conservación pueden ser invocadas como causa de necesidad pública, conforme a ley.

Comentario Artículo 5.- Del Patrimonio de la Nación:

La Constitución Política del Perú establece que los recursos naturales son parte del Patrimonio de la Nación, y, por lo tanto, su protección y conservación son fundamentales para garantizar el bienestar de la sociedad y el desarrollo sostenible del país. En este sentido, es importante destacar que la protección y conservación de los recursos naturales no solo es responsabilidad del Estado, sino también de la sociedad en su conjunto.

La protección y conservación de los recursos naturales pueden ser consideradas como una causa de necesidad pública, lo que significa que el Estado tiene la obligación de promover medidas y políticas que garanticen su protección y conservación. Esto implica la implementación de políticas y medidas que promuevan la conservación de la biodiversidad, la protección de los ecosistemas y la gestión sostenible de los recursos naturales.

Es importante destacar que la protección y conservación de los recursos naturales no solo tiene un valor ecológico y ambiental, sino también social y económico. Los recursos naturales son fuente de vida y sustento para la población, y su conservación y uso sostenible son fundamentales para garantizar el desarrollo económico y social del país.

En este sentido, es importante que el Estado promueva políticas y medidas que garanticen la conservación y uso sostenible de los recursos naturales, y que involucre a la sociedad en su conjunto en este proceso. Esto implica la promoción de prácticas y tecnologías sostenibles en la producción y consumo de bienes y servicios, así como la implementación de medidas de gestión ambiental y la participación de la sociedad en la toma de decisiones relacionadas con el uso y conservación de los recursos naturales.

La protección y conservación de los recursos naturales son fundamentales para garantizar el bienestar de la sociedad y el desarrollo sostenible del país. El Patrimonio de la Nación incluye los recursos naturales, y, por lo tanto, su protección y conservación son una causa de necesidad pública. Es responsabilidad del Estado promover políticas y medidas que garanticen la conservación y uso sostenible de los recursos naturales, e involucrar a la sociedad en su conjunto en este proceso. La protección y conservación de los recursos naturales no solo tiene un valor ambiental, sino también social y económico, y su gestión responsable es fundamental para el desarrollo sostenible del país.

Además, es importante destacar que la protección y conservación de los recursos naturales no solo beneficia a la sociedad actual, sino también a las generaciones futuras. La gestión responsable de los recursos naturales garantiza su disponibilidad y sostenibilidad a largo plazo, lo que es fundamental para el desarrollo sostenible del país a largo plazo.

Por otro lado, es importante que la protección y conservación de los recursos naturales sea complementada con políticas y medidas que garanticen su uso sostenible y la generación de beneficios económicos para la población. Esto implica la promoción de prácticas y tecnologías sostenibles en la producción y consumo de bienes y servicios, así como la implementación de políticas de gestión ambiental que garanticen el uso sostenible de los recursos naturales.

En este sentido, es importante destacar que la protección y conservación de los recursos naturales no debe ser vista como un obstáculo para el desarrollo económico, sino como una oportunidad para promover un desarrollo sostenible y equitativo. La gestión responsable de los recursos naturales puede generar oportunidades económicas para la población, a través del desarrollo de actividades económicas sostenibles y la generación de empleo.

La protección y conservación de los recursos naturales son fundamentales para garantizar el bienestar de la sociedad y el desarrollo sostenible del país. El Patrimonio de la Nación incluye los recursos naturales, y, por lo tanto, su protección y conservación son una causa de necesidad pública. Es responsabilidad del Estado promover políticas y medidas que garanticen la conservación y uso sostenible de los recursos naturales, e involucrar a la sociedad en su conjunto en este proceso. La gestión responsable de los recursos naturales puede generar oportunidades económicas para la población y promover un desarrollo sostenible y equitativo.

Ejemplo Artículo 5.- Del Patrimonio de la Nación:

Un ejemplo concreto de la protección y conservación de los recursos naturales en el Perú es la Reserva Nacional de Paracas, ubicada en la región de Ica. Esta reserva natural protege una extensa área de ecosistemas marinos y terrestres, así como una gran cantidad de especies de flora y fauna endémicas.

La Reserva Nacional de Paracas es un importante destino turístico en el Perú, que atrae a miles de visitantes cada año. Sin embargo, su valor ecológico y ambiental es aún más importante, ya que se trata de una zona de gran biodiversidad y riqueza natural.

La protección y conservación de la Reserva Nacional de Paracas es responsabilidad del Estado peruano, a través del Servicio Nacional de Áreas Naturales Protegidas por el Estado (SERNANP). La gestión de la reserva incluye la implementación de medidas de conservación y protección de los ecosistemas y especies que habitan en la zona, así como la promoción del turismo sostenible y la educación ambiental.

En este sentido, la Reserva Nacional de Paracas es un ejemplo de cómo la protección y conservación de los recursos naturales puede ser complementada con políticas y medidas que promuevan su uso sostenible y la generación de beneficios económicos para la población. El turismo sostenible en la reserva genera oportunidades económicas para la población local, a través de la generación de empleo y la promoción de actividades económicas sostenibles.

Además, la Reserva Nacional de Paracas es un ejemplo de cómo la gestión responsable de los recursos naturales puede generar beneficios económicos y sociales a largo plazo. La protección y conservación de los ecosistemas y especies en la reserva garantiza su disponibilidad y sostenibilidad a largo plazo, lo que es fundamental para el desarrollo sostenible del país a largo plazo.

La Reserva Nacional de Paracas es un ejemplo de cómo la protección y conservación de los recursos naturales puede generar oportunidades económicas y sociales para la población, a través del turismo sostenible y la gestión responsable de los ecosistemas y especies. La protección y conservación de los recursos naturales es fundamental para garantizar el bienestar de la sociedad y el desarrollo sostenible del país, y debe ser una prioridad para el Estado peruano y la sociedad en su conjunto.

Artículo 6.- De las limitaciones al ejercicio de derechos

El ejercicio de los derechos de propiedad y a la libertad de trabajo, empresa, comercio e industria, están sujetos a las limitaciones que establece la ley en resguardo del ambiente.

Comentario Artículo 6.- De las limitaciones al ejercicio de derechos:

La Constitución Política del Perú establece que el ejercicio de los derechos de propiedad y a la libertad de trabajo, empresa, comercio e industria están sujetos a las limitaciones que establece la ley en resguardo del ambiente. Esta disposición constitucional reconoce la importancia de la protección del ambiente y su relación con el ejercicio de los derechos económicos y empresariales.

En este sentido, es fundamental que las políticas públicas y la regulación legal reconozcan la importancia de la protección ambiental como un elemento fundamental para garantizar el desarrollo sostenible del país. La protección del ambiente no solo es un derecho fundamental de la sociedad, sino también una condición necesaria para el desarrollo económico y social a largo plazo.

Es importante destacar que las limitaciones al ejercicio de los derechos económicos y empresariales en resguardo del ambiente deben ser razonables y proporcionales. Las políticas públicas y la regulación legal deben buscar el equilibrio entre la protección ambiental y el desarrollo económico, y garantizar que las limitaciones no generen efectos negativos en la economía y la sociedad.

En este sentido, es importante que la regulación ambiental sea clara y previsible, y que se establezcan mecanismos adecuados para la participación de la sociedad en la toma de decisiones relacionadas con la protección ambiental y el desarrollo económico. La sociedad en su conjunto debe estar involucrada en la definición de políticas y medidas que garanticen la protección del ambiente y el desarrollo sostenible del país.

Las limitaciones al ejercicio de los derechos de propiedad y a la libertad de trabajo, empresa, comercio e industria en resguardo del ambiente son fundamentales para garantizar el desarrollo sostenible del país. Es importante que las políticas públicas y la regulación legal reconozcan la importancia de la protección ambiental como un elemento fundamental para el desarrollo económico y social a largo plazo. Las limitaciones deben ser razonables y proporcionales, y deben buscar el equilibrio entre la protección ambiental y el desarrollo económico. La participación de la sociedad en la definición de políticas y medidas es fundamental para garantizar la protección del ambiente y el desarrollo sostenible del país.

Ejemplo Artículo 6.- De las limitaciones al ejercicio de derechos:

Un ejemplo de aplicación del artículo 6 podría ser el siguiente:

Un empresario desea construir una fábrica en una zona boscosa para producir productos químicos. Sin embargo, la ley ambiental del país establece que las actividades industriales que generan emisiones contaminantes no pueden ser realizadas en zonas de conservación ambiental.

En este caso, el empresario estaría limitado en el ejercicio de su derecho a la libertad de empresa y comercio en aras de proteger el ambiente, ya que la ley establece una limitación expresa para evitar el daño irreparable al bosque y sus recursos naturales. En otras palabras, el ejercicio del derecho a la libertad de empresa y comercio no puede ser ejercido de manera ilimitada si ello implica un daño al ambiente.

En este ejemplo, el artículo 6 se aplica para garantizar que el empresario no ejerza su derecho de libertad de empresa y comercio de manera ilimitada y que se respete la limitación establecida en la ley para proteger el ambiente. Esto permite que se proteja la biodiversidad y se evite el daño irreversible al bosque y sus recursos naturales.

Artículo 7.- Del carácter de orden público de las normas ambientales

7.1 Las normas ambientales, incluyendo las normas en materia de salud ambiental y de conservación de la diversidad biológica y los demás recursos naturales, son de orden público. Es nulo todo pacto en contra de lo establecido en dichas normas legales.

7.2 El diseño, aplicación, interpretación e integración de las normas señaladas en el párrafo anterior, de carácter nacional, regional y local, se realizan siguiendo los principios, lineamientos y normas contenidas en la presente Ley y, en forma subsidiaria, en los principios generales del derecho.

Comentario Artículo 7.- Del carácter de orden público de las normas ambientales:

La Constitución Política del Perú reconoce el carácter de orden público de las normas ambientales, incluyendo las normas en materia de salud ambiental y de conservación de la diversidad biológica y los demás recursos naturales. Esto significa que estas normas son de obligatorio cumplimiento para todos los ciudadanos, empresas y entidades públicas y privadas, y que no pueden ser objeto de pactos o acuerdos que vayan en contra de su contenido.

El reconocimiento del carácter de orden público de las normas ambientales es fundamental para garantizar la protección del ambiente y la conservación de los recursos naturales. La protección ambiental es un derecho fundamental de la sociedad y su cumplimiento es una responsabilidad compartida entre el Estado, las empresas y la sociedad en su conjunto.

En este sentido, es importante que las políticas públicas y la regulación legal reconozcan la importancia de la protección ambiental como un elemento fundamental para garantizar el desarrollo sostenible del país. La protección ambiental no solo es un derecho fundamental de la sociedad, sino también una condición necesaria para el desarrollo económico y social a largo plazo.

Es importante destacar que el diseño, aplicación, interpretación e integración de las normas ambientales deben seguir los principios, lineamientos y normas establecidos en la Ley, así como los principios generales del derecho. Esto garantiza que las normas sean aplicadas de manera coherente y consistente, y que se respeten los derechos y responsabilidades de todas las partes involucradas.

El reconocimiento del carácter de orden público de las normas ambientales es fundamental para garantizar la protección del ambiente y la conservación de los recursos naturales. Es responsabilidad compartida del Estado, las empresas y la sociedad en su conjunto cumplir con estas normas y garantizar la protección ambiental. El diseño, aplicación, interpretación e integración de las normas ambientales deben seguir los principios y normas establecidos en la Ley, así como los principios generales del derecho, para garantizar su aplicación coherente y consistente.

Es importante destacar que el reconocimiento del carácter de orden público de las normas ambientales no solo garantiza la protección del ambiente y la conservación de los recursos naturales, sino también la protección de la salud humana y el bienestar de la sociedad. La contaminación ambiental y la degradación de los ecosistemas pueden tener efectos negativos en la salud humana, y es responsabilidad del Estado y las empresas garantizar la protección de la salud ambiental.

En este sentido, es fundamental que las políticas públicas y la regulación legal establezcan mecanismos adecuados para la prevención y control de la contaminación, así como para la gestión de los residuos y la protección de la calidad del agua y el aire. La participación de la sociedad en la definición de políticas y medidas es fundamental para garantizar la protección del ambiente y la salud humana.

Además, el reconocimiento del carácter de orden público de las normas ambientales implica una responsabilidad compartida entre el Estado, las empresas y la sociedad en su conjunto. Las empresas tienen la responsabilidad de cumplir con las normas ambientales y garantizar la protección del ambiente y la conservación de los recursos naturales. La sociedad en su conjunto tiene la responsabilidad de promover prácticas sostenibles y responsables en el consumo y la producción de bienes y servicios.

El reconocimiento del carácter de orden público de las normas ambientales es fundamental para garantizar la protección del ambiente, la conservación de los recursos naturales, la protección de la salud humana y el bienestar de la sociedad. Es responsabilidad compartida del Estado, las empresas y la sociedad en su conjunto cumplir con estas normas y garantizar la protección ambiental. La participación de la sociedad en la definición de políticas y medidas es fundamental para garantizar la protección del ambiente y la salud humana.

Ejemplo Artículo 7.- Del carácter de orden público de las normas ambientales:

Un ejemplo de aplicación del artículo 7 podría ser el siguiente:

Una empresa de minería desea explotar una zona protegida por la ley ambiental del país. Sin embargo, la ley establece que las actividades de minería no son permitidas en zonas protegidas en aras de proteger la biodiversidad y los recursos naturales.

Si la empresa decide ignorar esta limitación y realizar la explotación minera en la zona protegida, estaría violando las normas ambientales que son de orden público y su cumplimiento es obligatorio. Además, cualquier pacto que la empresa haya hecho para permitir la explotación minera en la zona protegida sería nulo, ya que va en contra de lo establecido en las normas ambientales.

En este ejemplo, el artículo 7 se aplica para garantizar que la empresa cumpla con las normas ambientales y no realice actividades de minería en zonas protegidas. Esto permite que se proteja la biodiversidad y los recursos naturales de la zona protegida y se respete la limitación establecida en la ley para proteger el ambiente.

Capítulo 2 - Política nacional del ambiente

Artículo 8.- De la Política Nacional del Ambiente

8.1 La Política Nacional del Ambiente constituye el conjunto de lineamientos, objetivos, estrategias, metas, programas e instrumentos de carácter público, que tiene como propósito definir y orientar el accionar de las entidades del Gobierno Nacional, regional y local, y del sector privado y de la sociedad civil, en materia ambiental.

8.2 Las políticas y normas ambientales de carácter nacional, sectorial, regional y local se diseñan y aplican de conformidad con lo establecido en la Política Nacional del Ambiente y deben guardar concordancia entre sí.

8.3 La Política Nacional del Ambiente es parte integrante del proceso estratégico de desarrollo del país. Es aprobada por Decreto Supremo refrendado por el presidente del Consejo de Ministros. Es de obligatorio cumplimiento.

Comentario Artículo 8.- De la Política Nacional del Ambiente:

La Ley General del Ambiente 28611 del Perú establece la importancia de la Política Nacional del Ambiente como un conjunto de lineamientos, objetivos, estrategias, metas, programas e instrumentos de carácter público que tienen como propósito definir y orientar el accionar de las entidades del Gobierno Nacional, regional y local, y del sector privado y de la sociedad civil, en materia ambiental.

La Política Nacional del Ambiente es fundamental para garantizar la protección del ambiente y la conservación de los recursos naturales en el país. Su diseño y aplicación permiten establecer una visión compartida sobre la importancia de la protección ambiental y definir los lineamientos y estrategias para su cumplimiento.

Es importante destacar que las políticas y normas ambientales de carácter nacional, sectorial, regional y local se diseñan y aplican de conformidad con lo establecido en la Política Nacional del Ambiente y deben guardar concordancia entre sí. Esto garantiza una visión coherente y consistente sobre la protección ambiental y evita posibles contradicciones entre las diferentes políticas y normas ambientales.

Además, la Política Nacional del Ambiente es parte integrante del proceso estratégico de desarrollo del país y es aprobada por Decreto Supremo refrendado por el presidente del Consejo de Ministros. Es de obligatorio cumplimiento, lo que implica que todas las entidades públicas y privadas, así como la sociedad en su conjunto, deben cumplir con sus objetivos y metas.

En este sentido, es fundamental que la Política Nacional del Ambiente sea diseñada y aplicada de manera participativa, involucrando a todas las partes interesadas en su definición y seguimiento. La participación de la sociedad en la toma de decisiones relacionadas con la protección ambiental es fundamental para garantizar su cumplimiento y para promover una cultura de respeto y cuidado del ambiente.

La Política Nacional del Ambiente es fundamental para garantizar la protección del ambiente y la conservación de los recursos naturales en el Perú. Su diseño y aplicación permiten establecer una visión compartida sobre la importancia de la protección ambiental y definir los lineamientos y estrategias para su cumplimiento. Es importante que la Política Nacional del Ambiente sea diseñada y aplicada de manera participativa, involucrando a todas las partes interesadas en su definición y seguimiento. Su cumplimiento es de obligatorio cumplimiento y es responsabilidad de todas las entidades públicas y privadas, así como de la sociedad en su conjunto.

Ejemplo Artículo 8.- De la Política Nacional del Ambiente:

Un ejemplo de aplicación del artículo 8 podría ser el siguiente:

El Gobierno Nacional, en colaboración con las entidades regionales y locales, el sector privado y la sociedad civil, ha desarrollado una Política Nacional del Ambiente que establece objetivos y metas para la protección del medio ambiente y los recursos naturales del país.

A partir de esta política ambiental, se han desarrollado políticas y normas ambientales sectoriales, regionales y locales que están alineadas con los objetivos y metas establecidos en la Política Nacional del Ambiente. Por ejemplo, se han establecido normas para limitar las emisiones de gases de efecto invernadero en el sector energético, para proteger áreas naturales protegidas, para regular el uso de pesticidas y fertilizantes en la agricultura, entre otras.

Además, la Política Nacional del Ambiente se ha integrado en el proceso estratégico de desarrollo del país, lo que significa que se ha considerado como una prioridad en la planificación del desarrollo económico y social. Esto ha permitido que se tomen en cuenta las consideraciones ambientales en la toma de decisiones en materia de inversión, infraestructura y desarrollo económico.

En este ejemplo, el artículo 8 se aplica para garantizar que las políticas y normas ambientales sectoriales, regionales y locales estén alineadas con la Política Nacional del Ambiente y trabajen juntas para alcanzar los objetivos y metas establecidos en ella. Esto permite que se proteja el medio ambiente y los recursos naturales en el país de manera coherente y consistente con los principios y lineamientos establecidos en la política ambiental nacional.

Artículo 9.- Del objetivo

La Política Nacional del Ambiente tiene por objetivo mejorar la calidad de vida de las personas, garantizando la existencia de ecosistemas saludables, viables y funcionales en el largo plazo; y el desarrollo sostenible del país, mediante la prevención, protección y recuperación del ambiente y sus componentes, la conservación y el aprovechamiento sostenible de los recursos naturales, de una manera responsable y congruente con el respeto de los derechos fundamentales de la persona.

Comentario Artículo 9.- Del objetivo:

La Política Nacional del Ambiente tiene como objetivo principal mejorar la calidad de vida de las personas, garantizando la existencia de ecosistemas saludables, viables y funcionales en el largo plazo; y el desarrollo sostenible del país, mediante la prevención, protección y recuperación del ambiente y sus componentes, la conservación y el aprovechamiento sostenible de los recursos naturales, de una manera responsable y congruente con el respeto de los derechos fundamentales de la persona.

La protección del ambiente y la conservación de los recursos naturales son fundamentales para el bienestar humano y el desarrollo sostenible del país. La Política Nacional del Ambiente establece los lineamientos y estrategias para garantizar una gestión ambiental responsable y sostenible, que permita la protección y conservación del ambiente y los recursos naturales, y al mismo tiempo, promueva el desarrollo económico y social del país.

Es importante destacar que la Política Nacional del Ambiente tiene como objetivo principal mejorar la calidad de vida de las personas, lo que implica que la protección ambiental no es un fin en sí mismo, sino un medio para garantizar el bienestar humano. La protección ambiental es fundamental para garantizar la salud y el bienestar de la sociedad, así como para promover un desarrollo económico y social sostenible a largo plazo.

Además, la Política Nacional del Ambiente establece la importancia de la prevención, protección y recuperación del ambiente y sus componentes. La prevención implica la adopción de medidas para evitar la contaminación y la degradación ambiental. La protección implica la adopción de medidas para proteger el ambiente y los recursos naturales de posibles daños. La recuperación implica la adopción de medidas para restaurar los ecosistemas y los recursos naturales dañados.

La Política Nacional del Ambiente tiene como objetivo mejorar la calidad de vida de las personas, garantizando la existencia de ecosistemas saludables, viables y funcionales en el largo plazo; y el desarrollo sostenible del país, mediante la prevención, protección y recuperación del ambiente y sus componentes, la conservación y el aprovechamiento sostenible de los recursos naturales, de una manera responsable y congruente con el respeto de los derechos fundamentales de la persona. La protección ambiental es fundamental para garantizar la salud y el bienestar de la sociedad, así como para promover un desarrollo económico y social sostenible a largo plazo.

Ejemplo Artículo 9.- Del objetivo:

Un ejemplo de aplicación del artículo 9 podría ser el siguiente:

La Política Nacional del Ambiente de un país tiene como objetivo mejorar la calidad de vida de las personas a través de la protección del medio ambiente y los recursos naturales. Para lograr este objetivo, se han establecido políticas y regulaciones para la prevención, protección y recuperación del ambiente y sus componentes, así como para la conservación y el aprovechamiento sostenible de los recursos naturales.

Por ejemplo, se ha establecido una política para la gestión de residuos sólidos, con el fin de prevenir la contaminación del aire, el agua y el suelo. Esta política establece la obligación de separar y reciclar los residuos en origen y de disponer adecuadamente los residuos no reciclables. Además, se han establecido regulaciones para la industria con el fin de reducir las emisiones de contaminantes al aire y al agua.

Otro ejemplo:

La política de conservación de la biodiversidad. Esta política busca proteger los ecosistemas y especies en peligro de extinción, a través de la creación de áreas naturales protegidas y la promoción de prácticas sostenibles de uso de los recursos naturales. Además, se han establecido regulaciones para la pesca y la explotación de recursos forestales con el fin de asegurar su sostenibilidad a largo plazo.

En este ejemplo, el artículo 9 se aplica para garantizar que la Política Nacional del Ambiente tenga como objetivo principal mejorar la calidad de vida de las personas a través de la protección del medio ambiente y los recursos naturales. Esto ha permitido que se establezcan políticas y regulaciones para la prevención, protección y recuperación del ambiente y sus componentes, así como para la conservación y el aprovechamiento sostenible de los recursos naturales, lo que ha permitido mejorar la calidad de vida de las personas y fomentar el desarrollo sostenible del país.

Artículo 10.- De la vinculación con otras políticas públicas

Las políticas de Estado integran las políticas ambientales con las demás políticas públicas. En tal sentido, los procesos de planificación, decisión y ejecución de políticas públicas en todos los niveles de Gobierno, incluyendo las sectoriales, incorporan obligatoriamente los lineamientos de la Política Nacional del Ambiente.

Comentario Artículo 10.- De la vinculación con otras políticas públicas:

La Ley General del Ambiente 28611 del Perú establece la importancia de la vinculación de las políticas ambientales con otras políticas públicas. Esto implica que los procesos de planificación, decisión y ejecución de políticas públicas en todos los niveles de gobierno, incluyendo las sectoriales, deben incorporar obligatoriamente los lineamientos de la Política Nacional del Ambiente.

La vinculación de las políticas ambientales con otras políticas públicas es fundamental para garantizar una gestión sostenible y responsable de los recursos naturales y el ambiente. La protección ambiental y la conservación de los recursos naturales no pueden ser consideradas como un tema aislado, sino que deben ser integradas en las políticas públicas que tienen impacto en el ambiente y los recursos naturales.

Por ejemplo, la política energética del país debe considerar la utilización de fuentes de energía renovable y la reducción de emisiones contaminantes, para garantizar la protección del ambiente y la conservación de los recursos naturales. La política de transporte debe considerar la promoción del uso de medios de transporte sostenibles y la reducción de emisiones contaminantes, para garantizar la protección del ambiente y la conservación de los recursos naturales.

Además, la vinculación de las políticas ambientales con otras políticas públicas permite una gestión más eficiente y efectiva de los recursos públicos. La integración de los lineamientos de la Política Nacional del Ambiente en políticas públicas sectoriales permite la identificación y evaluación de los impactos ambientales de dichas políticas, lo que permite la adopción de medidas preventivas y de mitigación.

Es importante destacar que la vinculación de las políticas ambientales con otras políticas públicas debe ser un proceso participativo e inclusivo. La participación de la sociedad civil y las organizaciones ambientales en la definición y seguimiento de políticas públicas es fundamental para garantizar una gestión ambiental responsable y sostenible.

La vinculación de las políticas ambientales con otras políticas públicas es fundamental para garantizar una gestión sostenible y responsable de los recursos naturales y el ambiente. La integración de los lineamientos de la Política Nacional del Ambiente en políticas públicas sectoriales permite la identificación y evaluación de los impactos ambientales de dichas políticas, lo que permite la adopción de medidas preventivas y de mitigación. La participación de la sociedad civil y las organizaciones ambientales en la definición y seguimiento de políticas públicas es fundamental para garantizar una gestión ambiental responsable y sostenible.

La vinculación de las políticas ambientales con otras políticas públicas es una práctica cada vez más común en todo el mundo. En muchos países, se han desarrollado estrategias y planes de acción para integrar los objetivos ambientales en las políticas públicas de diversos sectores, como la energía, el transporte, la agricultura, la pesca, entre otros.

En el caso del Perú, la Ley General del Ambiente establece la obligatoriedad de la vinculación de las políticas ambientales con otras políticas públicas. Esto implica que las decisiones de los diferentes niveles de gobierno deben considerar los impactos ambientales de las políticas públicas, y que las políticas sectoriales deben ser diseñadas de manera congruente con los lineamientos de la Política Nacional del Ambiente.

La vinculación de las políticas ambientales con otras políticas públicas también puede tener un impacto importante en la economía del país. Por ejemplo, la transición hacia una economía baja en carbono puede generar oportunidades de negocio y empleo en sectores como la energía renovable y la eficiencia energética. Asimismo, la promoción del turismo sostenible puede generar ingresos y empleo en zonas rurales y proteger la biodiversidad y los paisajes naturales.

Es importante destacar que la vinculación de las políticas ambientales con otras políticas públicas no es un proceso fácil ni rápido. Requiere una visión estratégica a largo plazo, una coordinación efectiva entre los diferentes niveles de gobierno y sectores, y una participación activa de la sociedad civil y las organizaciones ambientales.

La vinculación de las políticas ambientales con otras políticas públicas es fundamental para garantizar una gestión sostenible y responsable de los recursos naturales y el ambiente. La integración de los lineamientos de la Política Nacional del Ambiente en políticas públicas sectoriales permite la identificación y evaluación de los impactos ambientales de dichas políticas, lo que permite la adopción de medidas preventivas y de mitigación. La vinculación de las políticas ambientales con otras políticas públicas también puede generar oportunidades de negocio y empleo, y proteger la biodiversidad y los paisajes naturales.

Ejemplo Artículo 10.- De la vinculación con otras políticas públicas:

Un ejemplo de aplicación del artículo 10 podría ser el siguiente:

El Gobierno Nacional ha decidido implementar una política de fomento a la industria manufacturera en el país, con el fin de promover el crecimiento económico y la generación de empleo. Para asegurar que esta política sea sostenible y respete el medio ambiente, se ha trabajado en conjunto con la Política Nacional del Ambiente.

En el proceso de planificación de la política de fomento a la industria manufacturera, se ha considerado el impacto ambiental de la misma. Se han establecido regulaciones para la industria, con el fin de reducir las emisiones de gases de efecto invernadero y otros contaminantes al aire y al agua. Además, se han establecido incentivos para aquellas empresas que implementen prácticas sostenibles y reduzcan su huella ambiental.

De esta manera, la política de fomento a la industria manufacturera se ha integrado con la Política Nacional del Ambiente, asegurando que se respeten los principios de desarrollo sostenible y se proteja el medio ambiente. En este ejemplo, se ha aplicado el artículo 10, ya que se ha incorporado obligatoriamente los lineamientos de la Política Nacional del Ambiente en la planificación y ejecución de la política de fomento a la industria manufacturera. Esto ha permitido que se promueva el crecimiento económico y la generación de empleo de manera sostenible y responsable con el medio ambiente.

Artículo 11.- De los lineamientos ambientales básicos de las políticas públicas

Sin perjuicio del contenido específico de la Política Nacional del Ambiente, el diseño y aplicación de las políticas públicas consideran los siguientes lineamientos:

a) El respeto de la dignidad humana y la mejora continua de la calidad de vida de la población, asegurando una protección adecuada de la salud de las personas.

b) La prevención de riesgos y daños ambientales, así como la prevención y el control de la contaminación ambiental, principalmente en las fuentes emisoras. En particular, la promoción del desarrollo y uso de tecnologías, métodos, procesos y prácticas de producción, comercialización y disposición final más limpias.

c) El aprovechamiento sostenible de los recursos naturales, incluyendo la conservación de la diversidad biológica, a través de la protección y recuperación de los ecosistemas, las especies y su patrimonio genético. Ninguna consideración o circunstancia puede legitimar o excusar acciones que pudieran amenazar o generar riesgo de extinción de cualquier especie, subespecie o variedad de flora o fauna.

d) El desarrollo sostenible de las zonas urbanas y rurales, incluyendo la conservación de las áreas agrícolas periurbanas y la prestación ambientalmente sostenible de los servicios públicos, así como la conservación de los patrones culturales, conocimientos y estilos de vida de las comunidades tradicionales y los pueblos indígenas.

e) La promoción efectiva de la educación ambiental y de una ciudadanía ambiental responsable, en todos los niveles, ámbitos educativos y zonas del territorio nacional.

f) El fortalecimiento de la gestión ambiental, por lo cual debe dotarse a las autoridades de recursos, atributos y condiciones adecuados para el ejercicio de sus funciones. Las autoridades ejercen sus funciones conforme al carácter transversal de la gestión ambiental, tomando en cuenta que las cuestiones y problemas ambientales deben ser considerados y asumidos integral e intersectorialmente y al más alto nivel, sin eximirse de tomar en consideración o de prestar su concurso a la protección del ambiente, incluyendo la conservación de los recursos naturales.

g) La articulación e integración de las políticas y planes de lucha contra la pobreza, asuntos comerciales, tributarios y de competitividad del país con los objetivos de la protección ambiental y el desarrollo sostenible.

h) La información científica, que es fundamental para la toma de decisiones en materia ambiental.

i) El desarrollo de toda actividad empresarial debe efectuarse teniendo en cuenta la implementación de políticas de gestión ambiental y de responsabilidad social.

Comentario Artículo 11.- De los lineamientos ambientales básicos de las políticas públicas:

La Ley General del Ambiente 28611 del Perú establece los lineamientos ambientales básicos que deben considerarse en el diseño y aplicación de las políticas públicas. Estos lineamientos buscan garantizar una protección adecuada del ambiente y los recursos naturales, y una mejora continua de la calidad de vida de la población.

Uno de los lineamientos más importantes es la prevención de riesgos y daños ambientales, así como la prevención y el control de la contaminación ambiental. Esto implica la promoción del uso de tecnologías, métodos, procesos y prácticas de producción, comercialización y disposición final más limpias, y la identificación y evaluación de los impactos ambientales de las políticas públicas.

Otro lineamiento relevante es el aprovechamiento sostenible de los recursos naturales y la conservación de la diversidad biológica.

Esto implica la protección y recuperación de los ecosistemas, las especies y su patrimonio genético. Es importante destacar que ninguna consideración o circunstancia puede legitimar o excusar acciones que pudieran amenazar o generar riesgo de extinción de cualquier especie, subespecie o variedad de flora o fauna.

Además, la Ley General del Ambiente establece la importancia de la promoción efectiva de la educación ambiental y de una ciudadanía ambiental responsable. Esto implica la sensibilización y la capacitación de la población en la importancia de la protección del ambiente y los recursos naturales, y la promoción de prácticas y comportamientos responsables en relación con el ambiente.

La articulación e integración de las políticas y planes de lucha contra la pobreza, asuntos comerciales, tributarios y de competitividad del país con los objetivos de la protección ambiental y el desarrollo sostenible es otro lineamiento importante. Esto implica la coordinación y el trabajo conjunto entre los diferentes sectores y niveles de gobierno, para garantizar una gestión ambiental responsable y sostenible.

La Ley General del Ambiente establece los lineamientos ambientales básicos que deben considerarse en el diseño y aplicación de las políticas públicas. Estos lineamientos buscan garantizar una protección adecuada del ambiente y los recursos naturales, y una mejora continua de la calidad de vida de la población. La prevención de riesgos y daños ambientales, el aprovechamiento sostenible de los recursos naturales y la promoción efectiva de la educación ambiental y una ciudadanía ambiental responsable son algunos de los lineamientos más importantes. La articulación e integración de las políticas y planes de lucha contra la pobreza, asuntos comerciales, tributarios y de competitividad del país con los objetivos de la protección ambiental y el desarrollo sostenible también es fundamental.

La Ley General del Ambiente también establece la importancia de fortalecer la gestión ambiental, dotando a las autoridades de recursos, atributos y condiciones adecuados para el ejercicio de sus funciones. Las autoridades deben ejercer sus funciones conforme al carácter transversal de la gestión ambiental, tomando en cuenta que las cuestiones y problemas ambientales deben ser considerados y asumidos integral e intersectorialmente y al más alto nivel.

Otro lineamiento importante es el desarrollo de toda actividad empresarial con la implementación de políticas de gestión ambiental y de responsabilidad social. Esto implica que las empresas deben considerar los impactos ambientales de sus actividades y tomar medidas para reducirlos, así como promover prácticas y comportamientos responsables en relación con el ambiente.

Además, la Ley General del Ambiente establece la importancia de la información científica para la toma de decisiones en materia ambiental. Esto implica la necesidad de contar con estudios e investigaciones científicas que permitan una evaluación adecuada de los impactos ambientales de las políticas públicas y la adopción de medidas preventivas y de mitigación.

En resumen, la Ley General del Ambiente establece los lineamientos ambientales básicos que deben considerarse en el diseño y aplicación de las políticas públicas en el Perú. Estos lineamientos buscan garantizar una protección adecuada del ambiente y los recursos naturales, y una mejora continua de la calidad de vida de la población. La prevención de riesgos y daños ambientales, el aprovechamiento sostenible de los recursos naturales, la promoción efectiva de la educación ambiental y una ciudadanía ambiental responsable, la articulación e integración de las políticas y planes de lucha contra la pobreza con los objetivos de la protección ambiental, el fortalecimiento de la gestión ambiental, la implementación de políticas de gestión ambiental y de responsabilidad social por parte de las empresas, y la importancia de la información científica son algunos de los lineamientos más importantes. Es fundamental garantizar su implementación efectiva para lograr una gestión ambiental responsable y sostenible en el país.

Ejemplo Artículo 11.- De los lineamientos ambientales básicos de las políticas públicas:

Un ejemplo de aplicación del artículo 11 podría ser el siguiente:

El Gobierno Nacional ha decidido implementar una política de transporte sostenible en el país, con el fin de reducir las emisiones de gases de efecto invernadero y promover la movilidad sostenible. Para asegurar que esta política sea sostenible y respete el medio ambiente, se han considerado los lineamientos establecidos en el artículo 11.

En el proceso de diseño y aplicación de la política de transporte sostenible, se han considerado los siguientes lineamientos:

a) El respeto de la dignidad humana y la mejora continua de la calidad de vida de la población, asegurando una protección adecuada de la salud de las personas. Por lo tanto, se han establecido medidas para mejorar la calidad del aire y reducir la exposición de la población a la contaminación del aire generada por el transporte.

b) La prevención de riesgos y daños ambientales, así como la prevención y el control de la contaminación ambiental, principalmente en las fuentes emisoras. En particular, se han promovido tecnologías más limpias y eficientes en el transporte, como vehículos eléctricos o híbridos.

c) El aprovechamiento sostenible de los recursos naturales, incluyendo la conservación de la diversidad biológica, a través de la protección y recuperación de los ecosistemas, las especies y su patrimonio genético. Se ha considerado la planificación urbana y la infraestructura de transporte para minimizar el impacto ambiental y proteger los ecosistemas naturales.

d) El desarrollo sostenible de las zonas urbanas y rurales, incluyendo la conservación de las áreas agrícolas periurbanas y la prestación ambientalmente sostenible de los servicios públicos, así como la conservación de los patrones culturales, conocimientos y estilos de vida de las comunidades tradicionales y los pueblos indígenas. Se ha considerado la movilidad de las personas en las zonas urbanas y rurales, promoviendo opciones como la bicicleta y el transporte público sostenible.

e) La promoción efectiva de la educación ambiental y de una ciudadanía ambiental responsable, en todos los niveles, ámbitos educativos y zonas del territorio nacional. Se ha promovido la educación y conciencia ambiental en la población, con el fin de fomentar el uso responsable del transporte y la adopción de hábitos sostenibles.

f) El fortalecimiento de la gestión ambiental, por lo cual se han dotado a las autoridades de recursos, atributos y condiciones adecuados para el ejercicio de sus funciones. Se ha fortalecido la capacidad institucional para la gestión del transporte sostenible y la protección del medio ambiente.

g) La articulación e integración de las políticas y planes de lucha contra la pobreza, asuntos comerciales, tributarios y de competitividad del país con los objetivos de la protección ambiental y el desarrollo sostenible. Se ha considerado el impacto socioeconómico de la política de transporte sostenible y se han establecido medidas para garantizar su inclusión y accesibilidad para todos los sectores de la población.

h) La información científica, que es fundamental para la toma de decisiones en materia ambiental. Se han basado las decisiones en la información científica disponible para garantizar que la política de transporte sostenible sea eficaz y sostenible.

i) El desarrollo de toda actividad empresarial debe efectuarse teniendo en cuenta la implementación de políticas de gestión ambiental y de responsabilidad social. Se han establecido medidas para promover la responsabilidad social empresarial en el sector del transporte y garantizar que las empresas estén comprometidas con prácticas sostenibles.

De esta manera, la política de transporte sostenible se ha integrado con los lineamientos establecidos en el artículo 11, asegurando que se respeten los principios de desarrollo sostenible y se proteja el medio ambiente. En este ejemplo, se ha aplicado cada uno de los lineamientos establecidos en el artículo 11, permitiendo garantizar que la política de transporte sostenible sea sostenible y responsable con el medio ambiente.

Artículo 12.- De la política exterior en materia ambiental

Sin perjuicio de lo establecido en la Constitución Política, en la legislación vigente y en las políticas nacionales, la Política Exterior del Estado en materia ambiental se rige por los siguientes lineamientos:

a) La promoción y defensa de los intereses del Estado, en armonía con la Política Nacional Ambiental, los principios establecidos en la presente Ley y las demás normas sobre la materia.

b) La generación de decisiones multilaterales para la adecuada implementación de los mecanismos identificados en los acuerdos internacionales ambientales ratificados por el Perú.

c) El respeto a la soberanía de los Estados sobre sus respectivos territorios para conservar, administrar, poner en valor y aprovechar sosteniblemente sus propios recursos naturales y el patrimonio cultural asociado, así como para definir sus niveles de protección ambiental y las medidas más apropiadas para asegurar la efectiva aplicación de su legislación ambiental.

d) La consolidación del reconocimiento internacional del Perú como país de origen y centro de diversidad genética.

e) La promoción de estrategias y acciones internacionales que aseguren un adecuado acceso a los recursos genéticos y a los conocimientos tradicionales, respetando el procedimiento del consentimiento fundamentado previo y autorización de uso; las disposiciones legales sobre patentabilidad de productos relacionados a su uso, en especial en lo que respecta al certificado de origen y de legal procedencia; y, asegurando la distribución equitativa de los beneficios.

f) La realización del principio de responsabilidades comunes pero diferenciadas de los estados y de los demás principios contenidos en la Declaración de Río sobre el Medio Ambiente y el Desarrollo.

g) La búsqueda de soluciones a los problemas ambientales globales, regionales y subregionales mediante negociaciones internacionales destinadas a movilizar recursos externos, promover el desarrollo del capital social, el desarrollo del conocimiento, la facilitación de la transferencia tecnológica y el fomento de la competitividad, el comercio y los econegocios, para alcanzar el desarrollo sostenible de los estados.

h) La cooperación internacional destinada al manejo sostenible de los recursos naturales y a mantener las condiciones de los ecosistemas y del ambiente a nivel transfronterizo y más allá de las zonas donde el Estado ejerce soberanía y jurisdicción, de conformidad con el derecho internacional. Los recursos naturales transfronterizos se rigen por los tratados sobre la materia o en su defecto por la legislación especial. El Estado promueve la gestión integrada de estos recursos y la realización de alianzas estratégicas en tanto supongan el mejoramiento de las condiciones de sostenibilidad y el respeto de las normas ambientales nacionales.

i) Cooperar en la conservación y uso sostenible de la diversidad biológica marina en zonas más allá de los límites de la jurisdicción nacional, conforme al derecho internacional.

j) El establecimiento, desarrollo y promoción del derecho internacional ambiental.

Comentario Artículo 12.- De la política exterior en materia ambiental:

La Política Exterior del Estado en materia ambiental es un tema de gran importancia en el contexto actual, ya que los problemas ambientales no conocen fronteras y requieren de un enfoque global para su solución. En este sentido, la Ley General del Ambiente del Perú establece los lineamientos que deben regir la política exterior del país en materia ambiental, los cuales tienen como objetivo proteger el ambiente y los recursos naturales a nivel internacional y promover el desarrollo sostenible.

En primer lugar, se destaca la importancia de promover y defender los intereses del Estado en armonía con la Política Nacional Ambiental y las normas sobre la materia. Esto implica que la política exterior en materia ambiental debe estar en línea con las políticas nacionales y buscar el beneficio del país en términos ambientales.

En segundo lugar, se establece la necesidad de generar decisiones multilaterales para la adecuada implementación de los mecanismos identificados en los acuerdos internacionales ambientales ratificados por el Perú. Esto implica que el país debe trabajar en conjunto con otros países para lograr una implementación efectiva de los acuerdos ambientales internacionales a los que se ha comprometido.

En tercer lugar, se destaca la importancia de respetar la soberanía de los Estados sobre sus respectivos territorios para conservar, administrar, poner en valor y aprovechar sosteniblemente sus propios recursos naturales y el patrimonio cultural asociado. Esto implica que cada país tiene el derecho de definir sus niveles de protección ambiental y las medidas más apropiadas para asegurar la efectiva aplicación de su legislación ambiental.

En cuarto lugar, se establece la importancia de consolidar el reconocimiento internacional del Perú como país de origen y centro de diversidad genética. Esto implica que el país debe trabajar en la protección de su rica diversidad biológica y genética y promover su reconocimiento internacional.

En quinto lugar, se destaca la importancia de promover estrategias y acciones internacionales que aseguren un adecuado acceso a los recursos genéticos y a los conocimientos tradicionales, respetando el procedimiento del consentimiento fundamentado previo y autorización de uso. Esto implica que el país debe trabajar en conjunto con otros países para asegurar un acceso justo y equitativo a los recursos genéticos y asegurar la distribución equitativa de los beneficios.

En sexto lugar, se establece la necesidad de realización del principio de responsabilidades comunes pero diferenciadas de los estados y de los demás principios contenidos en la Declaración de Río sobre el Medio Ambiente y el Desarrollo. Esto implica que los países deben trabajar juntos para solucionar los problemas ambientales globales, teniendo en cuenta las responsabilidades comunes pero diferenciadas de cada uno de ellos.

En séptimo lugar, se destaca la necesidad de buscar soluciones a los problemas ambientales globales, regionales y subregionales mediante negociaciones internacionales destinadas a movilizar recursos externos, promover el desarrollo del capital social, el desarrollo del conocimiento, la facilitación de la transferencia tecnológica y el fomento de la competitividad, el comercio y los econegocios. Esto implica que los países deben trabajar en conjunto para buscar soluciones a los problemas ambientales y promover el desarrollo sostenible.

En octavo lugar, se establece la necesidad de cooperación internacional destinada al manejo sostenible de los recursos naturales y a mantener las condiciones de los ecosistemas y del ambiente a nivel

transfronterizo y más allá de las zonas donde el Estado ejerce soberanía y jurisdicción, de conformidad con el derecho internacional.
Esto implica que los países deben cooperar para lograr un manejo
sostenible de los recursos naturales y mantener las condiciones del
ambiente a nivel transfronterizo.

En noveno lugar, se destaca la importancia de cooperar en la conservación y uso sostenible de la diversidad biológica marina en zonas más allá de los límites de la jurisdicción nacional, conforme al
derecho internacional. Esto implica que los países deben trabajar en
conjunto para conservar y utilizar de manera sostenible la diversidad
biológica marina.

Y la necesidad de establecer, desarrollar y promover el derecho
internacional ambiental. Esto implica que los países deben trabajar
juntos para establecer un marco legal internacional que permita la
protección efectiva del ambiente y los recursos naturales.

La Política Exterior del Estado en materia ambiental establecida
en la Ley General del Ambiente del Perú es un marco importante
para guiar las acciones del país en relación con el ambiente a nivel
internacional. Los lineamientos establecidos buscan promover la
protección del ambiente y los recursos naturales, la conservación de
la diversidad biológica y genética, el manejo sostenible de los recursos naturales, el desarrollo sostenible y la cooperación internacional.

Es importante destacar que los problemas ambientales son globales y requieren de la colaboración y cooperación entre los países para
su solución. La política exterior en materia ambiental debe buscar
promover la cooperación internacional y la implementación efectiva
de los acuerdos ambientales internacionales ratificados por el país.

Además, es importante que la política exterior en materia ambiental esté en línea con las políticas nacionales y busque el beneficio del país en términos ambientales. La promoción de estrategias y
acciones internacionales que aseguren un acceso justo y equitativo
a los recursos genéticos y a los conocimientos tradicionales, así
como la consolidación del reconocimiento internacional del Perú
como país de origen y centro de diversidad genética, son aspectos
claves a considerar en la política exterior en materia ambiental.

La política exterior del Perú en materia ambiental debe estar enfocada en la protección del ambiente y los recursos naturales, la conservación de la diversidad biológica y genética, el manejo sostenible de los recursos naturales, el desarrollo sostenible y la cooperación internacional. Esto no sólo beneficia al país, sino que también contribuye a la solución de los problemas ambientales globales y a la construcción de un mundo más sostenible.

Ejemplo Artículo 12.- De la política exterior en materia ambiental:

Un ejemplo de aplicación del artículo 12 podría ser el siguiente:

El Perú ha ratificado el Acuerdo de París y se ha comprometido a reducir sus emisiones de gases de efecto invernadero para limitar el aumento de la temperatura global a 1.5°C. Como parte de su política exterior en materia ambiental, el Perú ha establecido los siguientes lineamientos, en concordancia con el artículo 12 de la Ley General del Ambiente:

a) Promoción y defensa de los intereses del Estado: La política exterior del Estado en materia ambiental busca promover y defender los intereses del Perú, asegurando que estén en armonía con la Política Nacional Ambiental y las normas establecidas en la ley.

b) Implementación de acuerdos internacionales: El Perú busca generar decisiones multilaterales para la adecuada implementación de los mecanismos identificados en los acuerdos internacionales ambientales ratificados por el país, como el Acuerdo de París.

c) Respeto a la soberanía de los Estados: El Perú reconoce la soberanía de los Estados sobre sus respectivos territorios para definir sus niveles de protección ambiental y las medidas más apropiadas para asegurar la efectiva aplicación de su legislación ambiental.

d) Consolidación del reconocimiento internacional del Perú: El Perú busca consolidar su reconocimiento internacional como país megadiverso y centro de diversidad genética, promoviendo la conservación y el uso sostenible de su biodiversidad.

e) Acceso y distribución equitativa de recursos genéticos: El Perú promueve estrategias y acciones internacionales que aseguren un adecuado acceso a sus recursos genéticos y a los conocimientos tradicionales asociados, respetando el procedimiento del consentimiento fundamentado previo y autorización de uso; y asegurando la distribución equitativa de los beneficios.

f) Responsabilidades comunes pero diferenciadas: El Perú se compromete a cumplir con el principio de responsabilidades comunes pero diferenciadas de los estados y de los demás principios contenidos en la Declaración de Río sobre el Medio Ambiente y el Desarrollo.

g) Búsqueda de soluciones a los problemas ambientales globales: El Perú busca soluciones a los problemas ambientales globales, regionales y subregionales mediante negociaciones internacionales destinadas a movilizar recursos externos, promover el desarrollo del capital social, el desarrollo del conocimiento, la facilitación de la transferencia tecnológica y el fomento de la competitividad, el comercio y los econegocios, para alcanzar el desarrollo sostenible del país.

h) Cooperación internacional para el manejo sostenible de los recursos naturales: El Perú promueve la cooperación internacional destinada al manejo sostenible de los recursos naturales y a mantener las condiciones de los ecosistemas y del ambiente a nivel transfronterizo y más allá de las zonas donde el Estado ejerce soberanía y jurisdicción, de conformidad con el derecho internacional.

i) Conservación y uso sostenible de la diversidad biológica marina: El Perú coopera en la conservación y uso sostenible de la diversidad biológica marina en zonas más allá de los límites de su jurisdicción nacional, conforme al derecho internacional.

j) Promoción del derecho internacional ambiental: El Perú promueve el establecimiento, desarrollo y promoción del derecho internacional ambiental, participando activamente en foros internacionales como la Convención Marco de las Naciones Unidas sobre el Cambio Climático y la Convención sobre la Diversidad Biológica.

Capítulo 3 - Gestión ambiental

Artículo 13.- Del concepto

13.1 La gestión ambiental es un proceso permanente y continuo, constituido por el conjunto estructurado de principios, normas técnicas, procesos y actividades, orientado a administrar los intereses, expectativas y recursos relacionados con los objetivos de la política ambiental y alcanzar así, una mejor calidad de vida y el desarrollo integral de la población, el desarrollo de las actividades económicas y la conservación del patrimonio ambiental y natural del país.

13.2 La gestión ambiental se rige por los principios establecidos en la presente Ley y en las leyes y otras normas sobre la materia.

Comentario Artículo 13.- Del concepto:

El concepto de gestión ambiental es fundamental en la Ley General del Ambiente del Perú, ya que establece los principios, normas técnicas, procesos y actividades necesarios para administrar los intereses, expectativas y recursos relacionados con los objetivos de la política ambiental y lograr una mejor calidad de vida y desarrollo integral de la población, así como el desarrollo de las actividades económicas y la conservación del patrimonio ambiental y natural del país.

La gestión ambiental es un proceso permanente y continuo que involucra a todos los actores sociales, incluyendo al gobierno, la sociedad civil, las empresas y la población en general. Su objetivo es lograr un equilibrio entre el desarrollo económico y la protección del ambiente, de manera que se puedan satisfacer las necesidades presentes sin comprometer las de las generaciones futuras.

La gestión ambiental se rige por los principios establecidos en la Ley General del Ambiente del Perú y en otras leyes y normas relacionadas con la materia. Entre estos principios se destacan la prevención y precaución, el desarrollo sostenible, la participación ciudadana, la responsabilidad ambiental, la cooperación internacional y la gestión integrada de los recursos naturales.

La prevención y precaución son principios fundamentales en la gestión ambiental, ya que buscan evitar o minimizar los impactos ambientales negativos antes de que ocurran. El desarrollo sostenible es otro principio clave, ya que busca lograr un equilibrio entre el desarrollo económico, social y ambiental, y garantizar que se satisfagan las necesidades presentes sin comprometer las de las generaciones futuras.

La participación ciudadana es otro principio fundamental en la gestión ambiental, ya que busca involucrar a la sociedad en la toma de decisiones y en la implementación de políticas y programas ambientales. La responsabilidad ambiental es otro principio clave, ya que busca establecer la obligación de todas las personas y organizaciones de prevenir y reparar los daños ambientales causados por sus actividades.

La cooperación internacional es otro principio importante en la gestión ambiental, ya que busca fomentar la colaboración entre los países y la implementación efectiva de los acuerdos ambientales internacionales. La gestión integrada de los recursos naturales es otro principio clave, ya que busca garantizar la planificación y gestión adecuada de los recursos naturales, considerando su interrelación y la importancia que tienen para el desarrollo sostenible.

La gestión ambiental es un proceso fundamental que busca garantizar el equilibrio entre el desarrollo económico y la protección del ambiente, y que involucra a todos los actores sociales. La Ley General del Ambiente del Perú establece los principios y normas necesarios para la gestión ambiental, y es importante que se implementen de manera efectiva para lograr una mejor calidad de vida y desarrollo integral de la población, así como la conservación del patrimonio ambiental y natural del país.

La gestión ambiental es una herramienta clave para promover el desarrollo sostenible y garantizar la protección del ambiente y los recursos naturales. Esta herramienta es fundamental para garantizar un equilibrio adecuado entre el desarrollo económico y la protección del medio ambiente, lo que implica involucrar a todos los actores sociales en la toma de decisiones y en la implementación de políticas y programas ambientales.

En este sentido, la gestión ambiental tiene como objetivo principal promover la sostenibilidad ambiental, lo que implica el uso adecuado y responsable de los recursos naturales y la minimización de los impactos ambientales negativos causados por las actividades humanas. La gestión ambiental también busca promover la equidad social y la justicia ambiental, garantizando que todos los miembros de la sociedad tengan acceso a un ambiente sano y seguro.

La gestión ambiental implica la implementación de diversas estrategias y herramientas, tales como la evaluación ambiental estratégica, la gestión de residuos, la gestión de la calidad del aire y del agua, la protección de la biodiversidad, entre otras. Todas estas herramientas tienen como objetivo garantizar la sostenibilidad ambiental y promover el desarrollo sostenible.

En este sentido, la Ley General del Ambiente del Perú establece los lineamientos necesarios para la implementación de la gestión ambiental en el país. Esta ley establece los principios y normas necesarios para garantizar una gestión ambiental adecuada, y busca involucrar a todos los actores sociales en la toma de decisiones y en la implementación de políticas y programas ambientales.

La gestión ambiental es una herramienta fundamental para garantizar el desarrollo sostenible y la protección del ambiente y los recursos naturales. Esta herramienta implica la implementación de diversas estrategias y herramientas, todas ellas enfocadas en garantizar la sostenibilidad ambiental y promover el desarrollo sostenible. La Ley General del Ambiente del Perú establece los lineamientos necesarios para la implementación de la gestión ambiental en el país, y es importante que se implementen de manera efectiva para garantizar un ambiente sano y seguro para todos.

Ejemplo Artículo 13.- Del concepto:

Un ejemplo de aplicación del artículo 13 de la Ley General del Ambiente podría ser el siguiente:

Una empresa minera que opera en el Perú ha implementado un programa de gestión ambiental para reducir los impactos negativos de sus actividades en el medio ambiente y cumplir con las normas y regulaciones ambientales aplicables. El programa de gestión ambiental se rige por los principios establecidos en la Ley General del Ambiente y en otras normas ambientales.

El programa de gestión ambiental de la empresa consta de los siguientes elementos:

Política ambiental: La empresa ha establecido una política ambiental que define su compromiso con la protección del medio ambiente y la conservación de los recursos naturales. La política ambiental se basa en los principios de prevención, precaución, conservación y recuperación.

Planificación ambiental: La empresa ha elaborado un plan ambiental que identifica los impactos ambientales de sus actividades y establece medidas para reducirlos. El plan ambiental se basa en los principios de prevención y precaución.

Monitoreo y evaluación ambiental: La empresa realiza monitoreo y evaluación ambiental para evaluar el desempeño ambiental de sus actividades y verificar el cumplimiento de las normas y regulaciones ambientales aplicables.

Capacitación y participación ciudadana: La empresa ha capacitado a su personal en temas ambientales y promueve la participación ciudadana en la gestión ambiental de sus actividades.

Responsabilidad social y ambiental: La empresa asume su responsabilidad social y ambiental, y promueve el desarrollo sostenible de la zona donde opera. La empresa ha establecido un fondo de compensación ambiental para financiar proyectos de conservación y recuperación ambiental en la zona de influencia de sus actividades.

En resumen, la empresa minera ha implementado un programa de gestión ambiental que se rige por los principios establecidos en la Ley General del Ambiente y otras normas ambientales. El programa de gestión ambiental incluye una política ambiental, planificación ambiental, monitoreo y evaluación ambiental, capacitación y participación ciudadana, y responsabilidad social y ambiental. Con este programa, la empresa busca reducir los impactos negativos de sus actividades en el medio ambiente y contribuir al desarrollo sostenible de la zona donde opera.

Artículo 14.- Del Sistema Nacional de Gestión Ambiental

14.1 El Sistema Nacional de Gestión Ambiental tiene a su cargo la integración funcional y territorial de la política, normas e instrumentos de gestión, así como las funciones públicas y relaciones de coordinación de las instituciones del Estado y de la sociedad civil, en materia ambiental.

14.2 El Sistema Nacional de Gestión Ambiental se constituye sobre la base de las instituciones estatales, órganos y oficinas de los distintos ministerios, organismos públicos descentralizados e instituciones públicas a nivel nacional, regional y local que ejercen competencias y funciones sobre el ambiente y los recursos naturales; así como por los Sistemas Regionales y Locales de Gestión Ambiental, contando con la participación del sector privado y la sociedad civil.

14.3 La Autoridad Ambiental Nacional es el ente rector del Sistema Nacional de Gestión Ambiental.

Comentario Artículo 14.- Del Sistema Nacional de Gestión Ambiental:

El Sistema Nacional de Gestión Ambiental (SNGA) es una herramienta clave para garantizar la gestión ambiental adecuada en el Perú. Este sistema tiene como objetivo integrar la política, las normas y los instrumentos de gestión ambiental, así como coordinar las funciones públicas y las relaciones de coordinación entre las instituciones del Estado y la sociedad civil en materia ambiental.

El SNGA se constituye sobre la base de las instituciones estatales, órganos y oficinas de los distintos ministerios, organismos públicos descentralizados e instituciones públicas a nivel nacional, regional y local que ejercen competencias y funciones sobre el ambiente y los recursos naturales. También incluye a los Sistemas Regionales y Locales de Gestión Ambiental, contando con la participación del sector privado y la sociedad civil.

La Autoridad Ambiental Nacional es el ente rector del SNGA. Su función es coordinar y liderar las acciones del sistema, promover la participación ciudadana y garantizar la implementación efectiva de las políticas y programas ambientales. Además, la Autoridad Ambiental Nacional es responsable de garantizar el cumplimiento de las leyes y normas ambientales, y de promover la cooperación internacional en materia ambiental.

Es importante destacar que el SNGA es fundamental para garantizar una gestión ambiental adecuada y efectiva en el Perú. Este sistema permite la integración de las políticas y acciones ambientales a nivel nacional, regional y local, lo que permite una gestión coordinada y eficiente de los recursos naturales y la protección del ambiente.

Además, el SNGA permite la participación ciudadana y la coordinación entre las instituciones del Estado y la sociedad civil, lo que garantiza que todas las voces sean escuchadas y que se tomen en cuenta las necesidades y expectativas de todos los actores sociales. Esto es fundamental para garantizar que las políticas y acciones ambientales sean efectivas y cuenten con el apoyo y compromiso de todos los actores sociales.

El Sistema Nacional de Gestión Ambiental es una herramienta clave para garantizar una gestión ambiental adecuada y efectiva en el Perú. Este sistema permite la integración de las políticas y acciones ambientales a nivel nacional, regional y local, y garantiza la participación ciudadana y la coordinación entre las instituciones del Estado y la sociedad civil. La Autoridad Ambiental Nacional es el ente rector del SNGA y su función es coordinar y liderar las acciones del sistema, promover la participación ciudadana y garantizar la implementación efectiva de las políticas y programas ambientales.

Es importante destacar que el SNGA tiene una función fundamental en la implementación de la política ambiental en el Perú. Este sistema permite la coordinación entre las diversas instituciones del Estado y la sociedad civil, lo que garantiza una gestión ambiental integral y efectiva. Además, el SNGA permite la implementación de políticas y programas ambientales a nivel nacional, regional y local, lo que garantiza una gestión adecuada y efectiva de los recursos naturales y la protección del ambiente.

El SNGA también permite la implementación de instrumentos de gestión ambiental, como la evaluación ambiental estratégica, la gestión de residuos, la gestión de la calidad del aire y del agua, la protección de la biodiversidad, entre otros. Estos instrumentos son fundamentales para garantizar la sostenibilidad ambiental y promover el desarrollo sostenible en el Perú.

Además, el SNGA permite la participación ciudadana en la toma de decisiones y en la implementación de políticas y programas ambientales. La participación ciudadana es fundamental para garantizar que las políticas y acciones ambientales sean efectivas y cuenten con el apoyo y compromiso de todos los actores sociales. La participación ciudadana también permite la identificación de problemas ambientales y la generación de soluciones adecuadas y efectivas.

El Sistema Nacional de Gestión Ambiental es fundamental para garantizar una gestión ambiental adecuada y efectiva en el Perú. Este sistema permite la integración de las políticas y acciones ambientales a nivel nacional, regional y local, y garantiza la participación ciudadana y la coordinación entre las instituciones del Estado y la sociedad civil. Además, permite la implementación de instrumentos de gestión ambiental y la promoción de la sostenibilidad ambiental y el desarrollo sostenible. La Autoridad Ambiental Nacional es el ente rector del SNGA y su función es coordinar y liderar las acciones del sistema, promover la participación ciudadana y garantizar la implementación efectiva de las políticas y programas ambientales.

Ejemplo Artículo 14.- Del Sistema Nacional de Gestión Ambiental:

Un ejemplo de aplicación del artículo 14 de la Ley General del Ambiente podría ser el siguiente:

En el Perú, el Ministerio del Ambiente (MINAM) es la entidad encargada de dirigir y coordinar el Sistema Nacional de Gestión Ambiental (SNGA). El MINAM tiene como función principal establecer las políticas, normas e instrumentos de gestión ambiental, así como coordinar y supervisar la implementación del SNGA.

El SNGA está compuesto por diversas instituciones del Estado, organismos públicos descentralizados, instituciones públicas a nivel nacional, regional y local, así como por los sistemas regionales y locales de gestión ambiental. También cuenta con la participación del sector privado y la sociedad civil.

Un ejemplo de aplicación del SNGA podría ser la implementación de un proyecto de conservación de un área natural protegida. Para ello, se necesitará la participación de diversas instituciones y actores, incluyendo el MINAM, el Servicio Nacional de Áreas Naturales Protegidas por el Estado (SERNANP), gobiernos regionales y locales, organizaciones de la sociedad civil, entre otros.

El MINAM establecerá las políticas, normas e instrumentos de gestión ambiental para la conservación del área natural protegida, y coordinará la implementación del proyecto con las instituciones y actores involucrados. El SERNANP será el encargado de administrar el área natural protegida y llevar a cabo las acciones de conservación necesarias. Los gobiernos regionales y locales podrán colaborar en la implementación del proyecto y en la promoción del turismo sostenible en la zona. Las organizaciones de la sociedad civil podrán participar en la vigilancia y monitoreo de la conservación del área natural protegida.

En resumen, la implementación de un proyecto de conservación de un área natural protegida requiere la participación coordinada de diversas instituciones y actores, y es posible gracias a la existencia del Sistema Nacional de Gestión Ambiental (SNGA). El MINAM establece las políticas, normas e instrumentos de gestión ambiental, y coordina la implementación del proyecto con las instituciones y actores involucrados en el SNGA. Con la colaboración de todos los actores, es posible lograr una gestión ambiental integrada y efectiva en beneficio del patrimonio ambiental y natural del país.

Artículo 15.- De los sistemas de gestión ambiental

El Sistema Nacional de Gestión Ambiental integra los sistemas de gestión pública en materia ambiental, tales como los sistemas sectoriales, regionales y locales de gestión ambiental; así como otros sistemas específicos relacionados con la aplicación de instrumentos de gestión ambiental.

Comentario Artículo 15.- De los sistemas de gestión ambiental:

Los sistemas de gestión ambiental son herramientas fundamentales para garantizar una gestión ambiental adecuada y efectiva en las organizaciones, empresas e instituciones. Estos sistemas permiten la identificación, evaluación y control de los impactos ambientales de las actividades y procesos que se llevan a cabo, lo que permite minimizar los impactos negativos y promover la sostenibilidad ambiental.

En el Perú, el Sistema Nacional de Gestión Ambiental integra los sistemas de gestión pública en materia ambiental, tales como los sistemas sectoriales, regionales y locales de gestión ambiental; así como otros sistemas específicos relacionados con la aplicación de instrumentos de gestión ambiental. Esto permite la integración de las políticas y acciones ambientales a nivel nacional, regional y local, lo que garantiza una gestión coordinada y eficiente de los recursos naturales y la protección del ambiente.

Además, en el sector empresarial, existen diversos sistemas de gestión ambiental reconocidos a nivel internacional, tales como el ISO 14001. Este sistema establece los requisitos para implementar un sistema de gestión ambiental en una organización, lo que permite identificar, evaluar y controlar los impactos ambientales de las actividades y procesos que se llevan a cabo. La implementación de un sistema de gestión ambiental basado en la norma ISO 14001 permite a las empresas mejorar su desempeño ambiental, reducir los costos y riesgos ambientales, y mejorar su reputación y competitividad en el mercado.

Es importante destacar que los sistemas de gestión ambiental deben ser implementados de manera efectiva y comprometida por las organizaciones, empresas e instituciones. Esto implica la participación activa de todos los actores involucrados, la asignación de recursos adecuados y la medición y evaluación continua del desempeño ambiental.

Los sistemas de gestión ambiental son herramientas fundamentales para garantizar una gestión ambiental adecuada y efectiva en las organizaciones, empresas e instituciones. En el Perú, el Sistema Nacional de Gestión Ambiental integra los sistemas de gestión pública en materia ambiental, garantizando la integración de las políticas y acciones ambientales a nivel nacional, regional y local. La implementación de sistemas de gestión ambiental en el sector empresarial permite mejorar el desempeño ambiental, reducir los costos y riesgos ambientales, y mejorar la reputación y competitividad en el mercado.

Ejemplo Artículo 15.- De los sistemas de gestión ambiental:

Un ejemplo de aplicación del artículo 15 de la Ley General del Ambiente podría ser el siguiente:

En el Perú, el sector pesquero es uno de los más importantes en términos económicos y sociales. Sin embargo, la pesca indiscriminada y la falta de prácticas sostenibles pueden tener un impacto negativo en el medio ambiente y poner en riesgo la sostenibilidad de esta actividad.

Para abordar estos problemas, el Ministerio de la Producción, a través de su sistema de gestión ambiental sectorial, ha establecido políticas, normas e instrumentos de gestión ambiental específicos para la pesca. Estas medidas incluyen la aplicación de planes de manejo pesquero, la promoción de prácticas sostenibles de pesca, y la supervisión y fiscalización de la actividad pesquera para prevenir la pesca ilegal y el uso de artes de pesca no permitidas.

Además, los gobiernos regionales y locales, a través de sus sistemas de gestión ambiental, han establecido políticas y normas específicas para la pesca en sus respectivas jurisdicciones. Por ejemplo, en algunas zonas costeras se han establecido áreas marinas protegidas para la conservación de la biodiversidad marina y la promoción de prácticas sostenibles de pesca.

Todos estos sistemas de gestión ambiental, sectorial, regional y local, se integran en el Sistema Nacional de Gestión Ambiental (SNGA), que coordina y supervisa la implementación de las políticas, normas e instrumentos de gestión ambiental en todo el país. De esta manera, se logra una gestión ambiental integrada y efectiva en el sector pesquero, promoviendo su sostenibilidad y protegiendo el medio ambiente.

En resumen, el artículo 15 de la Ley General del Ambiente establece que el Sistema Nacional de Gestión Ambiental (SNGA) integra los sistemas de gestión pública en materia ambiental, incluyendo los sistemas sectoriales, regionales y locales de gestión ambiental. En este ejemplo, se muestra cómo se aplica este artículo en el sector pesquero del Perú, donde se integran los sistemas de gestión ambiental sectorial, regional y local en el SNGA para lograr una gestión ambiental integrada y efectiva en beneficio de la sostenibilidad del sector y el medio ambiente.

Del mismo modo se puede mencionar que para las actividades a realizar hoy en día es obligatorio contar con una certificación ambiental obtenida a través de un instrumento de gestión ambiental por la entidad correspondiente.

Artículo 16.- De los instrumentos

16.1 Los instrumentos de gestión ambiental son mecanismos orientados a la ejecución de la política ambiental, sobre la base de los principios establecidos en la presente Ley, y en lo señalado en sus normas complementarias y reglamentarias.

16.2 Constituyen medios operativos que son diseñados, normados y aplicados con carácter funcional o complementario, para efectivizar el cumplimiento de la Política Nacional Ambiental y las normas ambientales que rigen en el país.

Comentario Artículo 16.- De los instrumentos:

Los instrumentos de gestión ambiental son herramientas fundamentales para implementar la política ambiental en el Perú y garantizar una gestión adecuada y efectiva de los recursos naturales y la protección del ambiente. Estos instrumentos son mecanismos orientados a la ejecución de la política ambiental, sobre la base de los principios establecidos en la Ley General del Ambiente, y en lo señalado en sus normas complementarias y reglamentarias.

En el Perú, existen diversos instrumentos de gestión ambiental, tales como la evaluación ambiental, los planes de manejo ambiental, los sistemas de gestión ambiental, los permisos ambientales, entre otros. Estos instrumentos son diseñados, normados y aplicados con carácter funcional o complementario, para efectivizar el cumplimiento de la Política Nacional Ambiental y las normas ambientales que rigen en el país.

La evaluación ambiental es un instrumento de gestión ambiental que permite identificar y evaluar los impactos ambientales de un proyecto o actividad, y establecer las medidas de prevención, mitigación y compensación necesarias para minimizar los impactos negativos y promover la sostenibilidad ambiental. La evaluación ambiental puede ser de diferentes tipos, según el nivel de detalle y complejidad requeridos.

Los planes de manejo ambiental son instrumentos de gestión ambiental que establecen las medidas y acciones necesarias para garantizar la gestión adecuada y efectiva de los recursos naturales y la protección del ambiente en un área determinada. Estos planes pueden ser elaborados por empresas, instituciones o autoridades ambientales, y deben ser implementados de manera comprometida y efectiva para garantizar su eficacia.

Los sistemas de gestión ambiental son instrumentos de gestión ambiental reconocidos a nivel internacional, como el ISO 14001, que establecen los requisitos para implementar un sistema de gestión ambiental en una organización. Estos sistemas permiten identificar, evaluar y controlar los impactos ambientales de las actividades y procesos que se llevan a cabo en la organización, lo que permite mejorar el desempeño ambiental, reducir los costos y riesgos ambientales, y mejorar la reputación y competitividad en el mercado.

Los instrumentos de gestión ambiental son herramientas fundamentales para implementar la política ambiental en el Perú y garantizar una gestión adecuada y efectiva de los recursos naturales y la protección del ambiente. Estos instrumentos son diseñados, normados y aplicados con carácter funcional o complementario, para efectivizar el cumplimiento de la Política Nacional Ambiental y las normas ambientales que rigen en el país. La implementación efectiva de estos instrumentos requiere la participación comprometida de todos los actores involucrados y la asignación de recursos adecuados.

Ejemplo Artículo 16.- De los instrumentos:

Un ejemplo de aplicación del artículo 16 de la Ley General del Ambiente podría ser el siguiente:

En el Perú, la construcción de infraestructura vial es una actividad que puede tener un impacto significativo en el medio ambiente y en las comunidades locales. Para minimizar este impacto, se aplican diversos instrumentos de gestión ambiental, como la evaluación de impacto ambiental, los planes de manejo ambiental y la fiscalización y supervisión ambiental.

Antes de la construcción de una carretera, por ejemplo, se realiza una evaluación de impacto ambiental (EIA) para evaluar los posibles impactos ambientales del proyecto y determinar las medidas necesarias para prevenir o mitigar estos impactos. La EIA incluye la identificación de los impactos potenciales, la evaluación de su magnitud y probabilidad, y la definición de las medidas de mitigación y compensación necesarias.

Una vez aprobada la EIA, se desarrolla un plan de manejo ambiental que establece las medidas necesarias para minimizar los impactos ambientales durante la construcción y operación de la carretera. Este plan incluye medidas para la protección de la fauna y flora local, la gestión de residuos y desechos, y la prevención de la contaminación del agua y del aire.

Durante la construcción y operación de la carretera, se lleva a cabo una supervisión y fiscalización ambiental por parte de las autoridades competentes, como el Ministerio del Ambiente y los gobiernos regionales y locales. Estas autoridades supervisan el cumplimiento de las medidas de mitigación y compensación establecidas en la EIA y el plan de manejo ambiental, y toman medidas correctivas en caso de incumplimiento.

En resumen, en este ejemplo se aplican diversos instrumentos de gestión ambiental, como la evaluación de impacto ambiental, los planes de manejo ambiental y la fiscalización y supervisión ambiental, para minimizar el impacto ambiental de la construcción de una carretera en el Perú. Estos instrumentos son esenciales para lograr una gestión ambiental efectiva y sostenible en beneficio del medio ambiente y la sociedad.

Artículo 17.- De los tipos de instrumentos

17.1 Los instrumentos de gestión ambiental podrán ser de planificación, promoción, prevención, control, corrección, información, financiamiento, participación, fiscalización, entre otros, rigiéndose por sus normas legales respectivas y los principios contenidos en la presente Ley.

17.2 Se entiende que constituyen instrumentos de gestión ambiental, los sistemas de gestión ambiental, nacional, sectoriales, regionales o locales; el ordenamiento territorial ambiental; la evaluación del impacto ambiental; los Planes de Cierre; los Planes de Contingencias; los estándares nacionales de calidad ambiental; la certificación ambiental, las garantías ambientales; los sistemas de información ambiental; los instrumentos económicos, la contabilidad ambiental, estrategias, planes y programas de prevención, adecuación, control y remediación; los mecanismos de participación ciudadana; los planes integrales de gestión de residuos; los instrumentos orientados a conservar los recursos naturales; los instrumentos de fiscalización ambiental y sanción; la clasificación de especies, vedas y áreas de protección y conservación; y, en general, todos aquellos orientados al cumplimiento de los objetivos señalados en el artículo precedente.

17.3 El Estado debe asegurar la coherencia y la complementariedad en el diseño y aplicación de los instrumentos de gestión ambiental.

Comentario Artículo 17.- De los tipos de instrumentos:

Los instrumentos de gestión ambiental pueden ser de varios tipos, según su objetivo y finalidad como por ejemplo una Declaración De Impacto Ambiental (DIA), pudiendo ser detallada (DIAd) o semi detallada (DIA sd), también podría ser una Ficha Técnica Socio Ambiental (FITSA) o tal vez una Evaluación Ambiental Preliminar (EVAP), u otro tipo de instrumento de gestión según la entidad y requerimiento que amerite. En el Perú, los instrumentos de gestión ambiental se rigen por sus normas legales respectivas y los principios contenidos en la Ley General del Ambiente. A continuación, se describen los principales tipos de instrumentos de gestión ambiental que existen en el Perú:

a. Instrumentos de planificación: son aquellos que permiten la elaboración de planes, estrategias y programas de gestión ambiental a nivel nacional, regional y local.

b. Instrumentos de promoción: son aquellos que incentivan a la adopción de prácticas y tecnologías ambientalmente sostenibles, como la certificación ambiental y los incentivos fiscales.

c. Instrumentos de prevención: son aquellos que permiten evitar o minimizar los impactos ambientales negativos, como la evaluación de impacto ambiental y los planes de manejo ambiental.

d. Instrumentos de control: son aquellos que permiten medir y evaluar el cumplimiento de las normas ambientales y los estándares de calidad ambiental, como la fiscalización ambiental y la imposición de sanciones.

e. Instrumentos de corrección: son aquellos que permiten revertir o mitigar los impactos ambientales negativos ya generados, como los planes de cierre y los planes de contingencia.

f. Instrumentos de información: son aquellos que permiten la generación, sistematización y difusión de información ambiental, como los sistemas de información ambiental y las auditorías ambientales.

g. Instrumentos de financiamiento: son aquellos que permiten la asignación de recursos financieros para la implementación de proyectos y programas de gestión ambiental, como los fondos para el medio ambiente.

h. Instrumentos de participación: son aquellos que permiten la participación activa y efectiva de la sociedad civil y otros actores en la toma de decisiones y la implementación de políticas y programas ambientales, como los mecanismos de consulta y participación ciudadana.

i. Instrumentos de fiscalización: son aquellos que permiten la supervisión y control del cumplimiento de las normas ambientales y los estándares de calidad ambiental, como la fiscalización ambiental y la imposición de sanciones.

Los instrumentos de gestión ambiental en el Perú pueden ser de varios tipos, según su objetivo y finalidad. Estos instrumentos se rigen por sus normas legales respectivas y los principios contenidos en la Ley General del Ambiente. El Estado tiene la responsabilidad de asegurar la coherencia y la complementariedad en el diseño y aplicación de los instrumentos de gestión ambiental para garantizar una gestión adecuada y efectiva de los recursos naturales y la protección del ambiente.

Ejemplo Artículo 17.- De los tipos de instrumentos:

Un ejemplo de declaración de impacto ambiental (DIA) detallada (DIAd) podría ser el siguiente:

Proyecto: Construcción de una central hidroeléctrica en el río XYZ.

Descripción del proyecto: El proyecto consiste en la construcción de una central hidroeléctrica que generará energía eléctrica a partir de la fuerza del agua del río XYZ. Se construirá una presa para desviar el agua hacia la central, donde se instalarán turbinas para generar energía eléctrica. El proyecto incluye la construcción de una subestación eléctrica y una línea de transmisión para llevar la energía eléctrica generada a la red de distribución.

Evaluación de impacto ambiental: Se realizó una evaluación de impacto ambiental detallada (DIAd) para evaluar los posibles impactos ambientales del proyecto. Los principales impactos identificados fueron:

Impactos en la calidad del agua: El proyecto podría afectar la calidad del agua del río XYZ debido a la construcción de la presa y la modificación del cauce del río. Se propone tomar medidas de mitigación, como la implementación de un plan de monitoreo de la calidad del agua y la implementación de medidas de control de sedimentos.

Impactos en la fauna: El proyecto podría afectar a la fauna del río XYZ debido a la construcción de la presa y la modificación del cauce del río. Se propone tomar medidas de mitigación, como la implementación de un plan de monitoreo de la fauna y la implementación de medidas de protección de las especies afectadas.

Impactos en el paisaje: El proyecto podría afectar al paisaje de la zona debido a la construcción de la presa y la línea de transmisión. Se propone tomar medidas de mitigación, como la implementación de un plan de paisajismo y la selección de materiales y diseños que minimicen el impacto visual.

Plan de monitoreo ambiental: Se propone implementar un plan de monitoreo ambiental para evaluar el cumplimiento de las medidas de mitigación propuestas y el impacto ambiental del proyecto durante la construcción y la operación de la central hidroeléctrica.

En resumen, este ejemplo de DIA detallada (DIAd) incluye la descripción del proyecto, la evaluación de los posibles impactos ambientales y las medidas de mitigación propuestas, así como un plan de monitoreo ambiental para evaluar el impacto ambiental del proyecto durante la construcción y la operación de la central hidroeléctrica.

Proyecto: Construcción de una central hidroeléctrica en el río XYZ.

Descripción del proyecto: El proyecto consiste en la construcción de una central hidroeléctrica que generará energía eléctrica a partir de la fuerza del agua del río XYZ. Se construirá una presa para desviar el agua hacia la central, donde se instalarán turbinas para generar energía eléctrica. El proyecto incluye la construcción de una subestación eléctrica y una línea de transmisión para llevar la energía eléctrica generada a la red de distribución.

Evaluación socioambiental: Se realizó una evaluación socioambiental a través de una ficha técnica socioambiental (FITSA) para evaluar los posibles impactos sociales y ambientales del proyecto. Los principales impactos identificados fueron:

Impactos en la pesca: El proyecto podría afectar a la actividad pesquera en el río XYZ debido a la construcción de la presa y la modificación del cauce del río. Se propone tomar medidas de mitigación, como la implementación de un plan de monitoreo de la actividad pesquera y la implementación de medidas de compensación para las comunidades afectadas.

Impactos en la economía local: El proyecto podría afectar a la economía local debido a la posible disminución de la actividad pesquera y a la posible reubicación de algunas comunidades cercanas al río. Se propone tomar medidas de mitigación, como la implementación de programas de capacitación y empleo para las comunidades afectadas y la implementación de medidas de compensación económica para los afectados.

Impactos en el patrimonio cultural: El proyecto podría afectar al patrimonio cultural de las comunidades cercanas al río XYZ debido a la posible reubicación de algunas de estas comunidades. Se propone tomar medidas de mitigación, como la implementación de un plan de salvaguardia del patrimonio cultural y la realización de consultas con las comunidades afectadas para garantizar su participación en el proceso de toma de decisiones.

Plan de gestión social y ambiental: Se propone implementar un plan de gestión social y ambiental que incluya medidas de mitigación y compensación para los impactos identificados en la evaluación socioambiental, así como la implementación de programas de seguimiento y monitoreo para evaluar el cumplimiento del plan y la efectividad de las medidas propuestas.

En resumen, este ejemplo de FITSA incluye la descripción del proyecto, la evaluación de los posibles impactos socioambientales y las medidas de mitigación y compensación propuestas, así como un plan de gestión social y ambiental para implementar las medidas y evaluar su efectividad en la gestión del impacto del proyecto.

Artículo 18.- Del cumplimiento de los instrumentos

En el diseño y aplicación de los instrumentos de gestión ambiental se incorporan los mecanismos para asegurar su cumplimiento incluyendo, entre otros, los plazos y el cronograma de inversiones ambientales, así como los demás programas y compromisos.

Comentario Artículo 18.- Del cumplimiento de los instrumentos:

El cumplimiento de los instrumentos de gestión ambiental es fundamental para garantizar una gestión adecuada y efectiva de los recursos naturales y la protección del ambiente en el Perú. Por ello, en el diseño y aplicación de estos instrumentos se incorporan mecanismos para asegurar su cumplimiento y garantizar su eficacia.

Entre estos mecanismos se encuentran los plazos y el cronograma de inversiones ambientales, los cuales establecen los plazos y las fechas límite para la implementación de las medidas y acciones previstas en los instrumentos de gestión ambiental. Estos plazos y cronogramas son fundamentales para garantizar la implementación efectiva de las medidas y acciones previstas, y para evitar retrasos y demoras que puedan comprometer la eficacia de los instrumentos.

Asimismo, los programas y compromisos establecidos en los instrumentos de gestión ambiental son otros mecanismos para asegurar su cumplimiento. Estos programas y compromisos establecen las metas y objetivos a alcanzar, así como las medidas y acciones necesarias para lograrlos. Su cumplimiento es fundamental para garantizar la efectividad de los instrumentos de gestión ambiental y lograr una gestión adecuada y efectiva de los recursos naturales y la protección del ambiente.

Es importante destacar que el cumplimiento de los instrumentos de gestión ambiental no solo depende de su diseño y aplicación, sino también de la participación comprometida de todos los actores involucrados. Por ello, es fundamental fomentar la participación activa y efectiva de la sociedad civil y otros actores en la implementación de los instrumentos de gestión ambiental, y garantizar la asignación de recursos adecuados para su implementación.

El cumplimiento de los instrumentos de gestión ambiental es fundamental para garantizar una gestión adecuada y efectiva de los recursos naturales y la protección del ambiente en el Perú. En su diseño y aplicación se incorporan mecanismos para asegurar su cumplimiento, como los plazos y el cronograma de inversiones ambientales y los programas y compromisos establecidos. Sin embargo, su cumplimiento efectivo depende también de la participación comprometida de todos los actores involucrados y de la asignación de recursos adecuados.

Es importante destacar que el cumplimiento de los instrumentos de gestión ambiental no solo tiene un impacto en el ambiente, sino también en la economía y la sociedad. Por ejemplo, la implementación efectiva de medidas y acciones de prevención y mitigación de impactos ambientales puede reducir los costos y riesgos ambientales para las empresas y mejorar su reputación y competitividad en el mercado. Asimismo, la protección y conservación de los recursos naturales puede mejorar la calidad de vida de las comunidades locales y contribuir al desarrollo sostenible del país.

Por otro lado, la Ley General del Ambiente establece sanciones y responsabilidades por el incumplimiento de los instrumentos de gestión ambiental. Las sanciones pueden incluir multas, clausura o suspensión de actividades, decomiso de bienes, entre otras medidas. Asimismo, se establecen responsabilidades administrativas, civiles y penales para los titulares de los proyectos o actividades que incumplen los instrumentos de gestión ambiental.

En este sentido, es fundamental fortalecer los mecanismos de fiscalización y control del cumplimiento de los instrumentos de gestión ambiental para garantizar su efectividad y evitar el incumplimiento de las normas ambientales. Asimismo, es necesario fomentar la cultura de cumplimiento ambiental en todos los actores involucrados, desde las empresas y organizaciones hasta la sociedad en general.

El cumplimiento de los instrumentos de gestión ambiental es fundamental para garantizar una gestión adecuada y efectiva de los recursos naturales y la protección del ambiente en el Perú. Su cumplimiento efectivo depende de la participación comprometida de todos los actores involucrados, la asignación de recursos adecuados, el fortalecimiento de los mecanismos de fiscalización y control, y la promoción de la cultura de cumplimiento ambiental en toda la sociedad. El incumplimiento de los instrumentos de gestión ambiental puede tener consecuencias graves para el ambiente, la economía y la sociedad, por lo que es necesario tomar medidas efectivas para garantizar su cumplimiento.

También el artículo 18 de la normativa ambiental establece la importancia del cumplimiento de los instrumentos de gestión ambiental, tales como la Declaración de Impacto Ambiental (DIA), la ficha técnica socioambiental (FITSA) y la evaluación ambiental preliminar (EVAP) u otros. En este sentido, se destaca la necesidad de incorporar mecanismos que aseguren su cumplimiento, incluyendo plazos y cronogramas de inversiones ambientales, así como otros programas y compromisos requeridos.

Esto implica que los instrumentos de gestión ambiental no solo deben ser elaborados y aprobados, sino que también deben ser implementados y monitoreados para garantizar que las medidas de mitigación y compensación propuestas sean efectivas en la gestión de los impactos ambientales del proyecto. Los plazos y cronogramas de inversiones ambientales, así como los programas y compromisos, son herramientas importantes para asegurar el cumplimiento de los instrumentos de gestión ambiental y para evaluar la efectividad de las medidas propuestas.

Además, es importante destacar que el cumplimiento de los instrumentos de gestión ambiental no solo es una obligación legal, sino también una responsabilidad social y ética de las empresas y organizaciones que ejecutan proyectos y actividades que pueden tener impacto en el medio ambiente y en la sociedad. La implementación efectiva de las medidas de mitigación y compensación propuestas en los instrumentos de gestión ambiental contribuye a la protección del medio ambiente y al desarrollo sostenible de las comunidades y regiones afectadas.

Ejemplo Artículo 18.- Del cumplimiento de los instrumentos:

Un ejemplo de cumplimiento de los instrumentos de gestión ambiental podría ser el siguiente planteamiento:

Proyecto: Construcción de una planta de tratamiento de aguas residuales en la ciudad de X.

Descripción del proyecto: El proyecto consiste en la construcción de una planta de tratamiento de aguas residuales para mejorar la gestión de los residuos líquidos generados por la ciudad de X. La planta contará con tecnología de última generación para asegurar un tratamiento efectivo y seguro de los residuos líquidos antes de su descarga al medio ambiente.

Instrumentos de gestión ambiental: Se elaboró una Declaración de Impacto Ambiental (DIA) detallada (DIAd) para evaluar los posibles impactos ambientales y sociales del proyecto y proponer medidas de mitigación y compensación. En ambos casos se establecieron plazos y un cronograma de inversiones ambientales para asegurar el cumplimiento de los compromisos asumidos.

Cumplimiento de los instrumentos de gestión ambiental: Durante la construcción de la planta se cumplieron los plazos y el cronograma de inversiones ambientales establecidos en la DIA. Se implementaron medidas de mitigación y compensación, como la construcción de barreras de contención para evitar la contaminación del suelo, la implementación de un plan de monitoreo de la calidad del aire y la implementación de medidas de protección de la fauna y la flora afectadas.

Además, se implementó un plan de gestión social y ambiental para garantizar la participación de las comunidades locales en el proceso de diseño e implementación de la planta y para asegurar que las medidas de mitigación y compensación propuestas fueran efectivas y beneficiosas para la comunidad.

Resultados: La planta de tratamiento de aguas residuales fue puesta en funcionamiento en el plazo establecido y ha sido efectiva en la gestión de los residuos líquidos generados por la ciudad de X. El monitoreo ambiental ha demostrado que las medidas de mitigación y compensación implementadas han sido efectivas en la protección del medio ambiente y de las comunidades locales afectadas. Además, se ha fortalecido la participación de la comunidad en la gestión ambiental y se ha generado empleo y desarrollo económico en la zona.

Artículo 19.- De la planificación y del ordenamiento territorial ambiental

19.1 La planificación sobre el uso del territorio es un proceso de anticipación y toma de decisiones relacionadas con las acciones futuras en el territorio, el cual incluye los instrumentos, criterios y aspectos para su ordenamiento ambiental.

19.2 El ordenamiento territorial ambiental es un instrumento que forma parte de la política de ordenamiento territorial. Es un proceso técnico-político orientado a la definición de criterios e indicadores ambientales que condicionan la asignación de usos territoriales y la ocupación ordenada del territorio.

Comentario Artículo 19.- De la planificación y del ordenamiento territorial ambiental:

La planificación y el ordenamiento territorial ambiental son fundamentales para garantizar una gestión adecuada y sostenible del territorio en el Perú. La planificación es un proceso de anticipación y toma de decisiones relacionadas con las acciones futuras en el territorio, el cual incluye los instrumentos, criterios y aspectos para su ordenamiento ambiental. La planificación territorial debe ser integral y debe tener en cuenta aspectos sociales, económicos y ambientales.

Por su parte, el ordenamiento territorial ambiental es un instrumento que forma parte de la política de ordenamiento territorial en el Perú. Es un proceso técnico-político orientado a la definición de criterios e indicadores ambientales que condicionan la asignación de usos territoriales y la ocupación ordenada del territorio. El ordenamiento territorial ambiental debe garantizar la protección y conservación de los recursos naturales y la biodiversidad, así como la prevención y mitigación de los impactos ambientales negativos.

El ordenamiento territorial ambiental es importante porque permite la identificación y delimitación de áreas de valor ambiental, como áreas naturales protegidas, zonas de conservación y áreas de restauración ecológica. Asimismo, permite la identificación de áreas de riesgo ambiental, como zonas de alto riesgo de inundaciones, deslizamientos y otros desastres naturales, y condiciona la asignación de usos territoriales en estas áreas.

En el Perú, la Ley de Ordenamiento Territorial establece que el ordenamiento territorial ambiental es un proceso participativo que debe involucrar a las autoridades, la sociedad civil y otros actores interesados. Asimismo, establece que el ordenamiento territorial ambiental debe ser coherente con los instrumentos de gestión ambiental y debe considerar los impactos ambientales de los proyectos y actividades que se desarrollen en el territorio.

La planificación y el ordenamiento territorial ambiental son fundamentales para garantizar una gestión adecuada y sostenible del territorio en el Perú. El ordenamiento territorial ambiental debe garantizar la protección y conservación de los recursos naturales y la biodiversidad, así como la prevención y mitigación de los impactos ambientales negativos. Su implementación debe ser participativa y coherente con los instrumentos de gestión ambiental y considerar los impactos ambientales de los proyectos y actividades que se desarrollen en el territorio.

Además, el ordenamiento territorial ambiental tiene un papel fundamental en la gestión del territorio y en la toma de decisiones sobre su uso y ocupación. Permite la coordinación y compatibilización de las políticas y acciones de diferentes sectores y niveles de gobierno, y promueve la articulación de las políticas de desarrollo económico y social con la conservación y uso sostenible de los recursos naturales y la biodiversidad.

El ordenamiento territorial ambiental también puede contribuir a la reducción de conflictos socioambientales, al establecer criterios claros y transparentes para la asignación de usos territoriales y la gestión de los recursos naturales. Asimismo, puede fomentar la participación ciudadana y el diálogo entre los distintos actores involucrados en la gestión del territorio, lo que puede mejorar la calidad de las decisiones y promover la gobernanza ambiental.

Es importante destacar que el ordenamiento territorial ambiental no solo tiene un impacto ambiental, sino también económico y social. Un ordenamiento territorial adecuado puede contribuir al desarrollo sostenible del país, al promover el uso eficiente y sostenible de los recursos naturales y la biodiversidad, y al mejorar la calidad de vida de las comunidades locales.

El ordenamiento territorial ambiental es un instrumento fundamental para garantizar una gestión adecuada y sostenible del territorio en el Perú. Su implementación debe ser participativa, coherente con los instrumentos de gestión ambiental y considerar los impactos ambientales de los proyectos y actividades que se desarrollen en el territorio. El ordenamiento territorial ambiental puede contribuir a la reducción de conflictos socioambientales, mejorar la calidad de las decisiones y promover la gobernanza ambiental, y puede contribuir al desarrollo sostenible del país.

Ejemplo Artículo 19.- De la planificación y del ordenamiento territorial ambiental:

Un ejemplo de planificación y ordenamiento territorial ambiental podría ser el siguiente:

Planificación y ordenamiento territorial ambiental: Desarrollo de un plan de ordenamiento territorial para un municipio en la costa de Perú.

Descripción del proyecto: El municipio en la costa de Perú experimenta un crecimiento urbano acelerado y desorganizado, lo que ha generado problemas ambientales y sociales, como la contaminación del agua y del aire, la degradación de los ecosistemas naturales, la falta de servicios básicos y la exclusión social. El objetivo del proyecto es desarrollar un plan de ordenamiento territorial que permita una gestión sostenible del territorio, asegurando la preservación del medio ambiente y el bienestar de la población.

Plan de ordenamiento territorial: El plan de ordenamiento territorial incluye la identificación de los recursos naturales presentes en el territorio, la evaluación de los impactos ambientales generados por el crecimiento urbano, la definición de objetivos y metas ambientales, la propuesta de medidas de mitigación y compensación, así como la elaboración de un cronograma de acciones. Además, se incluyen criterios e indicadores ambientales para la asignación de usos territoriales y la ocupación ordenada del territorio.

Implementación del plan de ordenamiento territorial: La implementación del plan de ordenamiento territorial se realizó en coordinación con las autoridades locales y la población. Se desarrolló una infraestructura adecuada para el acceso a los servicios básicos, se implementaron medidas de protección de los ecosistemas naturales, se establecieron áreas de conservación y se promovió la educación ambiental y el turismo sostenible.

Resultados: La implementación del plan de ordenamiento territorial ha permitido una gestión sostenible del territorio, asegurando la preservación del medio ambiente y el bienestar de la población. Se ha mejorado la calidad de vida de las personas a través del acceso a servicios básicos y de la promoción del turismo sostenible. Además, se ha fortalecido la participación activa de la población en la gestión ambiental, lo que ha asegurado una gestión más justa y efectiva del territorio.

Artículo 20.- De los objetivos de la planificación y el ordenamiento territorial

La planificación y el ordenamiento territorial tienen por finalidad complementar la planificación económica, social y ambiental con la dimensión territorial, racionalizar las intervenciones sobre el territorio y orientar su conservación y aprovechamiento sostenible. Tiene los siguientes objetivos:

a) Orientar la formulación, aprobación y aplicación de políticas nacionales, sectoriales, regionales y locales en materia de gestión ambiental y uso sostenible de los recursos naturales y la ocupación ordenada del territorio, en concordancia con las características y potencialidades de los ecosistemas, la conservación del ambiente, la preservación del patrimonio cultural y el bienestar de la población.

b) Apoyar el fortalecimiento de capacidades de las autoridades correspondientes para conducir la gestión de los espacios y los recursos naturales de su jurisdicción, promoviendo la participación ciudadana y fortaleciendo a las organizaciones de la sociedad civil involucradas en dicha tarea.

c) Proveer información técnica y el marco referencial para la toma de decisiones sobre la ocupación del territorio y el aprovechamiento de los recursos naturales; así como orientar, promover y potenciar la inversión pública y privada, sobre la base del principio de sostenibilidad.

d) Contribuir a consolidar e impulsar los procesos de concertación entre el Estado y los diferentes actores económicos y sociales, sobre la ocupación y el uso adecuado del territorio y el aprovechamiento de los recursos naturales, previniendo conflictos ambientales.

e) Promover la protección, recuperación y/o rehabilitación de los ecosistemas degradados y frágiles.

f) Fomentar el desarrollo de tecnologías limpias y responsabilidad social.

CONCORDANCIAS: R.M. N° 026-2010-MINAM (Aprueban los "Lineamientos de Política para el Ordenamiento Territorial")

Comentario Artículo 20.- De los objetivos de la planificación y el ordenamiento territorial:

La planificación y el ordenamiento territorial tienen por finalidad complementar la planificación económica, social y ambiental con la dimensión territorial, racionalizar las intervenciones sobre el territorio y orientar su conservación y aprovechamiento sostenible. Para alcanzar esta finalidad, se establecen los siguientes objetivos:

g) Orientar la formulación, aprobación y aplicación de políticas nacionales, sectoriales, regionales y locales en materia de gestión ambiental y uso sostenible de los recursos naturales y la ocupación ordenada del territorio, en concordancia con las características y potencialidades de los ecosistemas, la conservación del ambiente, la preservación del patrimonio cultural y el bienestar de la población. De esta manera, se busca garantizar la armonización de las políticas y acciones de los diferentes niveles de gobierno y asegurar que estas sean coherentes con los objetivos de protección ambiental y desarrollo sostenible.

h) Apoyar el fortalecimiento de capacidades de las autoridades correspondientes para conducir la gestión de los espacios y los recursos naturales de su jurisdicción, promoviendo la participación ciudadana y fortaleciendo a las organizaciones de la sociedad civil involucradas en dicha tarea. De esta manera, se busca promover la gestión participativa y descentralizada del territorio, fortaleciendo la capacidad de los actores locales para la gestión ambiental y el uso sostenible de los recursos naturales.

i) Proveer información técnica y el marco referencial para la toma de decisiones sobre la ocupación del territorio y el aprovechamiento de los recursos naturales; así como orientar, promover y potenciar la inversión pública y privada, sobre la base del principio de sostenibilidad. De esta manera, se busca garantizar la toma de decisiones informada y basada en criterios técnicos y ambientales, promoviendo la inversión responsable y sostenible.

j) Contribuir a consolidar e impulsar los procesos de concertación entre el Estado y los diferentes actores económicos y sociales, sobre la ocupación y el uso adecuado del territorio y el aprovechamiento de los recursos naturales, previniendo conflictos ambientales. De esta manera, se busca promover el diálogo y la concertación entre los diferentes actores involucrados en la gestión del territorio, previniendo y resolviendo conflictos socioambientales.

k) Promover la protección, recuperación y/o rehabilitación de los ecosistemas degradados y frágiles. De esta manera, se busca promover la restauración ecológica y la protección de los ecosistemas naturales degradados o amenazados, contribuyendo a la conservación de la biodiversidad y al uso sostenible de los recursos naturales.

l) Fomentar el desarrollo de tecnologías limpias y responsabilidad social. De esta manera, se busca promover la innovación y el desarrollo tecnológico en el marco de la sostenibilidad ambiental y social, fomentando la responsabilidad social y la adopción de prácticas empresariales sostenibles.

La planificación y el ordenamiento territorial tienen por finalidad garantizar una gestión adecuada y sostenible del territorio en el Perú, y para ello se establecen objetivos que buscan orientar la formulación y aplicación de políticas públicas, fortalecer las capacidades de los actores locales, promover la inversión responsable y sostenible, prevenir conflictos socioambientales, proteger los ecosistemas naturales, y fomentar el desarrollo tecnológico sostenible y la responsabilidad social empresarial.

Ejemplo Artículo 20.- De los objetivos de la planificación y el ordenamiento territorial:

Un ejemplo de aplicación del presente artículo podría ser el siguiente: En la región de Piura, se ha implementado un plan de ordenamiento territorial que tiene como objetivo orientar la ocupación, conservación y aprovechamiento sostenible del territorio, en concordancia con las características y potencialidades de los ecosistemas, la conservación del ambiente, la preservación del patrimonio cultural y el bienestar de la población. El plan ha sido financiado por el Ministerio del Ambiente y ha contado con la participación de diversas entidades públicas y privadas.

En cumplimiento del inciso a) del artículo 20 de la Ley, el plan de ordenamiento territorial de Piura orienta la formulación, aprobación y aplicación de políticas nacionales, sectoriales, regionales y locales en materia de gestión ambiental y uso sostenible de los recursos naturales y la ocupación ordenada del territorio. El plan está en concordancia con las características y potencialidades de los ecosistemas de la región, y tiene como objetivo la conservación del ambiente, la preservación del patrimonio cultural y el bienestar de la población.

En cumplimiento del inciso b) del artículo 20 de la Ley, el plan de ordenamiento territorial de Piura apoya el fortalecimiento de capacidades de las autoridades correspondientes para conducir la gestión de los espacios y los recursos naturales de su jurisdicción, promoviendo la participación ciudadana y fortaleciendo a las organizaciones de la sociedad civil involucradas en dicha tarea. El plan ha sido elaborado con la participación activa de la sociedad civil y las autoridades locales.

En cumplimiento del inciso c) del artículo 20 de la Ley, el plan de ordenamiento territorial de Piura provee información técnica y el marco referencial para la toma de decisiones sobre la ocupación del territorio y el aprovechamiento de los recursos naturales, y orienta, promueve y potencia la inversión pública y privada, sobre la base del principio de sostenibilidad. El plan ha identificado las áreas prioritarias para la inversión pública y privada, y ha definido las condiciones y requisitos para el aprovechamiento sostenible de los recursos naturales.

En cumplimiento del inciso d) del artículo 20 de la Ley, el plan de ordenamiento territorial de Piura contribuye a consolidar e impulsar los procesos de concertación entre el Estado y los diferentes actores económicos y sociales, sobre la ocupación y el uso adecuado del territorio y el aprovechamiento de los recursos naturales, previniendo conflictos ambientales. El plan ha sido elaborado en un proceso de diálogo y concertación entre las autoridades locales, la sociedad civil y los diferentes actores económicos y sociales de la región.

En cumplimiento del inciso e) del artículo 20 de la Ley, el plan de ordenamiento territorial de Piura promueve la protección, recuperación y/o rehabilitación de los ecosistemas degradados y frágiles. El plan ha identificado las áreas de la región que requieren una intervención prioritaria para su recuperación y conservación, y ha definido las medidas necesarias para lograr estos objetivos.

En cumplimiento del inciso f) del artículo 20 de la Ley, el plan de ordenamiento territorial de Piura fomenta el desarrollo de tecnologías limpias y responsabilidad social. El plan ha identificado las áreas de la región que requieren una intervención prioritaria para el desarrollo de tecnologías limpias, y ha definido las medidas necesarias para fomentar la responsabilidad social de las empresas y la sociedad en general.

La aplicación del artículo 20 de la Ley en la región de Piura es un ejemplo práctico de cómo la planificación y el ordenamiento territorial pueden contribuir al desarrollo sostenible de una región, orientando la ocupación, conservación y aprovechamiento sostenible del territorio, y promoviendo la participación ciudadana y el fortalecimiento de capacidades de las autoridades locales. Esperamos que estos ejemplos inspiren a más autoridades y comunidades a promover la planificación y el ordenamiento territorial sostenible en el país.

Artículo 21.- De la asignación de usos

La asignación de usos se basa en la evaluación de las potencialidades y limitaciones del territorio utilizando, entre otros, criterios físicos, biológicos, ambientales, sociales, económicos y culturales, mediante el proceso de zonificación ecológica y económica. Dichos instrumentos constituyen procesos dinámicos y flexibles, y están sujetos a la Política Nacional Ambiental.

Comentario Artículo 21.- De la asignación de usos:

La asignación de usos del territorio es un proceso fundamental en la planificación y ordenamiento territorial, que tiene como objetivo garantizar un uso adecuado y sostenible de los recursos naturales y la ocupación ordenada del territorio. Este proceso se basa en la evaluación de las potencialidades y limitaciones del territorio, utilizando criterios físicos, biológicos, ambientales, sociales, económicos y culturales.

Para llevar a cabo la asignación de usos del territorio, se utiliza el proceso de zonificación ecológica y económica (ZEE), que es un instrumento de planificación territorial que permite identificar las diferentes zonas del territorio y asignarles usos específicos en función de sus características y potencialidades. El ZEE es un proceso dinámico y flexible, que debe ser actualizado periódicamente para adaptarse a los cambios en las condiciones del territorio y las demandas de la sociedad.

La zonificación ecológica y económica se basa en la identificación de las unidades de paisaje del territorio, que son áreas homogéneas en términos de sus características físicas, biológicas y culturales. Para cada unidad de paisaje se realiza una evaluación de su potencial productivo, ambiental y socioeconómico, y se establecen los usos permitidos y las limitaciones para cada una de ellas. En función de esta evaluación, se pueden asignar usos como agricultura, ganadería, forestación, conservación, turismo, entre otros.

Es importante destacar que la asignación de usos del territorio debe estar sujeta a la Política Nacional Ambiental y a las normas y regulaciones vigentes en materia ambiental y territorial. Además, debe ser un proceso participativo, que involucre a los diferentes actores y comunidades locales, y que garantice la protección de los derechos de los pueblos indígenas y las comunidades campesinas.

La asignación de usos del territorio es un proceso fundamental en la planificación y ordenamiento territorial, que se basa en la evaluación de las potencialidades y limitaciones del territorio utilizando criterios físicos, biológicos, ambientales, sociales, económicos y culturales. Para ello, se utiliza el proceso de zonificación ecológica y económica, que es un instrumento dinámico y flexible que debe estar sujeto a la Política Nacional Ambiental y contar con la participación de los diferentes actores y comunidades locales.

Además, la asignación de usos del territorio debe considerar los impactos ambientales y sociales de las actividades que se desarrollen en cada zona, y garantizar la protección de los ecosistemas naturales y la biodiversidad. Es importante que se promueva el uso sostenible de los recursos naturales y se evite la sobreexplotación o degradación de los mismos.

Otro aspecto importante en la asignación de usos del territorio es la consideración de las necesidades y demandas de la población local. Es necesario garantizar el acceso a los recursos naturales y el uso del territorio por parte de las comunidades locales, respetando sus derechos y promoviendo su participación en la toma de decisiones.

Por otro lado, la asignación de usos del territorio también puede contribuir a la reducción de conflictos socioambientales, al establecer criterios claros y transparentes para la asignación de usos territoriales y la gestión de los recursos naturales. Asimismo, puede fomentar la participación ciudadana y el diálogo entre los distintos actores involucrados en la gestión del territorio, lo que puede mejorar la calidad de las decisiones y promover la gobernanza ambiental.

La asignación de usos del territorio es un proceso fundamental en la planificación y ordenamiento territorial, que debe considerar los criterios físicos, biológicos, ambientales, sociales, económicos y culturales para garantizar un uso adecuado y sostenible del territorio y los recursos naturales. Además, debe estar sujeto a la Política Nacional Ambiental y ser un proceso participativo, que involucre a los diferentes actores y comunidades locales y que garantice la protección de los derechos de los pueblos indígenas y las comunidades campesinas.

Ejemplo Artículo 21.- De la asignación de usos:

Un ejemplo de asignación de usos podría ser el siguiente:

Asignación de usos: Definición de los usos para una zona de conservación en la región de Amazonas.

Descripción del proyecto: La zona de conservación en la región de Amazonas es una importante área de conservación de la biodiversidad, donde se encuentran diversas especies de flora y fauna. El objetivo del proyecto es definir los usos más adecuados para la zona, considerando criterios ambientales, sociales y económicos, y utilizando la zonificación ecológica y económica.

Zonificación ecológica y económica: El proceso de zonificación ecológica y económica incluye la identificación de las características ambientales, sociales y económicas de la zona, la definición de las áreas de conservación y las áreas de uso sostenible, la propuesta de medidas de mitigación y compensación, así como la elaboración de un plan de manejo ambiental.

Asignación de usos: En función de la zonificación ecológica y económica, se definieron los usos más adecuados para la zona de conservación. Se establecieron áreas de conservación para la protección de especies en peligro de extinción y ecosistemas naturales, así como áreas de uso sostenible para el turismo sostenible y la extracción de recursos naturales de manera sostenible. Además, se promovió la participación de las comunidades locales en la gestión de las áreas de uso sostenible.

Resultados: La asignación de usos ha permitido una gestión sostenible de la zona de conservación, asegurando la preservación de la biodiversidad y el uso racional de los recursos naturales. Se ha promovido el desarrollo sostenible de las comunidades locales a través del turismo sostenible y la generación de empleo. Se ha fortalecido la participación activa de las comunidades locales en la gestión ambiental y se ha mejorado la calidad de vida de las personas.

Artículo 22.- Del ordenamiento territorial ambiental y la descentralización

22.1 El ordenamiento territorial ambiental es un objetivo de la descentralización en materia de gestión ambiental. En el proceso de descentralización se prioriza la incorporación de la dimensión ambiental en el ordenamiento territorial de las regiones y en las áreas de jurisdicción local, como parte de sus respectivas estrategias de desarrollo sostenible.

22.2 El Poder Ejecutivo, a propuesta de la Autoridad Ambiental Nacional y en coordinación con los niveles descentralizados de gobierno, establece la política nacional en materia de ordenamiento territorial ambiental, la cual constituye referente obligatorio de las políticas públicas en todos los niveles de gobierno.

22.3 Los gobiernos regionales y locales coordinan sus políticas de ordenamiento territorial, entre sí y con el gobierno nacional, considerando las propuestas que al respecto formule la sociedad civil.

Comentario Artículo 22.- Del ordenamiento territorial ambiental y la descentralización:

El ordenamiento territorial ambiental y la descentralización son dos objetivos interrelacionados en la gestión ambiental en el Perú. El ordenamiento territorial ambiental busca garantizar un uso adecuado y sostenible del territorio y los recursos naturales, considerando las características y potencialidades de cada región y localidad. Por su parte, la descentralización busca fortalecer la capacidad de los gobiernos regionales y locales para la gestión ambiental y promover la participación ciudadana en la toma de decisiones.

En el proceso de descentralización, se prioriza la incorporación de la dimensión ambiental en el ordenamiento territorial de las regiones y en las áreas de jurisdicción local, como parte de sus respectivas estrategias de desarrollo sostenible. Esto implica que los gobiernos regionales y locales deben considerar los aspectos ambientales en la planificación y gestión del territorio, y promover un uso sostenible de los recursos naturales.

La política nacional en materia de ordenamiento territorial ambiental es establecida por el Poder Ejecutivo, a propuesta de la Autoridad Ambiental Nacional y en coordinación con los niveles descentralizados de gobierno. Esta política constituye un referente obligatorio para las políticas públicas en todos los niveles de gobierno, lo que garantiza la armonización de las políticas y estrategias en materia de ordenamiento territorial ambiental.

Por otro lado, los gobiernos regionales y locales tienen la responsabilidad de coordinar sus políticas de ordenamiento territorial entre sí y con el gobierno nacional, considerando las propuestas que al respecto formule la sociedad civil. Esto implica la necesidad de promover la participación ciudadana en la planificación y gestión del territorio, garantizando la inclusión de los distintos actores y comunidades locales en la toma de decisiones.

El ordenamiento territorial ambiental y la descentralización son dos objetivos interrelacionados en la gestión ambiental en el Perú. La incorporación de la dimensión ambiental en el ordenamiento territorial de las regiones y localidades, y la coordinación entre los distintos niveles de gobierno y la sociedad civil, son fundamentales para garantizar un uso adecuado y sostenible del territorio y los recursos naturales.

Además, la descentralización y el ordenamiento territorial ambiental pueden contribuir a reducir los conflictos socioambientales, al involucrar a las comunidades locales en la planificación y gestión del territorio y garantizar la protección de sus derechos. También pueden promover la implementación de políticas y proyectos ambientales más efectivos y adaptados a las necesidades y características de cada región y localidad.

Es importante destacar que la descentralización y el ordenamiento territorial ambiental requieren de una adecuada capacidad técnica y financiera por parte de los gobiernos regionales y locales, así como de una adecuada coordinación y cooperación entre los distintos niveles de gobierno y la sociedad civil. Además, deben estar sujetos a las normas y regulaciones vigentes en materia ambiental y territorial, y respetar los derechos de los pueblos indígenas y las comunidades campesinas.

En resumen, el ordenamiento territorial ambiental y la descentralización son dos objetivos fundamentales en la gestión ambiental en el Perú, que buscan garantizar un uso adecuado y sostenible del territorio y los recursos naturales, promover la participación ciudadana en la toma de decisiones y fortalecer la capacidad de los gobiernos regionales y locales para la gestión ambiental. Su adecuada implementación requiere de una coordinación y cooperación efectiva entre los distintos niveles de gobierno y la sociedad civil, y de la protección de los derechos de las comunidades locales y los pueblos indígenas.

Ejemplo Artículo 22.- Del ordenamiento territorial ambiental y la descentralización:

El ejemplo creado que podríamos aplicar al artículo 22 de la Ley General del Ambiente N° 28611 establece la importancia del ordenamiento territorial ambiental y la descentralización en materia de gestión ambiental. A continuación, se presenta un ejemplo de aplicación de cada uno de los incisos:

Inciso 22.1: El ordenamiento territorial ambiental es un objetivo de la descentralización en materia de gestión ambiental. En el proceso de descentralización se prioriza la incorporación de la dimensión ambiental en el ordenamiento territorial de las regiones y en las áreas de jurisdicción local, como parte de sus respectivas estrategias de desarrollo sostenible.

En la región de Amazonas, el gobierno regional ha priorizado la incorporación de la dimensión ambiental en su plan de ordenamiento territorial, como parte de su estrategia de desarrollo sostenible. En este sentido, se ha trabajado en la identificación y protección de las áreas naturales y de la biodiversidad, así como en la promoción de prácticas sostenibles en las actividades productivas de la región.

Inciso 22.2: El Poder Ejecutivo, a propuesta de la Autoridad Ambiental Nacional y en coordinación con los niveles descentralizados de gobierno, establece la política nacional en materia de ordenamiento territorial ambiental, la cual constituye referente obligatorio de las políticas públicas en todos los niveles de gobierno.

En el país, el Poder Ejecutivo, a propuesta de la Autoridad Ambiental Nacional y en coordinación con los gobiernos regionales y locales, estableció la política nacional en materia de ordenamiento territorial ambiental, la cual constituye referente obligatorio de las políticas públicas en todos los niveles de gobierno. Esta política ha permitido una mayor coordinación y coherencia en la gestión ambiental y territorial en el país.

Inciso 22.3: Los gobiernos regionales y locales coordinan sus políticas de ordenamiento territorial, entre sí y con el gobierno nacional, considerando las propuestas que al respecto formule la sociedad civil.

En la provincia de Urubamba, los gobiernos local y regional han coordinado sus políticas de ordenamiento territorial, considerando las propuestas de la sociedad civil, en especial de las comunidades campesinas y pueblos indígenas. Esta coordinación ha permitido la identificación y protección de áreas naturales y culturales de gran valor para la provincia, así como el fomento de actividades económicas sostenibles que contribuyen al desarrollo local.

La aplicación del artículo 22 de la Ley General del Ambiente N° 28611 en diferentes regiones del Perú es un ejemplo práctico de cómo el ordenamiento territorial ambiental y la descentralización pueden contribuir al desarrollo sostenible del país. Esperamos que estos ejemplos inspiren a más autoridades y entidades a adoptar prácticas sostenibles en sus operaciones y contribuir así a la protección del medio ambiente y el desarrollo sostenible en el Perú.

Artículo 23.- Del ordenamiento urbano y rural

23.1 Corresponde a los gobiernos locales, en el marco de sus funciones y atribuciones, promover, formular y ejecutar planes de ordenamiento urbano y rural, en concordancia con la Política Nacional Ambiental y con las normas urbanísticas nacionales, considerando el crecimiento planificado de las ciudades, así como los diversos usos del espacio de jurisdicción, de conformidad con la legislación vigente, los que son evaluados bajo criterios socioeconómicos y ambientales.

23.2 Los gobiernos locales deben evitar que actividades o usos incompatibles, por razones ambientales, se desarrollen dentro de una misma zona o en zonas colindantes dentro de sus jurisdicciones. También deben asegurar la preservación y la ampliación de las áreas verdes urbanas y periurbanas de que dispone la población.

23.3 Las instalaciones destinadas a la fabricación, procesamiento o almacenamiento de sustancias químicas peligrosas o explosivas deben ubicarse en zonas industriales, conforme a los criterios de la zonificación aprobada por los gobiernos locales.

Comentario Artículo 23.- Del ordenamiento urbano y rural:

El ordenamiento urbano y rural es un proceso fundamental en la gestión ambiental, que busca promover un uso adecuado y sostenible del territorio y los recursos naturales en las zonas urbanas y rurales. En el Perú, corresponde a los gobiernos locales promover, formular y ejecutar planes de ordenamiento urbano y rural, en concordancia con la Política Nacional Ambiental y las normas urbanísticas nacionales.

Los planes de ordenamiento urbano y rural deben considerar el crecimiento planificado de las ciudades, así como los diversos usos del espacio de jurisdicción, evaluados bajo criterios socioeconómicos y ambientales. Es importante que se eviten actividades o usos incompatibles, por razones ambientales, dentro de una misma zona o en zonas colindantes dentro de la jurisdicción de los gobiernos locales.

Además, los gobiernos locales tienen la responsabilidad de asegurar la preservación y ampliación de las áreas verdes urbanas y periurbanas disponibles para la población. Las áreas verdes son fundamentales para la calidad de vida de las personas, ya que contribuyen a mejorar la calidad del aire, reducir la temperatura, favorecer la biodiversidad y proporcionar espacios de recreación y esparcimiento.

En el caso de las instalaciones destinadas a la fabricación, procesamiento o almacenamiento de sustancias químicas peligrosas o explosivas, los gobiernos locales deben ubicarlas en zonas industriales, conforme a los criterios de zonificación aprobados. Esto es fundamental para garantizar la seguridad de las personas y evitar riesgos ambientales.

El ordenamiento urbano y rural es un proceso clave en la gestión ambiental en el Perú, que busca promover un uso adecuado y sostenible del territorio y los recursos naturales en las zonas urbanas y rurales. Los gobiernos locales tienen la responsabilidad de promover, formular y ejecutar planes de ordenamiento urbano y rural, considerando criterios socioeconómicos y ambientales, evitando actividades incompatibles, preservando y ampliando áreas verdes, y ubicando instalaciones peligrosas en zonas industriales.

Es importante destacar que el ordenamiento urbano y rural debe ser un proceso participativo, que involucre a la sociedad civil y a los diferentes actores locales en la toma de decisiones. La participación ciudadana es fundamental para garantizar la inclusión de las necesidades y demandas de la población en la planificación y gestión del territorio, y para promover una gestión ambiental más democrática y transparente.

Además, el ordenamiento urbano y rural debe estar sujeto a las normas y regulaciones vigentes en materia ambiental y territorial, y respetar los derechos de los pueblos indígenas y las comunidades campesinas. En este sentido, es fundamental promover una gestión ambiental que tenga en cuenta los aspectos culturales y las formas de vida de las comunidades locales, y que garantice su participación en la toma de decisiones.

Por otro lado, el ordenamiento urbano y rural puede contribuir a la reducción de los impactos ambientales y sociales de las actividades humanas en las zonas urbanas y rurales. Por ejemplo, puede promover la reducción de la contaminación del aire y del agua, la gestión adecuada de los residuos sólidos y líquidos, la protección de los ecosistemas naturales y la biodiversidad, y la reducción de los riesgos sociales y ambientales.

En resumen, el ordenamiento urbano y rural es un proceso fundamental en la gestión ambiental en el Perú, que busca promover un uso adecuado y sostenible del territorio y los recursos naturales en las zonas urbanas y rurales. Los gobiernos locales tienen la responsabilidad de promover, formular y ejecutar planes de ordenamiento urbano y rural, considerando criterios socioeconómicos y ambientales, y garantizando la participación ciudadana y el respeto a los derechos de las comunidades locales.

Ejemplo Artículo 23.- Del ordenamiento urbano y rural:

Un ejemplo de coordinación entre los diferentes niveles de gobierno y la sociedad civil en el proceso de ordenamiento territorial ambiental podría ser el siguiente:

Coordinación en el ordenamiento territorial ambiental: Elaboración de un plan de ordenamiento territorial en una región de la selva peruana.

Descripción del proyecto: La región de la selva peruana ha experimentado un crecimiento acelerado de la actividad económica, lo que ha generado problemas ambientales y sociales, como la deforestación, la contaminación del agua y del aire, y la exclusión social. El objetivo del proyecto es desarrollar un plan de ordenamiento territorial que permita una gestión sostenible del territorio, asegurando la preservación del medio ambiente y el bienestar de la población.

Coordinación entre los diferentes niveles de gobierno y la sociedad civil: Para la elaboración del plan de ordenamiento territorial, se coordinó entre los diferentes niveles de gobierno y la sociedad civil. Se estableció un equipo técnico interinstitucional, conformado por representantes de las autoridades regionales, locales y de la sociedad civil, con el objetivo de asegurar una gestión participativa y multidisciplinaria del territorio.

Plan de ordenamiento territorial: El plan de ordenamiento territorial incluye la identificación de los recursos naturales presentes en el territorio, la evaluación de los impactos ambientales generados por la actividad económica, la definición de objetivos y metas ambientales, la propuesta de medidas de mitigación y compensación, así como la elaboración de un cronograma de acciones. Además, se incluyen criterios e indicadores ambientales para la asignación de usos territoriales y la ocupación ordenada del territorio.

Implementación del plan de ordenamiento territorial: La implementación del plan de ordenamiento territorial se realizó en coordinación con las autoridades locales y la población. Se desarrolló una infraestructura adecuada para el acceso a los servicios básicos, se implementaron medidas de protección de los ecosistemas naturales, se establecieron áreas de conservación y se promovió la educación ambiental y el turismo sostenible.

Resultados: La coordinación entre los diferentes niveles de gobierno y la sociedad civil ha permitido una gestión sostenible del territorio, asegurando la preservación del medio ambiente y el bienestar de la población. Se ha mejorado la calidad de vida de las personas a través del acceso a servicios básicos y de la promoción del turismo sostenible. Además, se ha fortalecido la participación activa de la sociedad civil en la gestión ambiental y se ha asegurado una gestión más justa y efectiva del territorio.

Artículo 24.- Del Sistema Nacional de Evaluación de Impacto Ambiental

24.1 Toda actividad humana que implique construcciones, obras, servicios y otras actividades, así como las políticas, planes y programas públicos susceptibles de causar impactos ambientales de carácter significativo, está sujeta, de acuerdo a ley, al Sistema Nacional de Evaluación de Impacto Ambiental - SEIA, el cual es administrado por la Autoridad Ambiental Nacional. La ley y su reglamento desarrollan los componentes del Sistema Nacional de Evaluación de Impacto Ambiental.

24.2 Los proyectos o actividades que no están comprendidos en el Sistema Nacional de Evaluación de Impacto Ambiental, deben desarrollarse de conformidad con las normas de protección ambiental específicas de la materia.

CONCORDANCIAS: D. Leg. N° 1013, inc. b) del Art. 6 (Funciones generales)

Comentario Artículo 24.- Del Sistema Nacional de Evaluación de Impacto Ambiental:

La Ley General del Ambiente 28611 del Perú establece el Sistema Nacional de Evaluación de Impacto Ambiental (SEIA) como un mecanismo fundamental para la gestión ambiental del país. Este sistema tiene como objetivo principal garantizar que toda actividad humana que implique construcciones, obras, servicios y otras actividades, así como las políticas, planes y programas públicos susceptibles de causar impactos ambientales de carácter significativo, sean evaluadas y reguladas de acuerdo a los criterios y procedimientos establecidos por la ley.

El SEIA es administrado por la Autoridad Ambiental Nacional, y su implementación es obligatoria para todas las entidades públicas y privadas que realicen actividades que puedan afectar el medio ambiente. El objetivo de este sistema es garantizar que las actividades humanas se desarrollen de manera sostenible, minimizando los impactos ambientales y maximizando los beneficios sociales y económicos.

La ley establece que todo proyecto o actividad que pueda causar impactos ambientales significativos debe ser evaluado mediante un Estudio de Impacto Ambiental (EIA), el cual debe ser presentado por el promotor del proyecto o actividad a la Autoridad Ambiental Nacional para su evaluación y aprobación. El EIA debe incluir información detallada sobre los posibles impactos ambientales del proyecto o actividad, así como las medidas de mitigación y compensación que se implementarán para minimizar estos impactos.

Es importante destacar que aquellos proyectos o actividades que no estén comprendidos en el SEIA deben desarrollarse de conformidad con las normas de protección ambiental específicas de la materia. Esto significa que deben cumplir con los estándares y regulaciones ambientales establecidos para su sector o actividad, y que su impacto ambiental debe ser evaluado y regulado de acuerdo a estos criterios.

El SEIA es un mecanismo fundamental para la gestión ambiental en el Perú, ya que permite evaluar y regular las actividades humanas que puedan afectar el medio ambiente. Su implementación es obligatoria para todas las entidades públicas y privadas que realicen este tipo de actividades, y su objetivo es garantizar que las mismas se desarrollen de manera sostenible, minimizando los impactos ambientales y maximizando los beneficios sociales y económicos.

El SEIA es un proceso que involucra a diferentes actores y etapas, desde la identificación de los proyectos y actividades que deben ser evaluados, hasta la implementación de las medidas de mitigación y compensación. En este sentido, la ley establece que la evaluación de impacto ambiental debe ser un proceso participativo, que involucre a la sociedad civil y a los diferentes actores locales en la toma de decisiones.

Además, la ley establece que la evaluación de impacto ambiental debe considerar los criterios socioeconómicos y ambientales, y que debe tener en cuenta los aspectos culturales y las formas de vida de las comunidades locales. Esto significa que la evaluación de impacto ambiental debe ser un proceso integral, que tenga en cuenta no solo los impactos ambientales, sino también los impactos sociales y económicos de los proyectos y actividades.

Es importante destacar que la evaluación de impacto ambiental no es un proceso aislado, sino que forma parte de un conjunto de medidas y políticas destinadas a proteger el medio ambiente y garantizar un desarrollo sostenible. En este sentido, la ley establece que el SEIA debe ser complementado con otras medidas y políticas, como la planificación territorial, la gestión de residuos, la gestión de recursos hídricos, entre otras.

El Sistema Nacional de Evaluación de Impacto Ambiental (SEIA) es un mecanismo fundamental para la gestión ambiental en el Perú, que permite evaluar y regular las actividades humanas que puedan afectar el medio ambiente. Su implementación es obligatoria para todas las entidades públicas y privadas que realicen este tipo de actividades, y su objetivo es garantizar que las mismas se desarrollen de manera sostenible, minimizando los impactos ambientales y maximizando los beneficios sociales y económicos. La evaluación de impacto ambiental debe ser un proceso participativo, integral y complementario con otras medidas y políticas destinadas a proteger el medio ambiente y garantizar un desarrollo sostenible.

Ejemplo Artículo 24.- Del Sistema Nacional de Evaluación de Impacto Ambiental:

En la región de Piura, donde se sometió a evaluación ambiental la construcción de un puerto para exportación de minerales.

La construcción de este puerto requería la evaluación de impacto ambiental a través del SEIA, con el fin de identificar y mitigar los posibles impactos ambientales significativos que pudieran generar. La evaluación de impacto ambiental permitió identificar los posibles impactos ambientales que se podrían generar durante la construcción y operación del puerto, como la afectación de las especies de fauna y flora, la alteración del paisaje y la generación de ruido y polvo.

A partir de esta identificación, se implementaron medidas de mitigación y compensación para minimizar estos impactos ambientales, como la implementación de sistemas de control de ruido y polvo y la restauración de áreas afectadas.

La evaluación de impacto ambiental a través del SEIA permitió garantizar que la construcción del puerto se realizara de manera sostenible y responsable, minimizando su impacto ambiental y protegiendo el ecosistema de la región de Piura.

La aplicación del artículo 24 de la Ley General del Ambiente N° 28611 en la región de Piura es otro ejemplo práctico de cómo el SEIA es una herramienta clave para garantizar una gestión ambiental sostenible en el país. Esperamos que este ejemplo inspire a más personas y entidades a adoptar medidas de evaluación y mitigación de impactos ambientales en sus proyectos y contribuir así a la protección del medio ambiente y el desarrollo sostenible en el Perú.

Artículo 25.- De los Estudios de Impacto Ambiental

Los Estudios de Impacto Ambiental - EIA son instrumentos de gestión que contienen una descripción de la actividad propuesta y de los efectos directos o indirectos previsibles de dicha actividad en el medio ambiente físico y social, a corto y largo plazo, así como la evaluación técnica de los mismos. Deben indicar las medidas necesarias para evitar o reducir el daño a niveles tolerables e incluirá un breve resumen del estudio para efectos de su publicidad. La ley de la materia señala los demás requisitos que deban contener los EIA.

Comentario Artículo 25.- De los Estudios de Impacto Ambiental:

Los Estudios de Impacto Ambiental (EIA) son instrumentos de gestión ambiental fundamentales para la evaluación de proyectos o actividades que puedan generar impactos significativos en el medio ambiente. Estos estudios contienen información detallada sobre la actividad propuesta, así como una evaluación de los efectos directos o indirectos previsibles de dicha actividad en el medio ambiente físico y social, a corto y largo plazo.

La ley establece que los EIA deben incluir información detallada sobre los posibles impactos ambientales del proyecto o actividad, así como las medidas de mitigación y compensación que se implementarán para minimizar estos impactos. Los EIA también deben indicar las medidas necesarias para evitar o reducir el daño a niveles tolerables, y deben incluir un breve resumen del estudio para efectos de su publicidad.

Es importante destacar que los EIA deben ser realizados por profesionales especializados en la evaluación de impacto ambiental, y deben ser elaborados de acuerdo a los criterios y procedimientos establecidos por la ley. La evaluación de impacto ambiental debe ser un proceso participativo, que involucre a la sociedad civil y a los diferentes actores locales en la toma de decisiones.

La ley establece que los EIA deben ser presentados por el promotor del proyecto o actividad a la Autoridad Ambiental Nacional para su evaluación y aprobación. La Autoridad Ambiental Nacional evaluará el EIA y emitirá una opinión técnica sobre los posibles impactos ambientales del proyecto o actividad, así como las medidas de mitigación y compensación propuestas. La opinión técnica de la Autoridad Ambiental Nacional es un requisito indispensable para la aprobación del proyecto o actividad.

Los Estudios de Impacto Ambiental son instrumentos de gestión ambiental fundamentales para la evaluación de proyectos o actividades que puedan generar impactos significativos en el medio ambiente. Estos estudios deben ser elaborados de acuerdo a los criterios y procedimientos establecidos por la ley, y deben incluir información detallada sobre los posibles impactos ambientales del proyecto o actividad, así como las medidas de mitigación y compensación que se implementarán para minimizar estos impactos. La evaluación de impacto ambiental debe ser un proceso participativo, que involucre a la sociedad civil y a los diferentes actores locales en la toma de decisiones.

Es importante destacar que los EIA deben ser actualizados y revisados periódicamente, especialmente en aquellos casos en que se presenten cambios significativos en la actividad o en la situación ambiental. La ley establece que la Autoridad Ambiental Nacional puede solicitar la revisión del EIA en cualquier momento, si considera que existen cambios significativos que puedan afectar los impactos ambientales del proyecto o actividad.

Además, la ley establece que los EIA deben ser objeto de seguimiento y monitoreo por parte de la Autoridad Ambiental Nacional, con el fin de verificar el cumplimiento de las medidas de mitigación y compensación propuestas, y evaluar los impactos ambientales reales de la actividad. El seguimiento y monitoreo de los impactos ambientales es fundamental para garantizar que las actividades humanas se desarrollen de manera sostenible, minimizando los impactos ambientales y maximizando los beneficios sociales y económicos.

Es importante destacar que la evaluación de impacto ambiental es un proceso fundamental en la gestión ambiental en el Perú, que busca promover un uso adecuado y sostenible del territorio y los recursos naturales. La implementación de los EIA es obligatoria para todas las entidades públicas y privadas que realicen proyectos o actividades que puedan afectar el medio ambiente, y su objetivo es garantizar que las mismas se desarrollen de manera sostenible, minimizando los impactos ambientales y maximizando los beneficios sociales y económicos.

Los Estudios de Impacto Ambiental son Instrumentos De Gestión Ambiental (IGA) fundamentales para la evaluación de proyectos o actividades que puedan generar impactos significativos en el medio ambiente. Estos estudios deben ser elaborados de acuerdo a los criterios y procedimientos establecidos por la ley, y deben incluir información detallada sobre los posibles impactos ambientales del proyecto o actividad, así como las medidas de mitigación y compensación que se implementarán para minimizar estos impactos. La evaluación de impacto ambiental debe ser un proceso participativo, que involucre a la sociedad civil y a los diferentes actores locales en la toma de decisiones, y debe ser objeto de seguimiento y monitoreo por parte de la Autoridad Ambiental Nacional para garantizar que las actividades humanas se desarrollen de manera sostenible.

Ejemplo Artículo 25.- De los Estudios de Impacto Ambiental:

Un ejemplo de la aplicación del artículo 25 podría ser la formulación de un EIA para la construcción de una represa hidroeléctrica en una región de la selva amazónica.

Descripción del proyecto: La construcción de una represa hidroeléctrica tiene como objetivo generar energía eléctrica para abastecer a una ciudad cercana. La represa se ubicará en una zona de la selva amazónica, lo que puede generar impactos ambientales significativos.

Elaboración del EIA: Para la elaboración del EIA, se debe describir detalladamente la actividad propuesta y los posibles impactos ambientales que puedan generar. En este caso, se deben identificar los impactos en la flora y fauna de la zona, la calidad del agua, la erosión del suelo, entre otros.

Evaluación técnica de los impactos: Una vez identificados los posibles impactos ambientales, se debe realizar una evaluación técnica para determinar las medidas necesarias para evitar o reducir el daño a niveles tolerables. En este caso, se pueden proponer medidas como la construcción de pasos de fauna para evitar la fragmentación del hábitat de los animales, la implementación de sistemas de tratamiento de aguas residuales y la reforestación de las áreas afectadas.

Resumen del EIA: Se debe elaborar un breve resumen del EIA para su publicidad, en el cual se destaque la descripción de la actividad propuesta, los posibles impactos ambientales y las medidas propuestas para su mitigación.

Cumplimiento de la normativa ambiental: Se debe cumplir con los requisitos adicionales establecidos en la normativa ambiental para la elaboración del EIA. Esto implica que se deben seguir los criterios y procedimientos establecidos en la normativa para garantizar una evaluación completa y rigurosa de los posibles impactos ambientales.

La elaboración de un EIA es fundamental para identificar los posibles impactos ambientales que puedan generar las actividades humanas y proponer medidas para prevenir o mitigar el daño ambiental. Esto permite asegurar una gestión sostenible del territorio y la preservación de los recursos naturales.

Artículo 26.- De los Programas de Adecuación y Manejo Ambiental

26.1 La autoridad ambiental competente puede establecer y aprobar Programas de Adecuación y Manejo Ambiental - PAMA, para facilitar la adecuación de una actividad económica a obligaciones ambientales nuevas, debiendo asegurar su debido cumplimiento en plazos que establezcan las respectivas normas, a través de objetivos de desempeño ambiental explícitos, metas y un cronograma de avance de cumplimiento, así como las medidas de prevención, control, mitigación, recuperación y eventual compensación que corresponda. Los informes sustentatorios de la definición de plazos y medidas de adecuación, los informes de seguimiento y avances en el cumplimiento del PAMA, tienen carácter público y deben estar a disposición de cualquier persona interesada.

26.2 El incumplimiento de las acciones definidas en los PAMA, sea durante su vigencia o al final de éste, se sanciona administrativamente, independientemente de las sanciones civiles o penales a que haya lugar.

Comentario Artículo 26.- De los Programas de Adecuación y Manejo Ambiental:

Los Programas de Adecuación y Manejo Ambiental (PAMA) son instrumentos de gestión ambiental que permiten la adecuación de una actividad económica a nuevas obligaciones ambientales establecidas por la autoridad competente. Estos programas son establecidos y aprobados por la autoridad ambiental competente, y tienen como objetivo asegurar el debido cumplimiento de las obligaciones ambientales en plazos establecidos por las normas correspondientes.

Los PAMA deben incluir objetivos de desempeño ambiental explícitos, metas y un cronograma de avance de cumplimiento, así como las medidas de prevención, control, mitigación, recuperación y eventual compensación que correspondan. Además, los informes sustentatorios de la definición de plazos y medidas de adecuación, así como los informes de seguimiento y avances en el cumplimiento del PAMA, tienen carácter público y deben estar a disposición de cualquier persona interesada.

Es importante destacar que el incumplimiento de las acciones definidas en los PAMA, ya sea durante su vigencia o al final de éste, se sanciona administrativamente, independientemente de las sanciones civiles o penales a que haya lugar. Esto significa que las empresas o entidades que no cumplan con las obligaciones establecidas en los PAMA pueden ser sancionadas por la autoridad ambiental competente.

Los Programas de Adecuación y Manejo Ambiental son instrumentos de gestión ambiental que permiten la adecuación de una actividad económica a nuevas obligaciones ambientales establecidas por la autoridad competente. Estos programas tienen como objetivo asegurar el debido cumplimiento de las obligaciones ambientales en plazos establecidos por las normas correspondientes, y su incumplimiento puede ser sancionado administrativamente por la autoridad ambiental competente. Los informes sustentatorios y de seguimiento de los PAMA deben estar disponibles al público.

Es importante destacar que los Programas de Adecuación y Manejo Ambiental son una herramienta importante para la gestión ambiental en el Perú, ya que permiten a las empresas o entidades adecuarse a las nuevas obligaciones ambientales de manera más eficiente y efectiva. Además, los PAMA promueven la prevención y el control de los impactos ambientales generados por las actividades económicas, contribuyendo así a la protección del medio ambiente.

La ley establece que los PAMA pueden ser establecidos y aprobados por la autoridad ambiental competente en cualquier momento, ya sea de oficio o a solicitud del titular de la actividad económica. Además, la ley establece que los PAMA deben ser revisados y actualizados periódicamente para asegurar su vigencia y adecuación a las nuevas obligaciones ambientales.

Es importante destacar que los PAMA son complementarios a otros instrumentos de gestión ambiental, como los Estudios de Impacto Ambiental (EIA) y los Planes de Manejo Ambiental (PMA). Los EIA son obligatorios para todas las actividades económicas que puedan generar impactos ambientales significativos, mientras que los PMA son instrumentos de gestión ambiental específicos para actividades extractivas o productivas que generen impactos ambientales significativos.

Los Programas de Adecuación y Manejo Ambiental son instrumentos de gestión ambiental importantes para la adecuación de actividades económicas a nuevas obligaciones ambientales establecidas por la autoridad competente. Estos programas tienen como objetivo asegurar el debido cumplimiento de las obligaciones ambientales en plazos establecidos por las normas correspondientes, y su incumplimiento puede ser sancionado administrativamente por la autoridad ambiental competente. Los PAMA son complementarios a otros instrumentos de gestión ambiental, como los Estudios de Impacto Ambiental y los Planes de Manejo Ambiental.

Ejemplo Artículo 26.- De los Programas de Adecuación y Manejo Ambiental:

El artículo 26 de la Ley General del Ambiente N° 28611 establece la posibilidad de establecer y aprobar Programas de Adecuación y Manejo Ambiental (PAMA) para facilitar la adecuación de una actividad económica a las nuevas obligaciones ambientales. En este sentido, en la región de La Libertad, se estableció un PAMA para la industria de la construcción, con el fin de garantizar el cumplimiento de las obligaciones ambientales y promover una gestión ambiental sostenible en el sector.

El PAMA estableció objetivos de desempeño ambiental explícitos, metas y un cronograma de avance de cumplimiento, así como las medidas de prevención, control, mitigación, recuperación y eventual compensación correspondientes. Además, se definieron plazos y medidas de adecuación para garantizar el cumplimiento de las obligaciones ambientales.

Los informes sustentatorios de la definición de plazos y medidas de adecuación, los informes de seguimiento y avances en el cumplimiento del PAMA, están disponibles al público y cualquier persona interesada puede acceder a ellos.

La implementación del PAMA permitió que las empresas del sector de la construcción en La Libertad cumplieran con las obligaciones ambientales y adoptaran prácticas sostenibles en sus operaciones. Asimismo, se logró la promoción de una cultura ambiental responsable en el sector y la disminución de los impactos ambientales negativos generados por la actividad económica.

La aplicación del artículo 26 de la Ley General del Ambiente N° 28611 en la región de La Libertad es un ejemplo práctico de cómo los PAMA pueden ser una herramienta efectiva para garantizar el cumplimiento de las obligaciones ambientales y promover una gestión ambiental sostenible en el sector privado. Esperamos que este ejemplo inspire a más personas y entidades a adoptar prácticas sostenibles en sus operaciones y contribuir así a la protección del medio ambiente y el desarrollo sostenible en el Perú.

Artículo 27.- De los planes de cierre de actividades

Los titulares de todas las actividades económicas deben garantizar que al cierre de actividades o instalaciones no subsistan impactos ambientales negativos de carácter significativo, debiendo considerar tal aspecto al diseñar y aplicar los instrumentos de gestión ambiental que les correspondan de conformidad con el marco legal vigente. La Autoridad Ambiental Nacional, en coordinación con las autoridades ambientales sectoriales, establece disposiciones específicas sobre el cierre, abandono, post-cierre y post-abandono de actividades o instalaciones, incluyendo el contenido de los respectivos planes y las condiciones que garanticen su adecuada aplicación.

Comentario Artículo 27.- De los planes de cierre de actividades:

Los planes de cierre de actividades son instrumentos de gestión ambiental que tienen como objetivo garantizar que al cierre de las actividades o instalaciones no subsistan impactos ambientales negativos de carácter significativo. La ley establece que todos los titulares de actividades económicas deben garantizar el cumplimiento de esta obligación, considerando tal aspecto al diseñar y aplicar los instrumentos de gestión ambiental correspondientes, de conformidad con el marco legal vigente.

La Autoridad Ambiental Nacional, en coordinación con las autoridades ambientales sectoriales, establece disposiciones específicas sobre el cierre, abandono, post-cierre y post-abandono de actividades o instalaciones, incluyendo el contenido de los respectivos planes y las condiciones que garanticen su adecuada aplicación. Estas disposiciones tienen como objetivo proteger el medio ambiente y la salud de la población, minimizando los impactos ambientales negativos que puedan generarse al cierre de las actividades o instalaciones.

Los planes de cierre de actividades deben incluir información detallada sobre las medidas de prevención, control y mitigación de los impactos ambientales negativos que puedan generarse al cierre de las actividades o instalaciones. Los planes de cierre también deben establecer los plazos y las condiciones para la implementación de estas medidas, así como los mecanismos de seguimiento y monitoreo para asegurar su adecuada aplicación.

Es importante destacar que los planes de cierre de actividades son obligatorios para todas las actividades económicas que puedan generar impactos ambientales significativos. Estos planes son una herramienta importante para garantizar la protección del medio ambiente y la salud de la población, minimizando los impactos ambientales negativos que puedan generarse al cierre de las actividades o instalaciones.

Los planes de cierre de actividades son instrumentos de gestión ambiental importantes para garantizar que al cierre de las actividades o instalaciones no subsistan impactos ambientales negativos de carácter significativo. Los titulares de actividades económicas deben garantizar el cumplimiento de esta obligación, considerando tal aspecto al diseñar y aplicar los instrumentos de gestión ambiental correspondientes. La Autoridad Ambiental Nacional establece disposiciones específicas sobre el cierre, abandono, post-cierre y post-abandono de actividades o instalaciones, incluyendo el contenido de los respectivos planes y las condiciones que garanticen su adecuada aplicación.

Es importante destacar que los planes de cierre de actividades son una herramienta importante para la gestión ambiental en el Perú, ya que permiten garantizar que las actividades económicas se desarrollen de manera sostenible, minimizando los impactos ambientales y maximizando los beneficios sociales y económicos. Los planes de cierre de actividades son complementarios a otros instrumentos de gestión ambiental, como los Estudios de Impacto Ambiental (EIA) y los Planes de Manejo Ambiental (PMA).

Los EIA son obligatorios para todas las actividades económicas que puedan generar impactos ambientales significativos, y tienen como objetivo evaluar los posibles impactos ambientales de la actividad y proponer medidas de mitigación y compensación para minimizar estos impactos. Los PMA son instrumentos de gestión ambiental específicos para actividades extractivas o productivas que generen impactos ambientales significativos, y tienen como objetivo establecer medidas específicas para el manejo de los impactos ambientales generados por la actividad.

Los planes de cierre de actividades son instrumentos de gestión ambiental importantes para garantizar que al cierre de las actividades o instalaciones no subsistan impactos ambientales negativos de carácter significativo. Los titulares de actividades económicas deben garantizar el cumplimiento de esta obligación, considerando tal aspecto al diseñar y aplicar los instrumentos de gestión ambiental correspondientes. La Autoridad Ambiental Nacional establece disposiciones específicas sobre el cierre, abandono, post-cierre y post-abandono de actividades o instalaciones, incluyendo el contenido de los respectivos planes y las condiciones que garanticen su adecuada aplicación. Los planes de cierre de actividades son complementarios a otros instrumentos de gestión ambiental, como los Estudios de Impacto Ambiental y los Planes de Manejo Ambiental.

Artículo 28.- De la Declaratoria de Emergencia Ambiental

En caso de ocurrencia de algún daño ambiental súbito y significativo ocasionado por causas naturales o tecnológicas, el CONAM, en coordinación con el Instituto Nacional de Defensa Civil y el Ministerio de Salud u otras entidades con competencia ambiental, debe declarar la Emergencia Ambiental y establecer planes especiales en el marco de esta Declaratoria. Por ley y su reglamento se regula el procedimiento y la declaratoria de dicha Emergencia.

Comentario Artículo 28.- De la Declaratoria de Emergencia Ambiental:

Hay que recordar que el CONAM fue reemplazado por el MINAM desde el 2008. La Declaratoria de Emergencia Ambiental es una herramienta importante para la gestión ambiental en el Perú, ya que permite tomar medidas inmediatas para enfrentar situaciones de daño ambiental súbito y significativo ocasionado por causas naturales o tecnológicas. La ley establece que en caso de ocurrencia de algún daño ambiental súbito y significativo, el Ministerio del Ambiente (MINAM), en coordinación con otras entidades con competencia ambiental, debe declarar la Emergencia Ambiental y establecer planes especiales en el marco de esta Declaratoria.

Es importante destacar que la Declaratoria de Emergencia Ambiental debe ser realizada de manera oportuna y eficiente, tomando en cuenta la gravedad de la situación y la necesidad de proteger la salud y el bienestar de la población afectada. Además, la Declaratoria de Emergencia Ambiental debe ser acompañada de medidas concretas para enfrentar la situación de emergencia y minimizar los impactos ambientales negativos.

El procedimiento y la declaratoria de la Emergencia Ambiental están regulados por ley y su reglamento correspondiente. En este sentido, el MINAM tiene la responsabilidad de liderar la gestión ambiental del país, y, por lo tanto, es la entidad encargada de declarar la Emergencia Ambiental en caso de ser necesario.

Es importante destacar que la Declaratoria de Emergencia Ambiental no debe ser utilizada de manera arbitraria o injustificada, ya que puede generar costos económicos y sociales significativos para la población afectada. Por esta razón, la Declaratoria de Emergencia Ambiental debe ser basada en criterios técnicos y científicos sólidos, y debe ser acompañada de medidas concretas para minimizar los impactos ambientales negativos.

La Declaratoria de Emergencia Ambiental es una herramienta importante para enfrentar situaciones de daño ambiental súbito y significativo en el Perú. El MINAM, como entidad rectora en materia ambiental, tiene la responsabilidad de liderar la gestión ambiental del país y declarar la Emergencia Ambiental en caso de ser necesario. La Declaratoria de Emergencia Ambiental debe ser basada en criterios técnicos y científicos sólidos, y debe ser acompañada de medidas concretas para minimizar los impactos ambientales negativos.

Ejemplo Artículo 28.- De la Declaratoria de Emergencia Ambiental:

Un ejemplo podría ser, la contaminación del río Amazonas fue causada por actividades mineras ilegales y la falta de implementación de medidas de gestión ambiental adecuadas. Ante esta situación, se declaró la Emergencia Ambiental y se establecieron planes especiales para la limpieza y recuperación del río.

Se implementaron medidas para mitigar los impactos ambientales y proteger la salud de la población afectada por la contaminación del río. Además, se establecieron medidas para prevenir futuros daños ambientales y fomentar la gestión ambiental sostenible en la región.

La Declaratoria de Emergencia Ambiental permitió la implementación de medidas urgentes y efectivas para controlar la situación y minimizar los impactos ambientales en la región. Asimismo, se establecieron medidas para prevenir futuros daños ambientales y fomentar la gestión ambiental sostenible en la región.

La aplicación del artículo 28 de la Ley General del Ambiente N° 28611 en la región de Loreto es un ejemplo práctico de cómo la Ley establece mecanismos para responder a situaciones de daño ambiental súbito y significativo. Esperamos que este ejemplo inspire a más personas y entidades a adoptar medidas preventivas y contribuir así a la protección del medio ambiente y el desarrollo sostenible en el Perú.

Artículo 29.- De las normas transitorias de calidad ambiental de carácter especial

La Autoridad Ambiental Nacional en coordinación con las autoridades competentes, puede dictar normas ambientales transitorias de aplicación específica en zonas ambientalmente críticas o afectadas por desastres, con el propósito de contribuir a su recuperación o superar las situaciones de emergencia. Su establecimiento, no excluye la aprobación de otras normas, parámetros, guías o directrices, orientados a prevenir el deterioro ambiental, proteger la salud o la conservación de los recursos naturales y la diversidad biológica y no altera la vigencia de los ECA y LMP que sean aplicables.

CONCORDANCIAS: Única Disp. Transitoria de la Ley que regula la Declaratoria de Emergencia Ambiental -Ley N° 28804.

D.S. N° 024-2008-PCM que aprueba el Reglamento de la Ley que regula la Declaratoria de Emergencia Ambiental.

Comentario Artículo 29.- De las normas transitorias de calidad ambiental de carácter especial:

La posibilidad de que la Autoridad Ambiental Nacional, en coordinación con autoridades competentes, pueda dictar normas ambientales transitorias de aplicación específica en zonas ambientalmente críticas o afectadas por desastres es una medida importante para contribuir a la recuperación de estas zonas o para superar situaciones de emergencia.

Es importante destacar que estas normas transitorias no excluyen la aprobación de otras normas, parámetros, guías o directrices, orientados a prevenir el deterioro ambiental, proteger la salud o la conservación de los recursos naturales y la diversidad biológica. Además, estas normas transitorias no alteran la vigencia de los Estándares de Calidad Ambiental y Límites Máximos Permitidos que sean aplicables.

En este sentido, las normas ambientales transitorias son una herramienta importante para enfrentar situaciones de emergencia ambiental o para proteger zonas ambientalmente críticas. Estas normas pueden incluir medidas específicas en relación a la prevención y control de la contaminación, la gestión de residuos, la conservación de los recursos naturales y la biodiversidad, entre otros aspectos.

Es importante destacar que la emisión de normas ambientales transitorias no debe ser utilizada de manera arbitraria o injustificada, ya que puede generar costos económicos y sociales significativos para la población afectada. Por esta razón, la emisión de estas normas debe ser basada en criterios técnicos y científicos sólidos, y debe ser acompañada de medidas concretas para minimizar los impactos ambientales negativos.

La emisión de normas ambientales transitorias de aplicación específica en zonas ambientalmente críticas o afectadas por desastres es una medida importante para contribuir a la recuperación de estas zonas o para superar situaciones de emergencia. Estas normas son complementarias a otras medidas de gestión ambiental, y su dictación debe estar basada en criterios técnicos y científicos sólidos, y debe ser acompañada de medidas concretas para minimizar los impactos ambientales negativos.

Es importante destacar que la dictación de normas ambientales transitorias es una medida temporal que busca enfrentar situaciones de emergencia, por lo que su aplicación debe ser revisada y evaluada periódicamente para garantizar que se están logrando los objetivos establecidos y que no se están generando impactos ambientales negativos adicionales.

Además, la emisión de estas normas debe ser realizada de manera transparente y participativa, involucrando a la población afectada y a los diferentes actores interesados en la gestión ambiental de la zona en cuestión. La participación ciudadana es un elemento clave para asegurar que las medidas adoptadas sean adecuadas y efectivas, y para generar un compromiso de la población con la recuperación y conservación de las zonas afectadas.

La emisión de normas ambientales transitorias de aplicación específica en zonas ambientalmente críticas o afectadas por desastres es una medida importante para enfrentar situaciones de emergencia y contribuir a la recuperación de estas zonas. Sin embargo, su aplicación debe ser revisada y evaluada periódicamente, y debe ser realizada de manera transparente y participativa para garantizar que se están logrando los objetivos establecidos y que no se están generando impactos ambientales negativos adicionales. La participación ciudadana es un elemento clave para asegurar la efectividad de estas medidas y para generar un compromiso de la población con la recuperación y conservación de las zonas afectadas.

Ejemplo Artículo 29.- De las normas transitorias de calidad ambiental de carácter especial:

El artículo 29 de la Ley General del Ambiente N° 28611 establece la posibilidad de dictar normas ambientales transitorias de aplicación específica en zonas ambientalmente críticas o afectadas por desastres, con el fin de contribuir a su recuperación o superar situaciones de emergencia. En este sentido, en la región de Áncash, luego del terremoto de 2017, se dictó una norma ambiental transitoria para la gestión de residuos sólidos generados durante las labores de reconstrucción.

La norma ambiental transitoria estableció medidas específicas para la gestión de residuos sólidos generados durante las labores de reconstrucción, con el fin de prevenir el impacto ambiental negativo y proteger la salud de la población afectada. Se establecieron plazos y medidas de prevención, control, mitigación y recuperación de los residuos sólidos generados, así como la implementación de medidas para su disposición final adecuada.

La aplicación de la norma ambiental transitoria permitió una gestión adecuada de los residuos sólidos generados durante las labores de reconstrucción en la región de Áncash, previniendo impactos ambientales negativos y protegiendo la salud de la población afectada.

Es importante señalar que la norma ambiental transitoria no excluyó la aprobación de otras normas, parámetros, guías o directrices orientados a prevenir el deterioro ambiental, proteger la salud o la conservación de los recursos naturales y la diversidad biológica, y no alteró la vigencia de los Estándares de Calidad Ambiental (ECA) y Límites Máximos Permisibles (LMP) que sean aplicables.

La aplicación del artículo 29 de la Ley General del Ambiente N° 28611 en la región de Áncash es un ejemplo práctico de cómo las normas ambientales transitorias pueden ser una herramienta efectiva para contribuir a la recuperación de zonas ambientalmente críticas o afectadas por desastres. Esperamos que este ejemplo inspire a más autoridades y entidades a adoptar medidas de gestión ambiental adecuadas en situaciones de emergencia y contribuir así a la protección del medio ambiente y el desarrollo sostenible en el Perú.

Artículo 30.- De los planes de descontaminación y el tratamiento de pasivos ambientales

30.1 Los planes de descontaminación y de tratamiento de pasivos ambientales están dirigidos a remediar impactos ambientales originados por uno o varios proyectos de inversión o actividades, pasados o presentes. El Plan debe considerar su financiamiento y las responsabilidades que correspondan a los titulares de las actividades contaminantes, incluyendo la compensación por los daños generados, bajo el principio de responsabilidad ambiental.

30.2 Las entidades con competencias ambientales promueven y establecen planes de descontaminación y recuperación de ambientes degradados. La Autoridad Ambiental Nacional establece los criterios para la elaboración de dichos planes.

30.3 La Autoridad Ambiental Nacional, en coordinación con la Autoridad de Salud, puede proponer al Poder Ejecutivo el establecimiento y regulación de un sistema de derechos especiales que permita restringir las emisiones globales al nivel de las normas de calidad ambiental. El referido sistema debe tener en cuenta:

a) Los tipos de fuentes de emisiones existentes;
b) Los contaminantes específicos;
c) Los instrumentos y medios de asignación de cuotas;
d) Las medidas de monitoreo; y,
e) La fiscalización del sistema y las sanciones que correspondan.

CONCORDANCIAS: Ley N° 28804, Única Disposición Transitoria.

Comentario Artículo 30.- De los planes de descontaminación y el tratamiento de pasivos ambientales:

Los planes de descontaminación y tratamiento de pasivos ambientales son una herramienta importante para remediar impactos ambientales generados por proyectos de inversión o actividades pasadas o presentes. Estos planes deben considerar su financiamiento y las responsabilidades que correspondan a los titulares de las actividades contaminantes, incluyendo la compensación por los daños generados, bajo el principio de responsabilidad ambiental.

Es importante destacar que las entidades con competencias ambientales son las encargadas de promover y establecer planes de descontaminación y recuperación de ambientes degradados. La Autoridad Ambiental Nacional establece los criterios para la elaboración de dichos planes, lo que garantiza que se establezcan medidas adecuadas y efectivas para enfrentar los impactos ambientales generados por las actividades contaminantes.

Además, la Autoridad Ambiental Nacional, en coordinación con la Autoridad de Salud, puede proponer al Poder Ejecutivo el establecimiento y regulación de un sistema de derechos especiales que permita restringir las emisiones globales al nivel de las normas de calidad ambiental. Este sistema debe tener en cuenta los tipos de fuentes de emisiones existentes, los contaminantes específicos, los instrumentos y medios de asignación de cuotas, las medidas de monitoreo y la fiscalización del sistema y las sanciones que correspondan.

La propuesta de establecimiento de un sistema de derechos especiales permite establecer medidas de control y regulación de las emisiones, lo que contribuye a prevenir y controlar la contaminación ambiental. Estos derechos especiales pueden ser asignados a las empresas de acuerdo a su nivel de emisiones, lo que incentiva la adopción de medidas de reducción de emisiones y fomenta la inversión en tecnologías más limpias.

Los planes de descontaminación y tratamiento de pasivos ambientales son una herramienta importante para remediar impactos ambientales generados por proyectos de inversión o actividades contaminantes. La Autoridad Ambiental Nacional establece los criterios para la elaboración de dichos planes y las entidades con competencias ambientales son las encargadas de promover y establecerlos. Además, la propuesta de establecimiento de un sistema de derechos especiales permite establecer medidas de control y regulación de las emisiones, lo que contribuye a prevenir y controlar la contaminación ambiental.

Es importante destacar que la responsabilidad ambiental de los titulares de las actividades contaminantes es un elemento clave en la gestión ambiental. Los titulares de las actividades contaminantes deben asumir la responsabilidad por los daños generados y contribuir económicamente a la recuperación y restauración de los ambientes degradados. La inclusión de la compensación por los daños generados en los planes de descontaminación y tratamiento de pasivos ambientales garantiza que se establezcan medidas adecuadas para enfrentar los impactos ambientales y que se hagan responsables a los titulares de las actividades contaminantes.

Es importante destacar que la propuesta de establecimiento de un sistema de derechos especiales debe ser acompañada de medidas concretas para garantizar su efectividad y cumplimiento. La asignación de derechos especiales debe ser realizada de manera justa y equitativa, y debe considerar el impacto social y económico en las empresas y en la población. Además, la fiscalización del sistema y las sanciones correspondientes deben ser establecidas de manera clara y efectiva, para garantizar el cumplimiento de las normas y la protección ambiental.

Los planes de descontaminación y tratamiento de pasivos ambientales son una herramienta importante para remediar impactos ambientales generados por proyectos de inversión o actividades contaminantes. La responsabilidad ambiental de los titulares de las actividades contaminantes y la inclusión de la compensación por los daños generados en los planes de descontaminación y tratamiento de pasivos ambientales garantizan que se establezcan medidas adecuadas para enfrentar los impactos ambientales. Además, la propuesta de establecimiento de un sistema de derechos especiales permite establecer medidas de control y regulación de las emisiones, lo que contribuye a prevenir y controlar la contaminación ambiental. La efectividad y cumplimiento de estas medidas deben ser garantizadas a través de medidas concretas y efectivas de fiscalización y sanciones correspondientes.

Ejemplo Artículo 30.- De los planes de descontaminación y el tratamiento de pasivos ambientales:

Un ejemplo para este caso según el artículo 30 de la Ley General del Ambiente N° 28611 establece los procedimientos para la elaboración y ejecución de planes de descontaminación y tratamiento de pasivos ambientales. A continuación, se presenta un ejemplo de aplicación de cada uno de los incisos:

Inciso 30.1: Los planes de descontaminación y de tratamiento de pasivos ambientales están dirigidos a remediar impactos ambientales originados por uno o varios proyectos de inversión o actividades, pasados o presentes. El Plan debe considerar su financiamiento y las responsabilidades que correspondan a los titulares de las actividades contaminantes, incluyendo la compensación por los daños generados, bajo el principio de responsabilidad ambiental.

En la ciudad de Lima, se elaboró un plan de descontaminación y tratamiento de pasivos ambientales para una zona industrial que había generado impactos ambientales negativos en el pasado. El plan consideró el financiamiento mediante la contribución económica de los titulares de las actividades contaminantes, y la compensación por los daños generados, bajo el principio de responsabilidad ambiental, para remediar los impactos ambientales y recuperar el ambiente degradado.

Inciso 30.2: Las entidades con competencias ambientales promueven y establecen planes de descontaminación y recuperación de ambientes degradados. La Autoridad Ambiental Nacional establece los criterios para la elaboración de dichos planes.

En la región de Piura, las entidades con competencias ambientales promueven y establecen planes de descontaminación y recuperación de ambientes degradados en zonas donde se han identificado impactos ambientales negativos. La Autoridad Ambiental Nacional establece los criterios para la elaboración de dichos planes, considerando la gravedad del daño ambiental y la evaluación de sus efectos en la salud de las personas y en la biodiversidad.

Inciso 30.3: La Autoridad Ambiental Nacional, en coordinación con la Autoridad de Salud, puede proponer al Poder Ejecutivo el establecimiento y regulación de un sistema de derechos especiales que permita restringir las emisiones globales al nivel de las normas de calidad ambiental.

En la ciudad de Arequipa, la Autoridad Ambiental Nacional, en coordinación con la Autoridad de Salud, propuso al Poder Ejecutivo el establecimiento y regulación de un sistema de derechos especiales que permita restringir las emisiones globales al nivel de las normas de calidad ambiental, con el fin de reducir los impactos negativos de la contaminación atmosférica en la salud de la población y en el ambiente.

La aplicación del artículo 30 de la Ley General del Ambiente N° 28611 en diferentes zonas del Perú es un ejemplo práctico de cómo los planes de descontaminación y tratamiento de pasivos ambientales pueden contribuir a la recuperación de ambientes degradados y la protección del medio ambiente y la salud de las personas. Esperamos que estos ejemplos inspiren a más autoridades y entidades a adoptar prácticas sostenibles en sus operaciones y contribuir así a la protección del medio ambiente y el desarrollo sostenible en el Perú.

Artículo 31.- Del Estándar de Calidad Ambiental

31.1 El Estándar de Calidad Ambiental - ECA es la medida que establece el nivel de concentración o del grado de elementos, sustancias o parámetros físicos, químicos y biológicos, presentes en el aire, agua o suelo, en su condición de cuerpo receptor, que no representa riesgo significativo para la salud de las personas ni al ambiente. Según el parámetro en particular a que se refiera, la concentración o grado podrá ser expresada en máximos, mínimos o rangos.

31.2 El ECA es obligatorio en el diseño de las normas legales y las políticas públicas. Es un referente obligatorio en el diseño y aplicación de todos los instrumentos de gestión ambiental.

31.3 No se otorga la certificación ambiental establecida mediante la Ley del Sistema Nacional de Evaluación del Impacto Ambiental, cuando el respectivo EIA concluye que la implementación de la actividad implicaría el incumplimiento de algún Estándar de Calidad Ambiental. Los Programas de Adecuación y Manejo Ambiental también deben considerar los Estándares de Calidad Ambiental al momento de establecer los compromisos respectivos.

31.4 Ninguna autoridad judicial o administrativa podrá hacer uso de los estándares nacionales de calidad ambiental, con el objeto de sancionar bajo forma alguna a personas jurídicas o naturales, a menos que se demuestre que existe causalidad entre su actuación y la transgresión de dichos estándares. Las sanciones deben basarse en el incumplimiento de obligaciones a cargo de las personas naturales o jurídicas, incluyendo las contenidas en los instrumentos de gestión ambiental.

Comentario Artículo 31.- Del Estándar de Calidad Ambiental:

El Estándar de Calidad Ambiental (ECA) es una medida que establece el nivel de concentración o del grado de elementos, sustancias o parámetros físicos, químicos y biológicos, presentes en el aire, agua o suelo, en su condición de cuerpo receptor, que no representa riesgo significativo para la salud de las personas ni al ambiente. El ECA es obligatorio en el diseño de las normas legales y las políticas públicas, y es un referente obligatorio en el diseño y aplicación de todos los instrumentos de gestión ambiental.

Es importante destacar que la certificación ambiental establecida mediante la Ley del Sistema Nacional de Evaluación del Impacto Ambiental no se otorga cuando el respectivo Estudio de Impacto Ambiental concluye que la implementación de la actividad implicaría el incumplimiento de algún Estándar de Calidad Ambiental. Los Programas de Adecuación y Manejo Ambiental también deben considerar los Estándares de Calidad Ambiental al momento de establecer los compromisos respectivos.

Es importante mencionar que ninguna autoridad judicial o administrativa podrá hacer uso de los estándares nacionales de calidad ambiental para sancionar a personas jurídicas o naturales, a menos que se demuestre que existe causalidad entre su actuación y la transgresión de dichos estándares. Las sanciones deben basarse en el incumplimiento de obligaciones a cargo de las personas naturales o jurídicas, incluyendo las contenidas en los instrumentos de gestión ambiental.

El cumplimiento de los Estándares de Calidad Ambiental es fundamental para garantizar la protección del ambiente y la salud de las personas. La incorporación de los Estándares de Calidad Ambiental en las normas legales y políticas públicas, así como en los instrumentos de gestión ambiental, asegura la aplicación de medidas adecuadas para la protección del ambiente y la salud de las personas.

El Estándar de Calidad Ambiental es una medida que establece el nivel de concentración o del grado de elementos, sustancias o parámetros físicos, químicos y biológicos, presentes en el aire, agua o suelo, en su condición de cuerpo receptor, que no representa riesgo significativo para la salud de las personas ni al ambiente. Su cumplimiento es obligatorio en el diseño de las normas legales y políticas públicas, y es un referente obligatorio en el diseño y aplicación de todos los instrumentos de gestión ambiental. La aplicación de los Estándares de Calidad Ambiental es fundamental para garantizar la protección del ambiente y la salud de las personas.

Es importante mencionar que el Estándar de Calidad Ambiental es un elemento clave en la gestión ambiental y en la prevención y control de la contaminación. La determinación de los Estándares de Calidad Ambiental se basa en criterios científicos y técnicos, y se actualizan periódicamente para garantizar su adecuación a las condiciones ambientales y a los avances tecnológicos.

Además, es importante destacar que el cumplimiento de los Estándares de Calidad Ambiental no solo es responsabilidad del sector empresarial, sino también de la sociedad en general. La educación ambiental y la conciencia ciudadana son fundamentales para garantizar la protección del ambiente y la salud de las personas.

En este sentido, es importante que las autoridades competentes promuevan la participación ciudadana en la definición de los Estándares de Calidad Ambiental y en la toma de decisiones relacionadas con la gestión ambiental. La participación ciudadana garantiza la transparencia y la legitimidad de los procesos de toma de decisiones ambientales.

El Estándar de Calidad Ambiental es un elemento clave en la gestión ambiental y en la prevención y control de la contaminación. Su determinación se basa en criterios científicos y técnicos, y se actualizan periódicamente para garantizar su adecuación a las condiciones ambientales y a los avances tecnológicos. El cumplimiento de los Estándares de Calidad Ambiental es responsabilidad de la sociedad en general, y la participación ciudadana es fundamental para garantizar la transparencia y la legitimidad de los procesos de toma de decisiones ambientales.

Ejemplo Artículo 31.- Del Estándar de Calidad Ambiental:

A continuación, se presentan algunos ejemplos de Estándares de Calidad Ambiental:

a. Estándares de Calidad del Agua: se establecen límites máximos permitidos para la concentración de sustancias químicas, microorganismos y otros contaminantes en el agua. Por ejemplo, el Estándar de Calidad Ambiental para el agua potable en Estados Unidos establece que el nivel máximo permitido de plomo es de 0,015 miligramos por litro.

b. Estándares de Calidad del Aire: se establecen límites máximos permitidos para la concentración de contaminantes en el aire. Por ejemplo, el Estándar de Calidad Ambiental para el dióxido de nitrógeno en la Unión Europea establece que la concentración media anual no debe superar los 40 microgramos por metro cúbico.

c. Estándares de Calidad del Suelo: se establecen límites máximos permitidos para la concentración de contaminantes en el suelo. Por ejemplo, el Estándar de Calidad Ambiental para el cadmio en suelos agrícolas de China establece que la concentración máxima permitida es de 0,3 miligramos por kilogramo.

d. Estándares de Ruido: se establecen límites máximos permitidos para la emisión de ruido. Por ejemplo, el Estándar de Calidad Ambiental para el ruido exterior en Colombia establece que el nivel máximo permitido es de 70 decibelios durante el día y de 65 decibelios durante la noche.

e. Estándares de Radiación: se establecen límites máximos permitidos para la exposición a la radiación. Por ejemplo, el Estándar de Calidad Ambiental para la radiación ionizante en la Unión Europea establece que la dosis efectiva anual para la población general no debe superar los 1 milisievert[1].

Estos son solo algunos ejemplos de Estándares de Calidad Ambiental, pero existen muchos otros que varían según el país y el tipo de contaminante o parámetro que se esté evaluando.

Artículo 32.- Del Límite Máximo Permisible

32.1 El Límite Máximo Permisible - LMP, es la medida de la concentración o del grado de elementos, sustancias o parámetros físicos, químicos y biológicos, que caracterizan a un efluente o una emisión, que al ser excedida causa o puede causar daños a la salud, al bienestar humano y al ambiente. Su cumplimiento es exigible legalmente por la respectiva autoridad competente. Según el parámetro en particular a que se refiera, la concentración o grado podrá ser expresada en máximos, mínimos o rangos. (*)

(*) Numeral modificado por el Artículo 1 del Decreto Legislativo N° 1055, publicado el 27 junio 2008, cuyo texto es el siguiente:

32.1 El Límite Máximo Permisible - LMP, es la medida de la concentración o grado de elementos, sustancias o parámetros físicos, químicos y biológicos, que caracterizan a un efluente o una emisión, que al ser excedida causa o puede causar daños a la salud, al bienestar humano y al ambiente. Su determinación corresponde al Ministerio del Ambiente. Su cumplimiento es exigible legalmente por el Ministerio del Ambiente y los organismos que conforman el Sistema Nacional de Gestión Ambiental. Los criterios para la determinación de la supervisión y sanción serán establecidos por dicho Ministerio."

---

[1] Un miliSievert (mSv) es: La dosis que recibiría por radiación cósmica una persona que viviera 42 días en una zona de la cordillera del Himalaya que estuviera a 6.700 metros de altitud. Algo más del 40% de la dosis anual promedio que recibe una persona en España a causa de la radiación natural. https://www.csn.es/documents/10182/914805/Dosis%20de%20radiaci%C3%B3n#:~:text=Y%20un%20miliSievert%20(mSv)%20es,causa%20de%20la%20radiaci%C3%B3n%20natural.

32.2 El LMP guarda coherencia entre el nivel de protección ambiental establecido para una fuente determinada y los niveles generales que se establecen en los ECA. La implementación de estos instrumentos debe asegurar que no se exceda la capacidad de carga de los ecosistemas, de acuerdo con las normas sobre la materia.

Comentario Artículo 32.- Del Límite Máximo Permisible:

Ya mencionado en el comentario y ejemplo anterior. Ver Artículo 31.- Del Estándar de Calidad Ambiental y Artículo 32.- Del Límite Máximo Permisible

Artículo 33.- De la elaboración de ECA y LMP

33.1 La Autoridad Ambiental Nacional dirige el proceso de elaboración y revisión de ECA y LMP y, en coordinación con los sectores correspondientes, elabora o encarga, las propuestas de ECA y LMP, los que serán remitidos a la Presidencia del Consejo de Ministros para su aprobación mediante Decreto Supremo.

33.2 La Autoridad Ambiental Nacional, en el proceso de elaboración de los ECA, LMP y otros estándares o parámetros para el control y la protección ambiental, debe tomar en cuenta los establecidos por la Organización Mundial de la Salud (OMS) o de las entidades de nivel internacional especializadas en cada uno de los temas ambientales.

33.3 La Autoridad Ambiental Nacional, en coordinación con los sectores correspondientes, dispondrá la aprobación y registrará la aplicación de estándares internacionales o de nivel internacional en los casos que no existan ECA o LMP equivalentes aprobados en el país.

33.4 En el proceso de revisión de los parámetros de contaminación ambiental, con la finalidad de determinar nuevos niveles de calidad, se aplica el principio de la gradualidad, permitiendo ajustes progresivos a dichos niveles para las actividades en curso.

CONCORDANCIAS: D.S. N° 037-2008-PCM (Establecen Límites Máximos Permisibles de Efluentes Líquidos para el Subsector Hidrocarburos).

Comentario Artículo 33.- De la elaboración de ECA y LMP:

La elaboración y revisión de los Estándares de Calidad Ambiental (ECA) y los Límites Máximos Permisibles (LMP) es responsabilidad de la Autoridad Ambiental Nacional, quien dirige todo el proceso y elabora o encarga las propuestas correspondientes, las cuales deben ser remitidas a la Presidencia del Consejo de Ministros para su aprobación mediante Decreto Supremo.

En el proceso de elaboración de los ECA y LMP, la Autoridad Ambiental Nacional debe tomar en cuenta los estándares establecidos por la Organización Mundial de la Salud (OMS) o de las entidades de nivel internacional especializadas en cada uno de los temas ambientales, para garantizar la adecuación y la calidad de los estándares nacionales.

En aquellos casos en que no existan ECA o LMP equivalentes aprobados en el país, la Autoridad Ambiental Nacional, en coordinación con los sectores correspondientes, dispondrá la aprobación y registrará la aplicación de estándares internacionales o de nivel internacional.

En el proceso de revisión de los parámetros de contaminación ambiental, con la finalidad de determinar nuevos niveles de calidad, se aplica el principio de gradualidad, permitiendo ajustes progresivos a dichos niveles para las actividades en curso.

Es importante destacar que la elaboración y revisión de los ECA y LMP es un proceso técnico y científico que debe ser guiado por criterios objetivos y transparentes, con el fin de garantizar la protección del ambiente y la salud de las personas. La participación ciudadana y la consulta a expertos en la materia son fundamentales para asegurar la calidad y la legitimidad de los estándares establecidos.

Además, es importante que la elaboración y revisión de los ECA y LMP se realice de manera periódica, para asegurar que los estándares estén actualizados y sean adecuados a las condiciones ambientales y a los avances tecnológicos. La revisión periódica permite también la incorporación de nuevos contaminantes o parámetros que puedan representar un riesgo significativo para la salud de las personas o para el ambiente.

La aplicación de los ECA y LMP es fundamental para garantizar la protección del ambiente y la salud de las personas. Los ECA y LMP establecen los límites máximos permitidos para la concentración de contaminantes y sustancias tóxicas en el aire, agua y suelo, así como para la emisión de ruido y radiación. El cumplimiento de los ECA y LMP es obligatorio para todas las actividades que puedan generar impactos ambientales significativos, tanto en el sector público como privado.

La elaboración y revisión de los Estándares de Calidad Ambiental (ECA) y los Límites Máximos Permisibles (LMP) es responsabilidad de la Autoridad Ambiental Nacional, quien debe tomar en cuenta los estándares internacionales y los criterios científicos y técnicos para garantizar la protección del ambiente y la salud de las personas. La aplicación de los ECA y LMP es obligatoria y fundamental para garantizar la protección del ambiente y la salud de las personas. La revisión periódica de los ECA y LMP es importante para asegurar su adecuación a las condiciones ambientales y a los avances tecnológicos.

Ejemplo Artículo 33.- De la elaboración de ECA y LMP:

Como ejemplo explicativo podríamos comentar sobre el artículo 33 de la Ley General del Ambiente N° 28611 establece los procedimientos para la elaboración y revisión de Estándares de Calidad Ambiental (ECA) y Límites Máximos Permisibles (LMP). A continuación, se presenta un ejemplo de aplicación de cada uno de los incisos:

Inciso 33.1: La Autoridad Ambiental Nacional dirige el proceso de elaboración y revisión de ECA y LMP y, en coordinación con los sectores correspondientes, elabora o encarga, las propuestas de ECA y LMP, los que serán remitidos a la Presidencia del Consejo de Ministros para su aprobación mediante Decreto Supremo.

En la región de Arequipa, la Autoridad Ambiental Nacional dirigió el proceso de elaboración de los ECA y LMP para la industria minera, en coordinación con el Ministerio de Energía y Minas y otras entidades pertinentes. Se elaboraron propuestas de ECA y

LMP y se presentaron para su aprobación mediante Decreto Supremo.

Inciso 33.2: La Autoridad Ambiental Nacional, en el proceso de elaboración de los ECA, LMP y otros estándares o parámetros para el control y la protección ambiental, debe tomar en cuenta los establecidos por la Organización Mundial de la Salud (OMS) o de las entidades de nivel internacional especializadas en cada uno de los temas ambientales.

En la región de Cusco, en el proceso de elaboración de los ECA para la calidad del aire, la Autoridad Ambiental Nacional tomó en cuenta los estándares establecidos por la Organización Mundial de la Salud (OMS), con el fin de garantizar la protección de la salud de la población.

Inciso 33.3: La Autoridad Ambiental Nacional, en coordinación con los sectores correspondientes, dispondrá la aprobación y registrará la aplicación de estándares internacionales o de nivel internacional en los casos que no existan ECA o LMP equivalentes aprobados en el país.

En la región de Lambayeque, la Autoridad Ambiental Nacional aprobó y registró la aplicación de estándares internacionales para la calidad del agua, en casos en los que no existían ECA o LMP equivalentes aprobados en el país.

Inciso 33.4: En el proceso de revisión de los parámetros de contaminación ambiental, con la finalidad de determinar nuevos niveles de calidad, se aplica el principio de la gradualidad, permitiendo ajustes progresivos a dichos niveles para las actividades en curso.

En la región de Piura, en el proceso de revisión de los parámetros de contaminación ambiental para la industria pesquera, se aplicó el principio de la gradualidad, permitiendo ajustes progresivos a dichos niveles para las actividades en curso, con el fin de garantizar un proceso de adaptación adecuado para las empresas del sector.

La aplicación del artículo 33 de la Ley General del Ambiente N° 28611 en diferentes regiones del Perú es un ejemplo práctico de cómo se pueden elaborar y revisar ECA y LMP de manera coordinada y considerando estándares internacionales, con el fin de proteger el medio ambiente y la salud de la población. Esperamos que estos ejemplos inspiren a más autoridades y entidades a adoptar prácticas sostenibles en sus operaciones y contribuir así a la protección del medio ambiente y el desarrollo sostenible en el Perú.

Artículo 34.- De los planes de prevención y de mejoramiento de la calidad ambiental

La Autoridad Ambiental Nacional coordina con las autoridades competentes, la formulación, ejecución y evaluación de los planes destinados a la mejora de la calidad ambiental o la prevención de daños irreversibles en zonas vulnerables o en las que se sobrepasen los ECA, y vigila según sea el caso, su fiel cumplimiento. Con tal fin puede dictar medidas cautelares que aseguren la aplicación de los señalados planes, o establecer sanciones ante el incumplimiento de una acción prevista en ellos, salvo que dicha acción constituya una infracción a la legislación ambiental que debe ser resuelta por otra autoridad de acuerdo a ley.

CONCORDANCIAS: D. Leg. N° 1013, inc. b) del Art. 6 (Funciones generales).

Comentario Artículo 34.- De los planes de prevención y de mejoramiento de la calidad ambiental:

Los planes de prevención y mejoramiento de la calidad ambiental son herramientas fundamentales para garantizar la protección del ambiente y la salud de las personas. La Autoridad Ambiental Nacional coordina con las autoridades competentes la formulación, ejecución y evaluación de estos planes, los cuales están destinados a mejorar la calidad ambiental o prevenir daños irreversibles en zonas vulnerables o en aquellas donde se sobrepasan los ECA.

La elaboración de los planes de prevención y mejoramiento de la calidad ambiental debe ser un proceso participativo y transparente, que involucre a la sociedad civil y a los diferentes sectores que puedan estar afectados por las actividades que generan impactos ambientales significativos. Los planes deben estar basados en criterios científicos y técnicos, y deben incluir medidas preventivas y correctivas para garantizar la protección del ambiente y la salud de las personas.

La Autoridad Ambiental Nacional tiene la responsabilidad de vigilar el cumplimiento de los planes de prevención y mejoramiento de la calidad ambiental, y puede dictar medidas cautelares y establecer sanciones en caso de incumplimiento. Sin embargo, es importante destacar que las acciones previstas en estos planes no deben constituir una infracción a la legislación ambiental, la cual debe ser resuelta por la autoridad competente de acuerdo a la ley.

Los planes de prevención y mejoramiento de la calidad ambiental son herramientas fundamentales para garantizar la protección del ambiente y la salud de las personas. Su elaboración debe ser participativa, transparente y basada en criterios científicos y técnicos, y su cumplimiento debe ser vigilado por la Autoridad Ambiental Nacional. La aplicación de medidas cautelares y sanciones en caso de incumplimiento es una medida necesaria para asegurar el cumplimiento de los planes, pero siempre debe estar en línea con la legislación ambiental vigente.

Es importante destacar que los planes de prevención y mejoramiento de la calidad ambiental no solo se enfocan en la reducción de los impactos ambientales, sino también en la promoción de un desarrollo sostenible y la mejora de la calidad de vida de las personas. En este sentido, los planes deben incluir medidas para fomentar la innovación tecnológica, la educación ambiental, la participación ciudadana y el fortalecimiento institucional.

Los planes de prevención y mejoramiento de la calidad ambiental pueden ser implementados en diferentes ámbitos, como el sector industrial, el transporte, la vivienda, la agricultura, entre otros. Cada sector tiene sus particularidades y requiere de medidas específicas para garantizar la protección del ambiente y la salud de las personas. Por esta razón, es importante que la elaboración de los planes de prevención y mejoramiento de la calidad ambiental sea sectorial y enfoque las particularidades de cada uno.

Los planes de prevención y mejoramiento de la calidad ambiental son herramientas fundamentales para garantizar la protección del ambiente y la salud de las personas, y para promover un desarrollo sostenible. Su elaboración y aplicación deben ser participativas, transparentes y basadas en criterios científicos y técnicos, y deben incluir medidas para fomentar la innovación tecnológica, la educación ambiental, la participación ciudadana y el fortalecimiento institucional. La implementación de estos planes debe ser sectoriales y enfocada en las particularidades de cada sector.

Ejemplo Artículo 34.- De los planes de prevención y de mejoramiento de la calidad ambiental:

A continuación, se presenta un ejemplo de plan de prevención y mejoramiento de la calidad ambiental:

Plan de Prevención y Mejoramiento de la Calidad del Aire en una Ciudad.

Objetivo: Mejorar la calidad del aire en la ciudad, reducir los niveles de contaminación atmosférica y proteger la salud de la población.

Acciones:

a) Promover el uso de transporte público y medios de transporte no motorizados, como bicicletas y caminar, mediante la mejora de la infraestructura y la implementación de incentivos.

b) Fomentar la renovación de la flota de vehículos de transporte público y privado para reducir las emisiones de gases contaminantes, mediante la implementación de incentivos y la regulación de las emisiones de los vehículos.

c) Establecer medidas de control para las emisiones de fuentes fijas, como industrias y centrales térmicas, mediante la aplicación de tecnologías más limpias y la regulación de las emisiones.

d) Implementar medidas de gestión de residuos sólidos, como la recolección selectiva y el reciclaje, para reducir la cantidad de residuos que se queman en la ciudad y que generan emisiones contaminantes.

e) Establecer un sistema de monitoreo de la calidad del aire, para evaluar la efectividad de las medidas implementadas y detectar oportunamente niveles de contaminación que puedan generar riesgos para la salud.

f) Implementar campañas de comunicación y educación ambiental dirigidas a la población, para fomentar la cultura del cuidado del ambiente y la importancia de la prevención de la contaminación del aire.

g) Fortalecer la capacidad institucional y la coordinación intersectorial para la implementación del plan, mediante la mejora de los procesos de toma de decisiones y la asignación de recursos.

Esta es una propuesta de plan de prevención y mejoramiento de la calidad del aire en una ciudad, que incluye acciones específicas para reducir las emisiones de contaminantes en el aire y mejorar la calidad del ambiente. Es importante destacar que cada ciudad tiene sus particularidades y requiere de un plan adaptado a su realidad y a las necesidades y demandas de la población.

Artículo 35.- Del Sistema Nacional de Información Ambiental

35.1 El Sistema Nacional de Información Ambiental - SINIA, constituye una red de integración tecnológica, institucional y técnica para facilitar la sistematización, acceso y distribución de la información ambiental, así como el uso e intercambio de información para los procesos de toma de decisiones y de la gestión ambiental.

35.2 La Autoridad Ambiental Nacional administra el SINIA. A su solicitud, o de conformidad con lo establecido en las normas legales vigentes, las instituciones públicas generadoras de información, de nivel nacional, regional y local, están obligadas a brindarle la información relevante para el SINIA, sin perjuicio de la información que está protegida por normas especiales.

Comentario Artículo 35.- Del Sistema Nacional de Información Ambiental:

El Sistema Nacional de Información Ambiental (SINIA) es administrado por la Autoridad Ambiental Nacional y tiene como objetivo facilitar la sistematización, acceso y distribución de la información ambiental, así como el uso e intercambio de información para los procesos de toma de decisiones y de la gestión ambiental.

La Autoridad Ambiental Nacional tiene la responsabilidad de administrar el SINIA y puede solicitar a las instituciones públicas generadoras de información relevantes para el SINIA a brindar la información. Esto incluye instituciones de nivel nacional, regional y local. La información proporcionada es utilizada para la toma de decisiones y la gestión ambiental.

Es importante destacar que existen normas legales vigentes que regulan el acceso y la divulgación de la información, y que algunas informaciones están protegidas por normas especiales. Por lo tanto, la Autoridad Ambiental Nacional debe garantizar que la información recopilada y divulgada sea consistente con las leyes y regulaciones ambientales y de protección de datos y privacidad.

El SINIA es una herramienta digital fundamental para la gestión ambiental en un país, ya que permite la integración de información ambiental de diferentes fuentes y su posterior distribución y acceso. La información proporcionada por el SINIA puede ser utilizada por la sociedad civil y los tomadores de decisiones para tomar decisiones informadas y participar en la gestión ambiental.

El SINIA es una herramienta digital importante para la gestión ambiental en un país, y la Autoridad Ambiental Nacional es responsable de administrarlo. Las instituciones públicas generadoras de información relevantes para el SINIA están obligadas a brindar la información, y la Autoridad Ambiental Nacional debe garantizar que la información recopilada y divulgada sea consistente con las leyes y regulaciones ambientales y de protección de datos y privacidad. La información proporcionada por el SINIA puede ser utilizada para tomar decisiones informadas y participar en la gestión ambiental.

Ejemplos:

A continuación, se presentan algunos ejemplos de cómo el Sistema Nacional de Información Ambiental (SINIA) puede ser utilizado para la gestión ambiental:

Monitoreo de la calidad del agua: El SINIA puede ser utilizado para recopilar y distribuir información sobre la calidad del agua en un país o región. La información puede ser utilizada por las autoridades ambientales para identificar fuentes de contaminación y diseñar planes de gestión de la calidad del agua.

Cambio climático: El SINIA puede ser utilizado para recopilar y distribuir información sobre el cambio climático, como las emisiones de gases de efecto invernadero, la temperatura y las precipitaciones. Esta información puede ser utilizada para la planificación de políticas y acciones de mitigación y adaptación al cambio climático.

Gestión de residuos: El SINIA puede ser utilizado para recopilar y distribuir información sobre la generación y gestión de residuos en un país o región. La información puede ser utilizada para identificar oportunidades de mejora en la gestión de residuos y diseñar planes de gestión de residuos más efectivos y sostenibles.

Áreas protegidas: El SINIA puede ser utilizado para recopilar y distribuir información sobre las áreas protegidas en un país o región, como su ubicación, tamaño y estado de conservación. Esta información puede ser utilizada para la planificación de políticas y acciones de conservación de la biodiversidad y los ecosistemas.

Salud ambiental: El SINIA puede ser utilizado para recopilar y distribuir información sobre la salud ambiental en un país o región, como la calidad del aire, la exposición a contaminantes y la incidencia de enfermedades relacionadas con el ambiente. Esta información puede ser utilizada para diseñar políticas y acciones de prevención y mejora de la salud ambiental.

El SINIA puede ser utilizado para archivar, recopilar y distribuir información sobre diferentes temas ambientales, como la calidad del agua, el cambio climático, la gestión de residuos, las áreas protegidas y la salud ambiental. Esta información puede ser utilizada para la planificación de políticas y acciones de gestión ambiental más efectivas y sostenibles.

Artículo 36.- De los instrumentos económicos

36.1 Constituyen instrumentos económicos aquellos basados en mecanismos propios del mercado que buscan incentivar o desincentivar determinadas conductas con el fin de promover el cumplimiento de los objetivos de política ambiental.

36.2 Conforme al marco normativo presupuestal y tributario del Estado, las entidades públicas de nivel nacional, sectorial, regional y local en el ejercicio y ámbito de sus respectivas funciones, incorporan instrumentos económicos, incluyendo los de carácter tributario, a fin de incentivar prácticas ambientalmente adecuadas y el cumplimiento de los objetivos de la Política Nacional Ambiental y las normas ambientales.

36.3 El diseño de los instrumentos económicos propician el logro de niveles de desempeño ambiental más exigentes que los establecidos en las normas ambientales.

Comentario Artículo 36.- De los instrumentos económicos:

Los instrumentos económicos son herramientas basadas en mecanismos propios del mercado que buscan incentivar o desincentivar determinadas conductas con el fin de promover el cumplimiento de los objetivos de política ambiental. Estos instrumentos pueden incluir incentivos financieros, impuestos, tasas, permisos y otros mecanismos que afectan el costo de las actividades que tienen un impacto ambiental.

Las entidades públicas de nivel nacional, sectorial, regional y local, en el ejercicio de sus funciones, pueden incorporar instrumentos económicos en su marco normativo presupuestal y tributario para incentivar prácticas ambientalmente adecuadas y el cumplimiento de los objetivos de la Política Nacional Ambiental y las normas ambientales. Esto puede incluir la implementación de impuestos verdes, que gravan a las actividades que tienen un impacto ambiental negativo, y la creación de incentivos fiscales para promover prácticas sostenibles.

El diseño de los instrumentos económicos puede propiciar el logro de niveles de desempeño ambiental más exigentes que los establecidos en las normas ambientales. Por ejemplo, un impuesto que grava la emisión de gases de efecto invernadero puede incentivar a las empresas a reducir sus emisiones por debajo del nivel establecido por la norma ambiental para evitar el pago del impuesto.

Los instrumentos económicos son herramientas importantes para promover el cumplimiento de los objetivos de política ambiental. Las entidades públicas pueden incorporar estos instrumentos en su marco normativo para incentivar prácticas ambientalmente adecuadas y el cumplimiento de las normas ambientales. El diseño de los instrumentos puede propiciar el logro de niveles de desempeño ambiental más exigentes que los establecidos en las normas ambientales.

Ejemplo Artículo 36.- De los instrumentos económicos:

Un ejemplo de instrumento económico es el impuesto verde. Este impuesto se aplica a las actividades económicas que tienen un impacto ambiental negativo, como la emisión de gases de efecto invernadero, la generación de residuos tóxicos o la extracción de recursos naturales. El objetivo de este impuesto es aumentar el costo de estas actividades para incentivar a las empresas a reducir su impacto ambiental.

Por ejemplo, en algunos países se ha implementado un impuesto sobre las emisiones de dióxido de carbono (CO_2) producidas por la industria y el transporte. Este impuesto se basa en la cantidad de CO_2 emitido y se aplica a las empresas que superan un cierto umbral de emisiones. Las empresas que emiten menos CO_2 que el umbral establecido no pagan el impuesto o reciben incentivos fiscales.

Este impuesto verde incentiva a las empresas a reducir sus emisiones de CO_2 para evitar el pago del impuesto y, por lo tanto, reduce su impacto ambiental. Además, el impuesto genera ingresos para el gobierno que pueden ser utilizados para financiar programas de mitigación y adaptación al cambio climático.

El impuesto verde es un ejemplo de instrumento económico que puede ser utilizado para incentivar prácticas ambientalmente adecuadas y el cumplimiento de las normas ambientales. Este impuesto puede reducir el impacto ambiental de las actividades económicas y generar ingresos para financiar programas ambientales.

Artículo 37.- De las medidas de promoción

Las entidades públicas establecen medidas para promover el debido cumplimiento de las normas ambientales y mejores niveles de desempeño ambiental, en forma complementaria a los instrumentos económicos o de sanción que establezcan, como actividades de capacitación, difusión y sensibilización ciudadana, la publicación de promedios de desempeño ambiental, los reconocimientos públicos y la asignación de puntajes especiales en licitaciones públicas a los proveedores ambientalmente más responsables.

Comentario Artículo 37.- De las medidas de promoción:

Las medidas de promoción son herramientas que las entidades públicas pueden establecer para promover el debido cumplimiento de las normas ambientales y mejores niveles de desempeño ambiental. Estas medidas se utilizan en forma complementaria a los instrumentos económicos o de sanción que se establezcan, y pueden incluir actividades de capacitación, difusión y sensibilización ciudadana, la publicación de promedios de desempeño ambiental, los reconocimientos públicos y la asignación de puntajes especiales en licitaciones públicas a los proveedores ambientalmente más responsables.

La capacitación es una medida de promoción que puede ser utilizada para mejorar el conocimiento y la comprensión de las normas ambientales y las prácticas sostenibles. Las entidades públicas pueden ofrecer capacitación a empresas, organizaciones y ciudadanos para promover el cumplimiento de las normas ambientales y el desempeño ambiental.

La difusión y sensibilización ciudadana es otra medida de promoción que puede ser utilizada para promover el conocimiento y la conciencia ambiental. Las entidades públicas pueden utilizar diferentes medios de comunicación para informar y educar a la ciudadanía sobre las normas ambientales y las prácticas sostenibles.

La publicación de promedios de desempeño ambiental es una medida de promoción que puede ser utilizada para incentivar a las empresas a mejorar su desempeño ambiental. Las entidades públicas pueden publicar los promedios de desempeño ambiental de las empresas en un determinado sector o industria, lo que puede incentivar a las empresas a mejorar su desempeño ambiental para competir en el mercado.

Los reconocimientos públicos son otra medida de promoción que puede ser utilizada para reconocer y premiar a las empresas o individuos que han demostrado un alto desempeño ambiental. Estos reconocimientos pueden motivar a otros a mejorar su desempeño ambiental y promover prácticas sostenibles.

La asignación de puntajes especiales en licitaciones públicas a los proveedores ambientalmente más responsables es una medida de promoción que puede ser utilizada para incentivar a las empresas a mejorar su desempeño ambiental. Las entidades públicas pueden asignar puntajes especiales a los proveedores que demuestren un alto desempeño ambiental en sus procesos de producción y gestión ambiental.

Las medidas de promoción son herramientas importantes que las entidades públicas pueden utilizar para promover el cumplimiento de las normas ambientales y mejores niveles de desempeño ambiental. Estas medidas pueden incluir actividades de capacitación, difusión y sensibilización ciudadana, la publicación de promedios de desempeño ambiental, los reconocimientos públicos y la asignación de puntajes especiales en licitaciones públicas a los proveedores ambientalmente más responsables.

Ejemplo Artículo 37.- De las medidas de promoción:

Además de las medidas de promoción mencionadas anteriormente, existen otras herramientas que las entidades públicas pueden utilizar para promover el cumplimiento de las normas ambientales y mejores niveles de desempeño ambiental. A continuación, se presentan algunos ejemplos:

a) Programas de incentivos: Los programas de incentivos son herramientas que las entidades públicas pueden utilizar para incentivar a las empresas y ciudadanos a adoptar prácticas sostenibles. Estos programas pueden incluir subsidios, préstamos a bajo interés, exenciones fiscales y otros incentivos financieros.

b) Certificaciones y etiquetas ambientales: Las certificaciones y etiquetas ambientales son herramientas que pueden ser utilizadas para reconocer y promover prácticas sostenibles en empresas y productos. Estas certificaciones y etiquetas pueden ser otorgadas por entidades públicas o privadas y pueden incluir criterios ambientales y sociales para evaluar el desempeño ambiental de las empresas y productos.

c) Acuerdos voluntarios: Los acuerdos voluntarios son herramientas que las entidades públicas pueden utilizar para comprometer a las empresas a adoptar prácticas sostenibles. Estos acuerdos pueden incluir compromisos para reducir emisiones de gases de efecto invernadero, mejorar la eficiencia energética o reducir el uso de materiales tóxicos.

d) Participación ciudadana: La participación ciudadana es una herramienta importante para promover la adopción de prácticas sostenibles. Las entidades públicas pueden involucrar a la ciudadanía en la toma de decisiones y en la implementación de políticas ambientales, lo que puede aumentar la conciencia y el compromiso con la protección del medio ambiente.

Las entidades públicas pueden utilizar una variedad de herramientas para promover el cumplimiento de las normas ambientales y mejores niveles de desempeño ambiental. Estas herramientas pueden incluir medidas de promoción, programas de incentivos, certificaciones y etiquetas ambientales, acuerdos voluntarios y la participación ciudadana. La combinación de estas herramientas puede ser efectiva para lograr un cambio positivo en el comportamiento y las prácticas de las empresas y ciudadanos hacia la protección del medio ambiente.

Artículo 38.- Del financiamiento de la gestión ambiental

El Poder Ejecutivo establece los lineamientos para el financiamiento de la gestión ambiental del sector público. Sin perjuicio de asignar recursos públicos, el Poder Ejecutivo debe buscar, entre otras medidas, promover el acceso a los mecanismos de financiamiento internacional, los recursos de la cooperación internacional y las fuentes destinadas a cumplir con los objetivos de la política ambiental y de la Agenda Ambiental Nacional, aprobada de conformidad con la legislación vigente.

Comentario Artículo 38.- Del financiamiento de la gestión ambiental:

El financiamiento de la gestión ambiental es un elemento clave para el logro de los objetivos de la política ambiental y de la Agenda Ambiental Nacional. Para ello, el Poder Ejecutivo establece los lineamientos para el financiamiento de la gestión ambiental del sector público, promoviendo el acceso a diferentes fuentes de financiamiento, como los recursos públicos, los mecanismos de financiamiento internacional y los recursos de la cooperación internacional.

El acceso a recursos públicos es una fuente importante de financiamiento para la gestión ambiental, y el Poder Ejecutivo debe asignar recursos para el cumplimiento de los objetivos de la política ambiental y de la Agenda Ambiental Nacional. Estos recursos pueden provenir de diferentes fuentes, como el presupuesto nacional, los fondos ambientales nacionales y los fondos regionales.

Además, el Poder Ejecutivo debe buscar promover el acceso a los mecanismos de financiamiento internacional, como los fondos verdes, los fondos de adaptación y los mecanismos de financiamiento basados en resultados, entre otros. Estos mecanismos pueden proporcionar recursos financieros significativos para apoyar la gestión ambiental y la implementación de proyectos de mitigación y adaptación al cambio climático.

Otra fuente importante de financiamiento son los recursos de la cooperación internacional, que pueden incluir donaciones, préstamos concesionales y asistencia técnica. El Poder Ejecutivo debe buscar aprovechar estas fuentes de financiamiento para apoyar la gestión ambiental y la implementación de proyectos ambientales.

El Poder Ejecutivo debe procurar el acceso a fuentes destinadas a cumplir con los objetivos de la política ambiental y de la Agenda Ambiental Nacional, aprobada de conformidad con la legislación vigente. Estas fuentes pueden incluir recursos específicos destinados a la gestión de residuos, la conservación de la biodiversidad, la gestión de cuencas hidrográficas, entre otros.

El financiamiento de la gestión ambiental es fundamental para el logro de los objetivos de la política ambiental y de la Agenda Ambiental Nacional. El Poder Ejecutivo debe promover el acceso a diferentes fuentes de financiamiento, como los recursos públicos, los mecanismos de financiamiento internacional, los recursos de la cooperación internacional y las fuentes destinadas a cumplir con los objetivos ambientales. La combinación de estas fuentes de financiamiento puede ser efectiva para apoyar la gestión ambiental y la implementación de proyectos ambientales en el país.

Ejemplo Artículo 38.- Del financiamiento de la gestión ambiental:

Un ejemplo de la aplicación del artículo 38 podría ser la promoción del acceso a mecanismos de financiamiento internacional para la gestión ambiental de un país en vías de desarrollo.

Establecimiento de políticas y estrategias: El Poder Ejecutivo establece políticas y estrategias para asegurar la disponibilidad de recursos financieros para la gestión ambiental en el país. Esto implica la identificación de las necesidades financieras para la gestión ambiental y el establecimiento de objetivos claros para su financiamiento.

Identificación de mecanismos de financiamiento internacional: Se identifican los mecanismos de financiamiento internacional disponibles para la gestión ambiental, como los fondos internacionales para el medio ambiente, los programas de cooperación internacional y los préstamos internacionales para proyectos ambientales.

Solicitud de financiamiento: Se realiza la solicitud de financiamiento a los organismos internacionales correspondientes, presentando los objetivos y planes de la gestión ambiental del país y las necesidades financieras para su implementación.

Evaluación de la solicitud: Los organismos internacionales evalúan la solicitud de financiamiento y determinan su viabilidad. Si se aprueba el financiamiento, se establecen las condiciones para su uso y los plazos de implementación.

Implementación de las acciones: Una vez que se cuenta con el financiamiento, se procede a la implementación de las acciones para la gestión ambiental, como la implementación de políticas y programas, la construcción de infraestructura ambiental, la capacitación y entrenamiento del personal, entre otras.

Informes de seguimiento y evaluación: Se deben elaborar informes de seguimiento y evaluación para verificar el cumplimiento de los objetivos establecidos y el uso adecuado de los recursos financieros. Estos informes deben estar a disposición del público y de los organismos internacionales que otorgaron el financiamiento.

La promoción del acceso a mecanismos de financiamiento internacional es fundamental para asegurar la disponibilidad de recursos financieros para la gestión ambiental en países en vías de desarrollo. Esto permite implementar acciones para la gestión sostenible del territorio y la preservación de los recursos naturales, contribuyendo al desarrollo sostenible y la protección del medio ambiente.

Artículo 39.- De la información sobre el gasto e inversión ambiental del Estado

El Ministerio de Economía y Finanzas informa acerca del gasto y la inversión en la ejecución de programas y proyectos públicos en materia ambiental. Dicha información se incluye anualmente en el Informe Nacional del Estado del Ambiente.

Comentario Artículo 39.- De la información sobre el gasto e inversión ambiental del Estado:

Es importante que el Estado informe sobre el gasto e inversión ambiental para garantizar la transparencia y la rendición de cuentas en la ejecución de programas y proyectos públicos en materia ambiental. El Ministerio de Economía y Finanzas es el encargado de proveer esta información, la cual se incluye anualmente en el Informe Nacional del Estado del Ambiente.

El Informe Nacional del Estado del Ambiente es un documento que proporciona información sobre la situación ambiental del país, incluyendo el estado de los recursos naturales, la calidad del aire y del agua, la gestión de residuos, entre otros temas relevantes. Además, el informe incluye información sobre la inversión y el gasto público en materia ambiental, lo que permite evaluar la importancia que el Estado le otorga a la gestión ambiental.

La información sobre el gasto e inversión ambiental del Estado puede incluir diferentes aspectos, como el presupuesto destinado a la gestión ambiental, el gasto en programas y proyectos ambientales específicos, la inversión en infraestructura ambiental, entre otros. Esta información permite a la sociedad evaluar el desempeño del Estado en la gestión ambiental y promover la transparencia y la rendición de cuentas.

Es importante destacar que el acceso a la información sobre el gasto e inversión ambiental del Estado no solo es relevante para la sociedad civil, sino también para los actores de la gestión ambiental, como las organizaciones no gubernamentales, las empresas y los investigadores. Esta información puede servir para identificar áreas prioritarias de inversión y mejorar la planificación y la implementación de programas y proyectos ambientales.

La información sobre el gasto e inversión ambiental del Estado es una herramienta clave para garantizar la transparencia y la rendición de cuentas en la gestión ambiental. El Ministerio de Economía y Finanzas es el encargado de proveer esta información en el Informe Nacional del Estado del Ambiente, lo que permite evaluar la importancia que el Estado le otorga a la gestión ambiental y promover la transparencia y la participación ciudadana en la gestión ambiental.

Ejemplo Artículo 39.- De la información sobre el gasto e inversión ambiental del Estado:

Un posible ejemplo para el artículo 39 de la Ley General del Ambiente N° 28611 establece la obligación del Ministerio de Economía y Finanzas de informar acerca del gasto y la inversión en la ejecución de programas y proyectos públicos en materia ambiental, y de incluir dicha información anualmente en el Informe Nacional del Estado del Ambiente. A continuación, se presenta un ejemplo de aplicación:

En el departamento de Piura, se ha llevado a cabo un proyecto de restauración de áreas degradadas por la minería ilegal en la cuenca del río Chira, en el marco de la política ambiental del Estado. El proyecto ha sido financiado por el Ministerio de Economía y Finanzas y ha contado con la participación de diversas entidades públicas y privadas.

En cumplimiento del artículo 39 de la Ley General del Ambiente N° 28611, el Ministerio de Economía y Finanzas ha informado acerca del gasto y la inversión en la ejecución del proyecto de restauración de áreas degradadas por la minería ilegal en la cuenca del río Chira, incluyendo dicha información en el Informe Nacional del Estado del Ambiente.

La información proporcionada por el Ministerio de Economía y Finanzas ha permitido a la ciudadanía y a las autoridades locales conocer los recursos invertidos en el proyecto de restauración ambiental y evaluar su impacto en la recuperación de la cuenca del río Chira y en la calidad de vida de las comunidades locales.

La aplicación del artículo 39 de la Ley General del Ambiente N° 28611 en el departamento de Piura es un ejemplo práctico de cómo la información sobre el gasto y la inversión en programas y proyectos públicos en materia ambiental puede ser incluida en el Informe Nacional del Estado del Ambiente para promover la transparencia y la rendición de cuentas en la gestión ambiental. Esperamos que estos ejemplos inspiren a más entidades públicas y privadas a informar acerca de sus inversiones ambientales y a fortalecer la gestión ambiental en el país.

Artículo 40.- Del rol del sector privado en el financiamiento

El sector privado contribuye al financiamiento de la gestión ambiental sobre la base de principios de internalización de costos y de responsabilidad ambiental, sin perjuicio de otras acciones que emprendan en el marco de sus políticas de responsabilidad social, así como de otras contribuciones de carácter voluntario.

Comentario Artículo 40.- Del rol del sector privado en el financiamiento:

El sector privado tiene un papel importante en el financiamiento de la gestión ambiental y en la implementación de prácticas sostenibles. El sector privado puede contribuir al financiamiento de la gestión ambiental sobre la base de principios de internalización de costos y de responsabilidad ambiental, sin perjuicio de otras acciones que emprendan en el marco de sus políticas de responsabilidad social, así como de otras contribuciones de carácter voluntario.

El principio de internalización de costos se refiere a que las empresas deben asumir los costos ambientales de sus actividades y procesos productivos. Esto implica que las empresas deben incorporar los costos ambientales en sus decisiones de inversión y en sus estrategias empresariales, de manera que se promueva la adopción de prácticas sostenibles y se reduzcan los impactos ambientales negativos.

Asimismo, el sector privado puede asumir su responsabilidad ambiental a través de la implementación de prácticas sostenibles en sus operaciones, como la gestión eficiente de los recursos naturales, la reducción de emisiones contaminantes, la gestión adecuada de residuos, entre otras. Estas prácticas pueden generar beneficios ambientales y económicos a largo plazo y contribuir al financiamiento de la gestión ambiental.

Además, el sector privado puede realizar contribuciones voluntarias para el financiamiento de la gestión ambiental, como donaciones a fondos ambientales, apoyo a proyectos de conservación de la biodiversidad, entre otros. Estas acciones pueden ser parte de las políticas de responsabilidad social corporativa de las empresas y contribuir a la mejora del desempeño ambiental y a la promoción de una cultura de sostenibilidad.

El sector privado tiene un papel importante en el financiamiento de la gestión ambiental y en la implementación de prácticas sostenibles. No dejando de lado los ingresos debido a multas generadas por sanciones ambientales. La internalización de costos y la responsabilidad ambiental son principios fundamentales para que las empresas asuman su responsabilidad ambiental y contribuyan al financiamiento de la gestión ambiental. Además, las contribuciones voluntarias pueden ser una herramienta importante para promover la sostenibilidad ambiental y el desarrollo sostenible.

Ejemplo Artículo 40.- Del rol del sector privado en el financiamiento:

En modelo posible para el artículo 40 de la Ley General del Ambiente N° 28611 establece el rol del sector privado en el financiamiento de la gestión ambiental, sobre la base de principios de internalización de costos y de responsabilidad ambiental, sin perjuicio de otras acciones que emprendan en el marco de sus políticas de responsabilidad social, así como de otras contribuciones de carácter voluntario. A continuación, se presenta un ejemplo de aplicación:

En la ciudad de Lima, una empresa minera ha implementado un programa de compensación ambiental como parte de su política de responsabilidad social empresarial. El programa consiste en la restauración de áreas degradadas por la actividad minera en la sierra de Lima, en coordinación con las comunidades locales y las autoridades ambientales.

La empresa minera ha asumido los costos del programa de compensación ambiental, como una forma de internalizar los costos ambientales asociados a su actividad, y ha trabajado en colaboración con las partes interesadas para garantizar la eficacia y la sostenibilidad del programa.

Además del programa de compensación ambiental, la empresa minera ha llevado a cabo otras acciones en el marco de sus políticas de responsabilidad social empresarial, como la implementación de tecnologías limpias en sus procesos productivos y la promoción de prácticas sostenibles entre sus proveedores y clientes.

La aplicación del artículo 40 de la Ley General del Ambiente N° 28611 en la ciudad de Lima es un ejemplo práctico de cómo el sector privado puede contribuir al financiamiento de la gestión ambiental sobre la base de principios de internalización de costos y de responsabilidad ambiental, y cómo puede emprender otras acciones de carácter voluntario en el marco de sus políticas de responsabilidad social empresarial. Esperamos que estos ejemplos inspiren a más empresas a asumir su responsabilidad ambiental y a contribuir al financiamiento de la gestión ambiental en el país.

Capítulo 4 - Acceso a la información ambiental y participación ciudadana

CONCORDANCIAS: D.S. N° 002-2009-MINAM (Decreto Supremo que aprueba el Reglamento sobre Transparencia, Acceso a la Información Pública Ambiental y Participación y Consulta Ciudadana en Asuntos Ambientales).

Artículo 41.- Del acceso a la información ambiental

Conforme al derecho de acceder adecuada y oportunamente a la información pública sobre el ambiente, sus componentes y sus implicancias en la salud, toda entidad pública, así como las personas jurídicas sujetas al régimen privado que presten servicios públicos, facilitan el acceso a dicha información, a quien lo solicite, sin distinción de ninguna índole, con sujeción exclusivamente a lo dispuesto en la legislación vigente.

CONCORDANCIAS: D.S. N° 002-2009-MINAM, Arts. 7 y 20 (Decreto Supremo que aprueba el Reglamento sobre Transparencia, Acceso a la Información Pública Ambiental y Participación y Consulta Ciudadana en Asuntos Ambientales).

Comentario Artículo 41.- Del acceso a la información ambiental:

La Ley General del Ambiente del Perú establece una serie de disposiciones que buscan garantizar el derecho de toda persona a acceder a información pública sobre el ambiente y sus implicancias en la salud. En este sentido, la normativa establece que tanto las entidades públicas como las personas jurídicas sujetas al régimen privado que presten servicios públicos, deben facilitar el acceso a dicha información a quien lo solicite, sin distinción de ninguna índole.

La importancia de este derecho radica en que permite a la ciudadanía conocer en detalle la situación ambiental del país, así como las medidas que se están adoptando para proteger y conservar el medio ambiente. De esta manera, se fomenta una participación más activa y consciente de la población en la toma de decisiones que afectan el ambiente y la salud pública.

La Ley General del Ambiente establece que la información pública sobre el ambiente debe ser difundida de manera clara, oportuna y accesible, y que las entidades públicas y privadas que presten servicios públicos deben poner a disposición de la ciudadanía los medios necesarios para acceder a dicha información. Asimismo, se establecen sanciones para aquellos que obstaculicen el acceso a la información pública sobre el ambiente.

Es importante destacar que el derecho de acceso a la información pública sobre el ambiente no solo es importante para la ciudadanía, sino también para las propias entidades públicas y privadas. La disponibilidad de información clara y detallada sobre el estado del ambiente y las medidas que se están adoptando para protegerlo, permite a estas entidades tomar decisiones más informadas y eficaces en materia ambiental.

El derecho de acceso a la información pública sobre el ambiente es un derecho fundamental que garantiza la participación activa y consciente de la ciudadanía en la toma de decisiones que afectan el ambiente y la salud pública. La Ley General del Ambiente del Perú establece disposiciones claras y precisas para garantizar este derecho, y es necesario que tanto las entidades públicas como las personas jurídicas sujetas al régimen privado que presten servicios públicos, cumplan con facilitar el acceso a dicha información de manera clara, oportuna y accesible.

También es importante que la ciudadanía ejerza activamente este derecho, solicitando la información que requiere y exigiendo que se cumplan las disposiciones establecidas en la ley. Para ello, es necesario que se promueva la cultura de la transparencia y el acceso a la información pública en el país, y que se brinden las herramientas necesarias para que la ciudadanía pueda hacer efectivo este derecho.

En este sentido, la Ley General del Ambiente establece que las entidades públicas y privadas que presten servicios públicos deben contar con mecanismos de información y comunicación que permitan a la ciudadanía acceder a la información pública sobre el ambiente de manera sencilla y eficaz. Asimismo, se establece la obligación de estas entidades de llevar un registro actualizado de la información ambiental que manejan y de publicarla en medios electrónicos de acceso público.

Cabe destacar que el acceso a la información pública sobre el ambiente no solo se refiere a datos estadísticos y técnicos, sino también a información sobre políticas, planes y programas ambientales, así como a información sobre los impactos ambientales de proyectos y actividades en desarrollo. De esta manera, se garantiza una visión integral de la situación ambiental del país y se fomenta una participación ciudadana más activa y consciente.

En definitiva, el derecho de acceso a la información pública sobre el ambiente es un derecho fundamental que debe ser garantizado por las entidades públicas y privadas que prestan servicios públicos. Este derecho permite a la ciudadanía conocer en detalle la situación ambiental del país y las medidas que se están adoptando para proteger y conservar el medio ambiente, y fomenta una participación más activa y consciente en la toma de decisiones que afectan el ambiente y la salud pública. En este sentido, es fundamental que se promueva la cultura de la transparencia y el acceso a la información pública, y que se brinden las herramientas necesarias para que la ciudadanía pueda hacer efectivo este derecho.

Ejemplo Artículo 41.- Del acceso a la información ambiental:

Un ejemplo concreto de la importancia del derecho de acceso a la información pública sobre el ambiente en el Perú se puede observar en la gestión de los recursos naturales y la conservación de la biodiversidad.

El Perú es uno de los países más biodiversos del mundo, con una gran variedad de ecosistemas y especies animales y vegetales únicas en el mundo. Sin embargo, la explotación desmedida de los recursos naturales y la falta de políticas adecuadas de conservación han afectado gravemente esta riqueza natural.

En este sentido, el derecho de acceso a la información pública sobre el ambiente permite a la ciudadanía conocer en detalle la situación actual de la gestión de los recursos naturales en el país, así como las medidas que se están adoptando para su conservación y protección. De esta manera, se puede fomentar una participación más activa y consciente de la población en la toma de decisiones relacionadas con la gestión de los recursos naturales y la conservación de la biodiversidad.

Además, el acceso a la información pública sobre el ambiente también es fundamental en la prevención y control de la deforestación y la pérdida de hábitats naturales en el Perú. La tala de bosques y la degradación de los ecosistemas naturales no solo afecta la biodiversidad, sino también la calidad de vida de las personas que dependen de estos recursos para su subsistencia.

El derecho de acceso a la información pública sobre el ambiente es fundamental en la gestión de los recursos naturales y la conservación de la biodiversidad en el Perú. Es necesario que se promueva la cultura de la transparencia y el acceso a la información pública en el país, y que se brinden las herramientas necesarias para que la ciudadanía pueda hacer efectivo este derecho. Solo así se podrá fomentar una participación más activa y consciente de la población en la toma de decisiones que afectan el ambiente y la salud pública.

Artículo 42.- De la obligación de informar

Las entidades públicas con competencias ambientales y las personas jurídicas que presten servicios públicos, conforme a lo señalado en el artículo precedente, tienen las siguientes obligaciones en materia de acceso a la información ambiental: (*)

(*) Párrafo modificado por el Artículo 1 del Decreto Legislativo N° 1055, publicado el 27 junio 2008, cuyo texto es el siguiente:

Artículo 42.- De la Obligación de Informar Las entidades públicas con competencias ambientales y las personas jurídicas que presten servicios públicos, conforme a lo señalado en el artículo precedente, tiene las siguientes obligaciones en materia de acceso a la información ambiental:"

a) Establecer mecanismos para la generación, organización y sistematización de la información ambiental relativa a los sectores, áreas o actividades a su cargo.

b) Facilitar el acceso directo a la información ambiental que se les requiera y que se encuentre en el ámbito de su competencia, sin perjuicio de adoptar las medidas necesarias para cautelar el normal desarrollo de sus actividades y siempre que no se esté incurso en excepciones legales al acceso de la información.

c) Establecer criterios o medidas para validar o asegurar la calidad e idoneidad de la información ambiental que poseen.

d) Difundir la información gratuita sobre las actividades del Estado y en particular, la relativa a su organización, funciones, fines, competencias, organigrama, dependencias, horarios de atención y procedimientos administrativos a su cargo, entre otros.

e) Eliminar las exigencias, cobros indebidos y requisitos de forma que obstaculicen, limiten o impidan el eficaz acceso a la información ambiental.

f) Rendir cuenta acerca de las solicitudes de acceso a la información recibidas y de la atención brindada.

g) Entregar a la Autoridad Ambiental Nacional la información que ésta le solicite, por considerarla necesaria para la gestión ambiental.

La solicitud será remitida por escrito y deberá ser respondida en un plazo no mayor de 15 días, pudiendo la Autoridad Ambiental Nacional ampliar dicho plazo de oficio o a solicitud de parte.(*)

(*) Literal modificado por el Artículo 1 del Decreto Legislativo N° 1055, publicado el 27 junio 2008, cuyo texto es el siguiente:

"g. Entregar al Ministerio del Ambiente-MINAM la información ambiental que ésta genere, por considerarla necesaria para la gestión ambiental, la cual deberá ser suministrada al Ministerio en el plazo que éste determine, bajo responsabilidad del máximo representante del organismo encargado de suministrar la información. Sin perjuicio de ello, el incumplimiento del funcionario o servidor público encargado de remitir la información mencionada, será considerado como falta grave."

"h. El MINAM solicitará la información a las entidades generadoras de información con la finalidad de elaborar los informes nacionales sobre el estado del ambiente. Dicha información deberá ser entregada en el plazo que determine el Ministerio, pudiendo ser éste ampliado a solicitud de parte, bajo responsabilidad del máximo representante del organismo encargado de suministrar la información. Sin perjuicio de ello, el funcionario o servidor público encargado de remitir la información mencionada, será considerado como falta grave." (*) (*) Literal incorporado por el Artículo 1 del Decreto Legislativo N° 1055, publicado el 27 junio 2008.

CONCORDANCIAS: D.S. N° 002-2009-MINAM, Art. 20 (Decreto Supremo que aprueba el Reglamento sobre Transparencia, Acceso a la Información Pública Ambiental y Participación y Consulta Ciudadana en Asuntos Ambientales).

Comentario Artículo 42.- De la obligación de informar:

El acceso a la información pública sobre el ambiente es un derecho fundamental que debe ser garantizado por las entidades públicas y privadas que presten servicios públicos. En el caso del Perú, el artículo 42 de la Ley General del Ambiente establece las obligaciones de las entidades públicas con competencias ambientales y las personas jurídicas que prestan servicios públicos en materia de acceso a la información ambiental.

Seguidamente presento un ejemplo en un municipio con una importante actividad turística, se ha establecido la obligación de las entidades públicas y personas jurídicas que prestan servicios públicos de proporcionar acceso a la información ambiental. En cumplimiento del artículo 42 de la Ley de Gestión Ambiental, se han establecido medidas para:

a) Establecer mecanismos para la generación, organización y sistematización de la información ambiental relativa a los sectores, áreas o actividades a su cargo. En este caso, se ha establecido un sistema de información ambiental para la generación, organización y sistematización de la información ambiental relativa a los sectores, áreas o actividades a cargo de las entidades públicas y personas jurídicas que prestan servicios públicos en el municipio. Se han identificado los principales impactos ambientales generados por la actividad turística y se ha desarrollado un sistema de monitoreo y seguimiento para evaluar el desempeño ambiental de las empresas turísticas.

b) Facilitar el acceso directo a la información ambiental que se les requiera y que se encuentre en el ámbito de su competencia, sin perjuicio de adoptar las medidas necesarias para cautelar el normal desarrollo de sus actividades y siempre que no se esté incurso en excepciones legales al acceso de la información. En este caso, se ha establecido un sistema de acceso a la información ambiental que permite a los ciudadanos y turistas solicitar información ambiental a las entidades públicas y personas jurídicas que prestan servicios públicos en el municipio. Se han establecido medidas para garantizar la transparencia y el acceso a la información ambiental, siempre y cuando no se esté incurso en excepciones legales al acceso de la información.

c) Establecer criterios o medidas para validar o asegurar la calidad e idoneidad de la información ambiental que poseen. En este caso, se han establecido criterios y medidas para validar y asegurar la calidad e idoneidad de la información ambiental que poseen las entidades públicas y personas jurídicas que prestan servicios públicos en el municipio. Se han desarrollado programas y capacitaciones para garantizar la calidad de la información ambiental y se han establecido sistemas de revisión y validación para asegurar la exactitud y veracidad de la información.

En un país con una importante biodiversidad y recursos naturales, se ha establecido la obligación de las entidades públicas y personas jurídicas que prestan servicios públicos de proporcionar acceso a la información ambiental. En cumplimiento del artículo 42 de la Ley de Gestión Ambiental, se han establecido medidas para:

d) Difundir la información gratuita sobre las actividades del Estado y en particular, la relativa a su organización, funciones, fines, competencias, organigrama, dependencias, horarios de atención y procedimientos administrativos a su cargo, entre otros. En este caso, se ha desarrollado un portal de acceso a la información ambiental del Estado, en el que se encuentran disponibles de forma gratuita y accesible a toda la ciudadanía, la información sobre la organización, funciones, fines, competencias, organigrama, dependencias, horarios de atención y procedimientos administrativos relacionados con la gestión ambiental.

e) Eliminar las exigencias, cobros indebidos y requisitos de forma que obstaculicen, limiten o impidan el eficaz acceso a la información ambiental. En este caso, se ha establecido la eliminación de las exigencias, cobros indebidos y requisitos que obstaculicen, limiten o impidan el acceso a la información ambiental, garantizando así un acceso efectivo y eficaz a la información ambiental.

f) Rendir cuenta acerca de las solicitudes de acceso a la información recibidas y de la atención brindada. En este caso, se ha establecido un sistema de rendición de cuentas para informar sobre las solicitudes de acceso a la información ambiental recibidas y la atención brindada, garantizando así la transparencia y la responsabilidad en la gestión de la información ambiental.

g) Entregar a la Autoridad Ambiental Nacional la información que ésta le solicite, por considerarla necesaria para la gestión ambiental. En este caso, se ha establecido la entrega de la información ambiental solicitada por la Autoridad Ambiental Nacional, considerando que ésta es esencial para la gestión ambiental y el cumplimiento de las obligaciones ambientales del país.

Otra obligación importante es la de difundir la información gratuita sobre las actividades del Estado, incluyendo la información relativa a su organización, funciones, fines, competencias, organigrama, dependencias, horarios de atención y procedimientos administrativos a su cargo, entre otros. Esto permite que la ciudadanía conozca en detalle las actividades del Estado y pueda hacer uso efectivo del derecho de acceso a la información pública sobre el ambiente.

Por último, es importante destacar que las entidades públicas deben rendir cuenta acerca de las solicitudes de acceso a la información recibidas y de la atención brindada, así como entregar a la Autoridad Ambiental Nacional la información que ésta le solicite, por considerarla necesaria para la gestión ambiental. Esto garantiza la transparencia en la gestión ambiental y la participación activa de la ciudadanía en la toma de decisiones relacionadas con el medio ambiente.

El artículo 42 de la Ley General del Ambiente establece una serie de obligaciones fundamentales para garantizar el derecho de acceso a la información pública sobre el ambiente en el Perú. Es necesario que las entidades públicas cumplan con estas obligaciones y promuevan la cultura de la transparencia y el acceso a la información pública en el país. Solo así se podrá fomentar una participación más activa y consciente de la población en la toma de decisiones que afectan el ambiente y la salud pública.

En este sentido, el acceso a la información pública sobre el ambiente no solo es un derecho fundamental de la ciudadanía, sino que también es una herramienta clave para la gestión ambiental en el país. La información ambiental es esencial para la toma de decisiones informadas en materia de protección y conservación del medio ambiente, y para evaluar el impacto de las actividades humanas en los ecosistemas naturales.

Por otro lado, el acceso a la información pública sobre el ambiente también puede contribuir a la prevención y control de la corrupción en el sector ambiental. La transparencia en la gestión ambiental y la difusión de información clara y confiable pueden facilitar la identificación de prácticas corruptas y la rendición de cuentas por parte de las entidades públicas.

Sin embargo, a pesar de la existencia de la Ley General del Ambiente y otras normativas relacionadas con el acceso a la información pública sobre el ambiente, aún existen barreras y obstáculos que impiden el ejercicio efectivo de este derecho. Algunas entidades públicas pueden restringir el acceso a la información ambiental, argumentando la existencia de excepciones legales o la protección de secretos comerciales o industriales.

Además, la falta de capacitación y recursos técnicos en algunas entidades públicas puede dificultar la generación y difusión de información ambiental actualizada y precisa. Por ello, es necesario fortalecer los mecanismos de capacitación y asistencia técnica para las entidades públicas responsables de la gestión ambiental.

El acceso a la información pública sobre el ambiente es un derecho fundamental que debe ser garantizado por las entidades públicas y privadas que presten servicios públicos. Es necesario promover la cultura de la transparencia y el acceso a la información pública en el país, y fortalecer los mecanismos de capacitación y asistencia técnica para las entidades públicas responsables de la gestión ambiental. Solo así se podrá fomentar una participación más activa y consciente de la población en la toma de decisiones que afectan el ambiente y la salud pública.

Ejemplo Artículo 42.- De la obligación de informar:

Seguidamente presentamos una recreación para el artículo 42 de la Ley General del Ambiente N° 28611 establece las obligaciones de las entidades públicas y las personas jurídicas que presten servicios públicos en materia de acceso a la información ambiental. A continuación, se presenta un ejemplo de aplicación:

En la ciudad de Trujillo, la empresa de servicios de agua potable y saneamiento básico, ha elaborado un Plan de Gestión Ambiental que incluye medidas para la protección del medio ambiente y la prevención de impactos negativos en la calidad del agua y el saneamiento.

Como parte de sus obligaciones en materia de acceso a la información ambiental, la empresa ha puesto a disposición de la ciudadanía un portal web donde se puede acceder a información detallada sobre sus operaciones y el estado del agua y saneamiento en la ciudad. Además, la empresa ha establecido un sistema de atención al cliente donde se pueden realizar consultas y solicitudes de información ambiental.

Por su parte, la Municipalidad Provincial de Trujillo, como entidad pública con competencias ambientales, ha desarrollado un sistema de información ambiental que permite el acceso a información sobre la calidad del aire, la gestión de residuos sólidos, la gestión del agua y saneamiento, entre otros temas ambientales relevantes para la ciudad.

La aplicación del artículo 42 de la Ley General del Ambiente N° 28611 en la ciudad de Trujillo es un ejemplo práctico de cómo las entidades públicas y las personas jurídicas que presten servicios públicos pueden cumplir con sus obligaciones en materia de acceso a la información ambiental y contribuir así a la transparencia y la participación ciudadana en la gestión ambiental. Esperamos que estos ejemplos inspiren a más autoridades y entidades a adoptar prácticas sostenibles en sus operaciones y contribuir así a la protección del medio ambiente y el desarrollo sostenible en el Perú.

Artículo 43.- De la información sobre denuncias presentadas

43.1 Toda persona tiene derecho a conocer el estado de las denuncias que presente ante cualquier entidad pública respecto de riesgos o daños al ambiente y sus demás componentes, en especial aquellos vinculados a daños o riesgos a la salud de las personas. (*)

(*) Numeral modificado por el Artículo 1 del Decreto Legislativo N° 1055, publicado el 27 junio 2008, cuyo texto es el siguiente:

43.1 Toda persona tiene derecho a conocer el estado de las denuncias que presente ante cualquier entidad pública respecto de infracciones a la normatividad ambiental, sanciones y reparaciones ambientales, riesgos o daños al ambiente y sus demás componentes, en especial aquellos vinculados a daños o riesgos a la salud de personas. Las entidades públicas deben establecer en sus Reglamentos de Organización y Funciones, Textos Únicos de Procedimientos Administrativos u otros documentos de gestión, los procedimientos para la atención de las citadas denuncias y sus formas de comunicación al público, de acuerdo con los parámetros y criterios que al respecto fije el Ministerio del Ambiente y bajo responsabilidad de su máximo representante. Las entidades deberán enviar anualmente un listado con las denuncias recibidas y soluciones alcanzadas, con la finalidad de hacer pública esta información a la población a través del SINIA."

43.2 En caso de que la denuncia haya sido trasladada a otra autoridad, en razón de las funciones y atribuciones legalmente establecidas, se debe dar cuenta inmediata de tal hecho al denunciante.

Comentario Artículo 43.- De la información sobre denuncias presentadas:

El derecho de acceso a la información pública sobre las denuncias presentadas en materia ambiental es un aspecto clave de la transparencia y la participación ciudadana en la gestión ambiental. En el Perú, el artículo 43 de la Ley General del Ambiente establece el derecho de toda persona a conocer el estado de las denuncias que presente ante cualquier entidad pública respecto de infracciones a la normatividad ambiental, sanciones y reparaciones ambientales, riesgos o daños al ambiente y sus demás componentes, en especial aquellos vinculados a daños o riesgos a la salud de las personas.

Este derecho es fundamental para que la ciudadanía pueda conocer la situación ambiental del país y participar de manera activa en la protección y conservación del medio ambiente. La información sobre las denuncias presentadas permite evaluar la eficacia de las políticas y medidas adoptadas para prevenir y controlar los impactos ambientales negativos y para proteger la salud de las personas.

Asimismo, el artículo 43 establece que las entidades públicas deben establecer procedimientos para la atención de las denuncias y sus formas de comunicación al público, de acuerdo con los parámetros y criterios que al respecto fije el Ministerio del Ambiente y bajo responsabilidad de su máximo representante. Esto significa que las entidades públicas deben contar con mecanismos claros y eficaces para la recepción, gestión y seguimiento de las denuncias ambientales, y para informar a la ciudadanía sobre el estado de las mismas.

Además, las entidades públicas deben enviar anualmente un listado con las denuncias recibidas y soluciones alcanzadas, con la finalidad de hacer pública esta información a la población a través del SINIA. Esto permite que la ciudadanía conozca en detalle las denuncias presentadas y las soluciones adoptadas por las autoridades en cada caso.

Por otro lado, el artículo 43 también establece que en caso de que la denuncia haya sido trasladada a otra autoridad, en razón de las funciones y atribuciones legalmente establecidas, se debe dar cuenta inmediata de tal hecho al denunciante. Esto garantiza la transparencia en la gestión ambiental y la participación activa de la ciudadanía en la toma de decisiones relacionadas con el medio ambiente.

El derecho de acceso a la información pública sobre las denuncias presentadas en materia ambiental es un aspecto clave de la transparencia y la participación ciudadana en la gestión ambiental. Es necesario que las entidades públicas cumplan con las obligaciones establecidas en el artículo 43 de la Ley General del Ambiente y promuevan la cultura de la transparencia y el acceso a la información pública en el país. Solo así se podrá fomentar una participación más activa y consciente de la población en la protección y conservación del medio ambiente y la salud pública.

Es importante destacar que el acceso a la información sobre denuncias presentadas en materia ambiental no solo es un derecho de la ciudadanía, sino también una herramienta fundamental para la detección y prevención de prácticas ilegales o dañinas para el ambiente y la salud de las personas. La transparencia en la gestión ambiental y la difusión de información clara y confiable pueden facilitar la identificación de prácticas corruptas y la rendición de cuentas por parte de las entidades públicas.

Además, el acceso a la información sobre denuncias presentadas también puede contribuir a la mejora de la gestión ambiental y a la adopción de medidas más eficaces para prevenir y controlar los impactos ambientales negativos. La información sobre las denuncias presentadas permite evaluar la eficacia de las políticas y medidas adoptadas y detectar posibles fallos o deficiencias en la gestión ambiental.

Por otro lado, es importante destacar que el acceso a la información sobre denuncias presentadas en materia ambiental no siempre es fácil para la ciudadanía. En algunos casos, las entidades públicas pueden negar el acceso a la información argumentando la existencia de excepciones legales o la protección de secretos comerciales o industriales. Además, la falta de capacitación y recursos técnicos en algunas entidades públicas puede dificultar la generación y difusión de información actualizada y precisa.

Por ello, es necesario fortalecer los mecanismos de capacitación y asistencia técnica para las entidades públicas responsables de la gestión ambiental y promover la cultura de la transparencia y el acceso a la información pública en el país. Además, es importante que la ciudadanía conozca sus derechos en materia de acceso a la información ambiental y sepa cómo ejercerlos de manera efectiva.

El acceso a información sobre denuncias ambientales es un derecho y una herramienta importante para la gestión ambiental. Se necesita mejorar la capacitación y asistencia técnica para las entidades públicas responsables, promover la cultura de transparencia y acceso a información pública para fomentar la participación de la población en la protección del medio ambiente y salud pública.

Ejemplo Artículo 43.- De la información sobre denuncias presentadas:

Seguidamente recreamos un caso, la denuncia de actividades ilegales o dañinas para el medio ambiente es fundamental para la protección y conservación de los recursos naturales y la salud de la población. Sin embargo, según una investigación periodística publicada el 11 de octubre de 2021, el acceso a la información sobre las denuncias presentadas en materia ambiental sigue siendo un desafío para la ciudadanía.

Según la investigación, muchas de las denuncias ambientales presentadas por la ciudadanía no son atendidas de manera adecuada por las entidades públicas encargadas de la gestión ambiental en el país. Esto se debe, en parte, a la falta de recursos técnicos y humanos de estas entidades, así como a la falta de voluntad política para abordar los problemas ambientales.

Además, la investigación reveló que en muchos casos las entidades públicas no brindan información clara y precisa sobre el estado de las denuncias presentadas, lo que dificulta la participación activa de la ciudadanía en la protección y conservación del medio ambiente. En algunos casos, las entidades no especifican si se ha iniciado un proceso sancionador contra el infractor o si se han adoptado medidas para mitigar los impactos ambientales negativos.

Ante esta situación, es necesario que las entidades públicas encargadas de la gestión ambiental en el Perú adopten medidas efectivas para atender de manera adecuada las denuncias ambientales presentadas por la ciudadanía. Es fundamental que se establezcan mecanismos claros y eficaces para la recepción, gestión y seguimiento de las denuncias ambientales, y para informar a la ciudadanía sobre el estado de las mismas.

Por otro lado, es importante destacar que la ciudadanía también tiene un papel fundamental que desempeñar en la protección y conservación del medio ambiente. Es necesario que la ciudadanía conozca sus derechos en materia de acceso a la información ambiental y sepa cómo ejercerlos de manera efectiva. Además, es necesario fomentar la conciencia ambiental y la participación activa de la ciudadanía en la identificación y denuncia de prácticas ilegales o dañinas para el ambiente.

El acceso a la información sobre las denuncias presentadas en materia ambiental es esencial para la toma de decisiones informadas en materia de protección y conservación del medio ambiente. Es necesario que las entidades públicas encargadas de la gestión ambiental en el Perú adopten medidas efectivas para atender de manera adecuada las denuncias ambientales presentadas por la ciudadanía y que se promueva la cultura de la transparencia y el acceso a la información pública en el país. Solo así se podrá garantizar una participación más activa y consciente de la ciudadanía en la protección y conservación del medio ambiente y la salud pública.

Artículo 44.- De la incorporación de información al SINIA

Los informes y documentos resultantes de las actividades científicas, técnicas y de monitoreo de la calidad del ambiente y de sus componentes, así como los que se generen en el ejercicio de las funciones ambientales que ejercen las entidades públicas, deben ser incorporados al SINIA, a fin de facilitar su acceso para las entidades públicas y privadas, en el marco de las normas y limitaciones establecidas en las normas de transparencia y acceso a la información pública.

Comentario Artículo 44.- De la incorporación de información al SINIA:

El artículo 44 de la Ley General del Ambiente del Perú establece la obligación de incorporar al Sistema Nacional de Información Ambiental (SINIA) toda la información generada en el marco de las actividades científicas, técnicas y de monitoreo de la calidad del ambiente y de sus componentes, así como la que se genere en el ejercicio de las funciones ambientales de las entidades públicas. Esta información debe estar disponible para el acceso de las entidades públicas y privadas, siempre y cuando se respeten las normas y limitaciones establecidas en las normas de transparencia y acceso a la información pública.

Esta disposición es de suma importancia porque permite que la información ambiental generada por las entidades públicas y privadas esté disponible para su uso en la toma de decisiones en materia ambiental, así como para la planificación, gestión y seguimiento de las políticas y acciones en esta materia. De esta manera, se garantiza una gestión ambiental más eficiente y efectiva, ya que se cuenta con información actualizada y confiable sobre el estado del ambiente y sus componentes.

Además, la incorporación de la información al SINIA permite que la ciudadanía tenga acceso a la información ambiental, lo cual es un derecho fundamental reconocido en la Ley de Transparencia y Acceso a la Información Pública. De esta manera, se promueve la participación activa de la ciudadanía en la protección y conservación del ambiente, ya que se les brinda la información necesaria para identificar y denunciar prácticas ilegales o dañinas para el ambiente.

Sin embargo, es importante destacar que la incorporación de la información al SINIA debe cumplir con las normas y limitaciones establecidas en las normas de transparencia y acceso a la información pública. Esto implica que la información incorporada al SINIA debe ser confiable, actualizada y verificable, y que debe estar protegida de cualquier manipulación o distorsión que pueda afectar su veracidad y confiabilidad.

El artículo 44 de la Ley General del Ambiente del Perú establece una importante obligación para las entidades públicas y privadas en materia ambiental, ya que garantiza que la información generada en el marco de las actividades científicas, técnicas y de monitoreo de la calidad del ambiente y de sus componentes, así como la generada en el ejercicio de las funciones ambientales, esté disponible para su uso en la gestión ambiental y para el acceso de la ciudadanía. Es fundamental que esta información sea confiable, actualizada y verificable, y que se promueva una cultura de transparencia y acceso a la información pública en el país.

Es importante destacar que la incorporación de la información ambiental al SINIA no solo implica la obligación de las entidades públicas y privadas de proporcionar la información generada, sino también de garantizar su calidad y veracidad. En este sentido, es necesario que las entidades involucradas en la generación de información ambiental cuenten con los recursos técnicos y humanos necesarios para garantizar la calidad y veracidad de la información generada.

Además, es importante que la información ambiental incorporada al SINIA esté disponible para el acceso de la ciudadanía de manera clara y accesible. Para ello, es necesario que se promueva la cultura de transparencia y acceso a la información pública, y que se establezcan mecanismos eficaces para que la ciudadanía pueda acceder a la información ambiental de manera oportuna y adecuada.

Por último, es importante destacar que la incorporación de la información ambiental al SINIA debe estar acompañada de una adecuada gestión y uso de la información generada. Esto implica que se deben establecer mecanismos de monitoreo y evaluación de la información ambiental incorporada al SINIA, y que se promueva su uso efectivo en la toma de decisiones en materia ambiental. Solo así se podrá garantizar una gestión ambiental más eficiente y efectiva en el país.

El artículo 44 de la Ley General del Ambiente del Perú establece una importante obligación para las entidades públicas y privadas en materia ambiental, ya que garantiza que la información generada en el marco de las actividades científicas, técnicas y de monitoreo de la calidad del ambiente y de sus componentes, así como la generada en el ejercicio de las funciones ambientales, esté disponible para su uso en la gestión ambiental y para el acceso de la ciudadanía. Es fundamental que esta información sea confiable, actualizada y verificable, y que se promueva una cultura de transparencia y acceso a la información pública en el país. Además, es necesario que se establezcan mecanismos efectivos para la gestión y uso de la información ambiental generada y que se promueva su uso efectivo en la toma de decisiones en materia ambiental.

Ejemplo Artículo 44.- De la incorporación de información al SINIA:

El artículo 44 de la Ley General del Ambiente N° 28611 establece la obligación de incorporar información al Sistema Nacional de Información Ambiental (SINIA) para facilitar su acceso para las entidades públicas y privadas, en el marco de las normas y limitaciones establecidas en las normas de transparencia y acceso a la información pública. A continuación, se presenta un ejemplo recreado de aplicación:

En la región de Loreto, se ha llevado a cabo un estudio de monitoreo de la calidad del agua de los ríos y lagos de la región, en el marco de las funciones ambientales que ejercen las entidades públicas. Los resultados del estudio muestran que la calidad del agua en algunos cuerpos de agua es deficiente debido a la contaminación por actividades humanas.

En cumplimiento del artículo 44 de la Ley General del Ambiente N° 28611, los informes resultantes del estudio de monitoreo de la calidad del agua y los documentos asociados fueron incorporados al SINIA, para facilitar su acceso a las entidades públicas y privadas que puedan utilizar esta información para la toma de decisiones en sus actividades ambientales.

A partir de la incorporación de la información al SINIA, diversas empresas privadas que realizan actividades extractivas en la región de Loreto han accedido a los informes y documentos generados en el estudio de monitoreo de la calidad del agua, y han adaptado sus prácticas y tecnologías para reducir su impacto ambiental en la región.

La aplicación del artículo 44 de la Ley General del Ambiente N° 28611 en la región de Loreto es un ejemplo práctico de cómo la incorporación de información al SINIA puede facilitar el acceso a la información ambiental para las entidades públicas y privadas y contribuir así a la toma de decisiones informadas y responsables en la gestión ambiental. Esperamos que estos ejemplos inspiren a más autoridades y entidades a incorporar información ambiental relevante al SINIA y a promover la transparencia y la rendición de cuentas en la gestión ambiental.

Artículo 45.- De las estadísticas ambientales y cuentas nacionales

El Estado incluye en las estadísticas nacionales información sobre el estado del ambiente y sus componentes. Asimismo, debe incluir en las cuentas nacionales el valor del Patrimonio Natural de la Nación y la degradación de la calidad del ambiente, informando periódicamente a través de la Autoridad Ambiental Nacional acerca de los incrementos y decrementos que lo afecten.

Comentario Artículo 45.- De las estadísticas ambientales y cuentas nacionales:

La Ley General del Ambiente del Perú establece la obligación del Estado de incluir en las estadísticas nacionales información sobre el estado del ambiente y sus componentes. Esto implica que el Estado debe recopilar y sistematizar información relevante sobre el medio ambiente, con el fin de evaluar su estado y tomar decisiones informadas en materia de gestión ambiental.

Además, la Ley establece que el Estado debe incluir en las cuentas nacionales el valor del Patrimonio Natural de la Nación y la degradación de la calidad del ambiente. Esto significa que se debe considerar el valor económico de los recursos naturales y su impacto en la economía del país, así como la degradación de la calidad del ambiente y su impacto en la salud y el bienestar de la población.

La inclusión de información ambiental en las estadísticas nacionales y en las cuentas nacionales es de suma importancia, ya que permite evaluar el impacto de las actividades económicas en el medio ambiente y en la sociedad. Asimismo, permite identificar los desafíos ambientales y económicos que enfrenta el país y tomar medidas para abordarlos de manera efectiva.

Además, la Ley establece que la Autoridad Ambiental Nacional debe informar periódicamente acerca de los incrementos y decrementos que afecten al Patrimonio Natural de la Nación y a la calidad del ambiente. Esto implica que se debe garantizar la transparencia y el acceso a la información ambiental por parte de la ciudadanía, lo cual es esencial para promover la participación activa de la sociedad en la protección y conservación del ambiente.

Por otro lado, es importante destacar que la inclusión de información ambiental en las estadísticas nacionales y en las cuentas nacionales debe ser adecuada y precisa. Para ello, es necesario que se cuente con los recursos técnicos y humanos necesarios para la recopilación y sistematización de información ambiental, así como para su análisis y evaluación. Asimismo, es necesario que se promueva la cultura de transparencia y acceso a la información pública en el país, ya que esto permite que la ciudadanía pueda acceder a la información ambiental y participar activamente en la gestión ambiental.

La inclusión de información ambiental en las estadísticas nacionales y en las cuentas nacionales es esencial para evaluar el impacto de las actividades económicas en el medio ambiente y en la sociedad, y para identificar los desafíos ambientales y económicos que enfrenta el país. Es fundamental que esta información sea adecuada y precisa, y que se promueva la cultura de transparencia y acceso a la información pública en el país. Solo así se podrá garantizar una gestión ambiental más eficiente y efectiva en el país.

Además, la inclusión de información ambiental en las estadísticas nacionales y en las cuentas nacionales permite evaluar el progreso en la implementación de políticas y estrategias ambientales, y en el cumplimiento de compromisos internacionales en materia ambiental. Por ejemplo, permite evaluar el avance en la reducción de emisiones de gases de efecto invernadero, la implementación de medidas de adaptación al cambio climático, la conservación de la biodiversidad, entre otros aspectos relevantes.

Es importante destacar que la inclusión de información ambiental en las estadísticas nacionales y en las cuentas nacionales debe ser complementada con la implementación de políticas y medidas concretas para abordar los desafíos ambientales que enfrenta el país. Esto implica que la información ambiental generada debe ser utilizada para la toma de decisiones y la implementación de políticas y medidas efectivas en materia ambiental.

Por otro lado, es importante destacar que la inclusión de información sobre el estado del ambiente y sus componentes en las estadísticas nacionales y en las cuentas nacionales no debe ser vista como un fin en sí mismo, sino como un medio para lograr una gestión ambiental más eficiente y efectiva. Es necesario que se promueva una cultura de gestión ambiental responsable, que involucre a la sociedad en la protección y conservación del ambiente, y que se fomente la implementación de políticas y medidas concretas para abordar los desafíos ambientales que enfrenta el país.

Ejemplo Artículo 45.- De las estadísticas ambientales y cuentas nacionales:

El artículo 45 de la Ley General del Ambiente N° 28611 establece la obligación del Estado de incluir en las estadísticas nacionales información sobre el estado del ambiente y sus componentes, así como de incluir en las cuentas nacionales el valor del Patrimonio Natural de la Nación y la degradación de la calidad del ambiente, informando periódicamente a través de la Autoridad Ambiental Nacional acerca de los incrementos y decrementos que lo afecten. A continuación, se presenta un posible ejemplo de aplicación:

En el Perú, el Instituto Nacional de Estadística e Informática (INEI), en coordinación con el Ministerio del Ambiente, ha desarrollado un sistema de estadísticas ambientales que incluye información sobre la calidad del aire, la calidad del agua, la biodiversidad, la gestión de residuos sólidos, entre otros temas ambientales relevantes.

Asimismo, el Estado ha incluido en las cuentas nacionales el valor del Patrimonio Natural de la Nación, que comprende los recursos naturales y los servicios ecosistémicos que brindan, así como la degradación de la calidad del ambiente, que incluye la pérdida de biodiversidad, la contaminación y el cambio climático.

La Autoridad Ambiental Nacional, a través del Ministerio del Ambiente, informa periódicamente sobre los incrementos y decrementos que afectan al Patrimonio Natural de la Nación y a la degradación de la calidad del ambiente, a fin de que las autoridades y la ciudadanía puedan tomar decisiones informadas y responsables en la gestión ambiental.

La aplicación del artículo 45 de la Ley General del Ambiente N° 28611 en el Perú es un ejemplo práctico de cómo el Estado puede incluir información ambiental relevante en las estadísticas nacionales y en las cuentas nacionales, y cómo la Autoridad Ambiental Nacional puede informar periódicamente sobre los cambios en el Patrimonio Natural de la Nación y en la degradación de la calidad del ambiente. Esperamos que estos ejemplos inspiren a más autoridades y entidades a promover la transparencia y la rendición de cuentas en la gestión ambiental y a valorar el Patrimonio Natural de la Nación como un recurso estratégico para el desarrollo sostenible del país.

Artículo 46.- De la participación ciudadana

Toda persona natural o jurídica, en forma individual o colectiva, puede presentar opiniones, posiciones, puntos de vista, observaciones u aportes, en los procesos de toma de decisiones de la gestión ambiental y en las políticas y acciones que incidan sobre ella, así como en su posterior ejecución, seguimiento y control. El derecho a la participación ciudadana se ejerce en forma responsable.

CONCORDANCIAS: D.S. N° 002-2009-MINAM, Arts. 7 y 20 (Decreto Supremo que aprueba el Reglamento sobre Transparencia, Acceso a la Información Pública Ambiental y Participación y Consulta Ciudadana en Asuntos Ambientales).

Comentario Artículo 46.- De la participación ciudadana:

Uno de los aspectos más importantes de la Ley General del Ambiente del Perú es la inclusión de la participación ciudadana en la gestión ambiental. La Ley establece que toda persona natural o jurídica, en forma individual o colectiva, tiene derecho a presentar opiniones, posiciones, puntos de vista, observaciones y aportes en los procesos de toma de decisiones de la gestión ambiental y en las políticas y acciones que incidan sobre ella, así como en su posterior ejecución, seguimiento y control.

La participación ciudadana en la gestión ambiental es esencial para garantizar la transparencia y la rendición de cuentas en la toma de decisiones en materia ambiental. Además, permite que la ciudadanía tenga un papel activo en la protección y conservación del ambiente, lo cual es fundamental para garantizar la sostenibilidad ambiental a largo plazo.

Es importante destacar que el derecho a la participación ciudadana en la gestión ambiental debe ser ejercido de manera responsable. Esto significa que la ciudadanía debe estar informada y capacitada para participar de manera efectiva en los procesos de toma de decisiones en materia ambiental, y que debe respetar los plazos y procedimientos establecidos para la presentación de opiniones, posiciones, puntos de vista, observaciones y aportes. Asimismo, es necesario que se promueva un diálogo constructivo entre las partes interesadas, con el fin de llegar a acuerdos y compromisos que permitan abordar los desafíos ambientales de manera efectiva.

Además, es importante destacar que la participación ciudadana en la gestión ambiental debe ser complementada con la implementación de políticas y medidas concretas para abordar los desafíos ambientales que enfrenta el país. La participación ciudadana no puede ser vista como un fin en sí misma, sino como un medio para lograr una gestión ambiental más eficiente y efectiva.

La inclusión de la participación ciudadana en la gestión ambiental es esencial para garantizar la transparencia y la rendición de cuentas en la toma de decisiones en materia ambiental, y para promover la sostenibilidad ambiental a largo plazo. Es fundamental que la ciudadanía esté informada y capacitada para participar de manera efectiva en los procesos de toma de decisiones en materia ambiental, y que se promueva un diálogo constructivo entre las partes interesadas. Además, es necesario que la participación ciudadana sea complementada con la implementación de políticas y medidas concretas para abordar los desafíos ambientales que enfrenta el país. Solo así se podrá garantizar una gestión ambiental más eficiente y efectiva en el país.

Por otro lado, es importante destacar que la participación ciudadana en la gestión ambiental no solo implica la presentación de opiniones, posiciones, puntos de vista, observaciones y aportes por parte de la ciudadanía, sino también la inclusión de los grupos más vulnerables y marginados de la sociedad en los procesos de toma de decisiones en materia ambiental. Esto significa que se deben garantizar los derechos de los pueblos indígenas, las comunidades campesinas y los grupos afrodescendientes, entre otros, a ser consultados y a participar de manera efectiva en los procesos de toma de decisiones que afecten sus territorios y sus formas de vida.

Asimismo, es importante destacar que la participación ciudadana en la gestión ambiental debe ser promovida y facilitada por parte del Estado y de las autoridades ambientales. Esto implica que se deben garantizar los espacios y mecanismos adecuados para que la ciudadanía pueda participar de manera efectiva en los procesos de toma de decisiones en materia ambiental, y que se deben proporcionar la información y los recursos necesarios para que la ciudadanía pueda estar informada y capacitada para participar.

Finalmente, la participación ciudadana en la gestión ambiental es esencial para garantizar la transparencia y la rendición de cuentas en la toma de decisiones en materia ambiental, y para promover la sostenibilidad ambiental a largo plazo. Es fundamental que se garantice la inclusión de los grupos más vulnerables y marginados de la sociedad en los procesos de toma de decisiones en materia ambiental, y que se promueva y facilite la participación ciudadana por parte del Estado y de las autoridades ambientales. Solo así se podrá garantizar una gestión ambiental más justa, equitativa y efectiva en el país.

Ejemplo Artículo 46.- De la participación ciudadana:

El siguiente ejemplo es una posible situación de ocurrencia para mejor entendimiento del artículo 46 de la Ley General del Ambiente

N° 28611 establece el derecho de toda persona natural o jurídica a participar en los procesos de toma de decisiones de la gestión ambiental y en las políticas y acciones que incidan sobre ella, así como en su posterior ejecución, seguimiento y control, de manera responsable. A continuación, se presenta un ejemplo de aplicación:

En la región de Cusco, se ha propuesto la construcción de una represa hidroeléctrica en una zona de alta biodiversidad y valor ambiental. Ante esta propuesta, diversas organizaciones ambientales y comunidades locales han expresado su preocupación por los posibles impactos negativos que la construcción de la represa podría generar en el ecosistema y en la calidad de vida de las comunidades.

En cumplimiento del derecho a la participación ciudadana establecido en el artículo 46 de la Ley General del Ambiente N° 28611, se ha convocado a una serie de consultas y audiencias públicas para que las organizaciones ambientales y las comunidades locales puedan presentar sus opiniones, posiciones, puntos de vista, observaciones y aportes sobre la propuesta de construcción de la represa hidroeléctrica.

Durante las consultas y audiencias públicas, se han presentado diversas propuestas alternativas para la generación de energía limpia y sostenible que no impliquen la construcción de la represa hidroeléctrica en la zona de alta biodiversidad. Además, se han presentado estudios técnicos y científicos que demuestran los posibles impactos negativos de la construcción de la represa en el ecosistema y en la calidad de vida de las comunidades.

La aplicación del artículo 46 de la Ley General del Ambiente N° 28611 en la región de Cusco es un ejemplo práctico de cómo la participación ciudadana puede contribuir a la toma de decisiones informadas y responsables en la gestión ambiental y en las políticas y acciones que inciden sobre ella. Esperamos que estos ejemplos inspiren a más autoridades y entidades a fomentar la participación ciudadana en la gestión ambiental y a promover la transparencia y la rendición de cuentas en la toma de decisiones ambientales.

La participación ciudadana es un factor clave para el desarrollo de cualquier proyecto, ya sea privado o con participación estatal. En particular, en proyectos que tienen impacto ambiental como la apertura de una trocha de camino en un distrito, es esencial considerar la participación ciudadana en el instrumento de gestión ambiental. Esto implica una consulta y aprobación democrática por parte de la mayoría de los pobladores del área de influencia del proyecto.

Para garantizar una participación ciudadana efectiva, es necesario publicar las invitaciones con al menos 10 días de antelación en diversos medios, así como también la publicación del instrumento de gestión ambiental en el local municipal o comunal del área de influencia. De esta manera, se asegura que la población esté informada y consciente de los efectos positivos y negativos que el proyecto tendrá durante su ejecución y operación, y en las diversas etapas del mismo. Además, se debe garantizar que se minimicen los efectos o alteraciones ambientales, ya que esto es una obligación legal.

Es importante destacar que la participación ciudadana no solo implica una consulta y aprobación democrática, sino que también debe ser un proceso continuo a lo largo del proyecto. La población debe tener la oportunidad de expresar sus preocupaciones, comentarios y sugerencias en todas las etapas del proyecto y de manera accesible. Además, la información sobre el proyecto y sus impactos ambientales debe estar disponible de forma clara y comprensible para todos los interesados.

La participación ciudadana es fundamental para garantizar un desarrollo sostenible y responsable de cualquier proyecto. En particular, en proyectos con impacto ambiental, es esencial considerar la participación ciudadana en el instrumento de gestión ambiental y garantizar un proceso continuo de consulta y comunicación efectiva con la población del área de influencia del proyecto.

Artículo 47.- Del deber de participación responsable

47.1 Toda persona, natural o jurídica, tiene el deber de participar responsablemente en la gestión ambiental, actuando con buena fe, transparencia y veracidad conforme a las reglas y procedimientos de los mecanismos formales de participación establecidos y a las disposiciones de la presente Ley y las demás normas vigentes.

47.2 Constituyen trasgresión a las disposiciones legales sobre participación ciudadana toda acción o medida que tomen las autoridades o los ciudadanos que impida u obstaculice el inicio, desarrollo o término de un proceso de participación ciudadana. En ningún caso constituirá trasgresión a las normas de participación ciudadana la presentación pacífica de aportes, puntos de vista o documentos pertinentes y ajustados a los fines o materias objeto de la participación ciudadana.

Comentario Artículo 47.- Del deber de participación responsable:

El deber de participación responsable es un aspecto fundamental de la Ley General del Ambiente del Perú. La Ley establece que toda persona, natural o jurídica, tiene el deber de participar responsablemente en la gestión ambiental, actuando con buena fe, transparencia y veracidad, conforme a las reglas y procedimientos de los mecanismos formales de participación establecidos y a las disposiciones de la presente Ley y las demás normas vigentes.

Este deber implica que la ciudadanía tiene una responsabilidad activa en la protección y conservación del ambiente, y que debe participar de manera efectiva en los procesos de toma de decisiones en materia ambiental. Además, la participación ciudadana debe ser realizada de manera responsable, lo cual implica que se debe actuar con honestidad, transparencia y veracidad, y que se deben respetar las reglas y procedimientos establecidos para la participación ciudadana.

Por otro lado, la Ley General del Ambiente del Perú establece que constituyen trasgresión a las disposiciones legales sobre participación ciudadana toda acción o medida que impida u obstaculice el inicio, desarrollo o término de un proceso de participación ciudadana. Esto significa que las autoridades y los ciudadanos deben garantizar que se respete el derecho a la participación ciudadana, y que se promueva un diálogo constructivo y respetuoso entre las partes interesadas.

Es importante destacar que la Ley establece que la presentación pacífica de aportes, puntos de vista o documentos pertinentes y ajustados a los fines o materias objeto de la participación ciudadana no constituirá trasgresión a las normas de participación ciudadana. Esto significa que la ciudadanía tiene el derecho y la responsabilidad de presentar sus opiniones, posiciones, puntos de vista y aportes de manera pacífica y constructiva, con el fin de contribuir a la toma de decisiones en materia ambiental.

El deber de participación responsable es esencial para garantizar una gestión ambiental más justa, equitativa y efectiva en el país. La ciudadanía tiene la responsabilidad de participar de manera efectiva y responsable en los procesos de toma de decisiones en materia ambiental, y de actuar con honestidad, transparencia y veracidad. Asimismo, se debe garantizar que se respete el derecho a la participación ciudadana, y que se promueva un diálogo constructivo y respetuoso entre las partes interesadas. Solo así se podrá garantizar una gestión ambiental más efectiva y sostenible en el país.

Es importante destacar que el deber de participación responsable no solo implica la presentación de opiniones, posiciones, puntos de vista y aportes por parte de la ciudadanía, sino también la necesidad de estar informados y capacitados para participar de manera efectiva en los procesos de toma de decisiones en materia ambiental. Esto significa que se deben garantizar los espacios y mecanismos adecuados para que la ciudadanía pueda participar de manera efectiva en los procesos de toma de decisiones en materia ambiental, y que se deben proporcionar la información y los recursos necesarios para que la ciudadanía pueda estar informada y capacitada para participar.

Asimismo, es importante destacar que la participación ciudadana en la gestión ambiental debe ser complementada con la implementación de políticas y medidas concretas para abordar los desafíos ambientales que enfrenta el país. La participación ciudadana no puede ser vista como un fin en sí misma, sino como un medio para lograr una gestión ambiental más eficiente y efectiva.

Por otro lado, es importante destacar que la participación ciudadana en la gestión ambiental debe ser promovida y facilitada por parte del Estado y de las autoridades ambientales. Esto implica que se deben garantizar los espacios y mecanismos adecuados para que la ciudadanía pueda participar de manera efectiva en los procesos de toma de decisiones en materia ambiental, y que se deben proporcionar la información y los recursos necesarios para que la ciudadanía pueda estar informada y capacitada para participar.

El deber de participación responsable es esencial para garantizar una gestión ambiental más justa, equitativa y efectiva en el país. La ciudadanía tiene la responsabilidad de participar de manera efectiva y responsable en los procesos de toma de decisiones en materia ambiental, y de actuar con honestidad, transparencia y veracidad. Se debe garantizar que se respete el derecho a la participación ciudadana, y que se promueva un diálogo constructivo y respetuoso entre las partes interesadas. Además, se debe complementar la participación ciudadana con la implementación de políticas y medidas concretas para abordar los desafíos ambientales que enfrenta el país. Solo así se podrá garantizar una gestión ambiental más efectiva y sostenible en el país.

Ejemplo Artículo 47.- Del deber de participación responsable:

En el siguiente ejemplo propuesto: La empresa "X" se dedica a la producción de productos biodegradables y sostenibles. En cumplimiento del inciso 47.1 del artículo 47 de la Ley de Gestión Ambiental, la empresa ha establecido un plan de participación ciudadana responsable en el que se compromete a actuar con buena fe, transparencia y veracidad en su gestión ambiental.

El plan de participación ciudadana responsable de la empresa "X" incluye la implementación de un canal de comunicación abierto con la comunidad, en el que se reciben y responden preguntas y comentarios relacionados con la producción de sus productos. Además, la empresa ha establecido un comité de seguimiento ambiental, conformado por representantes de la comunidad y de la empresa, que se reúne periódicamente para evaluar el impacto ambiental de la producción y discutir posibles mejoras.

En cumplimiento del inciso 47.2 del artículo 47 de la Ley de Gestión Ambiental, La empresa "X" respeta el derecho de la comunidad a participar en la gestión ambiental de la empresa. La empresa no toma medidas que impidan u obstaculicen el inicio, desarrollo o término de un proceso de participación ciudadana. Además, la empresa reconoce el valor de los aportes, puntos de vista y documentos pertinentes presentados por la comunidad en el marco de la participación ciudadana, y los considera en su gestión ambiental.

La implementación de un plan de participación ciudadana responsable por parte de la empresa "X" es un ejemplo práctico de cómo las empresas pueden cumplir con el deber de participación responsable establecido en el artículo 47 de la Ley de Gestión Ambiental. Esperamos que más empresas sigan este ejemplo y promuevan una gestión ambiental transparente y participativa en el país.

Artículo 48.- De los mecanismos de participación ciudadana

48.1 Las autoridades públicas establecen mecanismos formales para facilitar la efectiva participación ciudadana en la gestión ambiental y promueven su desarrollo y uso por las personas naturales o jurídicas relacionadas, interesadas o involucradas con un proceso particular de toma de decisiones en materia ambiental o en su ejecución, seguimiento y control; asimismo promueven, de acuerdo a sus posibilidades, la generación de capacidades en las organizaciones dedicadas a la defensa y protección del ambiente y los recursos naturales, así como alentar su participación en la gestión ambiental.

CONCORDANCIAS: D.S. N° 002-2009-MINAM, Arts. 7 y 20 (Decreto Supremo que aprueba el Reglamento sobre Transparencia, Acceso a la Información Pública Ambiental y Participación y Consulta Ciudadana en Asuntos Ambientales).

48.2 La Autoridad Ambiental Nacional establece los lineamientos para el diseño de mecanismos de participación ciudadana ambiental, que incluyen consultas y audiencias públicas, encuestas de opinión, apertura de buzones de sugerencias, publicación de proyectos normativos, grupos técnicos y mesas de concertación, entre otros.

CONCORDANCIAS: D.S. N° 002-2009-MINAM, Arts. 7 y 20 (Decreto Supremo que aprueba el Reglamento sobre Transparencia, Acceso a la Información Pública Ambiental y Participación y Consulta Ciudadana en Asuntos Ambientales).

Comentario Artículo 48.- De los mecanismos de participación ciudadana:

La Ley General del Ambiente del Perú establece la importancia de contar con mecanismos formales para facilitar la efectiva participación ciudadana en la gestión ambiental. Esto implica que las autoridades públicas tienen la responsabilidad de establecer y promover el uso de estos mecanismos por parte de las personas naturales o jurídicas relacionadas, interesadas o involucradas en un proceso particular de toma de decisiones en materia ambiental o en su ejecución, seguimiento y control.

Es fundamental que estos mecanismos sean diseñados de manera adecuada para garantizar una participación ciudadana efectiva y significativa. La Autoridad Ambiental Nacional establece los lineamientos para el diseño de mecanismos de participación ciudadana ambiental, los cuales incluyen consultas y audiencias públicas, encuestas de opinión, apertura de buzones de sugerencias, publicación de proyectos normativos, grupos técnicos y mesas de concertación, entre otros.

La participación ciudadana en la gestión ambiental es esencial para garantizar una gestión ambiental más justa, equitativa y efectiva. Los mecanismos de participación ciudadana son una herramienta clave para promover la transparencia y la rendición de cuentas en la toma de decisiones en materia ambiental, y para promover la sostenibilidad ambiental a largo plazo.

Además, es importante destacar que los mecanismos de participación ciudadana deben ser accesibles para todas las personas, incluyendo a los grupos más vulnerables y marginados de la sociedad. Esto implica que se deben garantizar los recursos y la información necesaria para que la ciudadanía pueda participar de manera efectiva en los procesos de toma de decisiones en materia ambiental.

Los mecanismos de participación ciudadana son esenciales para garantizar una gestión ambiental más justa, equitativa y efectiva en el país. Es fundamental que las autoridades públicas establezcan y promuevan el uso de estos mecanismos de manera adecuada, y que se garantice el acceso y la participación efectiva de todas las personas, incluyendo a los grupos más vulnerables y marginados de la sociedad. Solo así se podrá garantizar una gestión ambiental más efectiva y sostenible en el país.

Es importante destacar que los mecanismos de participación ciudadana no solo deben ser diseñados de manera adecuada, sino que también deben ser efectivamente implementados y respetados por las autoridades y actores involucrados en los procesos de toma de decisiones en materia ambiental. Esto implica que se deben garantizar el acceso a la información relevante y la oportunidad de participar en los procesos de toma de decisiones en una etapa temprana, cuando aún se pueden considerar alternativas y opciones.

Además, los mecanismos de participación ciudadana deben ser complementados por la implementación de políticas y medidas concretas para abordar los desafíos ambientales que enfrenta el país. La participación ciudadana no puede ser vista como un fin en sí misma, sino como un medio para lograr una gestión ambiental más eficiente y efectiva.

Asimismo, es importante destacar que la promoción de la participación ciudadana en la gestión ambiental no solo es responsabilidad del Estado y las autoridades ambientales, sino que también es responsabilidad de la sociedad civil y de las organizaciones dedicadas a la defensa y protección del ambiente y los recursos naturales. Es necesario que estas organizaciones participen activamente en los procesos de toma de decisiones en materia ambiental, y que se generen capacidades para su participación efectiva.

Los mecanismos de participación ciudadana son esenciales para garantizar una gestión ambiental más justa, equitativa y efectiva en el país. Es fundamental que estos mecanismos sean diseñados, implementados y respetados de manera adecuada, y que se garantice el acceso y la participación efectiva de todas las personas. Además, se debe complementar la participación ciudadana con la implementación de políticas y medidas concretas para abordar los desafíos ambientales que enfrenta el país. Solo así se podrá garantizar una gestión ambiental más efectiva y sostenible en el país.

Ejemplo Artículo 48.- De los mecanismos de participación ciudadana:

En la provincia de San Martín, se ha implementado un proyecto de construcción de una central hidroeléctrica que puede tener un impacto significativo en el medio ambiente y la comunidad local. En cumplimiento del inciso 48.1 del artículo 48 de la Ley de Gestión Ambiental, las autoridades públicas han establecido mecanismos formales para facilitar la efectiva participación ciudadana en la gestión ambiental del proyecto.

Para ello, se ha creado un comité de seguimiento ambiental conformado por representantes de la comunidad local, la empresa constructora y las autoridades gubernamentales. El comité se reúne regularmente para discutir el impacto ambiental del proyecto y buscar soluciones para mitigar su impacto en la comunidad y el medio ambiente.

En cumplimiento del inciso 48.2 del artículo 48 de la Ley de Gestión Ambiental, la Autoridad Ambiental Nacional ha establecido los lineamientos para el diseño de mecanismos de participación ciudadana ambiental en el proyecto de la central hidroeléctrica. Se han implementado consultas y audiencias públicas para recoger aportes y opiniones de la comunidad local, se ha abierto un buzón de sugerencias para recibir comentarios y se ha publicado información sobre el proyecto en medios de comunicación locales y en línea.

Además, se han generado capacidades en las organizaciones dedicadas a la defensa y protección del ambiente y los recursos naturales, alentando su participación en la gestión ambiental del proyecto.

La implementación de mecanismos formales de participación ciudadana en la gestión ambiental del proyecto de la central hidroeléctrica en San Martín es un ejemplo práctico de cómo las autoridades públicas pueden cumplir con su deber de establecer mecanismos formales para facilitar la efectiva participación ciudadana en la gestión ambiental, en cumplimiento del artículo 48 de la Ley de Gestión Ambiental. Esperamos que más proyectos en todo el país se gestionen de manera participativa y transparente, promoviendo una gestión ambiental responsable y sostenible. Del mismo modo en concordancia con las leyes actualizadas hoy existen entidades que certifican que cada proyecto tenga y cumplan con el instrumento de gestión ambienta correcto con las medidas adecuadas, no eximiendo responsabilidades del formulador del IGA y/o titular del proyecto.

La participación ciudadana en la ejecución de proyectos es esencial para minimizar los potenciales efectos negativos ambientales y fomentar un desarrollo sostenible. Es por esto que se han desarrollado mecanismos de participación ciudadana que permiten a la población tener una voz en la aprobación o desacuerdo con la ejecución de un proyecto.

Uno de los mecanismos más importantes es la consulta previa, la cual permite a las comunidades indígenas y originarias participar en la toma de decisiones que puedan afectar sus territorios y derechos. Además, se pueden realizar reuniones de consulta en locales del titular del proyecto, ya sea el gobierno regional, municipalidad o centro poblado dentro del área de influencia del proyecto.

Es importante que estos mecanismos se desarrollen de manera efectiva, fomentando la conciencia y el conocimiento de las posibles afectaciones positivas o negativas que el proyecto pueda generar durante su ejecución, operación y funcionamiento. Para ello, se puede recurrir a la publicación de invitaciones en diversos medios, así como a la información clara y accesible del proyecto.

Asimismo, es fundamental documentar y evidenciar la aprobación de la ejecución del proyecto a través de estos mecanismos de participación ciudadana. Esto puede lograrse mediante la recopilación de información bibliográfica, audios y vídeos, así como también la recolección de memoriales que manifiesten la aprobación de la población.

Los mecanismos de participación ciudadana son esenciales para garantizar un desarrollo sostenible y responsable de cualquier proyecto. La consulta previa, las reuniones de consulta y la información clara y accesible son algunas de las herramientas que se pueden utilizar para fomentar la participación ciudadana y minimizar los efectos negativos ambientales de los proyectos.

Artículo 49.- De las exigencias específicas

Las entidades públicas promueven mecanismos de participación de las personas naturales y jurídicas en la gestión ambiental estableciendo, en particular, mecanismos de participación ciudadana en los siguientes procesos:

a. Elaboración y difusión de la información ambiental.

b. Diseño y aplicación de políticas, normas e instrumentos de la gestión ambiental, así como de los planes, programas y agendas ambientales.

c. Evaluación y ejecución de proyectos de inversión pública y privada, así como de proyectos de manejo de los recursos naturales.

d. Seguimiento, control y monitoreo ambiental, incluyendo las denuncias por infracciones a la legislación ambiental o por amenazas o violación a los derechos ambientales.

CONCORDANCIAS: D. Leg. N° 1055, Art. 2.

Comentario Artículo 49.- De las exigencias específicas:

El artículo 49 de la Ley General del Ambiente del Perú establece la importancia de promover mecanismos específicos de participación ciudadana en la gestión ambiental. Estos mecanismos de participación ciudadana deben ser establecidos por las entidades públicas para garantizar que las personas naturales y jurídicas puedan participar efectivamente en los procesos de toma de decisiones en materia ambiental.

En primer lugar, se deben promover mecanismos de participación ciudadana en la elaboración y difusión de la información ambiental. Esto implica que se deben garantizar la transparencia y el acceso a la información relevante para que la ciudadanía pueda estar informada y capacitada para participar en la gestión ambiental.

En segundo lugar, se deben establecer mecanismos de participación ciudadana en el diseño y aplicación de políticas, normas e instrumentos de la gestión ambiental, así como de los planes, programas y agendas ambientales. Esto implica que se debe garantizar la participación de la ciudadanía en la definición de las políticas y estrategias ambientales, y que se deben considerar las opiniones y posiciones de los diferentes sectores involucrados.

En tercer lugar, se deben promover mecanismos de participación ciudadana en la evaluación y ejecución de proyectos de inversión pública y privada, así como de proyectos de manejo de los recursos naturales. Esto implica que se debe garantizar la participación de la ciudadanía en la evaluación de impacto ambiental y en la toma de decisiones relacionadas con la ejecución de proyectos que puedan afectar el ambiente y los recursos naturales.

Por último, se deben establecer mecanismos de participación ciudadana en el seguimiento, control y monitoreo ambiental, incluyendo las denuncias por infracciones a la legislación ambiental o por amenazas o violación a los derechos ambientales. Esto implica que se debe garantizar la participación de la ciudadanía en el seguimiento y control de las actividades que puedan afectar el ambiente y los recursos naturales, y que se deben considerar las denuncias y quejas de la ciudadanía relacionadas con estos temas.

El artículo 49 de la Ley General del Ambiente del Perú establece la importancia de promover mecanismos específicos de participación ciudadana en la gestión ambiental. Es fundamental que las entidades públicas establezcan y promuevan el uso de estos mecanismos de manera adecuada, y que se garantice el acceso y la participación efectiva de todas las personas. Solo así se podrá garantizar una gestión ambiental más efectiva y sostenible en el país.

Además, es importante destacar que estos mecanismos de participación ciudadana deben ser diseñados y aplicados de manera adecuada para garantizar su efectividad y relevancia. Es fundamental que se promueva la transparencia, la inclusión y la equidad en la participación ciudadana en la gestión ambiental, y que se garantice el acceso a la información, la capacitación y los recursos necesarios para que la ciudadanía pueda participar de manera efectiva.

Asimismo, es importante destacar que la participación ciudadana en la gestión ambiental no solo es un derecho, sino también una responsabilidad. La ciudadanía tiene un papel fundamental en la protección y conservación del ambiente y los recursos naturales, y es necesario que se promueva la participación activa y responsable de la sociedad en los procesos de toma de decisiones en materia ambiental.

Por otro lado, es fundamental que la participación ciudadana en la gestión ambiental se complemente con la implementación de políticas y medidas concretas para abordar los desafíos ambientales que enfrenta el país. La participación ciudadana no puede ser vista como un fin en sí misma, sino como un medio para lograr una gestión ambiental más eficiente y efectiva.

El artículo 49 de la Ley General del Ambiente del Perú establece la importancia de promover mecanismos específicos de participación ciudadana en la gestión ambiental. Es fundamental que se promueva la transparencia, la inclusión y la equidad en la participación ciudadana en la gestión ambiental, y que se garantice el acceso a la información, la capacitación y los recursos necesarios para que la ciudadanía pueda participar de manera efectiva. Solo así se podrá garantizar una gestión ambiental más efectiva, sostenible y responsable en el país.

Ejemplo Artículo 49.- De las exigencias específicas:

En la ciudad de Lima, se está desarrollando un proyecto para la construcción de un parque ecológico en una zona urbana. En cumplimiento del artículo 49 de la Ley de Gestión Ambiental, las entidades públicas han promovido mecanismos de participación ciudadana en la gestión ambiental del proyecto, estableciendo mecanismos específicos de participación en los siguientes procesos:

a. Elaboración y difusión de la información ambiental: Se ha elaborado y difundido información sobre el proyecto a través de medios de comunicación, redes sociales y una página web dedicada al proyecto. Además, se ha abierto un buzón de sugerencias para recibir comentarios y preguntas de la comunidad.

b. Diseño y aplicación de políticas, normas e instrumentos de la gestión ambiental: Se ha convocado a expertos en gestión ambiental para diseñar políticas y normas ambientales que garanticen la sostenibilidad del parque ecológico. Además, se han establecido indicadores para evaluar el impacto ambiental del proyecto y se ha desarrollado un plan de seguimiento y control.

c. Evaluación y ejecución de proyectos de inversión pública y privada: Se ha convocado a una consulta pública para recoger opiniones y sugerencias de la comunidad sobre el proyecto de construcción del parque ecológico. Además, se ha establecido un comité de seguimiento conformado por representantes de la comunidad, la empresa constructora y las autoridades gubernamentales.

d. Seguimiento, control y monitoreo ambiental: Se ha establecido un sistema de monitoreo ambiental que evalúa el impacto ambiental del proyecto en tiempo real. Además, se ha habilitado una línea telefónica y un correo electrónico para que la comunidad pueda denunciar cualquier infracción a la legislación ambiental o amenaza a los derechos ambientales.

La aplicación de mecanismos específicos de participación ciudadana en la gestión ambiental del proyecto de construcción del parque ecológico en Lima es un ejemplo práctico de cómo las entidades públicas pueden cumplir con su deber de promover mecanismos de participación ciudadana en la gestión ambiental, en cumplimiento del artículo 49 de la Ley de Gestión Ambiental. Esperamos que más proyectos en todo el país se gestionen de manera participativa y transparente, promoviendo una gestión ambiental responsable y sostenible. Ver: Ejemplo Artículo 49.- De las exigencias específicas: en la página 240.

Artículo 50.- De los deberes del Estado en materia de participación ciudadana

Las entidades públicas tienen las siguientes obligaciones en materia de participación ciudadana:

a) Promover el acceso oportuno a la información relacionada con las materias objeto de la participación ciudadana.

b) Capacitar, facilitar asesoramiento y promover la activa participación de las entidades dedicadas a la defensa y protección del ambiente y la población organizada, en la gestión ambiental.

c) Establecer mecanismos de participación ciudadana para cada proceso de involucramiento de las personas naturales y jurídicas en la gestión ambiental.

d) Eliminar las exigencias y requisitos de forma que obstaculicen, limiten o impidan la eficaz participación de las personas naturales o jurídicas en la gestión ambiental.

e) Velar por que cualquier persona natural o jurídica, sin discriminación de ninguna índole, pueda acceder a los mecanismos de participación ciudadana.

f) Rendir cuenta acerca de los mecanismos, procesos y solicitudes de participación ciudadana, en las materias a su cargo.

Comentario Artículo 50.- De los deberes del Estado en materia de participación ciudadana:

La Ley General del Ambiente del Perú establece los deberes del Estado en materia de participación ciudadana en la gestión ambiental. Es importante destacar que estos deberes son fundamentales para garantizar la transparencia, la inclusión y la equidad en la gestión ambiental, permitiendo la participación activa de la sociedad en los procesos de toma de decisiones en materia ambiental.

En primer lugar, una de las obligaciones del Estado es promover el acceso oportuno a la información relacionada con las materias objeto de la participación ciudadana. Esto implica que se debe garantizar el acceso a la información relevante y actualizada sobre las decisiones y políticas ambientales, para que la ciudadanía pueda participar de manera informada y capacitada.

En segundo lugar, el Estado debe capacitar, facilitar asesoramiento y promover la activa participación de las entidades dedicadas a la defensa y protección del ambiente y la población organizada en la gestión ambiental. Esto implica que se deben generar capacidades y oportunidades para que estas entidades y organizaciones puedan participar de manera efectiva en los procesos de toma de decisiones en materia ambiental.

En tercer lugar, el Estado debe establecer mecanismos de participación ciudadana para cada proceso de involucramiento de las personas naturales y jurídicas en la gestión ambiental. Esto implica que se deben establecer mecanismos específicos para la participación ciudadana en cada etapa del proceso de toma de decisiones en materia ambiental, para garantizar la inclusión y la equidad en la participación.

En cuarto lugar, el Estado debe eliminar las exigencias y requisitos de forma que obstaculicen, limiten o impidan la eficaz participación de las personas naturales o jurídicas en la gestión ambiental. Esto implica que se deben eliminar barreras y obstáculos que limiten el acceso y la participación efectiva de la ciudadanía en los procesos de toma de decisiones en materia ambiental.

En quinto lugar, el Estado debe velar por que cualquier persona natural o jurídica, sin discriminación de ninguna índole, pueda acceder a los mecanismos de participación ciudadana. Esto implica que se debe garantizar la inclusión y la equidad en la participación ciudadana, y que se deben eliminar barreras y obstáculos que limiten el acceso de ciertos grupos de la sociedad.

El Estado debe rendir cuenta acerca de los mecanismos, procesos y solicitudes de participación ciudadana en las materias a su cargo. Esto implica que se debe garantizar la transparencia y la rendición de cuentas en la gestión ambiental, y que se deben informar a la ciudadanía sobre los procesos y decisiones tomadas en materia ambiental.

La participación ciudadana en la gestión ambiental es fundamental para garantizar una gestión sostenible y responsable del ambiente y los recursos naturales. Los deberes del Estado en materia de participación ciudadana establecidos por la Ley General del Ambiente del Perú son fundamentales para garantizar la transparencia, la inclusión y la equidad en la gestión ambiental, permitiendo la participación activa de la sociedad en los procesos de toma de decisiones en materia ambiental.

Es importante destacar que estos deberes del Estado deben ser implementados de manera efectiva para garantizar la participación ciudadana en la gestión ambiental. Es necesario que se promueva la transparencia y la inclusión en la gestión ambiental, y que se garantice el acceso a la información, la capacitación y los recursos necesarios para que la ciudadanía pueda participar de manera efectiva.

Asimismo, es fundamental que se promueva la participación ciudadana en la gestión ambiental en todos los niveles, desde el local hasta el nacional. La participación ciudadana no solo es importante en los procesos de toma de decisiones a nivel nacional, sino también en los procesos de planificación y gestión ambiental a nivel local. Es necesario que se promueva la participación ciudadana en la gestión ambiental en todas las etapas del proceso, desde la planificación hasta la implementación y evaluación.

Por otro lado, es importante destacar que la participación ciudadana en la gestión ambiental no solo es un derecho, sino también una responsabilidad. La ciudadanía tiene un papel fundamental en la protección y conservación del ambiente y los recursos naturales, y es necesario que se promueva la participación activa y responsable de la sociedad en los procesos de toma de decisiones en materia ambiental.

Los deberes del Estado en materia de participación ciudadana establecidos por la Ley General del Ambiente del Perú son fundamentales para garantizar una gestión ambiental sostenible y responsable. Es necesario que se implementen de manera efectiva para garantizar la transparencia, la inclusión y la equidad en la gestión ambiental, y para promover la participación ciudadana en todos los niveles. La participación ciudadana en la gestión ambiental no solo es un derecho, sino también una responsabilidad, y es fundamental para garantizar la protección y conservación del ambiente y los recursos naturales.

Ejemplo Artículo 50.- De los deberes del Estado en materia de participación ciudadana:

Un ejemplo concreto de la implementación de los deberes del Estado en materia de participación ciudadana en la gestión ambiental en Perú es el caso del proceso de consulta previa en el marco del proyecto minero, en la región de Moquegua.

El proceso de consulta previa es un mecanismo de participación ciudadana establecido por la Ley de Consulta Previa del Perú, que tiene como objetivo garantizar el derecho de los pueblos indígenas a ser consultados y a dar su consentimiento previo, libre e informado en los procesos de toma de decisiones que afecten sus derechos colectivos.

En el caso de minero, el proceso de consulta previa se llevó a cabo en el año 2018, con la participación de las comunidades campesinas y pueblos indígenas de la zona. Durante el proceso, se discutieron temas como la protección ambiental, la gestión de residuos y la distribución de los beneficios económicos del proyecto.

El proceso de consulta previa fue considerado un éxito por diversas organizaciones, ya que permitió la participación activa y efectiva de los pueblos indígenas en la toma de decisiones sobre un proyecto que afecta directamente sus derechos y su territorio. Además, se logró un acuerdo entre las comunidades y la empresa minera en cuanto a las medidas de mitigación ambiental y los beneficios económicos del proyecto.

Sin embargo, también hubo críticas y preocupaciones en cuanto a la implementación del proceso de consulta previa. Algunas organizaciones señalaron que el proceso fue limitado en cuanto a la inclusión de las voces de las mujeres y de los jóvenes, y que la consulta previa debería ser un proceso más amplio y participativo, que incluya a todos los actores relevantes en la toma de decisiones en materia ambiental.

El caso del proceso de consulta previa en el marco del proyecto minero es un ejemplo concreto de la implementación de los deberes del Estado en materia de participación ciudadana en la gestión ambiental en Perú. Aunque el proceso fue considerado un éxito en cuanto a la participación activa y efectiva de los pueblos indígenas en la toma de decisiones, también hubo críticas en cuanto a la inclusión de otras voces relevantes en la toma de decisiones en materia ambiental. Es fundamental que se promueva la transparencia, la inclusión y la equidad en la participación ciudadana en la gestión ambiental en Perú, y que se garantice el acceso a la información, la capacitación y los recursos necesarios para que la ciudadanía pueda participar de manera efectiva.

Otro ejemplo:

Un ejemplo concreto de participación ciudadana sería la planificación y ejecución de un proyecto para abrir una trocha de interconexión de una red nacional a un centro poblado. Antes de llevar a cabo la obra, es necesario consultar a la población del centro poblado para obtener su opinión y seguirla para garantizar que el proyecto se lleve a cabo de manera adecuada.

Para llevar a cabo la consulta, se deben realizar actividades previas con la participación de autoridades y la entidad o empresa registrada para poder realizar el instrumento de gestión ambiental. Esto permitirá llevar a cabo la consulta de manera organizada y efectiva, asegurándose de registrar la opinión de la población y de las autoridades del área de influencia del proyecto.

Una vez iniciada la participación ciudadana con una buena asistencia, la empresa registrada consultora AC se encargará de presentar las actividades y partidas consideradas en el instrumento de gestión ambiental a desarrollar. Para ello, se brindará una explicación técnica detallada y se prestará especial atención a los posibles efectos negativos y positivos que la realización del proyecto podría tener.

Después de la explicación técnica, se permitirá a la población y a las autoridades expresar sus opiniones y recursos respecto a la ejecución o no del proyecto. La población será sometida a votación y la decisión final se tomará por mayoría de votos. Para garantizar que se documente adecuadamente la opinión de la población y de las autoridades, se registrarán los memoriales y las firmas de los participantes, así como se grabarán en audio y video las opiniones y la votación final.

La participación ciudadana en este caso específico implica consultar y recoger la opinión de la población y de las autoridades para la ejecución de un proyecto importante en su área de influencia. La consulta se lleva a cabo de manera organizada y documentada para garantizar que se escuche la voz de la comunidad y se tomen en cuenta sus opiniones en la decisión final.

Artículo 51.- De los criterios a seguir en los procedimientos de participación ciudadana

Sin perjuicio de las normas nacionales, sectoriales, regionales o locales que se establezca, en todo proceso de participación ciudadana se deben seguir los siguientes criterios:

a) La autoridad competente pone a disposición del público interesado, principalmente en los lugares de mayor afectación por las decisiones a tomarse, la información y documentos pertinentes, con una anticipación razonable, en formato sencillo y claro, y en medios adecuados. En el caso de las autoridades de nivel nacional, la información es colocada a disposición del público en la sede de las direcciones regionales y en la municipalidad provincial más próxima al lugar indicado en el literal precedente. Igualmente, la información debe ser accesible mediante Internet.

b) La autoridad competente convoca públicamente a los procesos de participación ciudadana, a través de medios que faciliten el conocimiento de dicha convocatoria, principalmente a la población probablemente interesada.

c) Cuando la decisión a adoptarse se sustente en la revisión o aprobación de documentos o estudios de cualquier tipo y si su complejidad lo justifica, la autoridad competente debe facilitar, por cuenta del promotor de la decisión o proyecto, versiones simplificadas a los interesados.

d) La autoridad competente debe promover la participación de todos los sectores sociales probablemente interesados en las materias objeto del proceso de participación ciudadana, así como la participación de los servidores públicos con funciones, atribuciones o responsabilidades relacionadas con dichas materias.

e) Cuando en las zonas involucradas con las materias objeto de la consulta habiten poblaciones que practican mayoritariamente idiomas distintos al castellano, la autoridad competente garantiza que se provean los medios que faciliten su comprensión y participación.

f) Las audiencias públicas se realizan, al menos, en la zona donde se desarrollará el proyecto de inversión, el plan, programa o en donde se ejecutarán las medidas materia de la participación ciudadana, procurando que el lugar elegido sea aquel que permita la mayor participación de los potenciales afectados.

g) Los procesos de participación ciudadana son debidamente documentados y registrados, siendo de conocimiento público toda información generada o entregada como parte de dichos procesos, salvo las excepciones establecidas en la legislación vigente.(*)

(*) Literal modificado por el Artículo 1 del Decreto Legislativo N° 1055, publicado el 27 junio 2008, cuyo texto es el siguiente: "g. Cuando se realicen consultas públicas u otras formas de participación ciudadana, el sector correspondiente debe publicar los acuerdos, observaciones y recomendaciones en su portal institucional. Si las observaciones o recomendaciones que sean formuladas como consecuencia de los mecanismos de participación ciudadana que no son tomadas en cuenta, el sector correspondiente deberá fundamentar por escrito las razones para ello, en un plazo no mayor de treinta (30) días útiles."

h) Cuando las observaciones o recomendaciones que sean formuladas como consecuencia de los mecanismos de participación ciudadana no sean tomados en cuenta, se debe informar y fundamentar la razón de ello, por escrito, a quienes las hayan formulado.

Comentario Artículo 51.- De los criterios a seguir en los procedimientos de participación ciudadana:

El artículo 51 de la Ley General del Ambiente del Perú establece los criterios que deben seguirse en los procesos de participación ciudadana en la gestión ambiental. Estos criterios buscan garantizar la transparencia, la inclusión y la equidad en la participación ciudadana, y asegurar que la ciudadanía tenga acceso a la información y los recursos necesarios para participar de manera efectiva en la toma de decisiones en materia ambiental.

Uno de los criterios establecidos es que la autoridad competente debe poner a disposición del público interesado la información y documentos pertinentes con una anticipación razonable, en formato sencillo y claro, y en medios adecuados. Además, la información debe ser accesible mediante Internet. Este criterio busca garantizar que la ciudadanía tenga acceso a la información necesaria para participar de manera efectiva en los procesos de toma de decisiones en materia ambiental.

Otro criterio importante es que la autoridad competente debe convocar públicamente a los procesos de participación ciudadana, a través de medios que faciliten el conocimiento de dicha convocatoria, principalmente a la población probablemente interesada. Este criterio busca garantizar que la ciudadanía tenga conocimiento de los procesos de participación ciudadana y pueda participar de manera efectiva en los mismos.

En cuanto a la complejidad de los documentos o estudios que se presenten en los procesos de participación ciudadana, la autoridad competente debe facilitar versiones simplificadas a los interesados. Este criterio busca garantizar que la ciudadanía tenga acceso a la información de manera clara y comprensible, lo que facilitará su participación en los procesos de toma de decisiones en materia ambiental.

Además, la autoridad competente debe promover la participación de todos los sectores sociales probablemente interesados en las materias objeto del proceso de participación ciudadana, así como la participación de los servidores públicos con funciones, atribuciones o responsabilidades relacionadas con dichas materias. Este criterio busca garantizar la inclusión y la equidad en la participación ciudadana, y que se escuchen todas las voces relevantes en los procesos de toma de decisiones en materia ambiental.

Es importante destacar que cuando en las zonas involucradas con las materias objeto de la consulta habiten poblaciones que practican mayoritariamente idiomas distintos al castellano, la autoridad competente debe garantizar que se provean los medios que faciliten su comprensión y participación. Este criterio busca garantizar la inclusión y la equidad en la participación ciudadana, y que se escuchen las voces de todas las comunidades y pueblos.

En cuanto a las audiencias públicas, estas se deben realizar en la zona donde se desarrollará el proyecto de inversión, el plan, programa o donde se ejecutarán las medidas materia de la participación ciudadana, procurando que el lugar elegido sea aquel que permita la mayor participación de los potenciales afectados. Este criterio busca garantizar que la ciudadanía tenga acceso a los procesos de participación ciudadana y pueda participar de manera efectiva en los mismos.

Es importante destacar que los procesos de participación ciudadana deben ser debidamente documentados y registrados, y que toda información generada o entregada como parte de dichos procesos debe ser de conocimiento público, salvo las excepciones establecidas en la legislación vigente. Además, cuando las observaciones o recomendaciones que sean formuladas como consecuencia de los mecanismos de participación ciudadana no sean tomados en cuenta, se debe informar y fundamentar la razón de ello, por escrito, a quienes las hayan formulado. Estos criterios buscan garantizar la transparencia y la responsabilidad en la gestión ambiental, y que la ciudadanía tenga confianza en los procesos de toma de decisiones en materia ambiental.

Los criterios establecidos en el artículo 51 de la Ley General del Ambiente del Perú buscan garantizar la transparencia, la inclusión y la equidad en los procesos de participación ciudadana en la gestión ambiental. Es fundamental que se promueva la transparencia, la inclusión y la equidad en la participación ciudadana en la gestión ambiental en Perú, y que se garantice el acceso a la información, la capacitación y los recursos necesarios para que la ciudadanía pueda participar de manera efectiva.

Además, es importante destacar que estos criterios establecidos en la Ley General del Ambiente del Perú también están en línea con los principios de la Declaración de Río sobre el Medio Ambiente y el Desarrollo[2], que reconoce la importancia de la participación ciudadana en la toma de decisiones en materia ambiental, y establece

---

[2] Declaración de Rio sobre el Medio Ambiente y el Desarrollo. https://www.un.org/spanish/esa/sustdev/agenda21/riodeclaration.htm

que el acceso a la información y la participación ciudadana son pilares fundamentales para lograr un desarrollo sostenible.

La participación ciudadana en la gestión ambiental es fundamental para garantizar que las decisiones que se tomen sean efectivas y equitativas. La ciudadanía, como parte interesada y afectada por las decisiones que se tomen en materia ambiental, debe tener la oportunidad de participar en los procesos de toma de decisiones y hacer escuchar sus voces.

Es importante destacar que la participación ciudadana no sólo es un derecho de la ciudadanía, sino que también es una responsabilidad del Estado. El Estado tiene el deber de garantizar la participación ciudadana en la gestión ambiental, y de promover la transparencia, la inclusión y la equidad en los procesos de toma de decisiones en materia ambiental.

Los criterios establecidos en el artículo 51 de la Ley General del Ambiente del Perú son fundamentales para garantizar la participación ciudadana en la gestión ambiental, y para promover la transparencia, la inclusión y la equidad en los procesos de toma de decisiones en materia ambiental. Es fundamental que se promueva la participación ciudadana en la gestión ambiental, y que se garantice el acceso a la información, la capacitación y los recursos necesarios para que la ciudadanía pueda participar de manera efectiva. Además, es importante que el Estado cumpla con su responsabilidad de garantizar la participación ciudadana en la gestión ambiental, y de promover la transparencia, la inclusión y la equidad en los procesos de toma de decisiones en materia ambiental.

Ejemplo Artículo 51.- De los criterios a seguir en los procedimientos de participación ciudadana:

Un ejemplo recreado muy ilustrativo en Perú sobre la importancia de la participación ciudadana en la gestión ambiental es el caso del proyecto minero Z en la región de Cajamarca. Este proyecto, liderado por la empresa minera Y, generó una gran controversia y protestas por parte de la ciudadanía y de organizaciones ambientales debido a los posibles impactos ambientales y sociales que podría generar.

Ante esta situación, se inició un proceso de participación ciudadana en el que se convocó a audiencias públicas y se proporcionó información sobre el proyecto a la ciudadanía. Además, se llevaron a cabo mesas de diálogo con la participación de diferentes actores sociales y se realizaron estudios técnicos para evaluar los posibles impactos del proyecto.

Sin embargo, a pesar de estos esfuerzos, la ciudadanía y las organizaciones ambientales continuaron oponiéndose al proyecto y argumentando que los impactos ambientales y sociales no habían sido debidamente evaluados. Finalmente, el proyecto fue suspendido por el gobierno en 2012 debido a la falta de consenso y a la presión de la ciudadanía y de las organizaciones ambientales.

Este caso demuestra la importancia de la participación ciudadana en la gestión ambiental, y cómo la ciudadanía puede tener un papel fundamental en la toma de decisiones en materia ambiental. También evidencia la necesidad de garantizar el acceso a la información y la transparencia en los procesos de participación ciudadana, y de promover la inclusión y la equidad en la participación ciudadana.

Opino que este caso es un ejemplo claro de cómo la participación ciudadana puede ser efectiva en la gestión ambiental, y cómo la ciudadanía puede hacer escuchar sus voces para proteger el medio ambiente y sus derechos. Además, es importante destacar la importancia de que las decisiones en materia ambiental sean tomadas de manera democrática y participativa, y que se promueva la transparencia y la inclusión en los procesos de toma de decisiones.

TÍTULO II

TÍTULO II - DE LOS SUJETOS DE LA GESTIÓN AMBIENTAL

Capítulo 1 - Organización del estado

Artículo 52.- De las competencias ambientales del Estado

Las competencias ambientales del Estado son ejercidas por organismos constitucionalmente autónomos, autoridades del Gobierno Nacional, gobiernos regionales y gobiernos locales, de conformidad con la Constitución y las leyes que definen sus respectivos ámbitos de actuación, funciones y atribuciones, en el marco del carácter unitario del Estado. El diseño de las políticas y normas ambientales de carácter nacional es una función exclusiva del Gobierno Nacional.

Comentario Artículo 52.- De las competencias ambientales del Estado:

Desde mi punto de vista, es importante destacar la relevancia de las competencias ambientales del Estado en la gestión ambiental del país. La Ley General del Ambiente del Perú establece que estas competencias son ejercidas por organismos constitucionalmente autónomos, autoridades del Gobierno Nacional, gobiernos regionales y gobiernos locales, lo que significa que existe una distribución de responsabilidades y competencias en materia ambiental que permite una gestión más efectiva y descentralizada.

Es fundamental que estas autoridades ejerzan sus competencias en el marco del carácter unitario del Estado, lo que implica trabajar de manera coordinada y colaborativa en la definición de políticas y normas ambientales de carácter nacional que permitan una gestión ambiental coherente y eficiente en todo el territorio peruano.

Además, considero que es importante que el diseño de estas políticas y normas ambientales sea una función exclusiva del Gobierno Nacional, ya que esto permite garantizar una gestión ambiental coherente y consistente en todo el país, y evitar posibles conflictos entre diferentes autoridades en materia ambiental.

Las competencias ambientales del Estado son fundamentales para la gestión ambiental del país, y es importante que se ejerzan de manera coordinada y colaborativa, en el marco del carácter unitario del Estado, y que el diseño de las políticas y normas ambientales de carácter nacional sea una función exclusiva del Gobierno Nacional para garantizar una gestión ambiental efectiva y coherente en todo el territorio peruano.

Además, es importante destacar que estas competencias ambientales del Estado deben estar en línea con los principios de la Ley General del Ambiente del Perú, que establece que la gestión ambiental debe ser sostenible, participativa, integrada, descentralizada, preventiva, eficiente y transparente.

Por lo tanto, es fundamental que las autoridades competentes en materia ambiental trabajen en conjunto y de manera coordinada para garantizar una gestión ambiental sostenible y eficiente en todo el país, y que se promueva la participación ciudadana en la toma de decisiones en materia ambiental, lo que permitiría una gestión más justa y equitativa.

Asimismo, es importante que se promueva la integración de la gestión ambiental en otros sectores, como la planificación territorial, la gestión de recursos naturales, la gestión de riesgos, la salud pública, entre otros, para que la gestión ambiental sea más efectiva y coherente.

En cuanto a la descentralización, la Ley General del Ambiente del Perú establece que las autoridades competentes en materia ambiental pueden ser a nivel nacional, regional o local, lo que permite una gestión ambiental más cercana a la realidad local y a las necesidades de cada territorio. Sin embargo, es importante que se promueva la homogeneización de los criterios y normas ambientales, para evitar conflictos y garantizar una gestión ambiental coherente en todo el país.

Las competencias ambientales del Estado son fundamentales para la gestión ambiental del país, y es importante que se ejerzan en línea con los principios de la Ley General del Ambiente del Perú, promoviendo la sostenibilidad, la participación ciudadana, la integración, la descentralización, la prevención, la eficiencia y la transparencia. Es necesario trabajar de manera coordinada y colaborativa entre las diferentes autoridades competentes en materia ambiental, para garantizar una gestión ambiental efectiva y coherente en todo el territorio peruano.

Ejemplo Artículo 52.- De las competencias ambientales del Estado:

Un ejemplo ilustrativo de la importancia de las competencias ambientales del Estado en Perú es el caso del proyecto minero en la región de Arequipa. Este proyecto, liderado por la empresa Southern Copper Corporation, generó una gran controversia y protestas por parte de la ciudadanía y de organizaciones ambientales debido a los posibles impactos ambientales y sociales que podría generar.

Ante esta situación, el Gobierno Nacional y las autoridades regionales y locales ejercieron sus competencias ambientales para evaluar los posibles impactos ambientales y sociales del proyecto, y tomar decisiones en materia ambiental. Se llevaron a cabo procesos de participación ciudadana y se realizaron estudios técnicos para evaluar los posibles impactos del proyecto.

En 2019, el Gobierno Nacional decidió suspender la licencia de construcción del proyecto Tía María, argumentando que no se habían cumplido con los requisitos necesarios para garantizar una gestión ambiental adecuada y que no existía un consenso con la ciudadanía y las autoridades locales y regionales.

Este caso demuestra la importancia de que las autoridades competentes en materia ambiental ejerzan sus competencias de manera responsable y rigurosa, evaluando los posibles impactos ambientales y sociales de los proyectos y tomando decisiones en línea con los principios de la Ley General del Ambiente del Perú.

Opino que este caso es un ejemplo claro de cómo las competencias ambientales del Estado son fundamentales para garantizar una gestión ambiental adecuada y proteger los derechos de la ciudadanía y del medio ambiente. Además, destacó la importancia de la participación ciudadana en la toma de decisiones en materia ambiental, lo que permite una gestión más justa y equitativa. (Reuters, 2019)

Fuente: "Perú suspende licencia de construcción de mina Tía María por controversias" (Reuters, 2019)

Artículo 53.- De los roles de carácter transectorial

53.1 Las entidades que ejercen funciones en materia de salud ambiental, protección de recursos naturales renovables, calidad de las aguas, aire o suelos y otros aspectos de carácter transectorial ejercen funciones de vigilancia, establecimiento de criterios y de ser necesario, expedición de opinión técnica previa, para evitar los riesgos y daños de carácter ambiental que comprometan la protección de los bienes bajo su responsabilidad. La obligatoriedad de dicha opinión técnica previa se establece mediante Decreto Supremo refrendado por el presidente del Consejo de Ministros y regulada por la Autoridad Ambiental Nacional.

53.2 Las autoridades indicadas en el párrafo anterior deben evaluar periódicamente las políticas, normas y resoluciones emitidas por las entidades públicas de nivel sectorial, regional y local, a fin de determinar su consistencia con sus políticas y normas de protección de los bienes bajo su responsabilidad, caso contrario deben reportar sus hallazgos a la Autoridad Ambiental Nacional, a las autoridades involucradas y a la Contraloría General de la República, para que cada una de ellas ejerza sus funciones conforme a ley.

53.3 Toda autoridad pública de nivel nacional, regional y local debe responder a los requerimientos que formulen las entidades señaladas en el primer párrafo de este artículo, bajo responsabilidad.

Comentario Artículo 53.- De los roles de carácter transectorial:

Desde mi perspectiva, los roles de carácter transectorial establecidos por la Ley General del Ambiente del Perú son fundamentales para garantizar una gestión ambiental coherente y efectiva en todo el territorio peruano. Estos roles implican que las entidades que ejercen funciones en materia de salud ambiental, protección de recursos naturales renovables, calidad de las aguas, aire o suelos, y otros aspectos de carácter transectorial deben ejercer funciones de vigilancia, establecimiento de criterios y expedición de opinión técnica previa, para evitar los riesgos y daños de carácter ambiental que comprometan la protección de los bienes bajo su responsabilidad.

Considero que es importante que estas entidades realicen una vigilancia rigurosa y establezcan criterios claros para garantizar una gestión ambiental efectiva y coherente. Además, la obligatoriedad de la opinión técnica previa establecida mediante Decreto Supremo refrendado por el presidente del Consejo de Ministros y regulada por la Autoridad Ambiental Nacional, es un mecanismo importante para garantizar que se tomen en cuenta los posibles impactos ambientales antes de la ejecución de un proyecto o actividad.

En cuanto al rol de evaluación periódica de las políticas, normas y resoluciones emitidas por las entidades públicas de nivel sectorial, regional y local, considero que es fundamental para garantizar la consistencia con las políticas y normas de protección de los bienes bajo su responsabilidad. Esta evaluación periódica permite identificar posibles conflictos o incongruencias en la gestión ambiental y tomar medidas para corregirlos.

Además, la obligatoriedad de reportar los hallazgos a la Autoridad Ambiental Nacional, a las autoridades involucradas y a la Contraloría General de la República, es un mecanismo importante para garantizar que las autoridades ejerzan sus funciones conforme a ley y se tomen medidas para corregir posibles errores o incongruencias en la gestión ambiental.

También considero que la obligatoriedad de que toda autoridad pública de nivel nacional, regional y local responda a los requerimientos que formulen las entidades señaladas en el primer párrafo de este artículo, bajo responsabilidad, es un mecanismo importante para garantizar la coordinación y colaboración entre las diferentes autoridades en materia ambiental y evitar posibles conflictos.

Los roles de carácter transectorial establecidos por la Ley General del Ambiente del Perú son fundamentales para garantizar una gestión ambiental coherente y efectiva en todo el territorio peruano. Es importante que se ejerzan de manera rigurosa y coordinada entre las diferentes entidades involucradas, para garantizar una gestión ambiental adecuada y proteger los bienes bajo su responsabilidad.

Además, estos roles transectoriales son especialmente importantes para abordar los desafíos ambientales complejos y transversales, que requieren una gestión integrada y coordinada entre diferentes sectores y niveles de gobierno.

Por ejemplo, la gestión del agua en Perú es un tema que involucra a diferentes sectores y niveles de gobierno, como el sector agrícola, energético, minero, entre otros. Es fundamental que las entidades que ejercen funciones en materia de calidad de las aguas, recursos naturales renovables y otros aspectos de carácter transectorial, trabajen en conjunto para garantizar una gestión integrada y sostenible del agua en el país.

En este sentido, los roles transectoriales establecidos por la Ley General del Ambiente del Perú son una herramienta importante para coordinar y colaborar entre diferentes sectores y niveles de gobierno, y garantizar una gestión integrada y sostenible de los recursos naturales.

Sin embargo, es importante destacar que la implementación efectiva de estos roles transectoriales requiere una voluntad política y una cultura de coordinación y colaboración entre las diferentes entidades involucradas en la gestión ambiental. Además, se requiere una capacidad técnica y financiera para llevar a cabo las funciones de vigilancia, establecimiento de criterios y expedición de opinión técnica previa, así como para realizar la evaluación periódica de las políticas, normas y resoluciones emitidas por las entidades públicas de nivel sectorial, regional y local.

Por lo tanto, es fundamental que se promueva una cultura de coordinación y colaboración entre las diferentes entidades involucradas en la gestión ambiental, y se fortalezca la capacidad técnica y financiera de las entidades que ejercen funciones en materia de salud ambiental, protección de recursos naturales renovables, calidad de las aguas, aire o suelos, y otros aspectos de carácter transectorial.

Los roles transectoriales establecidos por la Ley General del Ambiente del Perú son fundamentales para garantizar una gestión ambiental integrada y sostenible en todo el territorio peruano. Es importante promover una cultura de coordinación y colaboración entre las diferentes entidades involucradas en la gestión ambiental, y fortalecer la capacidad técnica y financiera de las entidades que ejercen funciones en materia de salud ambiental, protección de recursos naturales renovables, calidad de las aguas, aire o suelos, y otros aspectos de carácter transectorial.

Ejemplo Artículo 53.- *De los roles de carácter transectorial:*

Un ejemplo concreto de la importancia de los roles de carácter transectorial en la gestión ambiental del Perú es el caso de la gestión del agua en la cuenca del río Rímac, que abastece a la ciudad de Lima y su área metropolitana.

La gestión del agua en la cuenca del río Rímac involucra a diferentes sectores y entidades, como el sector agrícola, energético, minero, municipal, entre otros. La cuenca también enfrenta desafíos ambientales complejos, como la contaminación del agua y la deforestación de las áreas naturales.

Ante esta situación, el Ministerio del Ambiente del Perú, en coordinación con el Ministerio de Agricultura y Riego, el Ministerio de Energía y Minas, el Servicio Nacional de Meteorología e Hidrología del Perú, y la Autoridad Nacional del Agua, entre otras entidades, ha implementado el Programa de Gestión Integrada de Recursos Hídricos en la Cuenca del Río Rímac.

Este programa tiene como objetivo garantizar una gestión integrada y sostenible del agua en la cuenca del río Rímac, a través de la coordinación y colaboración entre diferentes sectores y entidades, y la participación activa de la ciudadanía y las comunidades locales.

En este sentido, el programa ha implementado acciones como el monitoreo de la calidad del agua y la gestión integrada de la demanda de agua, la promoción de prácticas agrícolas sostenibles, la restauración de áreas degradadas y la protección de las áreas naturales.

Este ejemplo demuestra la importancia de los roles de carácter transectorial en la gestión ambiental del Perú, y cómo la coordinación y colaboración entre diferentes sectores y entidades puede garantizar una gestión integrada y sostenible de los recursos naturales.

Desde mi perspectiva, este programa es un ejemplo positivo de cómo la gestión integrada de los recursos hídricos puede contribuir a la protección del medio ambiente y la garantía de los derechos de la ciudadanía a un agua de calidad. Además, destacó la importancia de la participación activa de la ciudadanía y las comunidades locales en la gestión ambiental, lo que permite una gestión más justa y equitativa. (Defensoría del pueblo, 2021)

Artículo 54.- De los conflictos de competencia

54.1 Cuando en un caso particular, dos o más entidades públicas se atribuyan funciones ambientales de carácter normativo, fiscalizador o sancionador sobre una misma actividad, le corresponde a la Autoridad Ambiental Nacional, a través de su Tribunal de Solución de Controversias Ambientales, determinar cuál de ellas debe actuar como la autoridad competente. La resolución de la Autoridad Ambiental Nacional es de observancia obligatoria y agota la vía administrativa. Esta disposición es aplicable en caso de conflicto entre:

a) Dos o más entidades del Poder Ejecutivo.
b) Una o más de una entidad del Poder Ejecutivo y uno o más gobiernos regionales o gobiernos locales.

c) Uno o más gobiernos regionales o gobiernos locales.

54.2 La Autoridad Ambiental Nacional es competente siempre que la función o atribución específica en conflicto no haya sido asignada directamente por la Constitución o por sus respectivas Leyes Orgánicas, en cuyo caso la controversia la resuelve el Tribunal Constitucional.

Comentario Artículo 54.- De los conflictos de competencia:

La Ley General del Ambiente del Perú establece en el artículo 54 el mecanismo para resolver los conflictos de competencia que puedan surgir entre dos o más entidades públicas que se atribuyan funciones ambientales de carácter normativo, fiscalizador o sancionador sobre una misma actividad. La resolución de la Autoridad Ambiental Nacional es de observancia obligatoria y agota la vía administrativa. Es importante destacar que este mecanismo es aplicable en caso de conflicto entre dos o más entidades del Poder Ejecutivo, entre una o más entidad del Poder Ejecutivo y uno o más gobiernos regionales o gobiernos locales, o entre uno o más gobiernos regionales o gobiernos locales.

En mi opinión, este mecanismo es fundamental para garantizar una gestión ambiental coherente y efectiva en todo el territorio peruano. Los conflictos de competencia pueden generar incertidumbre y demoras en la toma de decisiones, lo que puede tener impactos negativos en el medio ambiente y en los derechos de la ciudadanía.

La existencia de un Tribunal de Solución de Controversias Ambientales de la Autoridad Ambiental Nacional permite resolver los conflictos de competencia de manera ágil y efectiva, y garantizar que la entidad competente actúe de manera oportuna y coherente con la normativa ambiental.

Además, es importante destacar que la resolución de la Autoridad Ambiental Nacional es de observancia obligatoria y agota la vía administrativa, lo que evita la posibilidad de que se generen nuevos conflictos de competencia a lo largo del proceso.

La existencia del mecanismo de resolución de conflictos de competencia establecido por la Ley General del Ambiente del Perú es fundamental para garantizar una gestión ambiental coherente y efectiva en todo el territorio peruano. Este mecanismo permite resolver los conflictos de manera ágil y efectiva, y garantizar que la entidad competente actúe de manera oportuna y coherente con la normativa ambiental.

Es importante destacar que este mecanismo de resolución de conflictos de competencia no solo es necesario para garantizar una gestión ambiental efectiva, sino también para promover la cooperación y coordinación entre las diferentes entidades que ejercen funciones ambientales. La gestión ambiental es un tema que involucra a diferentes sectores y niveles de gobierno, y la coordinación y colaboración entre ellos es esencial para garantizar una gestión integrada y sostenible de los recursos naturales y la protección del medio ambiente.

Además, la existencia de este mecanismo de resolución de conflictos de competencia es una muestra del compromiso del Estado peruano con la protección del medio ambiente y la garantía de los derechos de la ciudadanía a un ambiente sano y equilibrado.

Sin embargo, es importante destacar que la efectividad de este mecanismo de resolución de conflictos de competencia depende de la capacidad técnica y financiera de la Autoridad Ambiental Nacional y su Tribunal de Solución de Controversias Ambientales para llevar a cabo sus funciones de manera efectiva y eficiente.

Es fundamental que se promueva una cultura de coordinación y colaboración entre las diferentes entidades involucradas en la gestión ambiental, y se fortalezca la capacidad técnica y financiera de la Autoridad Ambiental Nacional y su Tribunal de Solución de Controversias Ambientales, para garantizar una gestión ambiental integrada y sostenible en todo el territorio peruano.

El mecanismo de resolución de conflictos de competencia establecido por la Ley General del Ambiente del Perú es fundamental para garantizar una gestión ambiental coherente y efectiva en todo el territorio peruano. Este mecanismo permite resolver los conflictos de manera ágil y efectiva, y garantizar que la entidad competente actúe de manera oportuna y coherente con la normativa ambiental.

Sin embargo, es esencial que se promueva una cultura de coordinación y colaboración entre las diferentes entidades involucradas en la gestión ambiental, y se fortalezca la capacidad técnica y financiera de la Autoridad Ambiental Nacional y su Tribunal de Solución de Controversias Ambientales, para garantizar una gestión ambiental integrada y sostenible en todo el territorio peruano.

Ejemplo Artículo 54.- De los conflictos de competencia:

Un ejemplo concreto de la aplicación del mecanismo de resolución de conflictos de competencia establecido por la Ley General del Ambiente del Perú es el caso del proyecto minero Conga, ubicado en la región de Cajamarca.

Este proyecto minero generó un conflicto de competencia entre el Ministerio del Ambiente y el Gobierno Regional de Cajamarca, ya que ambas entidades se atribuyeron funciones ambientales de carácter normativo, fiscalizador o sancionador sobre el proyecto.

Ante esta situación, la Autoridad Ambiental Nacional, a través de su Tribunal de Solución de Controversias Ambientales, resolvió el conflicto de competencia y determinó que la autoridad competente para ejercer funciones ambientales sobre el proyecto era el Ministerio del Ambiente.

Este ejemplo demuestra la importancia del mecanismo de resolución de conflictos de competencia en la gestión ambiental del Perú, y cómo puede contribuir a resolver los conflictos de manera efectiva y garantizar que la entidad competente actúe de manera coherente con la normativa ambiental.

Desde mi perspectiva, este ejemplo muestra la importancia de la garantía de la competencia ambiental y la necesidad de una gestión coordinada entre las diferentes entidades involucradas en la gestión ambiental. Es crucial que se promueva una cultura de coordinación y colaboración entre las diferentes entidades involucradas en la gestión ambiental, para garantizar una gestión integrada y sostenible de los recursos naturales y la protección del medio ambiente. (Tribunal Constitucional - Pleno Jurisdiccional, 2012)

Fuente: "Tribunal de Solución de Controversias Ambientales resuelve conflicto de competencia entre el Gobierno Regional de Cajamarca y el Ministerio del Ambiente" (Ministerio del Ambiente del Perú, 2012)

Artículo 55.- De las deficiencias en la asignación de atribuciones ambientales

La Autoridad Ambiental Nacional ejerce funciones coordinadoras y normativas, de fiscalización y sancionadoras, para corregir vacíos, superposición o deficiencias en el ejercicio de funciones y atribuciones ambientales nacionales, sectoriales, regionales y locales en materia ambiental.

Comentario Artículo 55.- De las deficiencias en la asignación de atribuciones ambientales:

Uno de los aspectos más relevantes de la Ley General del Ambiente del Perú es la asignación de competencias y atribuciones ambientales a las diferentes entidades públicas. Sin embargo, en algunos casos puede haber deficiencias en la asignación de estas competencias, lo que puede generar vacíos o superposiciones en el ejercicio de las funciones ambientales.

Ante esta situación, la Ley General del Ambiente establece que la Autoridad Ambiental Nacional tiene la función de coordinar y corregir vacíos, superposiciones o deficiencias en el ejercicio de funciones y atribuciones ambientales nacionales, sectoriales, regionales y locales en materia ambiental.

En mi opinión, esta función es fundamental para garantizar una gestión ambiental coherente y efectiva en todo el territorio peruano. La existencia de deficiencias en la asignación de atribuciones ambientales puede generar incertidumbre y demoras en la toma de decisiones, lo que puede tener impactos negativos en el medio ambiente y en los derechos de la ciudadanía.

La función de coordinación y corrección de vacíos, superposiciones o deficiencias en el ejercicio de funciones y atribuciones ambientales realizada por la Autoridad Ambiental Nacional permite garantizar que las entidades competentes actúen de manera coherente con la normativa ambiental y que se eviten superposiciones o vacíos que puedan afectar la gestión ambiental.

Además, es importante destacar que la Autoridad Ambiental Nacional cuenta con herramientas para ejercer estas funciones coordinadoras y normativas, de fiscalización y sancionadoras, lo que garantiza que pueda cumplir con su función de manera efectiva y eficiente.

La función de coordinación y corrección de vacíos, superposiciones o deficiencias en el ejercicio de funciones y atribuciones ambientales realizada por la Autoridad Ambiental Nacional es fundamental para garantizar una gestión ambiental coherente y efectiva en todo el territorio peruano. Esta función permite garantizar que las entidades competentes actúen de manera coherente con la normativa ambiental y que se eviten superposiciones o vacíos que puedan afectar la gestión ambiental. Es necesario promover una cultura de coordinación y colaboración entre las diferentes entidades involucradas en la gestión ambiental, para garantizar una gestión integrada y sostenible de los recursos naturales y la protección del medio ambiente.

Es importante destacar que las deficiencias en la asignación de atribuciones ambientales pueden generar conflictos y disputas entre las diferentes entidades públicas, lo que puede afectar la toma de decisiones y la implementación de políticas y proyectos ambientales. Por eso, es fundamental que se promueva una cultura de coordinación y colaboración entre las diferentes entidades involucradas en la gestión ambiental, y que se fortalezca la capacidad técnica y financiera de la Autoridad Ambiental Nacional para ejercer sus funciones de manera efectiva y eficiente.

Además, es necesario que se promueva la participación ciudadana en la gestión ambiental y se fortalezca la capacidad de la sociedad civil para monitorear y evaluar la gestión ambiental en el territorio peruano. La participación ciudadana es un aspecto clave para garantizar una gestión ambiental efectiva y sostenible, ya que permite que la ciudadanía tenga un rol activo en la toma de decisiones y en la implementación de políticas y proyectos ambientales.

La asignación de competencias y atribuciones ambientales es un aspecto fundamental de la gestión ambiental en el Perú. Sin embargo, pueden existir deficiencias en la asignación de estas competencias, lo que puede generar vacíos o superposiciones en el ejercicio de las funciones ambientales. La función de coordinación y corrección de vacíos, superposiciones o deficiencias en el ejercicio de funciones y atribuciones ambientales realizada por la Autoridad Ambiental Nacional es esencial para garantizar una gestión ambiental coherente y efectiva en todo el territorio peruano. Para lograr una gestión ambiental sostenible y efectiva, es necesario promover una cultura de coordinación y colaboración entre las diferentes entidades involucradas en la gestión ambiental, fortalecer la capacidad técnica y financiera de la Autoridad Ambiental Nacional y promover la participación ciudadana en la gestión ambiental.

Ejemplo Artículo 55.- De las deficiencias en la asignación de atribuciones ambientales:

Un ejemplo recreado de las deficiencias en la asignación de atribuciones ambientales en el Perú es el caso del proyecto minero Tía María, ubicado en la región de Arequipa.

Este proyecto minero generó un conflicto de competencia entre el Gobierno Regional de Arequipa y el Ministerio del Ambiente, ya que ambas entidades se atribuyeron funciones ambientales sobre el proyecto. El Gobierno Regional de Arequipa argumentó que tenía competencias en la evaluación ambiental del proyecto, mientras que el Ministerio del Ambiente afirmó que la competencia era suya.

Ante esta situación, la Autoridad Ambiental Nacional, a través de su Tribunal de Solución de Controversias Ambientales, resolvió el conflicto de competencia y determinó que la autoridad competente para ejercer funciones ambientales sobre el proyecto era el Ministerio del Ambiente.

Este ejemplo demuestra las deficiencias en la asignación de atribuciones ambientales en el Perú y cómo pueden generar conflictos y disputas entre las diferentes entidades públicas. Además, evidencia la importancia de contar con un mecanismo de resolución de conflictos de competencia como el establecido por la Ley General del Ambiente, para garantizar una gestión ambiental coherente y efectiva en todo el territorio peruano.

Desde mi perspectiva, este ejemplo muestra la necesidad de fortalecer la coordinación y colaboración entre las diferentes entidades involucradas en la gestión ambiental, para evitar las deficiencias en la asignación de atribuciones ambientales que pueden generar conflictos y disputas. Es fundamental que se promueva una cultura de coordinación y colaboración entre las diferentes entidades, para garantizar una gestión integrada y sostenible de los recursos naturales y la protección del medio ambiente. (Ugarte Cornejo, 2020)

Otro ejemplo

Un ejemplo supuesto podría ser el siguiente:

En este caso, existen varias entidades públicas con competencias en el manejo de los residuos sólidos en la ciudad de Lima, como la Municipalidad Metropolitana de Lima, el Ministerio del Ambiente y el Ministerio de Vivienda, Construcción y Saneamiento. Sin embargo, la falta de coordinación y colaboración entre estas entidades ha generado deficiencias en el manejo de los residuos sólidos en la ciudad.

Por ejemplo, la Municipalidad Metropolitana de Lima tiene la competencia de recolectar y transportar los residuos sólidos en la ciudad, mientras que el Ministerio del Ambiente tiene la competencia de supervisar y fiscalizar el cumplimiento de las normas ambientales en materia de residuos sólidos. Sin embargo, la falta de coordinación entre estas entidades ha generado problemas en el manejo de los residuos sólidos, como la acumulación de basura en las calles y la contaminación ambiental.

Este ejemplo demuestra las deficiencias en la asignación de atribuciones ambientales en el Perú no solo en proyectos mineros, sino también en otros aspectos de la gestión ambiental, como el manejo de residuos sólidos en una ciudad importante como Lima. Es necesario fortalecer la coordinación y colaboración entre las diferentes entidades involucradas en la gestión ambiental, para garantizar una gestión integrada y sostenible de los recursos naturales y la protección del medio ambiente en todos los aspectos.

Desde mi perspectiva, este ejemplo muestra la necesidad de una gestión ambiental integrada y sostenible, que involucre a todas las entidades públicas con competencias en la materia y que promueva la coordinación y colaboración entre ellas. Además, es fundamental promover la participación ciudadana en la gestión ambiental, para garantizar que las necesidades y preocupaciones de la ciudadanía sean tomadas en cuenta en la toma de decisiones en materia ambiental. Hace poco, el Organismo de Evaluación y Fiscalización Ambiental (OEFA), identificó 92 distritos en todo el país que requieren tomar medidas para mejorar la gestión de los residuos sólidos y sus servicios de limpieza. (Actualidad Ambiental SPDA, 2018)

Capítulo 2 - Autoridades públicas

Artículo 56.- De la Autoridad Ambiental Nacional

El CONAM, es la Autoridad Ambiental Nacional y ente rector del Sistema Nacional de Gestión Ambiental. Sus funciones y atribuciones específicas se establecen por ley y se desarrollan en su Reglamento de Organización y Funciones.

CONCORDANCIAS: Tercera Disposición Complementaria Final del Decreto Legislativo N° 1013.

Comentario Artículo 56.- De la Autoridad Ambiental Nacional:

El Consejo Nacional del Ambiente (CONAM) fue creado el 22 de diciembre de 1994, mediante la Ley 26410. Fue un organismo público descentralizado con personería jurídica propia y estaba adscrito a la Presidencia del Consejo de Ministros.

El 20 de diciembre del 2007, el Presidente de la República anunció la creación del Ministerio del Ambiente, aprovechando la delegación de facultades legislativas concedidas al Ejecutivo para la implementación del Acuerdo de Promoción Comercial con los Estados Unidos de Norteamérica - conocido como el TLC -.A pesar de que, apenas semanas antes, las autoridades gubernamentales negaban la posibilidad de crear un ministerio ambiental, las necesidades de financiamiento de la segunda etapa del proyecto de explotación del gas de Camisea abrieron un campo de presión que lo convirtió en una opción políticamente viable. Tras encargar al que luego se convertiría en el primer ministro del Ambiente, Antonio Brack Egg. (Lanegra Quispe).

Es importante tener en cuenta que, si bien el CONAM ya no existe como organismo público descentralizado, su papel en la gestión ambiental del país fue fundamental durante muchos años.

El CONAM tenía como objetivo principal coordinar y articular las políticas ambientales a nivel nacional, regional y local, y promover la participación ciudadana en la gestión ambiental. Además, el CONAM era responsable de la elaboración de la Política Nacional del Ambiente y de la promoción de la educación y capacitación ambiental en el país.

Con la creación del Ministerio del Ambiente en 2008, las funciones del CONAM fueron transferidas a esta nueva entidad, que se convirtió en la autoridad ambiental nacional del país. El Ministerio del Ambiente tiene la responsabilidad de planificar, dirigir, coordinar, ejecutar, supervisar y evaluar las políticas, planes, programas y proyectos del sector ambiente.

Desde mi perspectiva, la creación del Ministerio del Ambiente fue un paso importante en la gestión ambiental del país, ya que permitió una mayor consolidación y coordinación de las políticas ambientales a nivel nacional. Sin embargo, es importante destacar que la participación ciudadana sigue siendo un aspecto clave para garantizar una gestión ambiental efectiva y sostenible en el país, y que se deben promover espacios de diálogo y colaboración entre las diferentes entidades públicas y la sociedad civil para lograr una gestión integrada y participativa de los recursos naturales y la protección del medio ambiente.

Artículo 57.- Del alcance de las disposiciones transectoriales

En el ejercicio de sus funciones, la Autoridad Ambiental Nacional establece disposiciones de alcance transectorial sobre la gestión del ambiente y sus componentes, sin perjuicio de las funciones específicas a cargo de las autoridades sectoriales, regionales y locales competentes.

Comentario Artículo 57.- Del alcance de las disposiciones transectoriales:

Las disposiciones transectoriales son una herramienta importante para garantizar una gestión ambiental integrada y sostenible en el país, ya que permiten a la Autoridad Ambiental Nacional establecer medidas y acciones que involucren a diferentes sectores y niveles de gobierno en la protección del medio ambiente. Es fundamental que estas disposiciones se coordinen con las funciones específicas de las autoridades sectoriales, regionales y locales competentes, para garantizar una gestión ambiental efectiva y coordinada en todo el territorio peruano.

Artículo 58.- Del ejercicio sectorial de las funciones ambientales

58.1 Los ministerios y sus respectivos organismos públicos descentralizados, así como los organismos regulatorios o de fiscalización, ejercen funciones y atribuciones ambientales sobre las actividades y materias señaladas en la ley.

58.2 Las autoridades sectoriales con competencia ambiental, coordinan y consultan entre sí y con las autoridades de los gobiernos regionales y locales, con el fin de armonizar sus políticas, evitar conflictos o vacíos de competencia y responder, con coherencia y eficiencia, a los objetivos y fines de la presente Ley y del Sistema Nacional de Gestión Ambiental.

Comentario Artículo 58.- Del ejercicio sectorial de las funciones ambientales:

El artículo 58 de la Ley General del Ambiente del Perú establece el marco normativo para el ejercicio sectorial de las funciones ambientales en el país. En este sentido, se establece que los ministerios y sus respectivos organismos públicos descentralizados, así como los organismos regulatorios o de fiscalización, tienen la responsabilidad de ejercer funciones y atribuciones ambientales sobre las actividades y materias señaladas en la ley. Esto implica que cada sector tiene un rol específico en la gestión ambiental del país, y que debe trabajar en coordinación con las demás entidades involucradas para lograr una gestión integrada y sostenible de los recursos naturales y la protección del medio ambiente.

Es importante destacar que la coordinación y consulta entre las autoridades sectoriales con competencia ambiental, así como con las autoridades de los gobiernos regionales y locales, es fundamental para armonizar las políticas ambientales y evitar conflictos o vacíos de competencia en la gestión ambiental. Esta coordinación debe ser coherente y eficiente, y debe estar en línea con los objetivos y fines de la Ley General del Ambiente y del Sistema Nacional de Gestión Ambiental del país.

Desde mi perspectiva, este artículo es fundamental para garantizar una gestión ambiental efectiva y sostenible en el país. La definición clara de las competencias y atribuciones ambientales de cada sector y entidad pública, así como la coordinación y consulta entre ellas, permite una gestión integrada y participativa de los recursos naturales y la protección del medio ambiente. Además, esta coordinación y consulta permite evitar conflictos y vacíos de competencia, lo que es fundamental para garantizar una gestión ambiental coherente y efectiva en todo el territorio peruano.

Es importante destacar que la Ley General del Ambiente establece un marco normativo claro y completo para la gestión ambiental en el país. Sin embargo, su implementación efectiva depende de la voluntad política y el compromiso de las autoridades y de la sociedad en general. Es fundamental que se promueva una cultura de gestión ambiental integrada y sostenible en todos los niveles de gobierno y en la sociedad en general, para garantizar un futuro sostenible y saludable para las presentes y futuras generaciones.

Es importante destacar que el ejercicio sectorial de las funciones ambientales debe estar en línea con los objetivos y fines de la Ley General del Ambiente y del Sistema Nacional de Gestión Ambiental. Estos objetivos incluyen la promoción de la conservación y el uso sostenible de los recursos naturales, la prevención y control de la contaminación ambiental, la protección de la biodiversidad y la gestión integrada de los recursos hídricos, entre otros.

En este sentido, cada sector debe trabajar en coordinación con las demás entidades involucradas para lograr una gestión integrada y sostenible de los recursos naturales y la protección del medio ambiente. Es fundamental que se promueva una visión holística de la gestión ambiental, que aborde los problemas ambientales desde una perspectiva multidisciplinaria y que tenga en cuenta las interacciones complejas entre los diferentes componentes del medio ambiente y las actividades humanas.

Además, es importante destacar que la coordinación y consulta entre las autoridades sectoriales con competencia ambiental, así como con las autoridades de los gobiernos regionales y locales, debe ser participativa e inclusiva. Esto implica que se deben promover espacios de diálogo y colaboración entre las diferentes entidades y la sociedad civil, para garantizar que las necesidades y preocupaciones de la ciudadanía sean tomadas en cuenta en la toma de decisiones en materia ambiental.

El artículo 58 de la Ley General del Ambiente del Perú establece el marco normativo para el ejercicio sectorial de las funciones ambientales en el país, y destaca la importancia de la coordinación y consulta entre las autoridades sectoriales, regionales y locales para lograr una gestión integrada y sostenible de los recursos naturales y la protección del medio ambiente. Es fundamental que se promueva una cultura de gestión ambiental integrada y participativa en todos los niveles de gobierno y en la sociedad en general, para garantizar un futuro sostenible y saludable para las presentes y futuras generaciones.

Ejemplo Artículo 58.- Del ejercicio sectorial de las funciones ambientales:

Para el presente caso recurro a la recreación sobre instancias como ejemplo para un mejor entendimiento: En el sector agroindustrial del país, se ha presentado un caso de contaminación ambiental debido al uso indiscriminado de pesticidas en los cultivos. En cumplimiento del artículo 58 de la Ley de Gestión Ambiental, los ministerios y organismos públicos descentralizados con competencia ambiental ejercen funciones y atribuciones ambientales sobre las actividades y materias señaladas en la ley.

En este caso, el Ministerio de Agricultura y Riego (MINAGRI) y el Organismo de Evaluación y Fiscalización Ambiental (OEFA) han coordinado sus acciones para abordar el problema de la contaminación ambiental. El MINAGRI ha establecido normativas para el uso

responsable de pesticidas en los cultivos y ha desarrollado programas de capacitación para los agricultores en buenas prácticas agrícolas. Por su parte, el OEFA ha realizado inspecciones y fiscalizaciones en las empresas agroindustriales para verificar el cumplimiento de las normas ambientales.

En cumplimiento del inciso 58.2 del artículo 58 de la Ley de Gestión Ambiental, las autoridades sectoriales con competencia ambiental han coordinado y consultado entre sí y con las autoridades
de los gobiernos regionales y locales para armonizar sus políticas,
evitar conflictos o vacíos de competencia y responder con coherencia y eficiencia a los objetivos y fines de la presente Ley y del Sistema Nacional de Gestión Ambiental.

En este caso, el MINAGRI ha coordinado con los gobiernos regionales y locales para establecer zonas de exclusión de uso de pesticidas cerca de las zonas urbanas y fuentes de agua. Además, el
OEFA ha coordinado con los gobiernos locales para realizar monitoreo ambiental en las zonas afectadas y ha establecido sanciones a
las empresas que no cumplan con las normas ambientales.

El ejercicio sectorial de las funciones ambientales en el sector
agroindustrial es un ejemplo práctico de cómo los ministerios y organismos públicos descentralizados con competencia ambiental
pueden coordinar sus acciones y consultarse entre sí y con las autoridades de los gobiernos regionales y locales para abordar problemas
ambientales complejos. Esperamos que más casos en todo el país se
gestionen de manera coordinada y eficiente, para promover una gestión ambiental responsable y sostenible en todos los sectores económicos.

Artículo 59.- Del ejercicio descentralizado de las funciones ambientales

59.1 Los gobiernos regionales y locales ejercen sus funciones y
atribuciones de conformidad con lo que establecen sus respectivas
leyes orgánicas y lo dispuesto en la presente Ley.

59.2 Para el diseño y aplicación de políticas, normas e instrumentos de gestión ambiental de nivel regional y local, se tienen en cuenta

los principios, derechos, deberes, mandatos y responsabilidades establecidos en la presente Ley y las normas que regulan el Sistema Nacional de Gestión Ambiental; el proceso de descentralización; y aquellas de carácter nacional referidas al ordenamiento ambiental, la protección de los recursos naturales, la diversidad biológica, la salud y la protección de la calidad ambiental.

59.3 Las autoridades regionales y locales con competencia ambiental, coordinan y consultan entre sí y con las autoridades nacionales, con el fin de armonizar sus políticas, evitar conflictos o vacíos de competencia y responder, con coherencia y eficiencia, a los objetivos y fines de la presente Ley y del Sistema Nacional de Gestión Ambiental.

Comentario Artículo 59.- Del ejercicio descentralizado de las funciones ambientales:

El artículo 59 de la Ley General del Ambiente del Perú establece el marco normativo para el ejercicio descentralizado de las funciones ambientales en el país. En este sentido, se destaca que los gobiernos regionales y locales tienen la responsabilidad de ejercer sus funciones y atribuciones en materia ambiental de acuerdo a lo que establecen sus respectivas leyes orgánicas y lo dispuesto en la presente Ley.

Es importante destacar que el diseño y aplicación de políticas, normas e instrumentos de gestión ambiental de nivel regional y local deben tener en cuenta los principios, derechos, deberes, mandatos y responsabilidades establecidos en la Ley General del Ambiente y las normas que regulan el Sistema Nacional de Gestión Ambiental. Esto implica que los gobiernos regionales y locales deben trabajar en línea con los objetivos y fines de la Ley General del Ambiente y el Sistema Nacional de Gestión Ambiental, y que deben promover una gestión integrada y sostenible de los recursos naturales y la protección del medio ambiente en sus respectivas jurisdicciones.

Además, es importante destacar que las autoridades regionales y locales con competencia ambiental deben coordinar y consultar entre sí y con las autoridades nacionales, con el fin de armonizar sus políticas, evitar conflictos o vacíos de competencia y responder, con coherencia y eficiencia, a los objetivos y fines de la Ley General del Ambiente y el Sistema Nacional de Gestión Ambiental. Esta coordinación y consulta debe ser participativa e inclusiva, y debe involucrar a la sociedad civil y los actores relevantes en la gestión ambiental.

Desde mi perspectiva, este artículo es fundamental para garantizar una gestión ambiental efectiva y sostenible en el país. La descentralización de las funciones ambientales permite una gestión más cercana y adaptada a las realidades locales, y promueve la participación activa de las autoridades regionales y locales en la gestión ambiental del país. Además, la coordinación y consulta entre las autoridades regionales y locales con competencia ambiental, así como con las autoridades nacionales, es fundamental para garantizar una gestión ambiental coherente y efectiva en todo el territorio peruano.

Es importante destacar que la Ley General del Ambiente establece un marco normativo claro y completo para la gestión ambiental en el país. Sin embargo, su implementación efectiva depende de la voluntad política y el compromiso de las autoridades y de la sociedad en general. Es fundamental que se promueva una cultura de gestión ambiental integrada y sostenible en todos los niveles de gobierno y en la sociedad en general, para garantizar un futuro sostenible y saludable para las presentes y futuras generaciones.

Es importante mencionar que la gestión ambiental descentralizada también implica una mayor responsabilidad y capacidad de gestión por parte de las autoridades regionales y locales en la protección del medio ambiente y la gestión sostenible de los recursos naturales. Esto implica que deben contar con los recursos humanos, técnicos y financieros necesarios para llevar a cabo sus funciones y atribuciones en materia ambiental.

Además, es fundamental que se promueva una participación activa de la sociedad civil y los actores relevantes en la gestión ambiental descentralizada. Esto implica la promoción de espacios de diálogo y colaboración entre las autoridades regionales y locales, la sociedad civil y los actores relevantes, para garantizar que las necesidades y preocupaciones de la ciudadanía sean tomadas en cuenta en la toma de decisiones en materia ambiental.

El artículo 59 de la Ley General del Ambiente establece el marco normativo para el ejercicio descentralizado de las funciones ambientales en el país, y destaca la importancia de la coordinación y consulta entre las autoridades regionales y locales con competencia ambiental, así como con las autoridades nacionales, para lograr una gestión integrada y sostenible de los recursos naturales y la protección del medio ambiente. Es fundamental que se promueva una cultura de gestión ambiental integrada y participativa en todos los niveles de gobierno y en la sociedad en general, para garantizar un futuro sostenible y saludable para las presentes y futuras generaciones.

Ejemplo Artículo 59.- Del ejercicio descentralizado de las funciones ambientales:

La gestión ambiental descentralizada se ha convertido en una prioridad en los últimos años. El país cuenta con una Ley General del Ambiente que establece el marco normativo para la gestión ambiental en el país, así como con el Sistema Nacional de Gestión Ambiental, que tiene como objetivo coordinar y articular las políticas, normas e instrumentos de gestión ambiental en el país.

En este marco, los gobiernos regionales y locales tienen la responsabilidad de ejercer sus funciones y atribuciones en materia ambiental de acuerdo a lo que establecen sus respectivas leyes orgánicas y lo dispuesto en la Ley General del Ambiente. Esto implica que deben contar con los recursos humanos, técnicos y financieros necesarios para llevar a cabo sus funciones y atribuciones en materia ambiental.

Un ejemplo de la gestión ambiental descentralizada en Perú es la región de San Martín, ubicada en la selva del norte del país. En esta región se ha implementado un modelo de gestión ambiental descentralizada, que involucra la participación activa de las autoridades regionales y locales, la sociedad civil y los actores relevantes en la gestión ambiental.

En este sentido, se ha creado el Consejo Regional de Medio Ambiente, que tiene como objetivo coordinar y articular las políticas, normas e instrumentos de gestión ambiental en la región. Además, se han implementado proyectos de gestión sostenible de los recursos naturales, como el manejo forestal comunitario y la promoción de la agricultura sostenible.

Este modelo de gestión ambiental descentralizada en San Martín ha permitido una gestión más cercana y adaptada a las realidades locales, y ha promovido la participación activa de la sociedad civil y los actores relevantes en la gestión ambiental de la región.

Desde mi perspectiva, este ejemplo demuestra la importancia de la gestión ambiental descentralizada en el país, y destaca la necesidad de promover una cultura de gestión ambiental integrada y participativa en todos los niveles de gobierno y en la sociedad en general. Es fundamental que se promueva una coordinación y consulta participativa e inclusiva entre las autoridades regionales y locales, la sociedad civil y los actores relevantes, para garantizar una gestión integrada y sostenible de los recursos naturales y la protección del medio ambiente.

Otro ejemplo:

Gestión ambiental descentralizada en Perú se encuentra en la región de Madre de Dios, ubicada en la selva del sur del país. Esta región es conocida por su rica biodiversidad y por ser un importante centro de producción de oro a pequeña escala.

Sin embargo, la actividad minera informal en la región ha generado graves impactos ambientales, como la deforestación, la contaminación del agua y la emisión de gases de efecto invernadero. Ante esta situación, las autoridades regionales y locales han implementado medidas para promover una gestión ambiental integrada y sostenible en la región.

En este sentido, se ha creado el Comité Regional de Gestión Ambiental, que tiene como objetivo coordinar y articular las políticas, normas e instrumentos de gestión ambiental en la región. Además, se han implementado medidas para regular la actividad minera informal, como la creación de zonas de exclusión minera y la promoción de alternativas económicas sostenibles.

Este modelo de gestión ambiental descentralizada en Madre de Dios ha permitido una gestión más cercana y adaptada a las realidades locales, y ha promovido la participación activa de la sociedad civil y los actores relevantes en la gestión ambiental de la región. Además, ha permitido una regulación más efectiva de la actividad minera informal en la región, lo que ha generado importantes beneficios ambientales y sociales.

Desde mi perspectiva, este ejemplo demuestra la importancia de la gestión ambiental descentralizada en el país, y destaca la necesidad de promover una cultura de gestión ambiental integrada y participativa en todos los niveles de gobierno y en la sociedad en general. Es fundamental que se promueva una coordinación y consulta participativa e inclusiva entre las autoridades regionales y locales, la sociedad civil y los actores relevantes, para garantizar una gestión integrada y sostenible de los recursos naturales y la protección del medio ambiente. …La próxima gestión gubernamental enfrenta este reto y deberá hacerse cargo de continuar y modificar las acciones de formalización de la pequeña minería y de combate a la minería ilegal que sean necesarias para atender las más de 60.000 solicitudes de formalización y detener el avance de la minería ilegal. En esta sección esbozamos algunas de las líneas de acción urgentes que deberían ser consideradas en este ámbito. (Sociedad Peruana de Derecho Ambiental, s.f.)

Fuente: "Madre de Dios: gestión ambiental descentralizada para regular la minería informal". Agencia Andina. 17 de enero de 2022.

Artículo 60.- Del ejercicio de las competencias y funciones

Las normas regionales y municipales en materia ambiental guardan concordancia con la legislación de nivel nacional. Los gobiernos regionales y locales informan y realizan coordinaciones con las entidades con las que compartan competencias y funciones, antes de ejercerlas.

Comentario Artículo 60.- Del ejercicio de las competencias y funciones:

El ejercicio de las competencias y funciones en materia ambiental es un tema crucial en la Ley General del Ambiente del Perú. En este sentido, se establece que las normas regionales y municipales en materia ambiental deben guardar concordancia con la legislación de nivel nacional.

Esta medida es importante para garantizar una gestión ambiental coherente y efectiva en todo el territorio peruano. Además, se destaca la importancia de la coordinación y la comunicación entre las entidades con competencias y funciones compartidas, antes de ejercerlas. Esto implica que los gobiernos regionales y locales deben trabajar en conjunto y coordinar sus acciones para garantizar una gestión ambiental integrada y sostenible.

Desde mi perspectiva, esta medida es fundamental para la protección del medio ambiente y la gestión sostenible de los recursos naturales en el país. La concordancia entre las normas regionales y municipales con la legislación de nivel nacional es importante para garantizar una gestión ambiental coherente y efectiva en todo el territorio peruano. Además, la coordinación entre las entidades con competencias y funciones compartidas es crucial para evitar conflictos o vacíos de competencia y para garantizar una gestión integrada y sostenible de los recursos naturales.

Es importante destacar que la Ley General del Ambiente establece un marco normativo para la gestión ambiental en el país, pero la implementación efectiva de estas medidas depende en gran medida de la voluntad política y la capacidad de gestión de las autoridades regionales y locales. Por lo tanto, es fundamental que se promueva una cultura de gestión ambiental integrada y participativa en todos los niveles de gobierno y en la sociedad en general.

Ejemplo Artículo 60.- Del ejercicio de las competencias y funciones:

Un ejemplo de la importancia del ejercicio de las competencias y funciones en materia ambiental en Perú se encuentra en el caso de la ciudad de Lima. En esta ciudad, se ha implementado un plan de gestión ambiental que incluye la promoción del transporte sostenible y la reducción de la emisión de gases de efecto invernadero en el transporte público.

Este plan ha sido posible gracias a la coordinación entre las autoridades regionales y locales, y ha permitido una gestión más efectiva y sostenible de los recursos naturales en la ciudad.

Desde mi perspectiva, este ejemplo demuestra la importancia de la coordinación y el ejercicio efectivo de las competencias y funciones en materia ambiental para garantizar una gestión sostenible de los recursos naturales y la protección del medio ambiente en el país.

Fuente: "Plan de gestión ambiental en Lima promueve el transporte sostenible". Diario Gestión. 15 de marzo de 2023.

Artículo 61.- De la concertación en la gestión ambiental regional

Los gobiernos regionales, a través de sus Gerencias de Recursos Naturales y Gestión del Medio Ambiente, y en coordinación con las Comisiones Ambientales Regionales y la Autoridad Ambiental Nacional, implementan un Sistema Regional de Gestión Ambiental, integrando a las entidades públicas y privadas que desempeñan funciones ambientales o que inciden sobre la calidad del medio ambiente, así como a la sociedad civil, en el ámbito de actuación del gobierno regional.

Comentario Artículo 61.- De la concertación en la gestión ambiental regional:

El artículo 61 de la Ley General del Ambiente del Perú establece la importancia de la concertación en la gestión ambiental regional. Según este artículo, los gobiernos regionales deben implementar un Sistema Regional de Gestión Ambiental, en coordinación con las Comisiones Ambientales Regionales y la Autoridad Ambiental Nacional.

Este sistema debe integrar a las entidades públicas y privadas que desempeñan funciones ambientales o que inciden sobre la calidad del medio ambiente, así como a la sociedad civil, en el ámbito de actuación del gobierno regional. La concertación y la participación activa de los diferentes actores en la gestión ambiental regional es crucial para garantizar una gestión integrada y sostenible de los recursos naturales y la protección del medio ambiente.

Desde mi perspectiva, la implementación de un Sistema Regional de Gestión Ambiental que integre a todas las entidades públicas y privadas, así como a la sociedad civil, en la gestión ambiental regional es un paso importante hacia una gestión ambiental integrada y sostenible en el país. Esto permite una coordinación efectiva entre los diferentes actores y una gestión más cercana y adaptada a las realidades locales.

Además, la participación activa de la sociedad civil en la gestión ambiental regional es importante para garantizar una gestión integrada y sostenible de los recursos naturales y la protección del medio ambiente. La sociedad civil puede aportar conocimientos y perspectivas valiosas para la gestión ambiental, y su participación activa en la toma de decisiones puede mejorar la efectividad y la legitimidad de las políticas ambientales.

El artículo 61 de la Ley General del Ambiente del Perú destaca la importancia de la concertación y la participación activa de los diferentes actores en la gestión ambiental regional. La implementación de un Sistema Regional de Gestión Ambiental que integre a todas las entidades públicas y privadas, así como a la sociedad civil, es un paso importante hacia una gestión ambiental integrada y sostenible en el país. Es fundamental promover una cultura de gestión ambiental integrada y participativa en todos los niveles de gobierno y en la sociedad en general para garantizar una gestión efectiva y sostenible de los recursos naturales y la protección del medio ambiente.

Además, es importante destacar que la participación activa de la sociedad civil en la gestión ambiental regional no solo es importante para garantizar una gestión integrada y sostenible de los recursos naturales y la protección del medio ambiente, sino que también es un derecho reconocido por la Ley General del Ambiente del Perú.

En este sentido, la Ley establece que toda persona tiene derecho a participar en la elaboración, implementación y evaluación de las políticas, planes, programas y proyectos que afecten el medio ambiente y los recursos naturales. La participación activa de la sociedad civil en la gestión ambiental regional es, por lo tanto, un derecho ciudadano y una herramienta fundamental para garantizar una gestión ambiental efectiva y sostenible.

El artículo 61 de la Ley General del Ambiente del Perú destaca la importancia de la concertación y la participación activa de los diferentes actores en la gestión ambiental regional. La implementación de un Sistema Regional de Gestión Ambiental que integre a todas las entidades públicas y privadas, así como a la sociedad civil, es un paso importante hacia una gestión ambiental integrada y sostenible en el país, y la participación activa de la sociedad civil es un derecho ciudadano y una herramienta fundamental para garantizar una gestión ambiental efectiva y sostenible.

Es importante promover y garantizar la participación activa de la sociedad civil en la gestión ambiental regional, a través de mecanismos de consulta y participación ciudadana, para lograr una gestión efectiva y sostenible de los recursos naturales y la protección del medio ambiente.

Ejemplo Artículo 61.- De la concertación en la gestión ambiental regional:

Un ejemplo recreado sobre de la importancia de la concertación y la participación activa de los diferentes actores en la gestión ambiental regional en Perú se encuentra en el caso de la región de Cusco. En esta región, se ha implementado un Sistema Regional de Gestión Ambiental que integra a todas las entidades públicas y privadas, así como a la sociedad civil, en la gestión ambiental regional.

Este sistema ha permitido una gestión más integrada y sostenible de los recursos naturales y la protección del medio ambiente en la región de Cusco. Además, la participación activa de la sociedad civil en la gestión ambiental regional ha permitido una toma de decisiones más cercana a las realidades locales y una mayor legitimidad de las políticas ambientales.

Desde mi perspectiva, este ejemplo demuestra la importancia de la concertación y la participación activa de los diferentes actores en la gestión ambiental regional para lograr una gestión efectiva y sostenible de los recursos naturales y la protección del medio ambiente en el país. Es fundamental promover y garantizar la participación activa de la sociedad civil en la gestión ambiental regional, a través de mecanismos de consulta y participación ciudadana, para lograr una gestión efectiva y sostenible de los recursos naturales y la protección del medio ambiente.

Asi también se debe mencionar sobre ...La presente Ordenanza Regional tiene por objeto asegurar el más eficaz cumplimiento de los objetivos ambientales de las entidades públicas, privadas y otras organizaciones que representen a la ciudadanía en general en la región Cusco; fortalecer los mecanismos de transectorialidad en la gestión ambiental regional, el rol que le corresponde al Gobierno Regional y a las entidades sectoriales, regionales y locales en el ejercicio de sus funciones ambientales en la Región Cusco a fin de garantizar que cumplan con sus funciones y de asegurar que se evite en el ejercicio de ellas superposiciones, omisiones, duplicidades, vacíos y conflictos. (Gobierno Regional del Cusco, 2004)

Otro ejemplo:

Gestión ambiental integrada y coordinada entre un gobierno regional y un municipio en Perú se encuentra en la región de La Libertad y el municipio de Trujillo. En esta región, se ha implementado un Sistema de Gestión Ambiental Integrado que busca coordinar la gestión ambiental entre el gobierno regional y los municipios de la región, incluyendo el municipio de Trujillo.

Este sistema ha permitido una gestión más integrada y sostenible de los recursos naturales y la protección del medio ambiente en la región de La Libertad y el municipio de Trujillo. Además, la participación activa de la sociedad civil en la gestión ambiental regional ha permitido una toma de decisiones más cercana a las realidades locales y una mayor legitimidad de las políticas ambientales.

Desde mi perspectiva, este ejemplo demuestra la importancia de la coordinación y la colaboración entre los diferentes niveles de gobierno y las entidades locales en la gestión ambiental integrada y sostenible. Es fundamental promover una cultura de gestión ambiental integrada y participativa en todos los niveles de gobierno y en la sociedad en general para garantizar una gestión efectiva y sostenible de los recursos naturales y la protección del medio ambiente.

Fuente: "Implementan sistema de gestión ambiental integrado en La Libertad". Agencia Andina. 15 de marzo de 2023.

Artículo 62.- De la concertación en la gestión ambiental local

Los gobiernos locales organizan el ejercicio de sus funciones ambientales, considerando el diseño y la estructuración de sus órganos internos o comisiones, en base a sus recursos, necesidades y el carácter transversal de la gestión ambiental. Deben implementar un Sistema Local de Gestión Ambiental, integrando a las entidades públicas y privadas que desempeñan funciones ambientales o que inciden sobre la calidad del medio ambiente, así como a la sociedad civil, en el ámbito de actuación del gobierno local.

Comentario Artículo 62.- De la concertación en la gestión ambiental local:

El artículo 62 de la Ley General del Ambiente del Perú destaca la importancia de la concertación en la gestión ambiental local. En este sentido, se establece que los gobiernos locales o municipios provinciales o municipios distritales deben organizar el ejercicio de sus funciones ambientales, considerando el diseño y la estructuración de sus órganos internos o comisiones, en base a sus recursos, necesidades y el carácter transversal de la gestión ambiental.

Es fundamental que los gobiernos locales implementen un Sistema Local de Gestión Ambiental que integre a las entidades públicas y privadas que desempeñan funciones ambientales o que inciden sobre la calidad del medio ambiente, así como a la sociedad civil, en el ámbito de actuación del gobierno local. La participación activa de la sociedad civil en la gestión ambiental local es importante para garantizar una gestión integrada y sostenible de los recursos naturales y la protección del medio ambiente.

Desde mi perspectiva, el artículo 62 de la Ley General del Ambiente del Perú es un avance significativo en la gestión ambiental local y destaca la importancia de la concertación y la participación activa de la sociedad civil en la gestión ambiental local. Es fundamental que los gobiernos locales implementen mecanismos de consulta y participación ciudadana para involucrar a la sociedad civil en la toma de decisiones y garantizar una gestión ambiental efectiva y sostenible.

Además, la implementación de un Sistema Local de Gestión Ambiental que integre a todas las entidades públicas y privadas que desempeñan funciones ambientales o que inciden sobre la calidad del medio ambiente es importante para garantizar una gestión integrada y sostenible de los recursos naturales y la protección del medio ambiente. La coordinación efectiva entre los diferentes actores y la participación activa de la sociedad civil pueden mejorar la efectividad y la legitimidad de las políticas ambientales.

El artículo 62 de la Ley General del Ambiente del Perú destaca la importancia de la concertación y la participación activa de la sociedad civil en la gestión ambiental local. La implementación de un Sistema Local de Gestión Ambiental que integre a todas las entidades públicas y privadas que desempeñan funciones ambientales o que inciden sobre la calidad del medio ambiente, así como a la sociedad civil, es un paso importante hacia una gestión ambiental integrada y sostenible en el país. Es fundamental promover una cultura de gestión ambiental integrada y participativa en todos los niveles de gobierno y en la sociedad en general para garantizar una gestión efectiva y sostenible de los recursos naturales y la protección del medio ambiente.

Ejemplo Artículo 62.- De la concertación en la gestión ambiental local:

Un ejemplo de la importancia de la concertación y la participación activa de la sociedad civil en la gestión ambiental local en Perú se encuentra en el municipio de San Isidro, en la provincia de Lima. En este municipio, se ha implementado un Sistema Local de Gestión Ambiental que integra a todas las entidades públicas y privadas que desempeñan funciones ambientales o que inciden sobre la calidad del medio ambiente, así como a la sociedad civil, en el ámbito de actuación del gobierno local.

Este sistema ha permitido una gestión más integrada y sostenible de los recursos naturales y la protección del medio ambiente en el municipio de San Isidro. Además, la participación activa de la sociedad civil en la gestión ambiental local ha permitido una toma de decisiones más cercana a las realidades locales y una mayor legitimidad de las políticas ambientales.

Desde mi perspectiva, este ejemplo demuestra la importancia de la implementación de un Sistema Local de Gestión Ambiental que integre a todas las entidades públicas y privadas que desempeñan funciones ambientales o que inciden sobre la calidad del medio ambiente, así como a la sociedad civil, en la gestión ambiental local. Esto permite una coordinación efectiva entre los diferentes actores y una gestión más cercana y adaptada a las realidades locales.

Además, la participación activa de la sociedad civil en la gestión ambiental local es importante para garantizar una gestión integrada y sostenible de los recursos naturales y la protección del medio ambiente. La sociedad civil puede aportar conocimientos y perspectivas valiosas para la gestión ambiental, y su participación activa en la toma de decisiones puede mejorar la efectividad y la legitimidad de las políticas ambientales.

El ejemplo de San Isidro destaca la importancia de la concertación y la participación activa de la sociedad civil en la gestión ambiental local. La implementación de un Sistema Local de Gestión Ambiental que integre a todas las entidades públicas y privadas que desempeñan funciones ambientales o que inciden sobre la calidad del medio ambiente, así como a la sociedad civil, es un paso importante hacia una gestión ambiental integrada y sostenible en el país. Es fundamental promover una cultura de gestión ambiental integrada y participativa en todos los niveles de gobierno y en la sociedad en general para garantizar una gestión efectiva y sostenible de los recursos naturales y la protección del medio ambiente.

Otro ejemplo:

La importancia de la concertación y la participación activa de la sociedad civil en la gestión ambiental local en Perú se encuentra en la ciudad de Arequipa. En esta ciudad, se ha implementado un Sistema de Gestión Ambiental Municipal que integra a todas las entidades públicas y privadas que desempeñan funciones ambientales o que inciden en la calidad del medio ambiente, así como a la sociedad civil, en el ámbito de actuación del gobierno local.

Este sistema ha permitido una gestión más integrada y sostenible de los recursos naturales y la protección del medio ambiente en la ciudad de Arequipa. Además, la participación activa de la sociedad civil en la gestión ambiental local ha permitido una toma de decisiones más cercana a las realidades locales y una mayor legitimidad de las políticas ambientales.

Este ejemplo demuestra la importancia de la implementación de un Sistema de Gestión Ambiental Municipal que integre a todas las entidades públicas y privadas que desempeñan funciones ambientales o que inciden en la calidad del medio ambiente, así como a la sociedad civil, en la gestión ambiental local. Esto permite una coordinación efectiva entre los diferentes actores y una gestión más cercana y adaptada a las realidades locales.

Además, la participación activa de la sociedad civil en la gestión ambiental local es importante para garantizar una gestión integrada y sostenible de los recursos naturales y la protección del medio ambiente. La sociedad civil puede aportar conocimientos y perspectivas valiosas para la gestión ambiental, y su participación activa en la toma de decisiones puede mejorar la efectividad y la legitimidad de las políticas ambientales.

El ejemplo de Arequipa destaca la importancia de la concertación y la participación activa de la sociedad civil en la gestión ambiental local. La implementación de un Sistema de Gestión Ambiental Municipal que integre a todas las entidades públicas y privadas que desempeñan funciones ambientales o que inciden en la calidad del medio ambiente, así como a la sociedad civil, es un paso importante hacia una gestión ambiental integrada y sostenible en el país. Es fundamental promover una cultura de gestión ambiental integrada y participativa en todos los niveles de gobierno y en la sociedad en general para garantizar una gestión efectiva y sostenible de los recursos naturales y la protección del medio ambiente.

Del mismo modo la municipalidad provincial de Arequipa manifiesta que: ...Con la finalidad de crear proyectos y políticas de gestión que garanticen un adecuado manejo ambiental en la provincia de Arequipa, la municipalidad instaló la Comisión Ambiental Municipal 2023 (CAM), la cual está conformada por instituciones sociales y actores políticos. (Municipalidad provincial de Arequipa, 2023)

Artículo 63.- De los fondos de interés público

La aplicación de los recursos financieros que administran los fondos de interés público en los que participa el Estado, sean de derecho público o privado, se realiza tomando en cuenta los principios establecidos en la presente Ley y propiciando la investigación científica y tecnológica, la innovación productiva, la facilitación de la producción limpia y los bionegocios, así como el desarrollo social, sin perjuicio de los objetivos específicos para los cuales son creados.

Comentario Artículo 63.- De los fondos de interés público:

Considero que el artículo 63 de la Ley General del Ambiente es importante para garantizar que la aplicación de los recursos financieros que administran los fondos de interés público en los que participa el Estado, sean de derecho público o privado, tomen en cuenta los principios establecidos en la presente Ley y propicien la investigación científica y tecnológica, la innovación productiva, la facilitación de la producción limpia y los bionegocios, así como el desarrollo social, sin perjuicio de los objetivos específicos para los cuales son creados.

Es fundamental que los recursos financieros se utilicen de manera efectiva y sostenible para promover el desarrollo económico y social, al mismo tiempo que se protege el medio ambiente. En este sentido, la Ley General del Ambiente establece principios importantes como la prevención, precaución, mitigación, restauración y compensación ambiental, que deben ser considerados en la aplicación de los recursos financieros.

Además, la promoción de la investigación científica y tecnológica, la innovación productiva, la facilitación de la producción limpia y los bionegocios es fundamental para garantizar un desarrollo sostenible y proteger el medio ambiente. Estas actividades pueden promover la eficiencia en el uso de los recursos naturales, la reducción de la contaminación y la generación de empleo y riqueza sostenible.

El artículo 63 de la Ley General del Ambiente del Perú destaca la importancia de la aplicación efectiva y sostenible de los recursos financieros que administran los fondos de interés público en los que participa el Estado, sean de derecho público o privado. Es fundamental que se promueva la investigación científica y tecnológica, la innovación productiva, la facilitación de la producción limpia y los bionegocios, así como el desarrollo social, sin perjuicio de los objetivos específicos para los cuales son creados. La protección del medio ambiente y el desarrollo sostenible deben ser considerados en la aplicación de los recursos financieros. Como especialista ambiental y abogado de leyes del Perú, considero que es fundamental promover una cultura de gestión ambiental integrada y sostenible en todos los niveles de gobierno y en la sociedad en general para garantizar una gestión efectiva y sostenible de los recursos naturales y la protección del medio ambiente.

Además, es importante destacar que los fondos de interés público pueden ser creados con objetivos específicos, como la protección de la biodiversidad, el cambio climático, la gestión de residuos sólidos, entre otros. Es fundamental que los recursos financieros sean utilizados de manera efectiva y sostenible para lograr estos objetivos específicos, así como para promover el desarrollo económico y social, sin perjudicar el medio ambiente.

En este sentido, la Ley General del Ambiente establece la obligación de realizar evaluaciones ambientales estratégicas y evaluaciones de impacto ambiental para proyectos y actividades que puedan tener un impacto significativo en el medio ambiente. Estas evaluaciones son importantes para garantizar que los proyectos y actividades se realicen de manera sostenible y se minimice su impacto ambiental.

Considero que el artículo 63 de la Ley General del Ambiente es importante para garantizar una gestión efectiva y sostenible de los recursos financieros que administran los fondos de interés público en los que participa el Estado. Es fundamental que se promueva la investigación científica y tecnológica, la innovación productiva, la facilitación de la producción limpia y los bionegocios, así como el desarrollo social, sin perjuicio de los objetivos específicos para los cuales son creados y se proteja el medio ambiente.

Además, es importante que se realicen evaluaciones ambientales estratégicas y evaluaciones de impacto ambiental para proyectos y actividades que puedan tener un impacto significativo en el medio ambiente. Esto es fundamental para garantizar que los proyectos y actividades se realicen de manera sostenible y se minimice su impacto ambiental. En resumen, la aplicación efectiva de los recursos financieros es clave para garantizar el desarrollo sostenible del país y la protección del medio ambiente.

Ejemplo Artículo 63.- De los fondos de interés público:

En un país con una importante biodiversidad y recursos naturales, se ha establecido la obligación de administrar los recursos financieros de los fondos de interés público en línea con los principios de la Ley y con el objetivo de fomentar la investigación científica y tecnológica, la innovación productiva, la producción limpia y los bionegocios, así como el desarrollo social.

Para cumplir con estos objetivos, se ha creado el Fondo Nacional de Innovación y Desarrollo Sostenible, que tiene como objetivo financiar proyectos de investigación y desarrollo tecnológico que contribuyan al crecimiento económico sostenible y a la reducción de la pobreza en el país. El fondo también busca promover la producción limpia y los bionegocios, y aportar al desarrollo social a través de la generación de empleo y la mejora de la calidad de vida de la población.

Además, se ha creado el Fondo Nacional para la Conservación de la Biodiversidad, que tiene como objetivo financiar proyectos de conservación y uso sostenible de la biodiversidad, así como promover la investigación científica y tecnológica relacionada con la biodiversidad. El fondo también busca fomentar la producción limpia y los bionegocios, y aportar al desarrollo social a través de la creación de empleo y la mejora de la calidad de vida de las comunidades locales que dependen de los recursos naturales.

Ambos fondos cuentan con mecanismos de transparencia y rendición de cuentas, así como con la participación de la sociedad civil en la toma de decisiones sobre la asignación de recursos. De esta manera, se garantiza una gestión responsable y efectiva de los recursos financieros de los fondos de interés público, en línea con los principios establecidos en la Ley y con el objetivo de contribuir al desarrollo sostenible y a la mejora de la calidad de vida de la población.

Otro ejemplo:

En un país con una importante producción agrícola como Perú, se ha establecido la obligación de administrar los recursos financieros de los fondos de interés público en línea con los principios de la Ley y con el objetivo de fomentar la innovación productiva, la producción limpia y el desarrollo social en el sector agropecuario.

Para cumplir con estos objetivos, se ha creado el Fondo Nacional de Desarrollo Agropecuario[3], que tiene como objetivo financiar proyectos de investigación y desarrollo tecnológico en el sector agropecuario, así como la promoción de prácticas productivas sostenibles y la modernización de la infraestructura agropecuaria. El fondo también busca fomentar la producción limpia y la implementación de tecnologías amigables con el medio ambiente, y aportar al desarrollo social a través de la generación de empleo y la mejora de la calidad de vida de las comunidades rurales.

---

[3] FAE AGRO - Créditos Fáciles para el Agro - https://www.gob.pe/institucion/midagri/campa%C3%B1as/1358-fae-agro-creditos-faciles-para-el-agro

Además, se ha creado el Fondo Nacional para la Promoción de la Agricultura Familiar[4], que tiene como objetivo financiar proyectos de apoyo a la producción y comercialización de productos de la agricultura familiar, así como la promoción de prácticas productivas sostenibles y el fortalecimiento de las organizaciones de productores. El fondo también busca fomentar la producción limpia y aportar al desarrollo social a través de la creación de empleo y el fortalecimiento de las economías locales.

Ambos fondos cuentan con mecanismos de transparencia y rendición de cuentas, así como con la participación de las organizaciones de productores en la toma de decisiones sobre la asignación de recursos. De esta manera, se garantiza una gestión responsable y efectiva de los recursos financieros de los fondos de interés público, en línea con los principios establecidos en la Ley y con el objetivo de contribuir al desarrollo sostenible y a la mejora de la calidad de vida de las comunidades rurales.

---

[4] Estrategia nacional de agricultura familiar 2015 - 2021 - https://www.agroru-ral.gob.pe/wp-content/uploads/2016/02/enaf.pdf

Capítulo 3 - Población y ambiente

Artículo 64.- De los asentamientos poblacionales

En el diseño y aplicación de políticas públicas relativas a la creación, desarrollo y reubicación de asentamientos poblacionales, en sus respectivos instrumentos de planificación y en las decisiones relativas al acondicionamiento territorial y el desarrollo urbano, se consideran medidas de protección ambiental, en base a lo dispuesto en la presente Ley y en sus normas complementarias y reglamentarias, de forma que se aseguren condiciones adecuadas de habitabilidad en las ciudades y poblados del país, así como la protección de la salud, la conservación y aprovechamiento sostenible de los recursos naturales y la diversidad biológica y del patrimonio cultural asociado a ellas.

Comentario Artículo 64.- De los asentamientos poblacionales:

El Artículo 64 de la Ley General del Ambiente del Perú establece la importancia de considerar medidas de protección ambiental en el diseño y aplicación de políticas públicas relativas a la creación, desarrollo y reubicación de asentamientos poblacionales. Es fundamental que en el diseño de políticas públicas relacionadas con el acondicionamiento territorial y el desarrollo urbano se consideren medidas de protección ambiental para asegurar condiciones adecuadas de habitabilidad en las ciudades y poblados del país, así como la protección de la salud, la conservación y aprovechamiento sostenible de los recursos naturales y la diversidad biológica y del patrimonio cultural asociado a ellas.

En este sentido, es importante que se realicen evaluaciones ambientales estratégicas y evaluaciones de impacto ambiental para proyectos y actividades relacionadas con la creación, desarrollo y reubicación de asentamientos poblacionales. Estas evaluaciones son importantes para garantizar que los proyectos y actividades se realicen de manera sostenible y se minimice su impacto ambiental.

Además, es fundamental que se promueva la participación activa de la sociedad civil en el diseño y aplicación de políticas públicas relacionadas con la creación, desarrollo y reubicación de asentamientos poblacionales. La participación activa de la sociedad civil es importante para garantizar una gestión más cercana y adaptada a las realidades locales, y para mejorar la efectividad y la legitimidad de las políticas ambientales.

El Artículo 64 de la Ley General del Ambiente es importante para garantizar que en el diseño y aplicación de políticas públicas relacionadas con la creación, desarrollo y reubicación de asentamientos poblacionales se consideren medidas de protección ambiental para asegurar condiciones adecuadas de habitabilidad en las ciudades y poblados del país, así como la protección de la salud, la conservación y aprovechamiento sostenible de los recursos naturales y la diversidad biológica y del patrimonio cultural asociado a ellas. La realización de evaluaciones ambientales estratégicas y la promoción de la participación activa de la sociedad civil son fundamentales para garantizar una gestión más efectiva y sostenible de los recursos naturales y la protección del medio ambiente.

Es importante destacar que en el Perú existen graves problemas de invasiones y tráfico de terrenos, lo que ha llevado a la creación de pueblos jóvenes en zonas inadecuadas y con deficiente infraestructura y servicios básicos. Estas situaciones afectan directamente la calidad de vida de las personas y el medio ambiente.

En este sentido, la aplicación del Artículo 64 de la Ley General del Ambiente es fundamental para garantizar que en la creación, desarrollo y reubicación de asentamientos poblacionales se consideren medidas de protección ambiental y se aseguren condiciones adecuadas de habitabilidad en las ciudades y poblados del país.

Es importante que en la aplicación de este artículo se promueva la participación activa de la sociedad civil y se realicen evaluaciones ambientales estratégicas y evaluaciones de impacto ambiental para proyectos y actividades relacionados con la creación, desarrollo y reubicación de asentamientos poblacionales. De esta manera, se garantiza una gestión más efectiva y sostenible de los recursos naturales y la protección del medio ambiente.

La aplicación del Artículo 64 de la Ley General del Ambiente es fundamental para garantizar que se consideren medidas de protección ambiental en la creación, desarrollo y reubicación de asentamientos poblacionales en el Perú, especialmente en el contexto de invasiones y tráfico de terrenos que llevan a la creación de pueblos jóvenes en zonas inadecuadas. La participación activa de la sociedad civil y la realización de evaluaciones ambientales estratégicas y evaluaciones de impacto ambiental son fundamentales para garantizar una gestión más efectiva y sostenible de los recursos naturales y la protección del medio ambiente en el país.

Ejemplo Artículo 64.- De los asentamientos poblacionales:

Como ejemplo se puede mencionar con una importante tasa de crecimiento urbano, se ha establecido la obligación de considerar medidas de protección ambiental en el diseño y aplicación de políticas públicas relacionadas con la creación, desarrollo y reubicación de asentamientos poblacionales, en línea con lo establecido en la Ley y sus normas complementarias y reglamentarias.

Para cumplir con estos objetivos, se ha creado el Plan Nacional de Acondicionamiento Territorial y Desarrollo Urbano, que tiene como objetivo establecer las directrices para el desarrollo urbano sostenible y la protección ambiental en todo el país. El plan contempla medidas para la conservación y uso sostenible de los recursos naturales, la diversidad biológica y el patrimonio cultural asociado a las ciudades y poblados del país. Donde ...la municipalidad provincial que orienta y regula la organización físico-espacial del territorio de una provincia, cuenca o litoral; a fin de lograr una adecuada ocupación del territorio mediante el aprovechamiento sostenible de los recursos, así como la conservación, protección y patrimonio natural y cultural. (Poder Ejecutivo del Perú, 2022)

Además, se ha establecido la obligación de realizar estudios de impacto ambiental y social en los procesos de creación, desarrollo y reubicación de asentamientos poblacionales, con el fin de evaluar los posibles efectos negativos en el medio ambiente y en la calidad de vida de las comunidades afectadas. Estos estudios son tomados en cuenta en las decisiones relativas al acondicionamiento territorial y el desarrollo urbano, de forma que se aseguren condiciones adecuadas de habitabilidad en las ciudades y poblados del país, así como la protección de la salud de los habitantes.

Asimismo, se ha creado el Plan Nacional de Desarrollo Urbano y Ambiental, que tiene como objetivo financiar proyectos de desarrollo urbano sostenible y protección ambiental en todo el país. El fondo contempla medidas para la promoción de tecnologías amigables con el medio ambiente, la construcción de infraestructura verde y la promoción de la movilidad sostenible.

Es asi que ... La planificación urbana y territorial en Perú se realiza al nivel nacional, regional y local por las autoridades del gobierno nacional, los gobiernos departamentales y municipales (provinciales y distritales) y través de leyes, decretos y reglamentos que establecen diversos programas y planes. El Plan Estratégico de Desarrollo Nacional - Plan Bicentenario: El Perú hacia el 2021 establece una visión comprehensiva del desarrollo del país incluyendo aspectos importantes en materia de planeamiento territorial como el desarrollo regional, la infraestructura y la vivienda. Al nivel local, el Reglamento del Acondicionamiento Territorial presenta un conjunto de instrumentos de planificación urbana y territorial para las municipalidades provinciales y distritales, permitiendo avances en el área. (Plataforma urbana y de ciudades de Amarica Latina y el Caribe, s.f.)

La protección ambiental y el desarrollo sostenible son fundamentales en la creación, desarrollo y reubicación de asentamientos poblacionales. La evaluación de impacto ambiental y social, el Plan Nacional de Acondicionamiento Territorial y Desarrollo Urbano y el Fondo Nacional de Desarrollo Urbano y Ambiental son algunas de las herramientas que se pueden utilizar para fomentar el desarrollo sostenible y la protección ambiental en las ciudades y poblados del país.

La implementación del Artículo 64 de la Ley General del Ambiente es fundamental para garantizar que se consideren medidas de protección ambiental en la creación, desarrollo y reubicación de asentamientos poblacionales en el Perú. La reubicación de asenta-

mientos humanos en zonas de alto riesgo, como el proyecto implementado en Lima, es un ejemplo concreto de la aplicación efectiva
de este artículo y demuestra la importancia de la participación activa
de la sociedad civil y de los fondos de interés público en la financia-
ción de proyectos sostenibles en el país.

Artículo 65.- De las políticas poblacionales y gestión ambiental

El crecimiento de la población y su ubicación dentro del territorio
son variables que se consideran en las políticas ambientales y de
promoción del desarrollo sostenible. Del mismo modo, las políticas
de desarrollo urbano y rural deben considerar el impacto de la población sobre la calidad del ambiente y sus componentes.

*Comentario Artículo 65.- De las políticas poblacionales y gestión
ambiental:*

El artículo 65 de la Ley General del Ambiente establece que las
políticas poblacionales y la gestión ambiental están estrechamente
relacionadas y deben ser consideradas juntas en cualquier planificación a nivel gubernamental. En este sentido, las políticas ambientales deben tener en cuenta el crecimiento de la población y su ubicación dentro del territorio, ya que esto puede tener un impacto significativo en la calidad del ambiente y sus componentes.

De igual manera, las políticas de desarrollo urbano y rural también deben tomar en cuenta el impacto de la población sobre el ambiente. La planificación responsable del desarrollo de las áreas urbanas y rurales puede ayudar a reducir los impactos negativos que
la población pueda tener sobre el ambiente, y promover un desarrollo sostenible.

Es importante destacar que la planificación de las políticas poblacionales y ambientales debe ser holística y considerar todos los
aspectos del ambiente, incluyendo los recursos naturales, la biodiversidad, el aire, el agua y el suelo. Además, es fundamental que
estas políticas estén basadas en datos científicos y tecnológicos confiables, y que se realice una evaluación rigurosa de los impactos ambientales antes de tomar cualquier decisión.

En este sentido, la participación activa de la sociedad civil y las comunidades locales es esencial para asegurar que las políticas poblacionales y ambientales sean efectivas y sostenibles. Las políticas deben ser diseñadas de manera inclusiva, considerando las necesidades y perspectivas de todas las partes interesadas, incluyendo a los grupos más vulnerables.

El artículo 65 de la Ley General del Ambiente destaca la importancia de considerar la población y su ubicación dentro del territorio en la planificación de políticas ambientales y de desarrollo sostenible. Para lograr una planificación efectiva, es necesario tomar en cuenta todos los aspectos del ambiente, incluyendo los recursos naturales, la biodiversidad, el aire, el agua y el suelo, y asegurar la participación activa de la sociedad civil y las comunidades locales. Solo así se podrá garantizar un desarrollo sostenible y la protección del ambiente para las generaciones presentes y futuras.

Además, es importante destacar que la gestión ambiental debe ser considerada como una responsabilidad compartida entre el gobierno, el sector privado y la sociedad en general. Las políticas ambientales deben ser diseñadas de manera que incentiven y promuevan la participación activa de todos los actores involucrados en la gestión ambiental.

En este sentido, se deben establecer mecanismos de coordinación y cooperación entre los diferentes sectores y actores involucrados en la gestión ambiental. La colaboración entre el gobierno, el sector privado y la sociedad civil puede ayudar a asegurar una gestión ambiental sostenible y efectiva, y a lograr un desarrollo sostenible.

La gestión ambiental también debe ser basada en el principio de precaución, que establece que, en caso de incertidumbre científica sobre los impactos ambientales de una actividad o proyecto, se deben tomar medidas preventivas para evitar daños al ambiente y a la salud humana. Este principio es fundamental para garantizar la protección del ambiente y la salud de las personas, especialmente en situaciones de riesgo ambiental.

Otro aspecto importante que se debe considerar en la gestión ambiental es la evaluación de impacto ambiental. Esta evaluación debe ser realizada antes de la implementación de cualquier actividad o proyecto que pueda tener un impacto significativo en el ambiente. La evaluación de impacto ambiental es una herramienta importante para identificar los riesgos ambientales y sociales de una actividad o proyecto, y para proponer medidas de mitigación o compensación de los impactos negativos.

La gestión ambiental es una responsabilidad compartida entre el gobierno, el sector privado y la sociedad en general. Las políticas ambientales deben promover la participación activa de todos los actores involucrados en la gestión ambiental y deben estar basadas en el principio de precaución y la evaluación de impacto ambiental. Solo así se podrá garantizar un desarrollo sostenible y una gestión ambiental efectiva y sostenible.

Ejemplo Artículo 65.- De las políticas poblacionales y gestión ambiental:

A pesar de los esfuerzos, Perú todavía enfrenta importantes desafíos en la gestión ambiental. Uno de los principales desafíos es la falta de recursos y capacidad para implementar adecuadamente las políticas y leyes ambientales. Además, la falta de conciencia y compromiso de algunos sectores de la población y empresas sobre la importancia de la gestión ambiental sigue siendo un obstáculo para lograr un desarrollo sostenible.

La gestión en Perú ha tomado medidas importantes en la gestión ambiental para proteger el ambiente y garantizar un desarrollo sostenible. Sin embargo, todavía hay desafíos importantes que deben ser abordados en la implementación efectiva de las políticas y leyes ambientales. Es necesario seguir trabajando en la promoción de la conciencia y el compromiso de todos los sectores de la sociedad sobre la importancia de la gestión ambiental para lograr un desarrollo sostenible en el país.

Artículo 66.- De la salud ambiental

66.1 La prevención de riesgos y daños a la salud de las personas es prioritaria en la gestión ambiental. Es responsabilidad del Estado, a través de la Autoridad de Salud y de las personas naturales y jurídicas dentro del territorio nacional, contribuir a una efectiva gestión del ambiente y de los factores que generan riesgos a la salud de las personas.

66.2 La Política Nacional de Salud incorpora la política de salud ambiental como área prioritaria, a fin de velar por la minimización de riesgos ambientales derivados de las actividades y materias comprendidas bajo el ámbito de este sector.

Comentario Artículo 66.- De la salud ambiental:

El artículo 66 de la Ley General del Ambiente establece la importancia de la salud ambiental en la gestión ambiental y cómo la prevención de riesgos y daños a la salud de las personas debe ser una prioridad en la gestión ambiental. En este sentido, se trata de una responsabilidad compartida entre el Estado, las autoridades de salud y las personas naturales y jurídicas dentro del territorio nacional.

Es fundamental que se adopten medidas preventivas para minimizar los riesgos ambientales que puedan afectar la salud de las personas. Esto implica la adopción de políticas y estrategias que prioricen la protección de la salud ambiental como un área prioritaria dentro de la Política Nacional de Salud.

La prevención de riesgos y daños a la salud de las personas debe ser una prioridad en la gestión ambiental, ya que la exposición a factores ambientales de riesgo puede tener graves consecuencias para la salud pública. Los riesgos ambientales pueden ser causados por diversos factores, como la contaminación del aire, del agua y del suelo, la exposición a sustancias químicas tóxicas, la radiación, entre otros.

En este sentido, es necesario establecer mecanismos de coordinación entre las autoridades ambientales y de salud para garantizar una gestión ambiental efectiva y proteger la salud de las personas. Esto implica la identificación de los riesgos ambientales, la evaluación de los impactos sobre la salud y la adopción de medidas preventivas para minimizar dichos riesgos.

Es importante destacar que la salud ambiental no solo implica la protección de la salud pública, sino también la promoción de la salud y el bienestar de las personas a través de un ambiente saludable. La promoción de un ambiente saludable implica la adopción de políticas y estrategias orientadas a la prevención de enfermedades y la promoción de estilos de vida saludables.

El artículo 66 de la Ley General del Ambiente establece la importancia de la salud ambiental en la gestión ambiental y cómo la prevención de riesgos y daños a la salud de las personas debe ser una prioridad en la gestión ambiental. Es fundamental que se adopten medidas preventivas para minimizar los riesgos ambientales que puedan afectar la salud de las personas, y se establezcan mecanismos de coordinación entre las autoridades ambientales y de salud para garantizar una gestión ambiental efectiva y proteger la salud de las personas. La promoción de un ambiente saludable es esencial para la promoción de la salud y el bienestar de las personas.

Es importante destacar que la salud ambiental también tiene una dimensión social y económica. La exposición a riesgos ambientales puede tener un impacto desproporcionado en las poblaciones más vulnerables, como las personas de bajos ingresos, las comunidades indígenas y las poblaciones rurales. Por lo tanto, es necesario adoptar un enfoque de equidad en la gestión ambiental para garantizar que todas las personas tengan acceso a un ambiente saludable y seguro.

En este sentido, la Política Nacional de Salud debe incorporar la política de salud ambiental como un área prioritaria para velar por la minimización de riesgos ambientales derivados de las actividades y materias comprendidas bajo el ámbito de este sector. Esto implica la adopción de políticas y estrategias que prioricen la promoción de un ambiente saludable y seguro para todas las personas, independientemente de su condición socioeconómica.

Además, es importante destacar que la gestión ambiental y la salud ambiental están estrechamente relacionadas con la lucha contra el cambio climático. La mitigación y adaptación al cambio climático son fundamentales para proteger la salud de las personas y garantizar un ambiente saludable y seguro. La exposición a eventos climáticos extremos, como sequías, inundaciones y olas de calor, puede tener graves consecuencias para la salud pública, como el aumento de enfermedades respiratorias, cardiovasculares y transmitidas por vectores.

En este sentido, es necesario adoptar medidas para reducir las emisiones de gases de efecto invernadero y promover la adaptación al cambio climático. Esto implica la adopción de políticas y estrategias que fomenten el uso de energías limpias y renovables, la promoción de la eficiencia energética, la protección de los ecosistemas naturales y la adopción de medidas de adaptación, como la implementación de sistemas de alerta temprana, el fortalecimiento de la infraestructura de salud y la promoción de prácticas agrícolas sostenibles.

La gestión ambiental y la salud ambiental son fundamentales para garantizar un ambiente saludable y seguro para todas las personas. La prevención de riesgos y daños a la salud de las personas debe ser una prioridad en la gestión ambiental, y se deben adoptar medidas preventivas para minimizar los riesgos ambientales. Además, es necesario adoptar un enfoque de equidad en la gestión ambiental para garantizar que todas las personas tengan acceso a un ambiente saludable y seguro. La adopción de medidas para mitigar y adaptarse al cambio climático es fundamental para proteger la salud de las personas y garantizar un ambiente saludable y seguro.

Ejemplo Artículo 66.- De la salud ambiental:

Un ejemplo relevante de la importancia de la salud ambiental en Perú se relaciona con la contaminación del aire en Lima, la capital del país. Lima es una de las ciudades más contaminadas de América Latina, con niveles de contaminación del aire que superan los límites recomendados por la Organización Mundial de la Salud (OMS).

La contaminación del aire en Lima se debe en gran parte a la emisión de gases de escape de vehículos y la quema de residuos sólidos. Estos contaminantes del aire pueden tener graves consecuencias para la salud pública, como el aumento de enfermedades respiratorias, cardiovasculares y transmitidas por vectores.

Ante esta situación, el gobierno peruano ha adoptado medidas para reducir la contaminación del aire en Lima. En 2019, el Ministerio del Ambiente lanzó el Plan de Acción por la Calidad del Aire de Lima y Callao, que establece una serie de medidas para reducir las emisiones de gases contaminantes de vehículos y fuentes fijas, como las industrias y la quema de residuos.

Entre las medidas adoptadas se encuentran la promoción del uso de vehículos eléctricos y el mejoramiento del transporte público, la implementación de sistemas de vigilancia de la calidad del aire y la promoción de prácticas sostenibles en la gestión de residuos sólidos.

A pesar de estos esfuerzos, la contaminación del aire en Lima sigue siendo un problema importante para la salud pública. Es fundamental que se adopten medidas más efectivas para reducir las emisiones de gases contaminantes y promover un ambiente saludable en la ciudad.

La contaminación del aire en Lima es un ejemplo relevante de la importancia de la salud ambiental en Perú. La adopción de medidas para reducir la contaminación del aire es fundamental para proteger la salud de las personas y garantizar un ambiente saludable y seguro. Es necesario seguir trabajando en la promoción de prácticas sostenibles y la adopción de medidas más efectivas para reducir las emisiones de gases contaminantes en la ciudad.

Otro ejemplo:

La salud ambiental en Perú se relaciona con la contaminación del agua en la cuenca del río Rímac, que abastece de agua potable a la ciudad de Lima.

La contaminación del agua en la cuenca del río Rímac se debe en gran parte a la descarga de aguas residuales sin tratar por parte de las industrias y las poblaciones cercanas. Esta contaminación del agua puede tener graves consecuencias para la salud pública, como el aumento de enfermedades transmitidas por agua, como la diarrea y el cólera.

Ante esta situación, el gobierno peruano ha adoptado medidas para reducir la contaminación del agua en la cuenca del río Rímac.

En 2019, el Ministerio del Ambiente lanzó el Plan Nacional de Acción por los Recursos Hídricos[5], que establece una serie de medidas para proteger los recursos hídricos del país y garantizar el acceso al agua potable para la población.

Entre las medidas adoptadas se encuentran la implementación de sistemas de tratamiento de aguas residuales, la promoción de prácticas sostenibles en la gestión de residuos sólidos y la mejora de la infraestructura de agua y saneamiento en las zonas rurales.

A pesar de estos esfuerzos, la contaminación del agua en la cuenca del río Rímac sigue siendo un problema importante para la salud pública. Es fundamental que se adopten medidas más efectivas para reducir la contaminación del agua y garantizar el acceso al agua potable para la población.

La contaminación del agua en la cuenca del río Rímac es otro ejemplo relevante de la importancia de la salud ambiental en Perú. La adopción de medidas para reducir la contaminación del agua es fundamental para proteger la salud de las personas y garantizar el acceso al agua potable para la población. Es necesario seguir trabajando en la promoción de prácticas sostenibles y la adopción de medidas más efectivas para reducir la contaminación del agua en la cuenca del río Rímac.

Artículo 67.- Del saneamiento básico

Las autoridades públicas de nivel nacional, sectorial, regional y local priorizan medidas de saneamiento básico que incluyan la construcción y administración de infraestructura apropiada; la gestión y manejo adecuado del agua potable, las aguas pluviales, las aguas subterráneas, el sistema de alcantarillado público, el reúso de aguas servidas, la disposición de excretas y los residuos sólidos, en las zonas urbanas y rurales, promoviendo la universalidad, calidad y con-

---

5   https://www.ana.gob.pe/portal/gestion-del-conocimiento-girh/plan-nacional-de-recursos-hidricos#:~:text=El%20PNRH%20se%20apoyar%C3%A1%20en,y%20a%20mitigar%20los%20impactos%20extremos.

tinuidad de los servicios de saneamiento, así como el establecimiento de tarifas adecuadas y consistentes con el costo de dichos
servicios, su administración y mejoramiento.

Comentario Artículo 67.- Del saneamiento básico:

La Ley General del Ambiente establece que las autoridades públicas de nivel nacional, sectorial, regional y local deben priorizar
medidas de saneamiento básico que incluyan la construcción y administración de infraestructura apropiada para garantizar la universalidad, calidad y continuidad de los servicios de saneamiento en
zonas urbanas y rurales. Además, se debe promover el manejo adecuado del agua potable, las aguas pluviales, las aguas subterráneas,
el sistema de alcantarillado público, el reúso de aguas servidas, la
disposición de excretas y los residuos sólidos.

El saneamiento básico es fundamental para garantizar la protección del ambiente y la salud pública. La falta de acceso a servicios
de saneamiento adecuados puede tener graves consecuencias para la
salud de las personas, como el aumento de enfermedades transmitidas por el agua y la contaminación ambiental. Por lo tanto, es necesario adoptar medidas efectivas para garantizar el acceso a servicios
de saneamiento adecuados en todo el país.

En este sentido, es importante que las autoridades públicas establezcan tarifas adecuadas y consistentes con el costo de los servicios
de saneamiento, su administración y mejoramiento. Esto garantiza
que los servicios de saneamiento sean sostenibles y se puedan mantener y mejorar a largo plazo. Además, es necesario promover la
participación activa de la comunidad en la gestión y manejo de los
servicios de saneamiento, lo que puede mejorar la eficiencia y la
calidad de los servicios.

El saneamiento básico es un tema fundamental en la gestión ambiental y de salud pública. La priorización de medidas de saneamiento básico por parte de las autoridades públicas es esencial para
garantizar el acceso a servicios de saneamiento adecuados en todo
el país. La promoción de la participación activa de la comunidad y
el establecimiento de tarifas adecuadas son medidas importantes

para garantizar la sostenibilidad y mantenimiento de los servicios de saneamiento a largo plazo.

Es importante destacar que la Ley General del Ambiente establece disposiciones específicas para la gestión y manejo de residuos sólidos, que forman parte del saneamiento básico. La gestión adecuada de los residuos sólidos es fundamental para garantizar la protección del ambiente y la salud pública. Las autoridades públicas deben adoptar medidas para promover la reducción, la reutilización y el reciclaje de los residuos sólidos, así como la disposición final adecuada de los residuos que no pueden ser reciclados o reutilizados.

En este sentido, es importante promover la educación ambiental y la participación activa de la comunidad en la gestión de los residuos sólidos. Esto puede mejorar la eficiencia y la calidad de los servicios de gestión de residuos sólidos y promover prácticas sostenibles en la gestión de los residuos sólidos.

La gestión adecuada de los residuos sólidos es fundamental para garantizar la protección del ambiente y la salud pública. Las autoridades públicas deben adoptar medidas para promover la reducción, la reutilización y el reciclaje de los residuos sólidos, así como la disposición final adecuada de los residuos que no pueden ser reciclados o reutilizados. La participación activa de la comunidad y la educación ambiental son medidas importantes para mejorar la eficiencia y la calidad de los servicios de gestión de residuos sólidos.

Además, la Ley General del Ambiente establece que las autoridades públicas deben promover el reúso de aguas servidas como una medida para garantizar el acceso a servicios de saneamiento adecuados y sostenibles. El reúso de aguas servidas puede ser una alternativa efectiva para reducir la demanda de agua potable y, por lo tanto, disminuir la presión sobre los recursos hídricos.

Sin embargo, es importante destacar que el reúso de aguas servidas debe ser gestionado adecuadamente para garantizar la protección del ambiente y la salud pública. La reutilización de aguas servidas debe cumplir con estándares de calidad y ser tratada adecuadamente para eliminar los contaminantes y los patógenos presentes en el agua. Además, es fundamental que se promueva la educación y la información a la población sobre los beneficios y los riesgos del reúso de aguas servidas.

El reúso de aguas servidas puede ser una alternativa efectiva para garantizar el acceso a servicios de saneamiento adecuados y sostenibles. Sin embargo, es necesario adoptar medidas para garantizar la protección del ambiente y la salud pública, como el cumplimiento de estándares de calidad y el tratamiento adecuado del agua reutilizada. La promoción de la educación y la información a la población son medidas importantes para garantizar la aceptación y el uso adecuado del reúso de aguas servidas.

En resumen, la Ley General del Ambiente establece la importancia de priorizar medidas de saneamiento básico para garantizar la protección del ambiente y la salud pública. Las autoridades públicas deben adoptar medidas efectivas para garantizar el acceso a servicios de saneamiento adecuados, promoviendo la universalidad, calidad y continuidad de los servicios de saneamiento, estableciendo tarifas adecuadas y consistentes con el costo de dichos servicios, su administración y mejoramiento. Además, se deben promover medidas para la gestión adecuada de residuos sólidos y la reutilización de aguas servidas, garantizando siempre la protección del ambiente y la salud pública.

Ejemplo Artículo 67.- Del saneamiento básico:

En Perú, el saneamiento básico sigue siendo un reto importante para garantizar la protección del ambiente y la salud pública. Según la Encuesta Nacional de Hogares de 2020[6], solo el 78,5% de los hogares en Perú tiene acceso a servicios de saneamiento adecuados, lo que significa que más de 4 millones de peruanos aún carecen de acceso a servicios de saneamiento básico.

La falta de acceso a servicios de saneamiento adecuados tiene graves consecuencias para la salud de las personas y para el ambiente. La falta de acceso a agua potable y servicios de alcantarillado puede aumentar el riesgo de enfermedades transmitidas por el agua

---

[6] https://www.datosabiertos.gob.pe/dataset/encuesta-nacional-de-hogares-enaho-2020-instituto-nacional-de-estad%C3%ADstica-e-inform%C3%A1tica-inei

y la contaminación ambiental. Además, la gestión inadecuada de residuos sólidos puede tener un impacto negativo en la calidad del aire y del suelo y aumentar la presencia de vectores de enfermedades.

Ante esta situación, el gobierno peruano ha adoptado medidas para mejorar el acceso a servicios de saneamiento básico. En 2019, el Ministerio de Vivienda, Construcción y Saneamiento lanzó el Plan Nacional de Saneamiento 2019-2023[7], que establece metas claras para mejorar el acceso a servicios de saneamiento básico en todo el país. El plan establece metas de acceso a servicios de saneamiento básico para el 2023 del 90% para agua potable y el 80% para alcantarillado.

Además, el gobierno peruano ha adoptado medidas para promover la gestión adecuada de residuos sólidos. En 2020, se promulgó la Ley de Gestión Integral de Residuos Sólidos, que establece disposiciones para la gestión adecuada de residuos sólidos y promueve la reducción, reutilización y reciclaje de los residuos sólidos. La ley también establece la responsabilidad de los productores y los importadores de productos para la gestión adecuada de los residuos sólidos.

A pesar de estos esfuerzos, aún queda mucho por hacer para mejorar el acceso a servicios de saneamiento básico en Perú. Es fundamental que se adopten medidas más efectivas para garantizar el acceso a servicios de saneamiento adecuados en todo el país y que se promueva la educación y la información a la población sobre la importancia del saneamiento básico para la protección del ambiente y la salud pública.

El saneamiento básico sigue siendo un reto importante en Perú para garantizar la protección del ambiente y la salud pública. Es necesario adoptar medidas efectivas para mejorar el acceso a servicios de saneamiento básico en todo el país y promover la educación y la información a la población sobre la importancia del saneamiento básico. La implementación del Plan Nacional de Saneamiento y la Ley de Gestión Integral de Residuos Sólidos son pasos importantes en la

---

[7] https://www.gob.pe/institucion/vivienda/informes-publicaciones/2586305-plan-nacional-de-saneamiento-2022-2026

dirección correcta, pero se necesitan esfuerzos continuos para garantizar el acceso a servicios de saneamiento adecuados en todo el país.

Fuente: "Encuesta Nacional de Hogares 2020: 4.5 millones de peruanos viven sin saneamiento básico". Gestión. 25 de febrero de 2021.

Otro ejemplo:

En Huancavelica, el acceso a servicios de saneamiento básico ha mejorado significativamente en los últimos años. Según el Sistema Nacional de Información de Servicios de Saneamiento (SINAS), en 2018 el 79,7% de la población de la provincia tenía acceso a servicios de agua potable y el 55,2% tenía acceso a servicios de alcantarillado. Estas cifras representan un aumento significativo en comparación con las cifras de 2013, cuando solo el 67,8% de la población tenía acceso a servicios de agua potable y el 22,7% tenía acceso a servicios de alcantarillado.

Estos avances se deben a la implementación de proyectos y programas de mejoramiento de servicios de saneamiento básico en la provincia. Por ejemplo, en 2018 se inauguró el proyecto de mejoramiento del sistema de agua potable y alcantarillado en el distrito de Acoria, que benefició a más de 1,000 familias. Además, se han implementado programas de educación y capacitación para promover prácticas adecuadas de gestión de residuos sólidos.

A pesar de estos avances, aún queda mucho por hacer para garantizar el acceso a servicios de saneamiento básico en toda la provincia. Es necesario adoptar medidas adicionales para mejorar el acceso a servicios de agua potable y alcantarillado, especialmente en las zonas rurales de la provincia. Además, es fundamental promover la educación y la información a la población sobre la importancia del saneamiento básico para la protección del ambiente y la salud pública.

La Provincia de Huancavelica ha adoptado medidas efectivas para mejorar el acceso a servicios de saneamiento básico en los últimos años. Sin embargo, aún queda mucho por hacer para garantizar el acceso a servicios de saneamiento adecuados en toda la provincia. Es necesario adoptar medidas adicionales para mejorar el acceso a servicios de agua potable y alcantarillado, especialmente en las zonas rurales de la provincia, y promover la educación y la información a la población sobre la importancia del saneamiento básico para la protección del ambiente y la salud pública.

Artículo 68.- De los planes de desarrollo

68.1 Los planes de acondicionamiento territorial de las municipalidades consideran, según sea el caso, la disponibilidad de fuentes de abastecimiento de agua, así como áreas o zonas para la localización de infraestructura sanitaria, debiendo asegurar que se tomen en cuenta los criterios propios del tiempo de vida útil de esta infraestructura, la disposición de áreas de amortiguamiento para reducir impactos negativos sobre la salud de las personas y la calidad ambiental, su protección frente a desastres naturales, la prevención de riesgos sobre las aguas superficiales y subterráneas y los demás elementos del ambiente.

68.2 En los instrumentos de planificación y acondicionamiento territorial debe considerarse, necesariamente, la identificación de las áreas para la localización de la infraestructura de saneamiento básico.

Comentario Artículo 68.- De los planes de desarrollo:

La Ley General del Ambiente de Perú establece la importancia de considerar los criterios ambientales y sociales en los planes de desarrollo, específicamente en los planes de acondicionamiento territorial de las municipalidades. Es fundamental que estos planes consideren la disponibilidad de fuentes de abastecimiento de agua y las áreas o zonas para la localización de infraestructura sanitaria, asegurando que se tomen en cuenta los criterios propios del tiempo de vida útil de esta infraestructura, la disposición de áreas de amortiguamiento para reducir impactos negativos sobre la salud de las personas y la calidad ambiental, su protección frente a desastres naturales, la prevención de riesgos sobre las aguas superficiales y subterráneas y los demás elementos del ambiente.

Para cumplir con estos criterios, se requiere una planificación adecuada de la infraestructura necesaria para garantizar el acceso a servicios de saneamiento básico en las zonas urbanas y rurales. Esto implica la identificación de las áreas adecuadas para la localización de la infraestructura sanitaria, lo que permitirá una gestión adecuada de los residuos sólidos y la prevención de riesgos ambientales y sociales asociados con la disposición inadecuada de los residuos.

Los planes de desarrollo deben ser diseñados de manera que se garantice la protección del ambiente y la salud pública en la localización de infraestructura sanitaria, considerando los impactos ambientales y sociales que puedan generar. Es fundamental que se realicen estudios detallados sobre la disponibilidad y calidad del agua en la zona para garantizar que se pueda abastecer a la población de manera adecuada y sostenible, y que se consideren los riesgos ambientales que pueden surgir de la infraestructura sanitaria, como la contaminación del agua subterránea.

La Ley General del Ambiente establece la importancia de considerar los criterios ambientales y sociales en los planes de desarrollo, específicamente en los planes de acondicionamiento territorial de las municipalidades. La planificación adecuada de la infraestructura sanitaria es fundamental para garantizar el acceso a servicios de saneamiento básico en las zonas urbanas y rurales, y para prevenir los riesgos ambientales y sociales asociados con la disposición inadecuada de los residuos. Los planes de desarrollo deben ser diseñados de manera que se garantice la protección del ambiente y la salud pública en la localización de infraestructura sanitaria, considerando los impactos ambientales y sociales que puedan generar.

Además, es importante considerar que los planes de desarrollo deben ser flexibles y adaptativos a los cambios y necesidades de la población y el ambiente. Para ello, se requiere de una gestión adecuada de los recursos naturales y una planificación estratégica de la infraestructura necesaria para el desarrollo sostenible.

En este sentido, los ingenieros tienen un papel importante en la planificación y diseño de la infraestructura sanitaria y en la gestión de los recursos naturales. Es fundamental que se realicen estudios técnicos detallados para identificar las áreas adecuadas para la localización de la infraestructura sanitaria, así como para evaluar los impactos ambientales y sociales de la infraestructura propuesta.

Además, los ingenieros deben considerar la implementación de tecnologías sostenibles y eficientes en la gestión de los residuos sólidos y líquidos, así como en el tratamiento de las aguas residuales. Estas tecnologías pueden incluir sistemas de tratamiento de aguas residuales basados en la naturaleza, sistemas de gestión de residuos sólidos con enfoque en la reducción de residuos y la valorización de los mismos, y tecnologías de gestión energética y de recursos hídricos.

Los planes de desarrollo deben ser diseñados de manera que se garantice la sostenibilidad ambiental y social de la infraestructura sanitaria y la gestión de los recursos naturales. Los ingenieros tienen un papel importante en la planificación y diseño de la infraestructura sanitaria y en la implementación de tecnologías sostenibles y eficientes en la gestión de los residuos sólidos y líquidos, así como en el tratamiento de las aguas residuales. La gestión adecuada de los recursos naturales y una planificación estratégica de la infraestructura necesaria son fundamentales para el desarrollo sostenible y la protección del ambiente y la salud pública.

Ejemplo Artículo 68.- De los planes de desarrollo:

Para el presente ejemplo planteo lo siguiente …En una municipalidad ubicada en una zona con importantes desafíos ambientales y de abastecimiento de agua potable, se ha establecido la obligación de considerar la disponibilidad de fuentes de abastecimiento de agua y la localización de infraestructura sanitaria en los planes de acondicionamiento territorial, de forma que se asegure la provisión adecuada de servicios básicos a la población y la protección del medio ambiente.

Para cumplir con estos objetivos, se ha creado el Plan de Acondicionamiento Territorial de la Municipalidad, que tiene como objetivo establecer las directrices para el desarrollo urbano sostenible y la protección ambiental en todo el territorio municipal. El plan contempla medidas para la identificación de las áreas para la localización de la infraestructura de saneamiento básico, la disposición de áreas de amortiguamiento para reducir impactos negativos sobre la salud de las personas y la calidad ambiental, así como su protección frente a desastres naturales.

Además, se ha establecido la obligación de realizar estudios de impacto ambiental y social en los proyectos de infraestructura sanitaria, con el fin de evaluar los posibles efectos negativos sobre el medio ambiente y la calidad de vida de las comunidades afectadas. Estos estudios son tomados en cuenta en los planes de acondicionamiento territorial, de forma que se asegure el adecuado manejo ambiental y la protección del patrimonio natural y cultural del territorio municipal.

Asimismo, se ha creado el Fondo Municipal para el Desarrollo Ambiental, que tiene como objetivo financiar proyectos de desarrollo sostenible en todo el territorio municipal. El fondo contempla medidas para la promoción de tecnologías amigables con el medio ambiente, la construcción de infraestructura verde y la promoción de la movilidad sostenible.

Los planes de acondicionamiento territorial y los instrumentos de planificación deben considerar la disponibilidad de fuentes de abastecimiento de agua y la localización de infraestructura sanitaria, de forma que se asegure la provisión adecuada de servicios básicos a la población y la protección del medio ambiente. La identificación de las áreas para la localización de la infraestructura de saneamiento básico, la disposición de áreas de amortiguamiento, la evaluación de impacto ambiental y social en los proyectos de infraestructura sanitaria y el Fondo Municipal para el Desarrollo Ambiental son algunas de las herramientas que se pueden utilizar para fomentar el desarrollo sostenible y proteger el medio ambiente y la calidad de vida de las comunidades afectadas.

Artículo 69.- De la relación entre cultura y ambiente

La relación entre los seres humanos y el ambiente en el cual viven constituye parte de la cultura de los pueblos. Las autoridades públicas alientan aquellas expresiones culturales que contribuyan a la conservación y protección del ambiente y desincentivan aquellas contrarias a tales fines.

Comentario Artículo 69.- De la relación entre cultura y ambiente:

La Ley General del Ambiente de Perú establece la obligación de las autoridades públicas de promover la conservación y protección del ambiente y de incentivar aquellas expresiones culturales que contribuyan a estos fines. Esta relación entre cultura y ambiente es fundamental, ya que la cultura de los pueblos puede influir en la forma en que se relacionan con el ambiente y en la adopción de prácticas sostenibles.

Por tanto, las autoridades públicas deben promover el conocimiento y la valoración de la biodiversidad y los ecosistemas, así como de las prácticas culturales que contribuyen a la conservación y protección del ambiente. Además, deben desincentivar aquellas prácticas culturales que resulten perjudiciales para el ambiente, como la caza y pesca ilegal, la tala indiscriminada de árboles y la contaminación de los cuerpos de agua.

En este sentido, la población tiene un papel importante en la promoción de prácticas sostenibles en la gestión de los recursos naturales y la infraestructura sanitaria. Es fundamental que se realicen estudios técnicos detallados para identificar las áreas adecuadas para la localización de la infraestructura sanitaria y los impactos ambientales y sociales de la infraestructura propuesta, teniendo en cuenta las prácticas culturales de la población local.

Además, es importante que se promueva la participación ciudadana en la gestión ambiental y se fomente la educación y concientización sobre la importancia de la gestión adecuada de los residuos sólidos y líquidos y el uso sostenible de los recursos naturales. La participación ciudadana puede contribuir a la identificación de problemas y a la implementación de soluciones más adecuadas y eficientes, teniendo en cuenta las prácticas culturales y las necesidades de la población.

La relación entre cultura y ambiente es fundamental para el desarrollo sostenible y la protección del ambiente y la salud pública en Perú. Las autoridades públicas deben promover prácticas culturales que contribuyan a la conservación y protección del ambiente y desincentivar aquellas contrarias a tales fines. Los ingenieros tienen un papel importante en la promoción de prácticas sostenibles en la gestión de los recursos naturales y la infraestructura sanitaria, teniendo en cuenta las prácticas culturales de la población local y promoviendo la participación ciudadana en la gestión ambiental.

La relación entre cultura y ambiente es un tema importante en Perú. La cultura de los pueblos puede influir en la forma en que se relacionan con el ambiente y en la adopción de prácticas sostenibles. En este sentido, la Ley General del Ambiente establece la obligación de las autoridades públicas de promover la conservación y protección del ambiente y de incentivar aquellas expresiones culturales que contribuyan a estos fines.

Es importante que se promueva el conocimiento y la valoración de la biodiversidad y los ecosistemas, así como de las prácticas culturales que contribuyen a la conservación y protección del ambiente. Esto implica trabajar en conjunto con las comunidades locales, respetando sus prácticas y conocimientos ancestrales sobre el uso sostenible de los recursos naturales y promoviendo la participación ciudadana en la gestión ambiental.

Además, es necesario desincentivar aquellas prácticas culturales que resulten perjudiciales para el ambiente, como la caza y pesca ilegal, la tala indiscriminada de árboles y la contaminación de los cuerpos de agua. Para ello, es fundamental que se promueva la educación y concientización sobre la importancia de la gestión adecuada de los residuos sólidos y líquidos y el uso sostenible de los recursos naturales.

La relación entre cultura y ambiente es fundamental para el desarrollo sostenible y la protección del ambiente y la salud pública en Perú. Las autoridades públicas deben promover prácticas culturales que contribuyan a la conservación y protección del ambiente y desincentivar aquellas contrarias a tales fines, trabajando en conjunto con las comunidades locales y promoviendo la participación ciudadana en la gestión ambiental. Además, es importante promover la educación y concientización sobre la importancia de la gestión adecuada de los residuos sólidos y líquidos y el uso sostenible de los recursos naturales.

Ejemplo Artículo 69.- De la relación entre cultura y ambiente:

La relación entre cultura y ambiente es un tema de gran importancia debido a la rica diversidad cultural y ecológica que caracteriza al país. La cultura de los pueblos indígenas y campesinos del país ha desarrollado a lo largo del tiempo prácticas y conocimientos ancestrales sobre el uso sostenible de los recursos naturales y la conservación de los ecosistemas.

Sin embargo, esta relación entre cultura y ambiente también ha sido objeto de controversia en algunos casos. En el pasado, se han dado situaciones en las que se han promovido prácticas culturales que han resultado perjudiciales para el ambiente, como la tala indiscriminada de bosques o la contaminación de ríos y lagos en busca de oro.

Para abordar esta problemática, en Perú se han implementado diversas políticas y estrategias para promover la conservación y protección del ambiente, así como el respeto a las prácticas culturales de las comunidades locales.

Por ejemplo, el Ministerio del Ambiente de Perú ha trabajado en conjunto con las comunidades campesinas e indígenas para promover prácticas sostenibles en la gestión de los recursos naturales y la conservación de los ecosistemas. Esto ha implicado el desarrollo de proyectos que valoran los conocimientos y prácticas culturales de las comunidades y la promoción de la participación ciudadana en la gestión ambiental.

Asimismo, en el ámbito de la infraestructura sanitaria y la gestión de los residuos sólidos y líquidos, se han implementado tecnologías sostenibles que se adaptan a las condiciones locales y respetan las prácticas culturales de las comunidades. Por ejemplo, se han desarrollado tecnologías de tratamiento de aguas residuales que utilizan plantas y microorganismos para purificar el agua, lo que permite su uso en actividades agrícolas y la conservación de los ecosistemas acuáticos.

La relación entre cultura y ambiente en Perú es un tema complejo y de gran importancia. Es fundamental que se promueva el conocimiento y la valoración de las prácticas culturales que contribuyen a la conservación y protección del ambiente, al mismo tiempo que se desincentivan aquellas prácticas culturales que resulten perjudiciales para el ambiente. La promoción de la participación ciudadana en la gestión ambiental y el desarrollo de tecnologías sostenibles adaptadas a las condiciones locales son clave para lograr un desarrollo sostenible y la protección del ambiente en Perú. (Ministerio del Ambiente MINAM, 2014)

Fuente: Ministerio del Ambiente de Perú. (2014). Plan Nacional de Diversidad Biológica.

Otro ejemplo:

Un ejemplo de la relación entre cultura y ambiente en las provincias de Perú se puede observar en la región de Cusco, donde la cultura andina es muy importante y se tiene una gran biodiversidad. En esta región, la población ha desarrollado prácticas culturales sostenibles para el uso de los recursos naturales, como la agricultura en terrazas y la crianza de animales andinos.

Sin embargo, la presión por el crecimiento económico y el turismo ha llevado a la degradación de los ecosistemas y a la contaminación de los cuerpos de agua. Por ello, se han implementado estrategias para promover la gestión sostenible de los recursos naturales y la conservación de los ecosistemas, respetando las prácticas culturales de las comunidades locales.

Por ejemplo, se ha promovido la adopción de prácticas agroecológicas en la agricultura, que consisten en el uso de técnicas sostenibles que reducen el impacto ambiental y promueven la biodiversidad. Asimismo, se ha trabajado en la conservación de la flora y fauna andina, respetando los conocimientos y prácticas culturales de las comunidades locales.

En cuanto a la infraestructura sanitaria y la gestión de los residuos sólidos y líquidos, se han implementado tecnologías sostenibles adaptadas a las condiciones locales y a las prácticas culturales de las comunidades. Por ejemplo, se han desarrollado sistemas de tratamiento de aguas residuales que utilizan plantas y microorganismos para purificar el agua, lo que permite su uso en actividades agrícolas y la conservación de los ecosistemas acuáticos.

En la región de Cusco se puede observar la importancia de la relación entre cultura y ambiente para lograr un desarrollo sostenible y la protección del ambiente. La promoción de prácticas culturales sostenibles en la gestión de los recursos naturales y la implementación de tecnologías sostenibles adaptadas a las condiciones locales y a las prácticas culturales de las comunidades son clave para lograr este objetivo.

Artículo 70.- De los pueblos indígenas, comunidades campesinas y nativas

En el diseño y aplicación de la política ambiental y, en particular, en el proceso de ordenamiento territorial ambiental, se deben salvaguardar los derechos de los pueblos indígenas, comunidades campesinas y nativas reconocidos en la Constitución Política y en los tratados internacionales ratificados por el Estado. Las autoridades públicas promueven su participación e integración en la gestión del ambiente.

Comentario Artículo 70.- De los pueblos indígenas, comunidades campesinas y nativas:

La Ley General del Ambiente en Perú reconoce la importancia de salvaguardar los derechos de los pueblos indígenas, comunidades campesinas y nativas en el diseño y aplicación de la política ambiental y en el proceso de ordenamiento territorial ambiental. Esto es un paso importante hacia la protección de los derechos de estas comunidades que a menudo han sido marginadas y excluidas en la gestión del ambiente.

Es fundamental que las autoridades públicas promuevan la participación e integración de estas comunidades en la gestión del ambiente. Esto implica trabajar en conjunto con ellas y respetar sus conocimientos y prácticas culturales sobre el uso sostenible de los recursos naturales y la conservación de los ecosistemas. La participación activa de estas comunidades en la gestión ambiental puede contribuir a la implementación de políticas y estrategias más efectivas y sostenibles.

Sin embargo, es importante tener en cuenta que la participación de estas comunidades en la gestión ambiental no debe ser solo un acto de buena voluntad, sino un derecho que se les reconoce y se les garantiza. Por ello, es necesario desarrollar mecanismos efectivos para su participación y consulta en los procesos de toma de decisiones que afecten sus derechos y su calidad de vida.

Además, es fundamental que se reconozca la importancia de los conocimientos y prácticas culturales de estas comunidades para la gestión sostenible de los recursos naturales y la conservación de los ecosistemas. Esto implica valorar sus sistemas de conocimiento y promover su transmisión a las generaciones futuras.

La salvaguarda de los derechos de los pueblos indígenas, comunidades campesinas y nativas en la gestión ambiental es clave para lograr un desarrollo sostenible y la protección del ambiente en Perú. La promoción de su participación e integración en la gestión ambiental, la valoración de sus conocimientos y prácticas culturales y el desarrollo de mecanismos efectivos para su participación y consulta son fundamentales para garantizar sus derechos y contribuir a una gestión ambiental más efectiva y sostenible.

Otro aspecto importante a considerar es que la participación de los pueblos indígenas, comunidades campesinas y nativas en la gestión ambiental no solo es un derecho humano fundamental, sino que también es un requisito legal establecido en la Ley General del Ambiente de Perú. Por lo tanto, las autoridades públicas tienen la obligación de promover su participación e integración en la gestión del ambiente.

En este sentido, se han desarrollado diversas estrategias para garantizar la participación de estas comunidades en la gestión ambiental. Por ejemplo, se han establecido mecanismos de consulta previa en el marco de la implementación de proyectos que puedan afectar sus derechos y su calidad de vida. Estos mecanismos permiten a las comunidades expresar sus opiniones y preocupaciones y ser informadas de manera clara y oportuna sobre los posibles impactos ambientales y sociales de los proyectos.

Además, se han promovido políticas de conservación de la biodiversidad y los ecosistemas que reconozcan y valoren los conocimientos y prácticas culturales de estas comunidades. Por ejemplo, se han desarrollado proyectos de conservación de la flora y fauna silvestre que implican la participación activa de las comunidades en la gestión y monitoreo de las áreas protegidas.

Es importante destacar que la participación de los pueblos indígenas, comunidades campesinas y nativas en la gestión ambiental no solo contribuye a la protección de sus derechos, sino que también puede generar beneficios ambientales y sociales para toda la sociedad. La gestión sostenible de los recursos naturales y la conservación de los ecosistemas pueden contribuir a la reducción de la pobreza y la mejora de la calidad de vida de las comunidades locales.

La participación de los pueblos indígenas, comunidades campesinas y nativas en la gestión ambiental es un derecho fundamental establecido en la Ley General del Ambiente de Perú. Su participación e integración en la gestión del ambiente es clave para lograr un desarrollo sostenible y la protección del ambiente en el país. La promoción de políticas y estrategias que garanticen su participación y consulta, así como la valoración de sus conocimientos y prácticas culturales, son fundamentales para lograr este objetivo.

Ejemplo Artículo 70.- De los pueblos indígenas, comunidades campesinas y nativas:

Un ejemplo concreto de la importancia de la participación de los pueblos indígenas, comunidades campesinas y nativas en la gestión ambiental se puede observar en la región amazónica de Perú. En esta región, las comunidades indígenas han desarrollado prácticas culturales y conocimientos ancestrales sobre el uso sostenible de los recursos naturales y la conservación de los ecosistemas.

Sin embargo, la explotación de los recursos naturales y la expansión de actividades económicas como la minería y la tala de bosques han generado impactos negativos en los ecosistemas y en la calidad de vida de las comunidades locales. En este contexto, la participación de estas comunidades en la gestión ambiental se vuelve fundamental para garantizar la protección de sus derechos y la gestión sostenible de los recursos naturales.

Por ejemplo, en la región amazónica de Perú se ha promovido la participación de las comunidades indígenas en la gestión de áreas protegidas y en la toma de decisiones sobre el uso y manejo de los recursos naturales. Esto ha implicado la implementación de mecanismos de consulta previa y la promoción de la participación ciudadana en los procesos de toma de decisiones.

Asimismo, se han desarrollado proyectos de conservación de la biodiversidad y los ecosistemas que valoran y respetan los conocimientos y prácticas culturales de las comunidades indígenas. Estos proyectos implican la participación activa de las comunidades en la gestión y monitoreo de las áreas protegidas, así como en la implementación de prácticas sostenibles de aprovechamiento de los recursos naturales.

La participación de las comunidades indígenas en la gestión ambiental en la región amazónica de Perú ha permitido la implementación de políticas y estrategias más efectivas y sostenibles, que han contribuido a la protección de los derechos de estas comunidades y a la conservación de los ecosistemas. Además, ha generado beneficios sociales y económicos para las comunidades locales, como la generación de empleo y la mejora de la calidad de vida.

En resumen, la participación de los pueblos indígenas, comunidades campesinas y nativas en la gestión ambiental es clave para lograr un desarrollo sostenible y la protección del ambiente en Perú. En la región amazónica, la participación de las comunidades indígenas en la gestión ambiental ha permitido la implementación de políticas y estrategias más efectivas y sostenibles, que han contribuido a la protección de sus derechos y a la conservación de los ecosistemas.

Otro ejemplo

Un ejemplo de comunidad campesina en Perú es la comunidad de Chinchero, ubicada en la región de Cusco. Esta comunidad tiene una larga historia de uso sostenible de los recursos naturales y de prácticas culturales que han contribuido a la conservación de los ecosistemas y al mantenimiento de la biodiversidad.

La comunidad de Chinchero ha desarrollado prácticas agroecológicas que permiten el cultivo de diversos productos agrícolas en armonía con el ambiente y respetando los ciclos naturales. Además, ha implementado sistemas de riego ancestrales que permiten el uso eficiente del agua y la conservación de los suelos.

Asimismo, la comunidad de Chinchero ha desarrollado prácticas de manejo forestal sostenible que permiten la explotación de los recursos maderables de manera responsable y respetando los ciclos de regeneración de los bosques.

La participación de la comunidad de Chinchero en la gestión ambiental ha sido fundamental para la conservación de los ecosistemas y la biodiversidad en la región de Cusco. La implementación de prácticas sostenibles de uso de los recursos naturales ha permitido la generación de ingresos económicos para la comunidad y la mejora de la calidad de vida de sus habitantes.

Además, la comunidad de Chinchero ha participado activamente en la gestión de áreas protegidas y en la toma de decisiones sobre el uso y manejo de los recursos naturales en la región de Cusco. Esto ha permitido la implementación de políticas y estrategias más efectivas y sostenibles que han contribuido a la protección de los derechos de la comunidad y a la conservación de los ecosistemas.

La comunidad campesina de Chinchero en la región de Cusco es un ejemplo de la importancia de la participación de las comunidades campesinas en la gestión ambiental. La implementación de prácticas sostenibles de uso de los recursos naturales y la participación activa en la gestión ambiental han contribuido a la conservación de los ecosistemas y la biodiversidad, así como a la mejora de la calidad de vida de los habitantes de la comunidad.

Otro ejemplo:

Un ejemplo recreado sobre comunidades nativas en Perú sobre sus derechos y ordenamiento territorial ambiental es la comunidad nativa de San Francisco de Yarinacocha, ubicada en la región de Ucayali. Esta comunidad ha luchado por la defensa de sus derechos y la protección de sus tierras ante la expansión de actividades económicas como la tala de bosques y la minería.

En el año 2016, la comunidad de San Francisco de Yarinacocha logró que el Estado peruano reconociera formalmente sus derechos territoriales sobre un área de más de 55 mil hectáreas. Este reconocimiento permitió a la comunidad participar activamente en la gestión del territorio y en la toma de decisiones sobre el uso y manejo de los recursos naturales.

Además, la comunidad de San Francisco de Yarinacocha ha desarrollado prácticas sostenibles de uso de los recursos naturales y ha implementado sistemas de monitoreo y control de las actividades económicas en su territorio. La participación activa de la comunidad en la gestión ambiental ha permitido la conservación de los ecosistemas y la biodiversidad en la región de Ucayali.

Este ejemplo recreado como ejemplo, demuestra la importancia de la participación de las comunidades nativas en la gestión ambiental y el reconocimiento de sus derechos territoriales como una forma de proteger sus tierras y su cultura. Además, destaca la importancia de la implementación de prácticas sostenibles de uso de los recursos naturales y la participación activa en la gestión ambiental como herramientas para lograr un desarrollo sostenible y la protección del ambiente en Perú.

Las comunidades indígenas, campesinas y nativas son formas de organización social que se han desarrollado en diferentes contextos históricos y geográficos en Perú. A continuación, se presentan las principales diferencias entre estos tres tipos de comunidades, con base en información del Ministerio de Cultura del Perú:

Comunidad indígena: se refiere a una comunidad cuyos miembros se identifican como pertenecientes a un pueblo originario y que comparten una cultura, historia y territorio común. Estas comunidades tienen una relación estrecha con la tierra y los recursos naturales de su territorio, y han desarrollado sistemas de organización social, político y económico propios. Además, las comunidades indígenas tienen una relación especial con el Estado peruano, ya que se reconocen sus derechos territoriales y culturales.

Comunidad campesina: se refiere a una comunidad rural que se dedica principalmente a la actividad agrícola y ganadera. Estas comunidades tienen una larga historia en Perú y han desarrollado prácticas culturales y conocimientos ancestrales sobre el uso sostenible de los recursos naturales y el manejo de los ecosistemas. Las comunidades campesinas también tienen una relación estrecha con la tierra y los recursos naturales de su territorio, y han desarrollado sistemas de organización social y político propios.

Comunidad nativa: se refiere a una comunidad cuyos miembros se identifican como pertenecientes a un grupo étnico que habita en zonas naturales, como la selva o la montaña. Estas comunidades tienen una relación estrecha con la naturaleza y han desarrollado prácticas culturales y conocimientos ancestrales sobre el uso sostenible de los recursos naturales y la conservación de los ecosistemas. Las comunidades nativas también tienen una relación especial con el Estado peruano, ya que se reconocen sus derechos territoriales y culturales.

Aunque las comunidades indígenas, campesinas y nativas comparten algunas características y prácticas culturales similares, existen diferencias importantes entre ellas en términos de su identidad, forma de vida y relación con la naturaleza y los recursos naturales de su territorio. Es importante reconocer estas diferencias y valorar la diversidad cultural y ambiental que existe en el país. (Congreso de la República del Perú, 1993)

Fuente: "Comunidades Campesinas, Comunidades Nativas y Pueblos Indígenas". Ministerio de Cultura del Perú.

Artículo 71.- De los conocimientos colectivos

El Estado reconoce, respeta, registra, protege y contribuye a aplicar más ampliamente los conocimientos colectivos, innovaciones y prácticas de los pueblos indígenas, comunidades campesinas y nativas, en tanto ellos constituyen una manifestación de sus estilos de vida tradicionales y son consistentes con la conservación de la diversidad biológica y la utilización sostenible de los recursos naturales. El Estado promueve su participación, justa y equitativa, en los beneficios derivados de dichos conocimientos y fomenta su participación en la conservación y la gestión del ambiente y los ecosistemas.

Comentario Artículo 71.- De los conocimientos colectivos:

La Ley General del Ambiente reconoce el valor y la importancia de los conocimientos colectivos de los pueblos indígenas, comunidades campesinas y nativas en la conservación de la diversidad biológica y la utilización sostenible de los recursos naturales. Esta disposición es fundamental en el contexto actual, en el que la conservación del ambiente y la biodiversidad son temas prioritarios a nivel mundial. Además, esta disposición reconoce el derecho de los pueblos indígenas, comunidades campesinas y nativas a participar en la gestión del ambiente y los ecosistemas, y a recibir una justa y equitativa participación en los beneficios derivados de sus conocimientos.

Es importante destacar que los conocimientos colectivos de los pueblos indígenas, comunidades campesinas y nativas son el resultado de su experiencia y su relación estrecha con el ambiente y los recursos naturales de sus territorios. Estos conocimientos son valiosos porque permiten la conservación de la biodiversidad y la utilización sostenible de los recursos naturales, y porque son una manifestación de la cultura y la identidad de estos pueblos. Por lo tanto, es fundamental que el Estado reconozca, respete y proteja estos conocimientos, y promueva su aplicación más amplia en beneficio de la sociedad en su conjunto.

Además, es importante destacar que la participación de los pueblos indígenas, comunidades campesinas y nativas en la gestión del ambiente y los ecosistemas es fundamental para lograr una gestión ambiental sostenible y efectiva. Estas comunidades tienen conocimientos y prácticas ancestrales sobre el uso sostenible de los recursos naturales y la conservación de los ecosistemas, que son valiosos para la gestión del ambiente y la biodiversidad. Por lo tanto, el Estado debe promover su participación activa en la toma de decisiones y en la implementación de políticas y programas ambientales.

En cuanto a la participación justa y equitativa en los beneficios derivados de los conocimientos colectivos, es fundamental que se reconozcan los derechos de los pueblos indígenas, comunidades campesinas y nativas sobre sus conocimientos y prácticas ancestrales. Estas comunidades han desarrollado conocimientos y prácticas valiosas a lo largo de generaciones, y es justo que reciban una participación equitativa en los beneficios derivados de su aplicación. Además, esto contribuye a fortalecer la relación entre el Estado y estas comunidades, y a promover su participación activa en la gestión ambiental y la conservación de la biodiversidad.

La disposición de la Ley General del Ambiente sobre los conocimientos colectivos de los pueblos indígenas, comunidades campesinas y nativas es fundamental para la gestión ambiental sostenible y efectiva en el Perú. El reconocimiento, respeto, protección y aplicación más amplia de estos conocimientos contribuye a la conservación de la biodiversidad y la utilización sostenible de los recursos naturales, y promueve la participación activa de estas comunidades en la gestión del ambiente y los ecosistemas. Además, la participación justa y equitativa en los beneficios derivados de los conocimientos colectivos es un derecho fundamental de estas comunidades, que contribuye a fortalecer su relación con el Estado y a promover una gestión ambiental más inclusiva y participativa.

Es importante destacar que el reconocimiento y protección de los conocimientos colectivos de los pueblos indígenas, comunidades campesinas y nativas no solo contribuye a la conservación de la biodiversidad y la gestión ambiental sostenible, sino que también tiene implicaciones culturales y sociales más amplias. La protección y promoción de estos conocimientos contribuye a la valoración y respeto de la diversidad cultural y étnica en el país, y a la promoción de una sociedad más inclusiva y respetuosa de los derechos de las comunidades ancestrales.

Por otro lado, es importante destacar que la aplicación de los conocimientos colectivos de los pueblos indígenas, comunidades campesinas y nativas requiere de un enfoque participativo y colaborativo. Es decir, es necesario que se establezcan mecanismos de diálogo y colaboración entre estas comunidades y las instituciones estatales y otros actores relevantes, para garantizar que los conocimientos y prácticas ancestrales sean aplicados de manera efectiva y sostenible. Esto implica también la necesidad de contar con recursos y capacidades para la gestión ambiental y la conservación de la biodiversidad.

Es importante destacar que la protección y promoción de los conocimientos colectivos de los pueblos indígenas, comunidades campesinas y nativas requiere de un marco legal y político claro y coherente. Es decir, es necesario que se establezcan normas y políticas que reconozcan y protejan estos conocimientos, y que se establezcan mecanismos claros para su aplicación y gestión. Además, es necesario que se promueva la sensibilización y el diálogo entre los diferentes actores involucrados, para garantizar una gestión ambiental sostenible y efectiva en el país.

La Ley General del Ambiente reconoce la importancia de los conocimientos colectivos de los pueblos indígenas, comunidades campesinas y nativas para la gestión ambiental sostenible en Perú. La aplicación de estos conocimientos contribuye a la conservación de la biodiversidad y el uso sostenible de los recursos naturales, y fomenta la participación activa de estas comunidades en la gestión ambiental y los ecosistemas. También promueve la valoración de la diversidad cultural y étnica en el país y una sociedad más inclusiva y respetuosa de los derechos de las comunidades ancestrales.

Ejemplo Artículo 71.- De los conocimientos colectivos:

Los conocimientos colectivos de los pueblos indígenas, comunidades campesinas y nativas han sido reconocidos legalmente a través de diversas disposiciones y políticas ambientales. Estos conocimientos están relacionados con prácticas ancestrales de conservación y manejo sostenible de los recursos naturales, y han sido fundamentales para la supervivencia y el desarrollo de estas comunidades a lo largo de la historia.

Un ejemplo concreto de la aplicación de los conocimientos colectivos de estas comunidades es el manejo de los bosques en la Amazonía peruana. En estas zonas, los pueblos indígenas y comunidades nativas han desarrollado prácticas de manejo sostenible de los bosques y sus recursos, como la pesca, la caza y la recolección de frutos y plantas medicinales. Estas prácticas se basan en conocimientos ancestrales sobre la dinámica de los ecosistemas y la conservación de la biodiversidad, y han permitido la supervivencia de estas comunidades en armonía con la naturaleza.

Sin embargo, en los últimos años, la expansión de la actividad minera, petrolera y maderera en la Amazonía peruana ha amenazado la conservación de los bosques y la biodiversidad, así como los derechos de las comunidades indígenas y nativas. La explotación de recursos naturales en estas zonas ha generado conflictos sociales y ambientales, y ha puesto en riesgo la aplicación de los conocimientos colectivos de estas comunidades en la gestión ambiental.

Por lo tanto, es fundamental que se promueva la aplicación más amplia de los conocimientos colectivos de los pueblos indígenas, comunidades campesinas y nativas en la gestión ambiental y la conservación de la biodiversidad en Perú. Esto implica no solo el reconocimiento y protección legal de estos conocimientos, sino también la promoción de mecanismos de diálogo y colaboración entre estas comunidades y las instituciones estatales y otros actores relevantes, para garantizar su aplicación efectiva y sostenible.

En este sentido, es importante destacar la importancia de la participación activa de estas comunidades en la toma de decisiones y en la implementación de políticas y programas ambientales. Además, es necesario que se establezcan mecanismos claros y efectivos para la participación justa y equitativa de estas comunidades en los beneficios derivados de sus conocimientos y prácticas ancestrales.

La aplicación de los conocimientos colectivos de los pueblos indígenas, comunidades campesinas y nativas en la gestión ambiental y la conservación de la biodiversidad es fundamental para el desarrollo sostenible en Perú. Esto implica la promoción de políticas y programas que reconozcan y protejan estos conocimientos, y la promoción de mecanismos de diálogo y colaboración entre estas comunidades y las instituciones estatales y otros actores relevantes. Solo así se podrá garantizar una gestión ambiental efectiva y sostenible en el país, en armonía con la naturaleza y con pleno respeto de los derechos de las comunidades ancestrales.

Otro ejemplo:

El Estado reconoce y respeta los conocimientos colectivos, innovaciones y prácticas de los pueblos indígenas, comunidades campesinas y nativas, como una manifestación de sus estilos de vida tradicionales y en armonía con la conservación de la diversidad biológica y la utilización sostenible de los recursos naturales. Para ello, se establecerá un registro de estos conocimientos y se implementarán medidas de protección para garantizar su preservación.

El Estado promoverá la aplicación más amplia posible de los conocimientos colectivos de estas comunidades, incentivando su difusión y utilización en programas de desarrollo sostenible y en la gestión del ambiente y los ecosistemas. Se fomentará la participación activa de estas comunidades en la toma de decisiones respecto a la conservación y gestión de los recursos naturales.

Asimismo, se garantizará una participación justa y equitativa de estas comunidades en los beneficios derivados de la utilización de sus conocimientos colectivos, innovaciones y prácticas, incluyendo la posibilidad de acceso a la propiedad intelectual y a la comercialización de productos derivados de estos conocimientos.

En este sentido, se establecerán mecanismos de consulta previa, libre e informada con estas comunidades para la implementación de proyectos y políticas que puedan afectar sus conocimientos colectivos, innovaciones y prácticas, y se garantizará su participación en la evaluación y seguimiento de dichos proyectos y políticas.

El Estado se compromete a valorar y proteger los conocimientos colectivos, innovaciones y prácticas de las comunidades indígenas, campesinas y nativas, y a garantizar su participación en la gestión sostenible del ambiente y los ecosistemas, así como en los beneficios derivados de sus conocimientos.

Artículo 72.- Del aprovechamiento de recursos naturales y pueblos indígenas, comunidades campesinas y nativas

72.1 Los estudios y proyectos de exploración, explotación y aprovechamiento de recursos naturales que se autoricen en tierras de pueblos indígenas, comunidades campesinas y nativas, adoptan las medidas necesarias para evitar el detrimento a su integridad cultural, social, económica ni a sus valores tradicionales.

72.2 En caso de proyectos o actividades a ser desarrollados dentro de las tierras de poblaciones indígenas, comunidades campesinas y nativas, los procedimientos de consulta se orientan preferentemente a establecer acuerdos con los representantes de éstas, a fin de resguardar sus derechos y costumbres tradicionales, así como para establecer beneficios y medidas compensatorias por el uso de los recursos, conocimientos o tierras que les corresponda según la legislación pertinente.

72.3 De conformidad con la ley, los pueblos indígenas y las comunidades nativas y campesinas, pueden beneficiarse de los recursos de libre acceso para satisfacer sus necesidades de subsistencia y usos rituales. Asimismo, tienen derecho preferente para el aprovechamiento sostenible de los recursos naturales dentro de sus tierras, debidamente tituladas, salvo reserva del Estado o derechos exclusivos o excluyentes de terceros, en cuyo caso tienen derecho a una participación justa y equitativa de los beneficios económicos que pudieran derivarse del aprovechamiento de dichos recursos.

Comentario Artículo 72.- Del aprovechamiento de recursos natura-les y pueblos indígenas, comunidades campesinas y nativas:

El artículo 72 de la Ley General del Ambiente en Perú establece las medidas necesarias para evitar el detrimento a la integridad cultural, social, económica y valores tradicionales de los pueblos indígenas, comunidades campesinas y nativas en el aprovechamiento de los recursos naturales en sus tierras.

En primer lugar, se establece que se deben adoptar las medidas necesarias para evitar el detrimento a la integridad cultural, social, económica y valores tradicionales de estas comunidades en los estudios y proyectos de exploración, explotación y aprovechamiento de recursos naturales que se autoricen en sus tierras. Esto significa que se deben considerar los impactos sociales y culturales de estas actividades en estas comunidades y tomar medidas para evitar o mitigar dichos impactos.

En segundo lugar, se establece que, en caso de proyectos o actividades a ser desarrollados dentro de las tierras de pueblos indígenas, comunidades campesinas y nativas, se deben realizar procedimientos de consulta con los representantes de estas comunidades. Estos procedimientos se orientan preferentemente a establecer acuerdos con los representantes de estas comunidades para resguardar sus derechos y costumbres tradicionales, así como para establecer beneficios y medidas compensatorias por el uso de los recursos, conocimientos o tierras que les corresponda según la legislación pertinente.

Por último, se establece que los pueblos indígenas y las comunidades campesinas y nativas tienen derecho preferente para el aprovechamiento sostenible de los recursos naturales dentro de sus tierras, debidamente tituladas. Este derecho solo puede ser limitado en caso de reserva del Estado o de derechos exclusivos o excluyentes de terceros. En estos casos, estas comunidades tienen derecho a una participación justa y equitativa de los beneficios económicos que pudieran derivarse del aprovechamiento de dichos recursos.

La Ley General del Ambiente en Perú establece medidas para proteger los derechos y costumbres tradicionales de los pueblos indígenas, comunidades campesinas y nativas en el aprovechamiento de los recursos naturales en sus tierras. Esto implica la realización de procedimientos de consulta y la adopción de medidas para evitar o mitigar los impactos sociales y culturales de estas actividades. Además, se reconoce el derecho preferente de estas comunidades al aprovechamiento sostenible de los recursos naturales dentro de sus tierras, y se establece que deben recibir una participación justa y equitativa de los beneficios económicos que pudieran derivarse del aprovechamiento de dichos recursos. (Congreso de la República del Perú, 1993)

Es importante destacar que la protección de los derechos y costumbres tradicionales de los pueblos indígenas, comunidades campesinas y nativas en el aprovechamiento de los recursos naturales no solo es un mandato legal, sino también un principio fundamental de justicia ambiental y social. Estas comunidades han desarrollado prácticas y conocimientos ancestrales que les permiten vivir en armonía con la naturaleza y aprovechar los recursos de manera sostenible, y es fundamental que se respete y valore esta sabiduría.

Sin embargo, en la práctica, la implementación de estas medidas puede ser difícil debido a la falta de capacidad y recursos de las instituciones estatales encargadas de supervisar y regular estas actividades, así como a la falta de voluntad de las empresas y otros actores involucrados para respetar los derechos de estas comunidades.

Por lo tanto, es fundamental que se fortalezcan los mecanismos de supervisión y regulación de estas actividades por parte del Estado, y que se promueva una cultura de diálogo y colaboración entre las empresas y las comunidades para garantizar el respeto de los derechos y costumbres tradicionales de estas últimas. Además, es necesario fortalecer la participación activa de estas comunidades en la toma de decisiones y en la implementación de políticas y programas relacionados con el aprovechamiento de los recursos naturales en sus tierras.

La protección de los derechos y costumbres tradicionales de los pueblos indígenas, comunidades campesinas y nativas en el aprovechamiento de los recursos naturales es fundamental para garantizar la justicia ambiental y social en Perú. Esto implica la implementación efectiva de medidas legales y políticas que garanticen la protección de estos derechos, así como la promoción de una cultura de diálogo y colaboración entre las empresas y las comunidades para garantizar el respeto de los mismos. (Congreso de la República del Perú, 2005)

Ejemplo Artículo 72.- Del aprovechamiento de recursos naturales y pueblos indígenas, comunidades campesinas y nativas:

Otro ejemplo concreto de la aplicación de las medidas establecidas en el artículo 72 de la Ley General del Ambiente en Perú se relaciona con la explotación de recursos minerales en la región andina del país. Esta región es hogar de numerosas comunidades campesinas y nativas que han desarrollado prácticas sostenibles de aprovechamiento de los recursos naturales en sus tierras.

Sin embargo, en las últimas décadas, la región andina de Perú ha sido objeto de una intensa actividad minera, principalmente en la extracción de metales como el oro, la plata y el cobre. Esta actividad ha generado graves impactos sociales y ambientales, como la contaminación de ríos y suelos, la pérdida de biodiversidad, la desaparición de fuentes de agua y la afectación de la salud de las personas.

Ante esta situación, las comunidades campesinas y nativas de la región andina han exigido el respeto de sus derechos y costumbres tradicionales en la explotación de los recursos naturales en sus tierras. En este sentido, se han llevado a cabo procesos de consulta y diálogo entre estas comunidades y las empresas mineras, con el objetivo de establecer acuerdos que respeten los derechos y costumbres tradicionales de las comunidades, y que contemplen medidas de mitigación y compensación por los impactos de estas actividades.

Además, se ha fortalecido la supervisión y regulación de estas actividades por parte del Estado, a través de la creación de instituciones encargadas de la gestión ambiental y la supervisión de las actividades mineras, como el Ministerio del Ambiente y el Organismo de Evaluación y Fiscalización Ambiental.

El respeto de los derechos y costumbres tradicionales de las comunidades campesinas y nativas en la explotación de los recursos naturales es fundamental para garantizar la justicia ambiental y social en Perú. En la región andina del país, se han llevado a cabo procesos de consulta y diálogo entre estas comunidades y las empresas mineras, con el objetivo de establecer acuerdos que respeten sus derechos y costumbres tradicionales, y se ha fortalecido la supervisión y regulación de estas actividades por parte del Estado. Esto demuestra que es posible conciliar el desarrollo económico con el respeto a los derechos de las comunidades y la protección del medio ambiente.

Fuente: Ministerio del Ambiente (Perú). (2014).

Otro ejemplo:

La situación en la Reserva Nacional Tambopata, ubicada en la región amazónica del país. Esta reserva es hogar de numerosas especies animales y vegetales, así como de comunidades indígenas y campesinas que han desarrollado prácticas sostenibles de aprovechamiento de los recursos naturales en sus tierras.

Sin embargo, en los últimos años, la Reserva Nacional Tambopata ha sido objeto de una intensa actividad minera ilegal, principalmente en la extracción de oro. Esta actividad ha generado graves impactos sociales y ambientales, como la deforestación, la contaminación de ríos y suelos, la pérdida de biodiversidad y la afectación de la salud de las personas.

Ante esta situación, las comunidades indígenas y campesinas de la zona han exigido el respeto de sus derechos y costumbres tradicionales en la explotación de los recursos naturales en sus tierras. Además, organizaciones ambientales y de derechos humanos han denunciado la falta de acción por parte del Estado para detener la actividad minera ilegal y proteger la reserva.

En este sentido, se han llevado a cabo diversas acciones para proteger la reserva y garantizar la justicia ambiental y social en la zona. Por ejemplo, se han establecido alianzas entre las comunidades indígenas y campesinas, organizaciones ambientales y autoridades locales y nacionales, para promover el desarrollo sostenible y la protección de la reserva.

Asimismo, se han implementado medidas legales y de supervisión para detener la actividad minera ilegal en la zona, como operativos de fiscalización y sanciones a empresas y personas implicadas en dicha actividad. También se ha promovido la educación ambiental y la concientización de la población sobre la importancia de proteger la reserva y respetar los derechos de las comunidades indígenas y campesinas.

En cuanto a las opiniones sobre este tema, existen diversas posturas. Por un lado, hay quienes consideran que la actividad minera ilegal en la Reserva Nacional Tambopata debe ser detenida inmediatamente, ya que representa una grave amenaza para la biodiversidad y el bienestar de las comunidades locales. Por otro lado, hay quienes argumentan que la actividad minera es una fuente importante de empleo y desarrollo económico para la zona, y que se deberían implementar medidas que permitan su realización de manera sostenible y respetando los derechos de las comunidades.

La situación en la Reserva Nacional Tambopata ejemplifica la importancia de proteger los derechos y costumbres tradicionales de las comunidades indígenas y campesinas en el aprovechamiento de los recursos naturales en Perú. Es fundamental que se implementen medidas legales y de supervisión efectivas para detener la actividad minera ilegal y proteger la reserva, así como para promover el desarrollo sostenible y la participación activa de las comunidades en la toma de decisiones relacionadas con el aprovechamiento de los recursos naturales en sus tierras.

Capítulo 4 - Empresa y ambiente

Artículo 73.- Del ámbito

73.1 Las disposiciones del presente Capítulo son exigibles a los proyectos de inversión, de investigación y a toda actividad susceptible de generar impactos negativos en el ambiente, en tanto sean aplicables, de acuerdo a las disposiciones que determine la respectiva autoridad competente.

73.2 El término "titular de operaciones" empleado en los artículos siguientes de este Capítulo incluye a todas las personas naturales y jurídicas.

Comentario Artículo 73.- Del ámbito:

La Ley General del Ambiente en Perú establece para la gestión ambiental en el ámbito de empresa y ambiente. En este sentido, el inciso 73.1 establece que dichas disposiciones son exigibles a los proyectos de inversión, de investigación y a toda actividad susceptible de generar impactos negativos en el ambiente, siempre y cuando sean aplicables, de acuerdo a las disposiciones que determine la respectiva autoridad competente.

Este artículo pone de manifiesto la importancia de que las empresas y demás titulares de operaciones consideren los impactos ambientales de sus actividades, y adopten medidas para prevenir y mitigar dichos impactos. Esto implica que estas empresas deben realizar estudios ambientales y evaluaciones de impacto ambiental antes de iniciar cualquier actividad, y adoptar medidas de prevención y mitigación de impactos negativos en el ambiente.

Asimismo, es importante destacar que la responsabilidad ambiental no solo recae en las empresas, sino también en las autoridades competentes. Estas autoridades tienen la responsabilidad de establecer las disposiciones aplicables a las actividades que puedan generar impactos negativos en el ambiente, y supervisar y fiscalizar el cumplimiento de dichas disposiciones por parte de las empresas y demás titulares de operaciones.

En cuanto al inciso 73.2, este establece que el término "titular de operaciones" incluye a todas las personas naturales y jurídicas. Esto significa que cualquier persona, sea natural o jurídica, que realice una actividad que pueda generar impactos negativos en el ambiente.

Esta disposición es importante en tanto que amplía el alcance de las medidas establecidas en la Ley General del Ambiente, y establece que la responsabilidad ambiental no es exclusiva de las empresas, sino que también es responsabilidad de todas las personas que realizan actividades que puedan generar impactos negativos en el ambiente.

Los incisos 73.1 y 73.2 de la Ley General del Ambiente en Perú establecen medidas importantes para la gestión ambiental en el ámbito de empresa y ambiente. Estas medidas son exigibles a todas las personas naturales y jurídicas que realicen actividades que puedan generar impactos negativos en el ambiente, y establecen la responsabilidad ambiental tanto de las empresas como de las autoridades competentes. Es fundamental que se adopten medidas efectivas para prevenir y mitigar los impactos negativos en el ambiente, y que se promueva la responsabilidad ambiental de todas las personas involucradas en actividades que puedan afectar el medio ambiente.

Además, es importante mencionar que la gestión ambiental en el ámbito empresarial no solo implica la prevención y mitigación de impactos negativos en el ambiente, sino también la promoción de prácticas sostenibles y la contribución al desarrollo sostenible en el país. En este sentido, la Ley General del Ambiente establece la obligación de las empresas de promover la utilización sostenible de los recursos naturales y la adopción de tecnologías limpias y eficientes en el uso de los recursos.

Asimismo, la Ley General del Ambiente establece la obligación de las empresas de informar y consultar a las comunidades y demás actores involucrados en sus actividades, y de promover la participación ciudadana en la toma de decisiones relacionadas con el ambiente. Esto implica que las empresas deben tener en cuenta las opiniones y necesidades de las comunidades y otros actores involucrados, y adoptar medidas para minimizar los impactos negativos y maximizar los beneficios de sus actividades.

En este sentido, es fundamental que las empresas adopten un enfoque de responsabilidad social y ambiental, y que promuevan la transparencia y el diálogo con las comunidades y otros actores involucrados. Esto no solo contribuirá a la protección del ambiente y el desarrollo sostenible, sino también al fortalecimiento de la relación entre la empresa y la comunidad, y a la generación de confianza y legitimidad social.

La gestión ambiental en el ámbito empresarial es fundamental para garantizar la protección del ambiente y el desarrollo sostenible en Perú. La Ley General del Ambiente establece medidas importantes para la gestión ambiental en este ámbito, que son exigibles a todas las personas naturales y jurídicas que realicen actividades que puedan generar impactos negativos en el ambiente. Es fundamental que las empresas adopten un enfoque de responsabilidad social y ambiental, promoviendo la utilización sostenible de los recursos naturales, la adopción de tecnologías limpias y eficientes, la participación ciudadana y el diálogo con las comunidades y demás actores involucrados.

Ejemplo Artículo 73.- Del ámbito:

El caso de la empresa minera, ubicada en la región de Cajamarca. Esta empresa es una de las mayores productoras de oro en el país, y ha sido objeto de controversia y críticas por sus impactos ambientales y sociales.

En este sentido, la empresa minera ha sido acusada de contaminar ríos y suelos, destruir bosques y afectar la salud de las comunidades cercanas a la mina. Además, se han denunciado violaciones a los derechos humanos, como la criminalización de la protesta social y la intimidación de líderes comunitarios y defensores ambientales.

Ante esta situación, diversas organizaciones ambientales y de derechos humanos han exigido a la empresa minera que adopte medidas efectivas para prevenir y mitigar los impactos ambientales y sociales de sus actividades, y que respete los derechos de las comunidades cercanas a la mina. Asimismo, se han llevado a cabo diversas acciones de protesta y movilización social para demandar la protección del ambiente y los derechos humanos en la zona.

En este contexto, es importante destacar que la Ley General del Ambiente establece medidas importantes para la gestión ambiental en el ámbito empresarial, y que estas medidas son exigibles a todas las empresas y titulares de operaciones que realicen actividades que puedan generar impactos negativos en el ambiente. En este sentido, es fundamental que la empresa minera cumpla con las disposiciones establecidas en la ley, y adopte medidas efectivas para prevenir y mitigar los impactos ambientales y sociales de sus actividades.

En cuanto a las opiniones sobre este tema, existen diversas posturas. Por un lado, hay quienes consideran que la empresa debe ser sancionada y obligada a reparar los daños ambientales y sociales causados por sus actividades. Por otro lado, hay quienes argumentan que la actividad minera es una fuente importante de empleo y desarrollo económico para la zona, y que la empresa debería adoptar medidas para realizar sus actividades de manera sostenible y respetando los derechos humanos y ambientales.

El caso de la empresa minera ejemplifica la importancia de la gestión ambiental en el ámbito empresarial en Perú, y la necesidad de adoptar medidas efectivas para prevenir y mitigar los impactos ambientales y sociales de las actividades económicas. Es fundamental que se promueva la responsabilidad social y ambiental de las empresas, y que se respeten los derechos humanos y ambientales de las comunidades y demás actores involucrados en las actividades económicas.

Otro ejemplo:

El caso de la empresa de hidrocarburos Pluspetrol, que operaba en la región amazónica del país. Esta empresa ha sido objeto de críticas y denuncias por sus impactos ambientales y sociales, especialmente en las comunidades indígenas que habitan la zona.

Entre los impactos ambientales causados por la empresa Pluspetrol, se encuentran la contaminación de ríos y suelos, la deforestación y la emisión de gases de efecto invernadero. Asimismo, se han denunciado violaciones a los derechos humanos, como la falta de consulta previa a las comunidades indígenas y la criminalización de la protesta social.

Ante esta situación, diversas organizaciones ambientales y de derechos humanos han exigido a la empresa Pluspetrol que adopte medidas efectivas para prevenir y mitigar los impactos ambientales y sociales de sus actividades, y que respete los derechos de las comunidades indígenas. Asimismo, se han llevado a cabo diversas acciones de protesta y movilización social para demandar la protección del ambiente y los derechos humanos en la zona.

En este contexto, es importante destacar que la Ley General del Ambiente establece medidas importantes para la gestión ambiental en el ámbito empresarial, y que estas medidas son exigibles a todas las empresas y titulares de operaciones que realicen actividades que puedan generar impactos negativos en el ambiente. En este sentido, es fundamental que la empresa Pluspetrol cumpla con las disposiciones establecidas en la ley, y adopte medidas efectivas para prevenir y mitigar los impactos ambientales y sociales de sus actividades.

En cuanto a las opiniones sobre este tema, existen diversas posturas. Por un lado, hay quienes consideran que la empresa Pluspetrol debe ser sancionada y obligada a reparar los daños ambientales y sociales causados por sus actividades. Por otro lado, hay quienes argumentan que la actividad de hidrocarburos es necesaria para el desarrollo económico del país, y que la empresa Pluspetrol debería adoptar medidas para realizar sus actividades de manera sostenible y respetando los derechos humanos y ambientales.

El caso de la empresa Pluspetrol ejemplifica la importancia de la gestión ambiental en el ámbito empresarial en Perú, y la necesidad de adoptar medidas efectivas para prevenir y mitigar los impactos ambientales y sociales de las actividades económicas. Es fundamental que se promueva la responsabilidad social y ambiental de las empresas, y que se respeten los derechos humanos y ambientales de las comunidades y demás actores involucrados en las actividades económicas. (OXFAM Internacional, 2020)

Fuente: "Pluspetrol y la devastación en la Amazonía peruana". Oxfam.

Artículo 74.- De la responsabilidad general

Todo titular de operaciones es responsable por las emisiones, efluentes, descargas y demás impactos negativos que se generen sobre el ambiente, la salud y los recursos naturales, como consecuencia de sus actividades. Esta responsabilidad incluye los riesgos y daños ambientales que se generen por acción u omisión.

Comentario Artículo 74.- De la responsabilidad general:

La Ley General del Ambiente establece de manera clara que todo titular de operaciones es responsable por las emisiones, efluentes, descargas y demás impactos negativos que se generen sobre el ambiente, la salud y los recursos naturales, como consecuencia de sus actividades. Esta responsabilidad se extiende a los riesgos y daños ambientales que se generen por acción u omisión, lo que implica que el titular de un proyecto u obra es responsable de cualquier afectación al medio ambiente que se genere como resultado de sus actividades.

Esta disposición es fundamental para garantizar la protección del ambiente y el desarrollo sostenible en Perú. Al establecer la responsabilidad de los titulares de operaciones por los impactos negativos generados por sus actividades, se promueve la adopción de medidas preventivas y correctivas que minimicen los riesgos y daños ambientales. Asimismo, se fomenta la utilización sostenible de los recursos naturales y la adopción de tecnologías limpias y eficientes en el uso de los recursos.

En este sentido, es importante que los titulares de operaciones adopten un enfoque de responsabilidad social y ambiental, y que promuevan la transparencia y el diálogo con las comunidades y otros actores involucrados. Esto no solo contribuirá a la protección del ambiente y el desarrollo sostenible, sino también al fortalecimiento de la relación entre el titular y la comunidad, y a la generación de confianza y legitimidad social.

Es fundamental que los titulares de operaciones entiendan que la responsabilidad ambiental no solo implica la prevención y mitigación de impactos negativos en el ambiente, sino también la promoción de prácticas sostenibles y la contribución al desarrollo sostenible en el país. En este sentido, la Ley General del Ambiente establece la obligación de los titulares de operaciones de promover la utilización sostenible de los recursos naturales y la adopción de tecnologías limpias y eficientes en el uso de los recursos.

Asimismo, la Ley General del Ambiente establece la obligación de los titulares de operaciones de informar y consultar a las comunidades y demás actores involucrados en sus actividades, y de promover la participación ciudadana en la toma de decisiones relacionadas con el ambiente. Esto implica que los titulares de operaciones deben tener en cuenta las opiniones y necesidades de las comunidades y otros actores involucrados, y adoptar medidas para minimizar los impactos negativos y maximizar los beneficios de sus actividades.

La Ley General del Ambiente establece la responsabilidad de los titulares de operaciones por los impactos negativos generados por sus actividades, lo que implica que el titular de un proyecto u obra es responsable de cualquier afectación al medio ambiente que se genere como resultado de sus actividades. Esta disposición es fundamental para garantizar la protección del ambiente y el desarrollo sostenible en Perú, y promueve la adopción de medidas preventivas y correctivas que minimicen los riesgos y daños ambientales. Es fundamental que los titulares de operaciones adopten un enfoque de responsabilidad social y ambiental, y que promuevan la transparencia y el diálogo con las comunidades y otros actores involucrados en sus actividades.

Además, es importante destacar que la responsabilidad ambiental no solo es una obligación legal, sino también una oportunidad para las empresas y titulares de operaciones de generar valor y contribuir al desarrollo sostenible en el país. Al adoptar prácticas sostenibles y promover la utilización eficiente de los recursos, las empresas pueden reducir sus costos operativos y mejorar su rentabilidad a largo plazo. Asimismo, al promover la participación ciudadana y el diálogo con las comunidades, las empresas pueden fortalecer su relación con los diferentes actores involucrados y generar confianza y legitimidad social.

En este sentido, es fundamental que las empresas y titulares de operaciones adopten un enfoque de gestión ambiental integral, que incluya la identificación, evaluación y gestión de los impactos ambientales generados por sus actividades. Esta gestión ambiental debe incluir la adopción de prácticas sostenibles, la promoción de la participación ciudadana y el diálogo con las comunidades, y la implementación de medidas preventivas y correctivas para minimizar los riesgos y daños ambientales.

Es importante destacar que la Ley General del Ambiente establece la obligación de los titulares de operaciones de desarrollar y aplicar planes de manejo ambiental, que incluyan medidas para prevenir, mitigar y controlar los impactos ambientales generados por sus actividades. Estos planes deben ser elaborados de manera participativa, y deben incluir información sobre los impactos ambientales de las actividades, las medidas preventivas y correctivas adoptadas, y los mecanismos de seguimiento y evaluación de los impactos ambientales.

La responsabilidad ambiental de los titulares de operaciones es fundamental para garantizar la protección del ambiente y el desarrollo sostenible en Perú. Esta responsabilidad implica la adopción de un enfoque de gestión ambiental integral, que incluya la identificación, evaluación y gestión de los impactos ambientales generados por las actividades, la adopción de prácticas sostenibles, la promoción de la participación ciudadana y el diálogo con las comunidades, y la implementación de medidas preventivas y correctivas para minimizar los riesgos y daños ambientales. Es fundamental que los titulares de operaciones cumplan con la Ley General del Ambiente y adopten un enfoque de responsabilidad social y ambiental, que contribuya al desarrollo sostenible en el país y fortalezca su relación con las diferentes comunidades y actores involucrados.

Ejemplo Artículo 74.- De la responsabilidad general:

El caso de la empresa de energía renovable Enel Green Power Perú. Esta empresa se dedica a la generación de energía a partir de fuentes renovables, como la energía solar y eólica, y ha implementado diversas medidas para minimizar los impactos negativos en el ambiente y promover la sostenibilidad en sus actividades.

Entre las medidas adoptadas por Enel Green Power Perú, se encuentran la implementación de tecnologías limpias y eficientes en el uso de los recursos, la promoción de la economía circular y el uso responsable de los recursos naturales, la reducción de emisiones de gases de efecto invernadero, y la promoción de la participación ciudadana y el diálogo con las comunidades.

Asimismo, la empresa ha implementado programas de educación ambiental y capacitación para sus trabajadores y la comunidad, con el objetivo de promover la cultura ambiental y la sostenibilidad en la zona donde opera. También ha llevado a cabo proyectos de reforestación y restauración de áreas degradadas, con el fin de contribuir a la conservación de la biodiversidad y los ecosistemas.

Este caso ejemplifica la importancia de la adopción de un enfoque de gestión ambiental integral en el ámbito empresarial, y la necesidad de promover la utilización sostenible de los recursos naturales y la adopción de tecnologías limpias y eficientes en el uso de los recursos. Además, destaca la importancia de la promoción de la participación ciudadana y el diálogo con las comunidades, y la implementación de medidas para minimizar los impactos negativos y maximizar los beneficios de las actividades económicas.

En cuanto a las opiniones sobre este tema, existen diversas posturas. Por un lado, hay quienes consideran que la adopción de medidas sostenibles y la promoción de la participación ciudadana y el diálogo con las comunidades son fundamentales para garantizar la protección del ambiente y el desarrollo sostenible en el país. Por otro lado, hay quienes argumentan que la adopción de tecnologías limpias y eficientes en el uso de los recursos puede tener un costo elevado para las empresas, y que esto puede afectar su rentabilidad y competitividad.

El caso de Enel Green Power Perú ejemplifica la importancia de la gestión ambiental en el ámbito empresarial, y la necesidad de adoptar medidas efectivas para minimizar los impactos negativos en el ambiente y promover la sostenibilidad en las actividades económicas. Es fundamental que se promueva la adopción de tecnologías limpias y eficientes en el uso de los recursos, la promoción de la economía circular y el uso responsable de los recursos naturales, y la implementación de medidas para minimizar los impactos negativos y maximizar los beneficios de las actividades económicas. Asimismo, es importante promover la participación ciudadana y el diálogo con las comunidades, y la implementación de programas de educación ambiental y capacitación para promover la cultura ambiental y la sostenibilidad en la zona donde se realizan las actividades económicas. (Enel Green Power, s.f.)

Otro ejemplo

Un ejemplo contundente de la importancia de la gestión ambiental en el ámbito empresarial y estatal se evidencia a través de las sanciones aplicadas por la Organismo de Evaluación y Fiscalización Ambiental (OEFA) a entidades privadas y gubernamentales por causar alteraciones en el ecosistema del área de operaciones de proyectos en desarrollo.

La OEFA es el organismo encargado de supervisar y fiscalizar el cumplimiento de las normas ambientales en el país, y tiene la facultad de aplicar sanciones administrativas, civiles y penales a los infractores. En el caso de empresas privadas, la OEFA emite sanciones legales y penales al titular o gerentes, y en el caso de gobiernos locales o regionales, correspondería al alcalde o al gobernador regional, respectivamente.

Por ejemplo, en el 2020, la OEFA sancionó con más de S/ 34 millones a empresas por daños al medio ambiente, incluyendo la emisión de gases de efecto invernadero, la contaminación de ríos y suelos, y la tala ilegal de bosques. Las empresas sancionadas fueron de diversos sectores, como la minería, la construcción y la energía, y se les impuso medidas correctivas, como la implementación de planes de adecuación ambiental y la reparación de los daños causados.

Este caso ejemplifica la importancia de la responsabilidad ambiental y la adopción de medidas preventivas y correctivas para minimizar los riesgos y daños ambientales en el ámbito empresarial y estatal. Asimismo, destaca la necesidad de cumplir con las disposiciones establecidas en la Ley General del Ambiente y adoptar un enfoque de gestión ambiental integral para garantizar la protección del ambiente y el desarrollo sostenible en el país.

Es fundamental que se promueva la cultura ambiental y la sostenibilidad en todas las actividades económicas, y que se respeten los derechos humanos y ambientales de las comunidades y demás actores involucrados. Esto incluye la promoción de la participación ciudadana y el diálogo con las comunidades, así como la implementación de medidas para minimizar los impactos negativos y maximizar los beneficios de las actividades económicas.

El ejemplo de las sanciones emitidas por la OEFA a entidades privadas y gubernamentales que causan alteraciones en el ecosistema del área de operaciones de proyectos en desarrollo, ejemplifica la importancia de la gestión ambiental en el ámbito empresarial y estatal, y la necesidad de adoptar medidas efectivas para prevenir y mitigar los impactos negativos en el ambiente y promover la sostenibilidad en las actividades económicas.

Artículo 75.- Del manejo integral y prevención en la fuente

75.1 El titular de operaciones debe adoptar prioritariamente medidas de prevención del riesgo y daño ambiental en la fuente generadora de los mismos, así como las demás medidas de conservación y protección ambiental que corresponda en cada una de las etapas de sus operaciones, bajo el concepto de ciclo de vida de los bienes que produzca o los servicios que provea, de conformidad con los principios establecidos en el Título Preliminar de la presente Ley y las demás normas legales vigentes.

75.2 Los estudios para proyectos de inversión a nivel de prefactibilidad, factibilidad y definitivo, a cargo de entidades públicas o privadas, cuya ejecución pueda tener impacto en el ambiente deben considerar los costos necesarios para preservar el ambiente de la localidad en donde se ejecutará el proyecto y de aquellas que pudieran ser afectadas por éste.

Comentario Artículo 75.- Del manejo integral y prevención en la fuente:

El inciso 75.1 de la Ley General del Ambiente del Perú establece la necesidad de que los titulares de operaciones adopten medidas prioritarias de prevención del riesgo y daño ambiental en la fuente generadora de los mismos. Esto significa que las medidas deben ser implementadas desde el inicio de las operaciones para evitar o minimizar los impactos ambientales negativos y no solo en una fase posterior para corregir los daños causados.

Además, se menciona que deben adoptarse las medidas de conservación y protección ambiental que correspondan a cada etapa de las operaciones, considerando el ciclo de vida de los bienes que se produzcan o los servicios que se provean. Esto implica que se deben tener en cuenta los impactos ambientales en todas las etapas del ciclo de vida de los bienes o servicios, incluyendo la extracción de materias primas, la producción, la distribución, el uso y la disposición final.

Asimismo, el inciso 75.1 establece la necesidad de que las medidas sean adoptadas de conformidad con los principios establecidos en el Título Preliminar de la Ley General del Ambiente y las demás normas legales vigentes. Esto significa que las medidas deben ser consistentes con los principios de protección ambiental, prevención, precaución, participación ciudadana, responsabilidad y cooperación, entre otros.

El inciso 75.1 de la Ley General del Ambiente del Perú establece la importancia de adoptar medidas prioritarias de prevención del riesgo y daño ambiental en la fuente generadora de los mismos, y de considerar el ciclo de vida de los bienes o servicios producidos. Estas medidas deben ser consistentes con los principios establecidos en la Ley General del Ambiente y las demás normas legales vigentes, y deben ser implementadas por los titulares de operaciones en todas las etapas de sus operaciones. Esto es fundamental para garantizar la protección del ambiente y el desarrollo sostenible en el país.

El inciso 75.2 del artículo 75 de la Ley General del Ambiente del Perú establece la obligación de que los estudios para proyectos de inversión a nivel de prefactibilidad, factibilidad y definitivo, a cargo de entidades públicas o privadas, consideren los costos necesarios para preservar el ambiente de la localidad donde se ejecutará el proyecto y de aquellas que pudieran ser afectadas por este.

Este inciso es importante porque reconoce la necesidad de tener en cuenta los impactos ambientales que se generan durante la ejecución de proyectos de inversión y la obligación de considerar los costos necesarios para prevenir o mitigar dichos impactos. Asimismo, busca garantizar que los estudios de factibilidad y planeamiento de proyectos incluyan la variable ambiental y consideren las medidas necesarias para proteger el ambiente y la salud de las personas.

La inclusión de la variable ambiental en los estudios de factibilidad y planeamiento de proyectos de inversión es fundamental para garantizar que se adopten medidas preventivas y se minimicen los impactos ambientales negativos. Esto incluye la identificación de los impactos ambientales que se generarán durante la ejecución del proyecto y la adopción de medidas para prevenir o mitigar dichos impactos.

Asimismo, la consideración de los costos necesarios para preservar el ambiente en los estudios de factibilidad y planeamiento de proyectos de inversión puede resultar en una planificación más eficiente y sostenible de los proyectos. Esto se debe a que se consideran no solo los aspectos económicos, sino también los ambientales y sociales, lo que puede resultar en la adopción de medidas más eficientes y sostenibles.

El inciso 75.2 del artículo 75 de la Ley General del Ambiente del Perú establece la obligación de que los estudios para proyectos de inversión consideren los costos necesarios para preservar el ambiente de la localidad donde se ejecutará el proyecto y de aquellas que pudieran ser afectadas por este. Esto es fundamental para garantizar la protección del ambiente y la salud de las personas y para adoptar medidas preventivas y minimizar los impactos ambientales negativos durante la ejecución de proyectos de inversión.

Ejemplo Artículo 75.- Del manejo integral y prevención en la fuente:

Un ejemplo de la importancia de adoptar medidas de prevención en la fuente y considerar los costos ambientales en la planificación de proyectos de inversión en el Perú es el proyecto minero Conga, ubicado en la región de Cajamarca. Este proyecto minero, liderado por la empresa minera Yanacocha, buscaba la explotación de oro y cobre en la zona.

Sin embargo, el proyecto generó una gran controversia debido a los impactos ambientales negativos que se esperaban, especialmente en la cuenca hidrográfica de la región. Las comunidades locales y otros actores sociales argumentaron que el proyecto pondría en riesgo el suministro de agua y la biodiversidad de la zona, así como la salud y el bienestar de las personas.

En este contexto, se realizaron diversos estudios y evaluaciones ambientales para determinar los impactos ambientales del proyecto y las medidas necesarias para prevenir o mitigar dichos impactos. En 2011, el Ministerio de Ambiente del Perú emitió una resolución que establecía la necesidad de realizar una evaluación ambiental estratégica para el proyecto Conga, con el objetivo de evaluar los impactos del proyecto en la región de Cajamarca y determinar las medidas necesarias para proteger el ambiente y la salud de las personas.

Sin embargo, a pesar de las evaluaciones y los esfuerzos por adoptar medidas preventivas, el proyecto Conga sigue siendo objeto de controversia y no ha sido implementado hasta la fecha. Muchos argumentan que el proyecto no es compatible con los principios de protección ambiental y desarrollo sostenible, y que se deben buscar alternativas más sostenibles y respetuosas con el ambiente y las comunidades locales.

Este ejemplo demuestra la importancia de considerar los costos ambientales y adoptar medidas preventivas en la planificación de proyectos de inversión en el Perú. En este caso, la evaluación ambiental estratégica permitió identificar los impactos del proyecto y las medidas necesarias para proteger el ambiente y la salud de las personas. Sin embargo, la controversia y la falta de consenso sobre el proyecto resaltan la importancia de una mayor participación ciudadana y una toma de decisiones más transparente y democrática en la planificación de proyectos de inversión.

El ejemplo del proyecto minero Conga en el Perú demuestra la importancia de considerar los costos ambientales y adoptar medidas preventivas en la planificación de proyectos de inversión. Es fundamental garantizar la protección del ambiente y la salud de las personas y adoptar medidas sostenibles y respetuosas con las comunidades locales y los ecosistemas. La participación ciudadana y una toma de decisiones transparente y democrática son claves para lograr un desarrollo sostenible y una protección ambiental efectiva.

Yanacocha es la mina de oro más grande de América Latina y la segunda más grande del mundo. De propiedad de la empresa multinacional Newmont Mining, llega en 1990 al Departamento de Cajamarca, al norte del Perú, prometiendo el anhelado "desarrollo" para Perú. En 1993 comienzan sus operaciones. La actividad minera ha implicado la remoción de un promedio de 600.000 toneladas de tierra y roca de forma diaria. Al poco tiempo de ponerse en funcionamiento, la mina comenzó a generar impactos ambientales. Las aguas fueron las más afectadas llegando la empresa a borrar canalizaciones que servían a las comunidades agrícolas para sus faenas de irrigación. Fuentes importantes de agua desaparecieron. Es el caso de la laguna Yanacocha que por quedar sobre el yacimiento de oro desapareció como efecto de la remoción de tierras para la extracción de oro. Al poco tiempo de comenzar las operaciones (fines de 1993 y a inicios de 1994), las comunidades campesinas más cercanas al yacimiento comenzaron a denunciar los abusos que los mineros venían cometiendo en los procesos de compras de tierras en la zona del Cerro Quilish y Combayo. Para acceder a los terrenos, la empresa pagó a los campesinos sumas de dinero muy inferiores a las correspondientes por las tierras, amenazando a quienes no querían vender sus tierras a la minera. Así mismo, las voces para defender los derechos de los campesinos fueron aisladas y vistas con cierta desconfianza. En este contexto nace el "Frente de Defensa de Cajamarca", organización que emprendió y hasta el día de hoy actúa, con movilizaciones y manifestaciones contra la minera. Otro actor social que se integró desde un primer momento al movimiento social contra Yanacocha fue la iglesia, aunque los medios de comunicación y el Estado apoyaban a la minera. Las palabras de Monseñor Dammert en un artículo publicado por el Diario La República en 1994 decían: "si no se colocan los mecanismos de redistribución que incluyan a los campesinos en los beneficios, la historia de la minería seguirá siendo aquella de explotación y miseria". A pesar de la oposición de los campesinos y organizaciones sociales, Yanacocha siguió operando con total impunidad y el 2 de junio de 2000 un camión contratado por la empresa derramó 151 kilos de mercurio a lo largo de 40 kilómetros de una carretera en Choropampa. Allí, en vez de evacuar a la población, como se les recomendó oportunamente en una reunión habida en el Obispado de Cajamarca, los funcionarios optaron por seguir exponiendo a la población al vapor del mercurio, sea porque no estaban conscientes ni preparados para asumir una emergencia de tal magnitud. Se llegó incluso a manipular y modificar los valores de referencia por parte de DIGESA en contubernio con Yanacocha para así "minimizar los niveles de riesgo y prevenir una evacuación". Los impactos de Yanacocha siguen afectando e irrumpiendo la vida social y ambiental de Cajamarca. Pero la lucha que se ha dado no les ha hecho el camino fácil. La oposición a la explotación del Cerro Quilish (por parte del proyecto Yanacocha) y del proyecto Conga son manifestaciones que dan cuenta de esta situación. (Observatorio de Conflictos Mineros de América Latina, 1993).

Otro ejemplo:

Un ejemplo de la importancia de adoptar medidas de prevención en la fuente y considerar los costos ambientales en la planificación de proyectos de inversión en una provincia del Perú como ejemplo del caso de proyecto hidroeléctrico.

Este proyecto, liderado por la empresa Hidroeléctrica, busca la construcción de una central hidroeléctrica en el río Marañón, con una capacidad de generación de 600 MW. Sin embargo, el proyecto ha generado preocupación entre las comunidades locales y otros actores sociales debido a los impactos ambientales negativos que se esperan, especialmente en la biodiversidad y los recursos hídricos de la zona.

En este contexto, se realizaron diversas evaluaciones ambientales para determinar los impactos del proyecto y las medidas necesarias para prevenir o mitigar dichos impactos. En 2020, el Servicio Nacional de Certificación Ambiental emite una resolución que establecía la necesidad de realizar una evaluación ambiental estratégica para el proyecto, con el objetivo de evaluar los impactos del proyecto y determinar las medidas necesarias para proteger el ambiente y la salud de las personas.

La evaluación ambiental estratégica del proyecto está en proceso, y se espera que permita identificar los impactos del proyecto y las medidas necesarias para proteger el ambiente y la salud de las personas y las comunidades locales. Sin embargo, la controversia y la preocupación sobre los impactos del proyecto resaltan la importancia de una mayor participación ciudadana y una toma de decisiones más transparente y democrática en la planificación de proyectos de inversión.

El ejemplo del proyecto hidroeléctrico, demuestra la importancia de considerar los costos ambientales y adoptar medidas preventivas en la planificación de proyectos de inversión. Es fundamental garantizar la protección del ambiente y la salud de las personas y adoptar medidas sostenibles y respetuosas con las comunidades locales y los ecosistemas. La participación ciudadana y una toma de decisiones transparente y democrática son claves para lograr un desarrollo sostenible y una protección ambiental efectiva.

Artículo 76.- De los sistemas de gestión ambiental y mejora continua

El Estado promueve que los titulares de operaciones adopten sistemas de gestión ambiental acordes con la naturaleza y magnitud de sus operaciones, con la finalidad de impulsar la mejora contínua de sus niveles de desempeño ambiental.

Comentario Artículo 76.- De los sistemas de gestión ambiental y me-jora continua:

El artículo 76 de la Ley General del Ambiente del Perú establece la importancia de promover la adopción de sistemas de gestión ambiental por parte de los titulares de operaciones, con el objetivo de impulsar la mejora continua de sus niveles de desempeño ambiental. Esta disposición reconoce la necesidad de fomentar una cultura de respeto y protección ambiental en el ámbito empresarial, y busca garantizar que las operaciones sean desarrolladas de manera sostenible y respetuosa con el ambiente.

La adopción de sistemas de gestión ambiental es fundamental para garantizar que las operaciones sean desarrolladas de manera responsable y sostenible. Estos sistemas permiten a las empresas identificar y evaluar los impactos ambientales de sus operaciones, establecer objetivos y metas ambientales, y diseñar e implementar medidas para prevenir o mitigar dichos impactos. Asimismo, los sistemas de gestión ambiental permiten a las empresas monitorear y evaluar su desempeño ambiental, y realizar mejoras continuas en sus procesos y operaciones.

La Ley General del Ambiente del Perú promueve la adopción de sistemas de gestión ambiental acordes con la naturaleza y magnitud de las operaciones de los titulares. Esto implica que los sistemas de gestión ambiental deben ser adecuados y proporcionales a las características y complejidad de las operaciones de la empresa. De esta manera, se busca garantizar que las empresas adopten sistemas de gestión ambiental realistas y eficaces, que les permitan mejorar su desempeño ambiental de manera efectiva.

El artículo 76 de la Ley General del Ambiente del Perú establece la importancia de promover la adopción de sistemas de gestión ambiental por parte de los titulares de operaciones. La adopción de estos sistemas es fundamental para garantizar que las operaciones sean desarrolladas de manera responsable y sostenible, y para impulsar la mejora continua del desempeño ambiental de las empresas. Es importante que los sistemas de gestión ambiental sean adecuados y proporcionales a las características de las operaciones, para garantizar su eficacia y efectividad en la mejora del desempeño ambiental.

Además de promover la adopción de sistemas de gestión ambiental por parte de los titulares de operaciones, la Ley General del Ambiente del Perú establece la obligación de implementar medidas de mejora continua en el desempeño ambiental. Esto implica que las empresas deben trabajar de manera constante para mejorar su desempeño ambiental, y no simplemente cumplir con los estándares mínimos establecidos por la normativa ambiental.

La mejora continua del desempeño ambiental implica un enfoque proactivo y preventivo, que busca prevenir o mitigar los impactos ambientales negativos antes de que ocurran. Esto implica la identificación y evaluación constante de los impactos ambientales de las operaciones, y la implementación de medidas para prevenir o reducir dichos impactos. Asimismo, implica la evaluación constante del desempeño ambiental de la empresa, y la implementación de medidas para mejorar dicho desempeño.

La Ley General del Ambiente del Perú reconoce la importancia de la mejora continua del desempeño ambiental para garantizar la protección y conservación del ambiente. Esto implica que las empresas deben trabajar de manera constante para mejorar su desempeño ambiental, y no simplemente cumplir con los requisitos mínimos establecidos por la normativa ambiental. La mejora continua del desempeño ambiental es un proceso que requiere la participación activa de todos los niveles de la empresa, y la implementación de medidas efectivas y sostenibles para prevenir o mitigar los impactos ambientales.

La Ley General del Ambiente del Perú establece la obligación de implementar medidas de mejora continua del desempeño ambiental en las operaciones de las empresas. La mejora continua del desempeño ambiental implica un enfoque proactivo y preventivo, que busca prevenir o mitigar los impactos ambientales negativos antes de que ocurran. Es fundamental que las empresas adopten un enfoque proactivo y preventivo para la gestión ambiental, y trabajen de manera constante para mejorar su desempeño ambiental. La mejora continua del desempeño ambiental es un proceso que requiere la participación activa de todos los niveles de la empresa, y la implementación de medidas efectivas y sostenibles para prevenir o mitigar los impactos ambientales.

Ejemplo Artículo 76.- De los sistemas de gestión ambiental y mejora continua:

Un ejemplo de la importancia de adoptar sistemas de gestión ambiental y promover la mejora continua del desempeño ambiental en el Perú es el caso de la empresa minera Antamina, ubicada en la región de Áncash.

Antamina es una de las minas más grandes del Perú, y ha sido reconocida por su liderazgo en la gestión ambiental y la responsabilidad social empresarial. La empresa ha adoptado un sistema de gestión ambiental basado en la norma ISO 14001, que le ha permitido identificar y evaluar los impactos ambientales de sus operaciones, establecer objetivos y metas ambientales, y diseñar e implementar medidas para prevenir o mitigar dichos impactos. Asimismo, la empresa ha implementado un sistema de monitoreo ambiental constante, que le permite evaluar su desempeño ambiental y realizar mejoras continuas en sus procesos y operaciones.

La implementación de estos sistemas de gestión ambiental ha permitido a Antamina mejorar significativamente su desempeño ambiental, reduciendo los impactos negativos de sus operaciones en el ambiente y las comunidades locales. Asimismo, la empresa ha implementado diversas iniciativas de responsabilidad social empresarial, que han beneficiado a las comunidades locales y han promovido el desarrollo sostenible de la región.

El caso de Antamina demuestra la importancia de adoptar sistemas de gestión ambiental y promover la mejora continua del desempeño ambiental en el sector empresarial. La adopción de estos sistemas permite a las empresas identificar y evaluar los impactos ambientales de sus operaciones, establecer objetivos y metas ambientales, y diseñar e implementar medidas para prevenir o mitigar dichos impactos. Asimismo, permite a las empresas monitorear y evaluar su desempeño ambiental, y realizar mejoras continuas en sus procesos y operaciones.

Es importante destacar que la implementación de sistemas de gestión ambiental y la promoción de la mejora continua del desempeño ambiental no solo benefician al ambiente, sino que también son beneficiosos para las empresas. La adopción de estos sistemas permite a las empresas mejorar su eficiencia y reducir costos, así como mejorar su reputación y fortalecer su relación con las comunidades locales y otros actores sociales.

El caso de Antamina en el Perú demuestra la importancia de adoptar sistemas de gestión ambiental y promover la mejora continua del desempeño ambiental en el sector empresarial. La adopción de estos sistemas es fundamental para garantizar que las operaciones sean desarrolladas de manera responsable y sostenible, y para impulsar la mejora continua del desempeño ambiental de las empresas. Es importante que las empresas adopten un enfoque proactivo y preventivo para la gestión ambiental, y trabajen de manera constante para mejorar su desempeño ambiental. La implementación de estos sistemas no solo beneficia al ambiente, sino que también son beneficiosos para las empresas en términos de eficiencia, costos, reputación y relaciones con las comunidades locales y otros actores sociales.[8]

Otro ejemplo

Para el presente ejemplo considero una recreación de una empresa Z como una empresa líder en el sector de alimentos en el Perú, y ha sido reconocida por su compromiso con el desarrollo sostenible y la gestión ambiental. La empresa ha adoptado un sistema de gestión ambiental basado en la norma ISO 14001, que le ha permitido identificar y evaluar los impactos ambientales de sus operaciones, establecer objetivos y metas ambientales, y diseñar e implementar medidas para prevenir o mitigar dichos impactos. Asimismo, la empresa ha implementado un sistema de monitoreo ambiental constante, que le permite evaluar su desempeño ambiental y realizar mejoras continuas en sus procesos y operaciones.

---

[8] Antamina - Logros y Reconocimientos - https://www.antamina.com/quienes-somos/logros-y-reconocimientos/

La implementación de estos sistemas de gestión ambiental ha permitido a la empresa Z, mejorar significativamente su desempeño ambiental, reduciendo los impactos negativos de sus operaciones en el ambiente y las comunidades locales. La empresa ha implementado diversas iniciativas de responsabilidad social empresarial, que han beneficiado a las comunidades locales y han promovido el desarrollo sostenible en las regiones donde opera.

En el año 2019, la empresa Z. obtuvo el premio "Mujeres Ecoeficientes" en la categoría de Empresas, otorgado por el Ministerio del Ambiente del Perú. Este reconocimiento destacó el compromiso de la empresa con la gestión ambiental y la sostenibilidad, y su liderazgo en el sector empresarial en materia ambiental.

El caso de la empresa Z, demuestra la importancia de adoptar sistemas de gestión ambiental y promover la mejora continua del desempeño ambiental en el sector empresarial en el Perú. La adopción de estos sistemas permite a las empresas identificar y evaluar los impactos ambientales de sus operaciones, establecer objetivos y metas ambientales, y diseñar e implementar medidas para prevenir o mitigar dichos impactos. Asimismo, permite a las empresas monitorear y evaluar su desempeño ambiental, y realizar mejoras continuas en sus procesos y operaciones.

Es importante destacar que la implementación de sistemas de gestión ambiental y la promoción de la mejora continua del desempeño ambiental no solo benefician al ambiente, sino que también son beneficiosos para las empresas. La adopción de estos sistemas permite a las empresas mejorar su eficiencia y reducir costos, así como mejorar su reputación y fortalecer su relación con las comunidades locales y otros actores sociales.

El caso de la empresa Z en el Perú demuestra la importancia de adoptar sistemas de gestión ambiental y promover la mejora continua del desempeño ambiental en el sector empresarial. La adopción de estos sistemas es fundamental para garantizar que las operaciones sean desarrolladas de manera responsable y sostenible, y para impulsar la mejora continua del desempeño ambiental de las empresas. La implementación de estos sistemas no solo beneficia al ambiente, sino que también son beneficiosos para las empresas en términos de eficiencia, costos, reputación y relaciones con las comunidades locales y otros actores sociales.

Artículo 77.- De la promoción de la producción limpia

77.1 Las autoridades nacionales, sectoriales, regionales y locales promueven, a través de acciones normativas, de fomento de incentivos tributarios, difusión, asesoría y capacitación, la producción limpia en el desarrollo de los proyectos de inversión y las actividades empresariales en general, entendiendo que la producción limpia constituye la aplicación continua de una estrategia ambiental preventiva e integrada para los procesos, productos y servicios, con el objetivo de incrementar la eficiencia, manejar racionalmente los recursos y reducir los riesgos sobre la población humana y el ambiente, para lograr el desarrollo sostenible.

77.2 Las medidas de producción limpia que puede adoptar el titular de operaciones incluyen, según sean aplicables, control de inventarios y del flujo de materias primas e insumos, así como la sustitución de éstos; la revisión, mantenimiento y sustitución de equipos y la tecnología aplicada; el control o sustitución de combustibles y otras fuentes energéticas; la reingeniería de procesos, métodos y prácticas de producción; y la reestructuración o rediseño de los bienes y servicios que brinda, entre otras.

Comentario Artículo 77.- De la promoción de la producción limpia:

El inciso 77.1 de la Ley General del Ambiente del Perú establece que las autoridades nacionales, sectoriales, regionales y locales tienen la responsabilidad de promover la producción limpia en el desarrollo de los proyectos de inversión y las actividades empresariales en general. Esta promoción debe realizarse a través de acciones normativas, de fomento de incentivos tributarios, difusión, asesoría y capacitación.

La producción limpia es una estrategia ambiental preventiva e integrada para los procesos, productos y servicios, con el objetivo de incrementar la eficiencia, manejar racionalmente los recursos y reducir los riesgos sobre la población humana y el ambiente. La producción limpia implica la implementación de medidas preventivas y la adopción de tecnologías limpias, que permiten reducir o eliminar los impactos ambientales negativos de las actividades empresariales.

La promoción de la producción limpia en el Perú se realiza a través de diversas acciones normativas, de fomento de incentivos tributarios, difusión, asesoría y capacitación. Las autoridades nacionales, sectoriales, regionales y locales deben promover la adopción de prácticas y tecnologías limpias en las empresas, mediante la difusión de información sobre prácticas y tecnologías limpias, brindando asesoría y capacitación, y estableciendo incentivos tributarios para las empresas que adoptan prácticas y tecnologías limpias.

La promoción de la producción limpia es fundamental para garantizar la protección del ambiente y la salud de la población, y para impulsar el desarrollo sostenible. La implementación de prácticas y tecnologías limpias en las empresas no solo beneficia al ambiente y la salud de la población, sino que también puede mejorar la eficiencia y reducir costos en las operaciones empresariales.

El inciso 77.1 de la Ley General del Ambiente del Perú establece la responsabilidad de las autoridades nacionales, sectoriales, regionales y locales de promover la producción limpia en el desarrollo de los proyectos de inversión y las actividades empresariales en general. Esta promoción se realiza a través de acciones normativas, de fomento de incentivos tributarios, difusión, asesoría y capacitación, y tiene como objetivo incrementar la eficiencia, manejar racionalmente los recursos y reducir los riesgos sobre la población humana y el ambiente, para lograr el desarrollo sostenible.

El inciso 77.2 de la Ley General del Ambiente del Perú establece que el titular de operaciones puede adoptar diversas medidas de producción limpia, según sean aplicables. Entre estas medidas se encuentran:

Control de inventarios y del flujo de materias primas e insumos: Esta medida implica llevar un registro detallado de los materiales y recursos que se utilizan en los procesos productivos, con el fin de identificar oportunidades de reducir su consumo y minimizar los residuos generados.

Sustitución de materias primas e insumos: Esta medida implica buscar alternativas más limpias y sostenibles para los materiales y recursos utilizados en los procesos productivos, con el fin de reducir el impacto ambiental de las operaciones.

Revisión, mantenimiento y sustitución de equipos y tecnología aplicada: Esta medida implica garantizar el correcto funcionamiento de los equipos utilizados en los procesos productivos, así como la actualización y mejora constante de la tecnología utilizada, con el fin de reducir el consumo de energía y recursos y minimizar los residuos generados.

Control o sustitución de combustibles y otras fuentes energéticas: Esta medida implica buscar alternativas más limpias y eficientes para los combustibles y fuentes de energía utilizados en los procesos productivos, con el fin de reducir las emisiones de gases contaminantes y minimizar el impacto ambiental de las operaciones.

Reingeniería de procesos, métodos y prácticas de producción: Esta medida implica replantear la forma en que se llevan a cabo los procesos productivos, con el fin de identificar oportunidades de mejora y optimización que permitan reducir el consumo de recursos y minimizar los residuos generados.

Reestructuración o rediseño de los bienes y servicios que brinda: Esta medida implica replantear la forma en que se ofrecen los productos y servicios, con el fin de buscar alternativas más sostenibles y amigables con el ambiente, que permitan reducir el impacto ambiental de las operaciones.

El inciso 77.2 de la Ley General del Ambiente del Perú establece diversas medidas de producción limpia que puede adoptar el titular de operaciones, con el fin de reducir el impacto ambiental de las operaciones y promover el desarrollo sostenible. Estas medidas incluyen el control de inventarios y del flujo de materias primas e insumos, la sustitución de estos, la revisión y mantenimiento de equipos, el control de combustibles y fuentes energéticas, la reingeniería de procesos, y la reestructuración o rediseño de los bienes y servicios que se ofrecen.

Ejemplo Artículo 77.- De la promoción de la producción limpia:

Como modelo de producción, la producción limpia se enfoca en reducir el impacto ambiental de las actividades empresariales mediante la implementación de prácticas y tecnologías limpias. En el Perú, la promoción de la producción limpia está siendo impulsada por diversas entidades gubernamentales a través de la implementación de políticas y programas que incentivan la adopción de prácticas y tecnologías limpias en las empresas.

Un ejemplo de la promoción de la producción limpia en el Perú es el Programa de Producción más Limpia del Ministerio del Ambiente, que busca fomentar la adopción de prácticas y tecnologías limpias en las empresas. Este programa ofrece asesoría y capacitación especializada, así como incentivos tributarios para las empresas que adopten prácticas y tecnologías limpias.

Otro posible ejemplo sería la creación de un Fondo de Inversión en Energías Renovables. Este fondo ofrece financiamiento para proyectos de energías renovables y eficiencia energética, con el objetivo de reducir el consumo energético y las emisiones de gases contaminantes.

La promoción de la producción limpia en el Perú ha recibido críticas y opiniones diversas. Algunos sectores empresariales argumentan que la implementación de prácticas y tecnologías limpias puede ser costosa y afectar la competitividad de las empresas. Sin embargo, otros sectores argumentan que la adopción de prácticas y tecnologías limpias puede generar ahorros a largo plazo, mejorar la eficiencia y productividad de las empresas, y mejorar su reputación y posicionamiento en el mercado.

La promoción de la producción limpia en el Perú es una iniciativa importante para garantizar la protección del ambiente y la salud de la población, y para impulsar el desarrollo sostenible. La implementación de prácticas y tecnologías limpias en las empresas no solo beneficia al ambiente y la salud de la población, sino que también puede mejorar la eficiencia y reducir costos en las operaciones empresariales. Es importante seguir promoviendo la producción limpia en el Perú a través de políticas y programas efectivos que incentiven y apoyen a las empresas en su adopción.

Artículo 78.- De la responsabilidad social de la empresa

El Estado promueve, difunde y facilita la adopción voluntaria de políticas, prácticas y mecanismos de responsabilidad social de la empresa, entendiendo que ésta constituye un conjunto de acciones orientadas al establecimiento de un adecuado ambiente de trabajo, así como de relaciones de cooperación y buena vecindad impulsadas por el propio titular de operaciones.

Comentario Artículo 78.- De la responsabilidad social de la empresa:

El artículo 78 que se refiere a la responsabilidad social de la empresa, establece que el Estado tiene la responsabilidad de promover, difundir y facilitar la adopción voluntaria de políticas, prácticas y mecanismos de responsabilidad social de la empresa. La responsabilidad social de la empresa se refiere a un conjunto de acciones que tienen como objetivo establecer un ambiente de trabajo adecuado y relaciones de cooperación y buena vecindad impulsadas por el titular de operaciones.

La promoción de la responsabilidad social de la empresa por parte del Estado es importante ya que busca involucrar a las empresas en la responsabilidad de cuidar y proteger el ambiente y la sociedad en general. Las empresas son actores importantes en el desarrollo económico y social de un país, y deben ser conscientes de su impacto en la sociedad y el ambiente. La responsabilidad social de la empresa implica ir más allá del cumplimiento de las obligaciones legales, y adoptar políticas y prácticas que generen valor para la sociedad y el ambiente.

Es importante destacar que la adopción de políticas y prácticas de responsabilidad social de la empresa debe ser voluntaria. Esto significa que las empresas deben adoptar estas políticas y prácticas por convicción propia, y no por obligación legal. La adopción voluntaria de políticas y prácticas de responsabilidad social de la empresa demuestra el compromiso de las empresas con la sociedad y el ambiente, y puede generar beneficios a largo plazo para la empresa y la sociedad.

El inciso sobre la responsabilidad social de la empresa establece la responsabilidad del Estado de promover, difundir y facilitar la adopción voluntaria de políticas, prácticas y mecanismos de responsabilidad social de la empresa. La responsabilidad social de la empresa implica establecer un ambiente de trabajo adecuado y relaciones de cooperación y buena vecindad impulsadas por el titular de operaciones. La adopción voluntaria de políticas y prácticas de responsabilidad social de la empresa demuestra el compromiso de las empresas con la sociedad y el ambiente, y puede generar beneficios a largo plazo para la empresa y la sociedad.

Ejemplo Artículo 78.- De la responsabilidad social de la empresa:

En el Perú, la promoción de la responsabilidad social de la empresa se está impulsando a través de diversas iniciativas gubernamentales y privadas. Un ejemplo de iniciativa gubernamental es el Programa Perú Responsable del Ministerio de Trabajo y Promoción del Empleo[9], que busca fomentar la adopción de prácticas y políticas de responsabilidad social en las empresas.

El programa ofrece asesoría y capacitación especializada a las empresas, así como reconocimientos y premios a las empresas que adoptan prácticas y políticas de responsabilidad social. Además, el programa promueve la participación de las empresas en iniciativas de voluntariado y trabajo comunitario, con el fin de fortalecer las relaciones de cooperación y buena vecindad con la sociedad.

Otro ejemplo de iniciativa privada es la Mesa de Responsabilidad Social Empresarial (RSE), que busca fomentar la adopción de prácticas y políticas de responsabilidad social entre las empresas. La Mesa de RSE ofrece espacios de diálogo y colaboración entre las empresas y la sociedad civil, con el fin de identificar oportunidades de mejora y fortalecer las prácticas de responsabilidad social.

La promoción de la responsabilidad social de la empresa en el Perú ha recibido críticas y opiniones diversas. Algunos sectores empresariales argumentan que la adopción de prácticas y políticas de

---

[9] Programa Nacional de Promoción de la Responsabilidad Social Empresarial - Perú Responsable - https://www.trabajo.gob.pe/PERU_RESPONSABLE/

responsabilidad social puede ser costosa y afectar la competitividad de las empresas. Sin embargo, otros sectores argumentan que la responsabilidad social de la empresa puede generar beneficios a largo plazo para la empresa y la sociedad, como una mejor reputación, mayor fidelidad de los consumidores y una mayor capacidad de atracción y retención de talentos.

La promoción de la responsabilidad social de la empresa en el Perú es una iniciativa importante para fomentar el desarrollo sostenible y fortalecer las relaciones entre las empresas y la sociedad. La adopción de prácticas y políticas de responsabilidad social puede generar beneficios a largo plazo para la empresa y la sociedad, y demuestra el compromiso de las empresas con la sociedad y el ambiente. Es importante seguir promoviendo la responsabilidad social de la empresa en el Perú a través de políticas y programas efectivos que incentiven y apoyen a las empresas en su adopción.

Otro ejemplo:

Otro ejemplo de promoción de la responsabilidad social de la empresa en el Perú es el rol del Servicio Nacional de Certificación Ambiental para las Inversiones Sostenibles (SENACE), es la otorgar la certificación ambiental correspondiente y la Organismo de Evaluación y Fiscalización Ambiental (OEFA) que es el ente encargado de supervisar y fiscalizar el cumplimiento de las obligaciones ambientales de las empresas.

La OEFA tiene la facultad de imponer sanciones y multas a las empresas que incumplen las normas ambientales, lo que incentiva a las empresas a adoptar prácticas y políticas de responsabilidad social y ambiental. Por ejemplo, OEFA sancionaría a Repsol con nueva multa de más de 4 millones de soles por presentar información falsa (SPDA Actualidad Ambiental, 2022).

La imposición de sanciones y multas por parte de OEFA es un mecanismo efectivo de incentivo para que las empresas adopten prácticas y políticas de responsabilidad social y ambiental. Las empresas que incumplen las normas ambientales pueden sufrir consecuencias negativas en su reputación, financiamiento y relaciones con la sociedad y el gobierno.

El rol de OEFA en la supervisión y fiscalización del cumplimiento de las obligaciones ambientales de las empresas es fundamental para promover la responsabilidad social y ambiental de las empresas en el Perú. La imposición de sanciones y multas a las empresas que incumplen las normas ambientales es un mecanismo efectivo de incentivo para que las empresas adopten prácticas y políticas de responsabilidad social y ambiental. Es importante seguir fortaleciendo el rol de OEFA en la promoción de la responsabilidad social y ambiental de las empresas en el Perú.

Con el siguiente texto se puede evidenciar el nivel de fiscalización actual ... A través de una nota de prensa, el Organismo de Evaluación y Fiscalización Ambiental (OEFA), hizo pública la notificación enviada a la Refinería La Pampilla S. A. A. (Repsol) sobre el inicio de un nuevo procedimiento administrativo sancionador por, presuntamente, remitir información falsa en el Reporte Preliminar de Emergencias Ambientales referido al derrame de petróleo del 15 de enero pasado. (SPDA Actualidad Ambiental, 2022)

Artículo 79.- De la promoción de normas voluntarias

El Estado, en coordinación con los gremios y organizaciones empresariales, promueve la elaboración y adopción de normas voluntarias, así como la autorregulación por los titulares de operaciones, para mejorar su desempeño ambiental, sin perjuicio del debido cumplimiento de la normatividad vigente.

Comentario Artículo 79.- De la promoción de normas voluntarias:

El artículo 79 de la Ley General del Ambiente establece la promoción de normas voluntarias y autorregulación por parte de los titulares de operaciones, con el fin de mejorar el desempeño ambiental de las empresas. Esta iniciativa es importante porque implica que las empresas adopten prácticas y políticas de responsabilidad ambiental por convicción propia, y no por obligación legal.

La promoción de normas voluntarias y autorregulación por parte del Estado, en coordinación con los gremios y organizaciones empresariales, busca fomentar la mejora continua en el desempeño ambiental de las empresas. Las normas voluntarias son más específicas y detalladas que las normas legales, lo que permite a las empresas enfocarse en áreas específicas donde pueden mejorar su desempeño ambiental. Además, la autorregulación implica que las empresas adopten prácticas y políticas de responsabilidad ambiental de manera voluntaria, lo que puede generar beneficios a largo plazo para la empresa y la sociedad.

Es importante destacar que la adopción de normas voluntarias y autorregulación por parte de las empresas no debe afectar el debido cumplimiento de la normatividad vigente. Las empresas deben cumplir con las normas legales y reglamentarias establecidas por el Estado para proteger el ambiente y la salud de las personas. La promoción de normas voluntarias y autorregulación no debe ser vista como una alternativa a las obligaciones legales, sino como un complemento para mejorar el desempeño ambiental de las empresas.

La promoción de normas voluntarias y autorregulación por parte del Estado, en coordinación con los gremios y organizaciones empresariales, es una iniciativa importante para involucrar a las empresas en la responsabilidad de cuidar y proteger el medio ambiente. La adopción de prácticas y políticas de responsabilidad ambiental por convicción propia, puede generar beneficios a largo plazo para la empresa y la sociedad. Sin embargo, es importante asegurarse de que estas iniciativas no afecten el debido cumplimiento de la normatividad vigente, y que se complementen con las obligaciones legales y reglamentarias establecidas por el Estado para proteger el ambiente y la salud de las personas.

La promoción de normas voluntarias y autorregulación por parte del Estado y organizaciones empresariales es una buena manera de fomentar la responsabilidad ambiental de las empresas. Esto puede generar beneficios a largo plazo para la empresa y la sociedad. Sin embargo, es importante que estas iniciativas no afecten el cumplimiento de la normativa ambiental y que se monitoreen y evalúen para garantizar su efectividad. Las empresas deben cumplir con sus compromisos voluntarios además de las obligaciones legales y reglamentarias para proteger el medio ambiente y la salud pública.

Otro aspecto importante a considerar en la promoción de normas voluntarias y autorregulación es la participación activa de la sociedad civil en el proceso. Es fundamental que las organizaciones y grupos de la sociedad civil tengan un rol activo en la elaboración y monitoreo de estas iniciativas, para asegurarse de que se estén abordando adecuadamente las preocupaciones y necesidades ambientales y sociales. La participación de la sociedad civil también puede ayudar a fortalecer la transparencia y rendición de cuentas de las empresas, y a asegurarse de que se estén cumpliendo los compromisos voluntarios adoptados.

Además, es importante que el Estado proporcione incentivos adecuados para la adopción de normas voluntarias y autorregulación por parte de las empresas. Estos incentivos pueden incluir reconocimientos, premios, incentivos fiscales, entre otros, que fomenten la adopción de prácticas y políticas de responsabilidad ambiental. También es importante que el Estado tenga la capacidad de supervisar y monitorear el cumplimiento de los compromisos voluntarios adoptados por las empresas, para asegurarse de que están cumpliendo con los estándares establecidos y que se están generando mejoras ambientales reales.

La promoción de normas voluntarias y autorregulación por parte del Estado, en coordinación con los gremios y organizaciones empresariales, puede ser una herramienta efectiva para mejorar el desempeño ambiental de las empresas y fomentar la responsabilidad social y ambiental. Sin embargo, es importante asegurarse de que estas iniciativas no afecten el debido cumplimiento de la normatividad vigente, y que se complementen con las obligaciones legales y reglamentarias establecidas por el Estado para proteger el ambiente y la salud de las personas. Además, es fundamental la participación activa de la sociedad civil en el proceso y la provisión de incentivos adecuados por parte del Estado para fomentar la adopción de prácticas y políticas de responsabilidad ambiental.

Ejemplo Artículo 79.- De la promoción de normas voluntarias:

Un ejemplo podría ser sobre promoción de normas voluntarias y autorregulación en otra región de Perú es la iniciativa "Turismo Responsable"

Esta iniciativa busca fomentar la adopción de prácticas y políticas de responsabilidad social y ambiental por parte de las empresas turísticas en la región de Cusco, y promover la transparencia y rendición de cuentas.

La iniciativa de "Turismo Responsable" incluye la elaboración y adopción de normas voluntarias y autorregulación por parte de las empresas turísticas, así como la promoción de la participación activa de la sociedad civil en el proceso. También ofrece capacitación y asistencia técnica a las empresas turísticas para adoptar prácticas y políticas de responsabilidad social y ambiental.

Además, la iniciativa promueve la conservación del patrimonio cultural y natural de la región de Cusco, y busca mejorar la calidad de vida de las comunidades locales a través del turismo sostenible. La iniciativa también ofrece incentivos y reconocimientos a las empresas turísticas que adoptan prácticas y políticas de responsabilidad social y ambiental.

En general, la iniciativa de "Turismo Responsable" es importante para involucrar a las empresas turísticas en la responsabilidad de cuidar y proteger el medio ambiente y la cultura local, y fomentar la adopción de prácticas y políticas de responsabilidad social y ambiental en el sector turístico. Además, la iniciativa puede generar beneficios a largo plazo para las empresas turísticas, como una mejor reputación y una mayor capacidad de atracción y retención de turistas conscientes y comprometidos con la sostenibilidad.

La iniciativa de "Turismo Responsable[10]" de Cusco es un ejemplo de promoción de normas voluntarias y autorregulación en otra región de Perú. Esta iniciativa puede generar beneficios a largo plazo para las empresas turísticas y la sociedad, pero es importante asegurarse de que se complementen con las obligaciones legales y reglamentarias establecidas por el Estado para proteger el ambiente y la salud de las personas.

---

[10] Turismo responsable y seguro: ciudad del Cusco recibe el sello Safe Travels - https://andina.pe/agencia/noticia-turismo-responsable-y-seguro-ciudad-del-cusco-recibe-sello-safe-travels-819707.aspx

Otro ejemplo:

Un ejemplo de promoción de normas voluntarias y autorregulación en otra región del mundo es la iniciativa "Green Business Certification" de la ciudad de Nueva York, Estados Unidos. Esta iniciativa busca fomentar la adopción de prácticas y políticas de sostenibilidad por parte de las empresas, y promover la transparencia y rendición de cuentas.

La iniciativa de "Green Business Certification" ofrece una certificación a las empresas que cumplen con ciertos criterios de sostenibilidad, como la reducción de emisiones de gases de efecto invernadero, la gestión eficiente de los recursos naturales, la eliminación de residuos peligrosos y la promoción de prácticas laborales justas y equitativas.

Además, la iniciativa brinda asistencia técnica y capacitación a las empresas para adoptar prácticas y políticas de sostenibilidad, y promueve la participación activa de la sociedad civil en el proceso. También ofrece incentivos fiscales y otros beneficios a las empresas que obtienen la certificación.

En general, la iniciativa de "Green Business Certification" es importante para involucrar a las empresas en la responsabilidad de cuidar y proteger el medio ambiente, y fomentar la adopción de prácticas y políticas de sostenibilidad. Además, la certificación puede generar beneficios a largo plazo para la empresa, como una mejor reputación y una mayor capacidad de atracción y retención de talentos.

La iniciativa de "Green Business Certification" de la ciudad de Nueva York es un ejemplo de promoción de normas voluntarias y autorregulación en otra región del mundo. Esta iniciativa puede generar beneficios a largo plazo para las empresas y la sociedad, pero es importante asegurarse de que se complementen con las obligaciones legales y reglamentarias establecidas por el Estado para proteger el ambiente y la salud de las personas.[11]

---

[11] Certification - https://www.gbci.org/

Artículo 80.- De las normas técnicas nacionales, de calidad y ecoetiquetado

El Estado promueve la adopción de normas técnicas nacionales para estandarizar los procesos de producción y las características técnicas de los bienes y servicios que se ofrecen en el país o se exportan, propiciando la gestión de su calidad, la prevención de riesgos y daños ambientales en los procesos de su producción o prestación, así como prácticas de etiquetado, que salvaguarden los derechos del consumidor a conocer la información relativa a la salud, el ambiente y a los recursos naturales, sin generar obstáculos innecesarios o injustificados al libre comercio, de conformidad con las normas vigentes y los tratados internacionales ratificados por el Estado Peruano.

Comentario Artículo 80.- De las normas técnicas nacionales, de calidad y ecoetiquetado:

Las normas técnicas nacionales son un conjunto de requisitos y especificaciones técnicas que establecen los criterios y estándares de calidad que deben cumplir los productos, servicios y procesos en un país determinado. Estas normas se elaboran y promueven por parte de organismos nacionales de normalización, como el Instituto Nacional de Calidad (INACAL) en Perú.

Las normas técnicas nacionales son importantes porque permiten a las empresas y organizaciones mejorar la calidad de sus productos y servicios, y fomentan la innovación y la competitividad. Además, las normas técnicas nacionales pueden garantizar la seguridad y la protección del medio ambiente, y promover el comercio justo y la protección de los derechos de los consumidores.

Entre las normas técnicas nacionales más importantes se encuentran las normas de calidad, como la norma ISO 9001, que establece los requisitos para un sistema de gestión de la calidad en una organización. Esta norma es ampliamente reconocida a nivel internacional y puede ser una herramienta importante para mejorar la calidad de los productos y servicios, así como para mejorar la eficiencia y la rentabilidad de la organización.

Otras normas técnicas nacionales importantes son las normas de seguridad, como la norma ISO 45001, que establece los requisitos para un sistema de gestión de la seguridad y la salud en el trabajo. Esta norma es importante para garantizar la seguridad y protección de los trabajadores, y para promover un ambiente de trabajo saludable y seguro.

Además, existen normas técnicas nacionales relacionadas con la protección del medio ambiente, como la norma ISO 14001, que establece los requisitos para un sistema de gestión ambiental en una organización. Esta norma es importante para reducir el impacto ambiental de las actividades de la organización y para promover la sostenibilidad ambiental.

Las normas técnicas nacionales son una herramienta importante para mejorar la calidad de los productos y servicios, garantizar la seguridad y protección de los trabajadores, y proteger el medio ambiente. Las normas técnicas nacionales pueden ser una herramienta valiosa para las empresas y organizaciones que buscan mejorar su eficiencia y rentabilidad, así como para promover la responsabilidad social y ambiental.

El ecoetiquetado es una herramienta que busca informar a los consumidores sobre el impacto ambiental de los productos que consumen, y fomentar la adopción de prácticas y políticas de sostenibilidad por parte de las empresas. Las etiquetas ecológicas pueden incluir información sobre el uso de recursos naturales, la generación de residuos y emisiones, la toxicidad de los materiales, entre otros aspectos ambientales relevantes.

El ecoetiquetado es importante porque permite a los consumidores tomar decisiones informadas sobre los productos que compran, y promueve la adopción de prácticas y políticas de sostenibilidad por parte de las empresas. Además, el ecoetiquetado puede generar beneficios a largo plazo para las empresas, como una mejor reputación y una mayor capacidad de atracción y retención de clientes conscientes y comprometidos con la sostenibilidad.

En muchos países, el ecoetiquetado es voluntario y está regulado por organismos independientes. Estos organismos establecen los criterios y estándares que deben cumplir los productos para obtener la etiqueta ecológica, y supervisan el cumplimiento de estos estándares por parte de las empresas.

En otros países, el ecoetiquetado es obligatorio y está regulado por el Estado. En estos casos, el Estado establece los criterios y estándares que deben cumplir los productos para obtener la etiqueta ecológica, y supervisa el cumplimiento de estos estándares por parte de las empresas.

En general, el ecoetiquetado es una herramienta importante para promover la sostenibilidad y la responsabilidad ambiental de las empresas, y para informar y sensibilizar a los consumidores sobre la importancia de cuidar y proteger el medio ambiente. Sin embargo, es importante asegurarse de que los criterios y estándares establecidos para obtener la etiqueta ecológica sean rigurosos y estén respaldados por evidencia científica, y que se complementen con las obligaciones legales y reglamentarias establecidas por el Estado para proteger el ambiente y la salud de las personas.

El ecoetiquetado es una herramienta importante para promover la sostenibilidad y la responsabilidad ambiental de las empresas, y para informar y sensibilizar a los consumidores sobre la importancia de cuidar y proteger el medio ambiente. El ecoetiquetado puede generar beneficios a largo plazo para las empresas y la sociedad, pero es importante asegurarse de que se complementen con las obligaciones legales y reglamentarias establecidas por el Estado para proteger el ambiente y la salud de las personas.

Ante lo dicho anteriormente El artículo 80 de la Ley General del Ambiente establece que el Estado tiene la responsabilidad de promover la adopción de normas técnicas nacionales para estandarizar los procesos de producción y las características técnicas de los bienes y servicios que se ofrecen en el país o se exportan. Esta promoción tiene como objetivo propiciar la gestión de la calidad, la prevención de riesgos y daños ambientales en los procesos de producción o prestación, así como prácticas de etiquetado que salvaguarden los derechos del consumidor a conocer la información relativa a la salud, el ambiente y a los recursos naturales.

Es importante destacar que la adopción de estas normas técnicas nacionales no debe generar obstáculos innecesarios o injustificados al libre comercio. Debe haber un equilibrio entre la promoción de la adopción de estas normas y la promoción del comercio justo y libre. Para lograr este equilibrio, es necesario que las normas técnicas nacionales se establezcan de conformidad con las normas vigentes y los tratados internacionales ratificados por el Estado Peruano.

En este sentido, la adopción de normas técnicas nacionales es fundamental para garantizar la calidad de los productos y servicios que se ofrecen en el país y en el mercado internacional. Además, estas normas permiten la prevención de riesgos y daños ambientales en los procesos de producción o prestación de servicios, lo que contribuye a la protección del medio ambiente y a la salud de las personas.

Asimismo, la promoción de prácticas de etiquetado que salvaguarden los derechos del consumidor a conocer la información relativa a la salud, el ambiente y a los recursos naturales es una medida importante para garantizar la transparencia y el acceso a la información por parte de los consumidores. Esto permite que los consumidores puedan tomar decisiones informadas y responsables al momento de adquirir productos y servicios.

La promoción de la adopción de normas técnicas nacionales, de calidad y ecoetiquetado es una herramienta importante para garantizar la calidad de los productos y servicios que se ofrecen en el país y en el mercado internacional, prevenir riesgos y daños ambientales, y proteger los derechos del consumidor a conocer la información relativa a la salud, el ambiente y a los recursos naturales. Es importante que estas normas se establezcan de conformidad con las normas vigentes y los tratados internacionales ratificados por el Estado Peruano, y que se promueva el equilibrio entre la promoción de estas normas y la promoción del comercio justo y libre.

Ejemplo Artículo 80.- De las normas técnicas nacionales, de calidad y ecoetiquetado:

En Perú, la adopción de normas técnicas nacionales, de calidad y ecoetiquetado es una herramienta importante para garantizar la calidad de los productos y servicios que se ofrecen en el país y en el mercado internacional, prevenir riesgos y daños ambientales, y proteger los derechos del consumidor a conocer la información relativa a la salud, el ambiente y a los recursos naturales.

El Instituto Nacional de Calidad (INACAL) es el organismo peruano encargado de la elaboración, promoción y difusión de las normas técnicas nacionales. INACAL tiene como objetivo principal mejorar la calidad de los productos y servicios que se ofrecen en Perú, así como fomentar la competitividad y la innovación en las empresas nacionales.

Entre las normas técnicas nacionales más importantes en Perú se encuentran la norma ISO 9001, que establece los requisitos para un sistema de gestión de la calidad en una organización, y la norma ISO 14001, que establece los requisitos para un sistema de gestión ambiental en una organización. Estas normas son importantes para mejorar la calidad de los productos y servicios, así como para reducir el impacto ambiental de las actividades de las empresas.

En cuanto al ecoetiquetado, en Perú se promueve la adopción de prácticas de etiquetado que salvaguarden los derechos del consumidor a conocer la información relativa a la salud, el ambiente y a los recursos naturales. Por ejemplo, en el sector de alimentos y bebidas, existen normas técnicas que establecen los requisitos de etiquetado obligatorio, como la información nutricional, los ingredientes y la fecha de vencimiento.

Además, en Perú existe una etiqueta ecológica, denominada "Sello Ambiental Peruano", que es una certificación voluntaria que se otorga a los productos y servicios que cumplen con los criterios ambientales establecidos por INACAL. Esta etiqueta busca promover la sostenibilidad ambiental y la protección del medio ambiente.

En mi opinión, la adopción de normas técnicas nacionales, de calidad y ecoetiquetado en Perú es una medida importante para garantizar la calidad de los productos y servicios que se ofrecen en el país, así como para proteger el medio ambiente y los derechos del consumidor. Es fundamental que estas normas se establezcan de conformidad con las normas vigentes y los tratados internacionales ratificados por el Estado Peruano, y que se promueva el equilibrio entre la promoción de estas normas y la promoción del comercio justo y libre.

La adopción de normas técnicas nacionales, de calidad y ecoetiquetado en Perú es una herramienta importante para mejorar la calidad de los productos y servicios, proteger el medio ambiente y los derechos del consumidor, y fomentar la competitividad y la innovación en las empresas nacionales. Fuente: Instituto Nacional de Calidad (INACAL). Fecha: 15 de marzo de 2023.

Otro ejemplo:

Un ejemplo de adopción de normas técnicas nacionales, de calidad y ecoetiquetado en actividades ambientales en Perú es la norma técnica peruana NTP ISO 14064-1:2018[12], que establece los requisitos para cuantificar y reportar las emisiones y remociones de gases de efecto invernadero (GEI) en organizaciones. Esta norma técnica promueve la gestión de la huella de carbono y la implementación de medidas para reducir las emisiones de GEI en las actividades de las organizaciones.

Esta norma técnica es importante para promover la sostenibilidad ambiental en las empresas y organizaciones, y para contribuir a la lucha contra el cambio climático. La adopción de esta norma técnica permite que las organizaciones puedan cuantificar y reportar sus emisiones de GEI de manera estandarizada y transparente, lo que les permite identificar oportunidades de mejora y establecer metas para reducir sus emisiones.

Además, en Perú existe la certificación "Huella de Carbono Neutral[13]", que se otorga a las organizaciones que han cuantificado y reducido sus emisiones de GEI a cero. Esta certificación promueve la adopción de medidas para reducir las emisiones de GEI en las actividades de las organizaciones y contribuye a la protección del medio ambiente.

---

[12]   ISO 14064 - 1:2018 (es) Gases de efecto invernadero - https://www.iso.org/obp/ui#iso:std:iso:14064:-1:ed-2:v1:es

[13]   ¿qué es la huella de carbono Perú? - https://huellacarbonoperu.minam.gob.pe/huellaperu/#/inicio

En mi opinión, la adopción de normas técnicas nacionales, de calidad y ecoetiquetado en actividades ambientales en Perú es fundamental para promover la sostenibilidad ambiental y la lucha contra el cambio climático. La adopción de la norma técnica NTP ISO 14064-1:2018 y la certificación "Huella de Carbono Neutral" son medidas importantes para cuantificar y reducir las emisiones de GEI en las actividades de las organizaciones, y contribuyen a la protección del medio ambiente. Es importante seguir promoviendo la adopción de estas normas y certificaciones en el país, para lograr un desarrollo sostenible y responsable.

La adopción de normas técnicas nacionales, de calidad y ecoetiquetado en actividades ambientales en Perú es una herramienta importante para promover la sostenibilidad ambiental y la lucha contra el cambio climático. La adopción de la norma técnica NTP ISO 14064-1:2018 y la certificación "Huella de Carbono Neutral" son medidas importantes para cuantificar y reducir las emisiones de GEI en las actividades de las organizaciones, y contribuyen a la protección del medio ambiente. Fuente: Ministerio del Ambiente de Perú.

Artículo 81.- Del turismo sostenible

Las entidades públicas, en coordinación con el sector privado, adoptan medidas efectivas para prevenir, controlar y mitigar el deterioro del ambiente y de sus componentes, en particular, los recursos naturales y los bienes del Patrimonio Cultural de la Nación asociado a ellos, como consecuencia del desarrollo de infraestructuras y de las actividades turísticas y recreativas, susceptibles de generar impactos negativos sobre ellos.

Comentario Artículo 81.- Del turismo sostenible:

El artículo 81 de la Ley General del Ambiente establece la importancia de adoptar medidas efectivas para prevenir, controlar y mitigar el deterioro del ambiente y sus componentes, en particular los recursos naturales y el patrimonio cultural de la nación asociado a ellos, como consecuencia del desarrollo de infraestructuras y actividades turísticas y recreativas.

Es importante destacar que el turismo sostenible se ha convertido en una prioridad para muchos países, incluyendo Perú. El turismo sostenible se refiere a un enfoque de turismo que tiene en cuenta el impacto ambiental, económico y social de la actividad turística en las comunidades locales y en el medio ambiente.

En Perú, el turismo sostenible se ha convertido en una prioridad para el gobierno y el sector privado. Se han establecido medidas para garantizar que las actividades turísticas sean sostenibles y respetuosas con el medio ambiente y las comunidades locales. Por ejemplo, se ha promovido la adopción de prácticas sostenibles en el alojamiento, la alimentación y el transporte turístico.

Además, se ha trabajado en la implementación de programas de educación y concientización para turistas y operadores turísticos sobre la importancia de la sostenibilidad y la preservación del patrimonio cultural y natural de Perú.

En mi opinión, el turismo sostenible es una herramienta importante para promover el desarrollo económico y social de las comunidades locales, al mismo tiempo que se protege el medio ambiente y el patrimonio cultural de la nación. Es fundamental que se adopten medidas efectivas para prevenir, controlar y mitigar los impactos negativos del turismo en el medio ambiente y las comunidades locales.

El artículo 81 de la Ley General del Ambiente establece la importancia de adoptar medidas efectivas para prevenir, controlar y mitigar el deterioro del ambiente y sus componentes, en particular los recursos naturales y el patrimonio cultural de la nación asociado a ellos, como consecuencia del desarrollo de infraestructuras y actividades turísticas y recreativas. El turismo sostenible se ha convertido en una prioridad para el gobierno y el sector privado en Perú, y se han establecido medidas para garantizar la sostenibilidad y la preservación del patrimonio cultural y natural del país.

En Perú, el ecoturismo de aventura en el interior del país ha sido una actividad en crecimiento en los últimos años. Esta actividad se enfoca en la exploración de áreas naturales, como montañas, ríos, lagos y bosques, a través de actividades como senderismo, escalada, rafting, kayak y otras actividades de aventura.

El ecoturismo de aventura en el interior de Perú tiene un gran potencial para generar ingresos económicos y promover el desarrollo sostenible de las comunidades locales. Sin embargo, es importante que se adopten medidas efectivas para prevenir y controlar los impactos negativos de estas actividades en el medio ambiente y las comunidades locales.

Para garantizar la sostenibilidad del ecoturismo de aventura en el interior de Perú, es necesario que las empresas turísticas adopten prácticas sostenibles en sus operaciones, como la reducción del uso de plásticos y la gestión adecuada de residuos. Además, es importante que los operadores turísticos trabajen en estrecha colaboración con las comunidades locales y las autoridades para garantizar la protección del patrimonio cultural y natural de la región.

En este sentido, es fundamental que se promueva la educación y la concientización de turistas y operadores turísticos sobre la importancia de la sostenibilidad y la preservación del patrimonio cultural y natural de Perú. Asimismo, es necesario establecer medidas efectivas para prevenir y controlar los impactos negativos del ecoturismo de aventura en el medio ambiente y las comunidades locales, como la implementación de planes de manejo ambiental y la regulación de las actividades turísticas.

En mi opinión, el ecoturismo de aventura en el interior de Perú tiene un gran potencial para generar ingresos económicos y promover el desarrollo sostenible de las comunidades locales. Sin embargo, es fundamental que se adopten medidas efectivas para garantizar la sostenibilidad y la preservación del patrimonio cultural y natural de la región. Es necesario que las empresas turísticas adopten prácticas sostenibles en sus operaciones y trabajen en estrecha colaboración con las comunidades locales y las autoridades para garantizar la protección del medio ambiente y la cultura. Además, es importante promover la educación y la concientización de turistas y operadores turísticos sobre la importancia de la sostenibilidad y la preservación del patrimonio cultural y natural de Perú.

El ecoturismo de aventura en el interior de Perú tiene un gran potencial para generar ingresos económicos y promover el desarrollo sostenible de las comunidades locales. Es necesario adoptar medidas efectivas para prevenir y controlar los impactos negativos del ecoturismo en el medio ambiente y las comunidades locales, y promover la sostenibilidad y la preservación del patrimonio cultural y natural de la región.

Ejemplo Artículo 81.- Del turismo sostenible:

El turismo sostenible en Perú es un tema de gran importancia, especialmente en relación al desarrollo de infraestructuras y actividades turísticas y recreativas que pueden generar impactos negativos en el ambiente y el patrimonio cultural del país. En este sentido, el artículo 81 de la Ley General del Ambiente establece la necesidad de adoptar medidas efectivas para prevenir, controlar y mitigar el deterioro del ambiente y sus componentes asociado a estas actividades.

Un ejemplo de turismo sostenible en Perú es el Parque Nacional del Manu, ubicado en la región de Cusco y Madre de Dios. Este parque es uno de los destinos turísticos más importantes de Perú y es conocido por su rica biodiversidad y sus impresionantes paisajes.

El turismo en el Parque Nacional del Manu se enfoca en la observación de aves, la exploración de la selva y la observación de animales y plantas en su hábitat natural. Para garantizar la sostenibilidad de estas actividades, se han implementado medidas para prevenir y controlar los impactos negativos en el medio ambiente y las comunidades locales.

Por ejemplo, se han establecido planes de manejo ambiental para regular las actividades turísticas y garantizar la protección del medio ambiente y la cultura. Además, se han promovido prácticas sostenibles en el alojamiento, la alimentación y el transporte turístico.

En cuanto a la educación y la concientización, se han establecido programas para turistas y operadores turísticos sobre la importancia de la sostenibilidad y la preservación del patrimonio cultural y natural de la región.

En mi opinión, el Parque Nacional del Manu es un ejemplo de cómo el turismo sostenible puede promover el desarrollo sostenible de las comunidades locales, al mismo tiempo que se protege el medio ambiente y la cultura. Es importante que se adopten medidas efectivas para prevenir y controlar los impactos negativos de las actividades turísticas en el medio ambiente y las comunidades locales, y que se promueva la educación y la concientización de turistas y operadores turísticos sobre la importancia de la sostenibilidad y la preservación del patrimonio cultural y natural de Perú.

El Parque Nacional del Manu es un ejemplo de cómo el turismo sostenible en Perú puede promover el desarrollo sostenible de las comunidades locales, al mismo tiempo que se protege el medio ambiente y la cultura. Es necesario adoptar medidas efectivas para prevenir y controlar los impactos negativos de las actividades turísticas en el medio ambiente y las comunidades locales, y promover la educación y la concientización de turistas y operadores turísticos sobre la importancia de la sostenibilidad y la preservación del patrimonio cultural y natural de Perú.

Otro ejemplo:

Un ejemplo de ecoturismo de aventura en el interior de Perú es el Cañón del Colca, ubicado en la región de Arequipa. Este destino turístico es conocido por su impresionante cañón, que es uno de los más profundos del mundo, y por su rica biodiversidad, que incluye especies como el cóndor andino y la vicuña.

El Cañón del Colca ofrece una amplia variedad de actividades de ecoturismo de aventura, como senderismo, escalada, rafting, kayak y bicicleta de montaña. Estas actividades permiten a los turistas explorar la belleza natural de la región, mientras que al mismo tiempo promueven el desarrollo sostenible de las comunidades locales.

Para garantizar la sostenibilidad del turismo en el Cañón del Colca, se han establecido medidas para prevenir y controlar los impactos negativos de las actividades turísticas en el medio ambiente y las comunidades locales. Por ejemplo, se han implementado programas de educación y concientización para turistas y operadores turísticos sobre la importancia de la sostenibilidad y la preservación del patrimonio cultural y natural de la región.

Además, se han establecido planes de manejo ambiental para regular las actividades turísticas y garantizar la protección del medio ambiente y la cultura. Por ejemplo, se han establecido restricciones en el número de turistas que pueden visitar ciertas áreas del cañón, para evitar la sobrecarga turística y los impactos negativos en la flora y fauna local.

En mi opinión, el Cañón del Colca es un ejemplo de cómo el ecoturismo de aventura puede promover el desarrollo sostenible de las comunidades locales, al mismo tiempo que se protege el medio ambiente y la cultura. Es importante que se adopten medidas efectivas para prevenir y controlar los impactos negativos de las actividades turísticas en el medio ambiente y las comunidades locales, y que se promueva la educación y la concientización de turistas y operadores turísticos sobre la importancia de la sostenibilidad y la preservación del patrimonio cultural y natural de Perú.

El Cañón del Colca es un ejemplo de cómo el ecoturismo de aventura en el interior de Perú puede promover el desarrollo sostenible de las comunidades locales, al mismo tiempo que se protege el medio ambiente y la cultura. Es importante adoptar medidas efectivas para prevenir y controlar los impactos negativos de las actividades turísticas en el medio ambiente y las comunidades locales, y promover la educación y la concientización de turistas y operadores turísticos sobre la importancia de la sostenibilidad y la preservación del patrimonio cultural y natural de Perú.

Artículo 82.- Del consumo responsable

82.1 El Estado, a través de acciones educativas de difusión y asesoría, promueve el consumo racional y sostenible, de forma tal que se incentive el aprovechamiento de recursos naturales, la producción de bienes, la prestación de servicios y el ejercicio del comercio en condiciones ambientales adecuadas.

82.2 Las normas, disposiciones y resoluciones sobre adquisiciones y contrataciones públicas consideran lo señalado en el párrafo anterior, en la definición de los puntajes de los procesos de selección de proveedores del Estado.

Comentario Artículo 82.- Del consumo responsable:

El consumo responsable es un tema de gran importancia en la actualidad, y la Ley General del Ambiente en Perú establece la necesidad de promover el consumo racional y sostenible en el país. En este sentido, el Estado tiene un papel fundamental en fomentar el consumo responsable a través de acciones educativas de difusión y asesoría.

Las acciones educativas de difusión y asesoría son esenciales para promover la conciencia ambiental y social en la sociedad peruana. A través de estas acciones, se puede informar a la población sobre los impactos negativos del consumo insostenible y proporcionar alternativas sostenibles. Además, se puede fomentar la participación de la sociedad en la toma de decisiones y el diseño de políticas públicas relacionadas con el consumo responsable.

Es importante destacar que el fomento del consumo responsable no solo implica reducir el impacto ambiental del consumo, sino también incentivar la producción y el comercio sostenibles. En este sentido, el Estado puede establecer regulaciones y estándares de calidad para la producción y el comercio de bienes y servicios sostenibles, y proporcionar incentivos fiscales y financieros para empresas que adopten prácticas sostenibles.

Además, el Estado puede fomentar la demanda de productos y servicios sostenibles a través de campañas de concienciación y promoción de los mismos. La sociedad peruana debe estar informada de la importancia del consumo responsable y ser consciente de su papel como consumidores responsables.

En mi opinión, el fomento del consumo responsable es fundamental para lograr un desarrollo sostenible en Perú. La promoción del consumo racional y sostenible puede contribuir a la protección del medio ambiente y la sociedad, reducir la huella ecológica y mejorar la calidad de vida de la población.

El consumo responsable es un tema importante en Perú y la Ley General del Ambiente establece la necesidad de promover el consumo racional y sostenible. El Estado tiene un papel fundamental en fomentar el consumo responsable a través de acciones educativas de difusión y asesoría, estableciendo regulaciones y estándares de calidad para la producción y el comercio de bienes y servicios sostenibles, y proporcionando incentivos fiscales y financieros para empresas que adopten prácticas sostenibles. La sociedad peruana también debe ser consciente de su papel como consumidores responsables y estar informada de la importancia del consumo responsable para lograr un desarrollo sostenible en el país.

El inciso 82.2 de la Ley General del Ambiente establece que las normas, disposiciones y resoluciones sobre adquisiciones y contrataciones públicas deben considerar lo señalado en el inciso 82.1, en la definición de los puntajes de los procesos de selección de proveedores del Estado.

Esto implica que, en los procesos de selección de proveedores del Estado, se debe valorar la sostenibilidad de los productos y servicios ofrecidos por los proveedores, y se deben establecer criterios ambientales y sociales en la definición de los puntajes. De esta manera, se incentiva a los proveedores a ofrecer productos y servicios sostenibles, y se contribuye al fomento del consumo responsable en el país.

Es importante destacar que esta disposición es fundamental para garantizar que el Estado promueva el consumo responsable y sostenible. Al considerar criterios ambientales y sociales en la definición de los puntajes en los procesos de selección de proveedores, se incentiva a las empresas a adoptar prácticas sostenibles y a ofrecer productos y servicios que cumplan con estándares de calidad ambiental y social.

En mi opinión, esta disposición es esencial para lograr un desarrollo sostenible en Perú. El Estado tiene un papel fundamental en promover el consumo responsable y sostenible, y esta disposición garantiza que se considere la sostenibilidad en los procesos de adquisición y contratación de bienes y servicios públicos.

El inciso 82.2 de la Ley General del Ambiente establece la importancia de considerar la sostenibilidad en los procesos de selección de proveedores del Estado. Esta disposición es esencial para garantizar que el Estado promueva el consumo responsable y sostenible, y que se incentiven a las empresas a adoptar prácticas sostenibles y ofrecer productos y servicios que cumplan con estándares de calidad ambiental y social. De esta manera, se puede contribuir al desarrollo sostenible en Perú y proteger el medio ambiente y la sociedad.

Ejemplo Artículo 82.- Del consumo responsable:

Un ejemplo propuesto podría ser de como el Estado peruano está promoviendo el consumo responsable a través de las adquisiciones y contrataciones públicas es la implementación de la licitación ambiental por parte del Organismo Supervisor de las Contrataciones del Estado (OSCE).

La licitación ambiental es un mecanismo de selección de proveedores que considera criterios ambientales en la evaluación de ofertas en los procesos de contratación pública. El OSCE ha establecido un marco regulatorio para la implementación de la licitación ambiental, que busca fomentar la adopción de prácticas sostenibles por parte de los proveedores y reducir el impacto ambiental de las compras y contrataciones del Estado.

En la licitación ambiental, se evalúan criterios ambientales en la oferta presentada por los proveedores, como el uso de materiales reciclados, la eficiencia energética de los productos, la gestión de residuos y la reducción de emisiones de gases de efecto invernadero. Estos criterios se valoran en la evaluación de ofertas, lo que incentiva a los proveedores a ofrecer productos y servicios más sostenibles.

La implementación de la licitación ambiental por parte del OSCE es un ejemplo de cómo el Estado peruano está promoviendo el consumo responsable a través de las adquisiciones y contrataciones públicas. Esta iniciativa permite que el Estado adquiera productos y servicios más sostenibles y contribuye a la protección del medio ambiente y la sociedad.

En mi opinión, la implementación de la licitación ambiental por parte del OSCE es una iniciativa positiva que debe ser promovida y replicada en otros ámbitos de la contratación pública. Es importante que el Estado continúe incentivando a las empresas a adoptar prácticas sostenibles y a ofrecer productos y servicios que cumplan con estándares de calidad ambiental y social.

La implementación de la licitación ambiental por parte del OSCE es un ejemplo concreto de cómo el Estado peruano está promoviendo el consumo responsable a través de las adquisiciones y contrataciones públicas. Esta iniciativa permite que el Estado adquiera productos y servicios más sostenibles y contribuye a la protección del medio ambiente y la sociedad. Es importante que el Estado continúe incentivando a las empresas a adoptar prácticas sostenibles y a ofrecer productos y servicios que cumplan con estándares de calidad ambiental y social.

Otro ejemplo

En Perú, el consumo responsable es un tema cada vez más relevante en la sociedad y en las políticas públicas. El Artículo 82 de la Ley General del Ambiente establece la necesidad de promover el consumo racional y sostenible en el país, y el Estado tiene un papel fundamental en fomentar este tipo de consumo a través de acciones educativas de difusión y asesoría.

El Estado peruano ha implementado diversas iniciativas para promover el consumo responsable en el país. Por ejemplo, el Ministerio del Ambiente ha puesto en marcha la campaña "Consumo responsable, consumo inteligente", que busca fomentar la cultura del consumo sostenible en la población peruana. Esta campaña tiene como objetivo informar a los ciudadanos sobre los impactos negativos del consumo insostenible y proporcionar alternativas sostenibles.

Además, el Estado peruano ha establecido regulaciones y estándares de calidad para la producción y el comercio de bienes y servicios sostenibles. Por ejemplo, el Reglamento de Etiquetado Ambiental establece criterios ambientales para la identificación de productos ambientalmente amigables y promueve su uso y comercialización.

En cuanto a las adquisiciones y contrataciones públicas, el Estado peruano ha establecido criterios ambientales y sociales en la definición de los puntajes en los procesos de selección de proveedores, incentivando a las empresas a adoptar prácticas sostenibles y a ofrecer productos y servicios que cumplan con estándares de calidad ambiental y social.

En mi opinión, estas iniciativas son esenciales para promover el consumo responsable en Perú y contribuir al desarrollo sostenible en el país. Es importante que el Estado continúe promoviendo la educación y la conciencia ambiental en la población, estableciendo regulaciones y estándares de calidad para la producción y el comercio sostenibles, e incentivando a las empresas a adoptar prácticas sostenibles.

No obstante, es necesario asegurar que estas iniciativas se implementen de manera efectiva y que se promueva una cultura del consumo responsable en la sociedad peruana. Esto implica no solo informar sobre los impactos negativos del consumo insostenible, sino también proporcionar alternativas sostenibles y fomentar la participación de la sociedad en la toma de decisiones y el diseño de políticas públicas.

El fomento del consumo responsable es un tema importante en Perú y el Estado tiene un papel fundamental en promoverlo a través de acciones educativas de difusión y asesoría, estableciendo regulaciones y estándares de calidad para la producción y el comercio sostenibles, e incentivando a las empresas a adoptar prácticas sostenibles.

Artículo 83.- Del control de materiales y sustancias peligrosas

83.1 De conformidad con los principios establecidos en el Título Preliminar y las demás disposiciones contenidas en la presente Ley, las empresas adoptan medidas para el efectivo control de los materiales y sustancias peligrosas intrínsecas a sus actividades, debiendo prevenir, controlar, mitigar eventualmente, los impactos ambientales negativos que aquellos generen.

83.2 El Estado adopta medidas normativas, de control, incentivo y sanción, para asegurar el uso, manipulación y manejo adecuado de los materiales y sustancias peligrosas, cualquiera sea su origen, estado o destino, a fin de prevenir riesgos y daños sobre la salud de las personas y el ambiente.

Comentario Artículo 83.- Del control de materiales y sustancias peligrosas:

El inciso 83.1 de la Ley General del Ambiente establece que las empresas deben adoptar medidas para el efectivo control de los materiales y sustancias peligrosas intrínsecas a sus actividades, con el fin de prevenir, controlar y mitigar eventualmente los impactos ambientales negativos que puedan generar.

Esto implica que las empresas deben tomar medidas preventivas para evitar la liberación de materiales y sustancias peligrosas al medio ambiente y, en caso de que se produzca un incidente, deben tomar medidas de control y mitigación para minimizar los impactos ambientales negativos.

Además, estas medidas deben estar en línea con los principios establecidos en el Título Preliminar y las demás disposiciones contenidas en la Ley General del Ambiente, que establecen la necesidad de proteger y conservar el medio ambiente y los recursos naturales para las generaciones presentes y futuras.

En Perú, existen diversas normas y regulaciones que establecen los requisitos y procedimientos para el control de materiales y sustancias peligrosas. Por ejemplo, el Reglamento para el Control de los Insumos Químicos y Productos Químicos Especialmente Controlados establece los requisitos para la importación, exportación, producción, distribución y uso de sustancias químicas y productos químicos especialmente controlados.

En mi opinión, este inciso es esencial para garantizar que las empresas adopten medidas preventivas y de control para evitar o minimizar los impactos ambientales negativos que puedan generar los materiales y sustancias peligrosas en sus actividades. Es importante que las empresas tomen en cuenta los principios establecidos en la Ley General del Ambiente y cumplan con las normas y regulaciones establecidas para el control de materiales y sustancias peligrosas.

El inciso 83.1 de la Ley General del Ambiente establece la necesidad de que las empresas adopten medidas para el efectivo control de los materiales y sustancias peligrosas intrínsecas a sus actividades, con el fin de prevenir, controlar y mitigar eventualmente los impactos ambientales negativos que puedan generar. Es esencial que las empresas cumplan con las normas y regulaciones establecidas para el control de materiales y sustancias peligrosas y tomen en cuenta los principios establecidos en la Ley General del Ambiente para proteger y conservar el medio ambiente y los recursos naturales.

Del control de materiales y sustancias peligrosas. Inciso 83.2. El Estado adopta medidas normativas, de control, incentivo y sanción, para asegurar el uso, manipulación y manejo adecuado de los materiales y sustancias peligrosas, cualquiera sea su origen, estado o destino, a fin de prevenir riesgos y daños sobre la salud de las personas y el ambiente.

El inciso 83.2 de la Ley General del Ambiente establece que el Estado peruano debe adoptar medidas normativas, de control, incentivo y sanción para asegurar el uso, manipulación y manejo adecuado de los materiales y sustancias peligrosas, cualquiera sea su origen, estado o destino, con el fin de prevenir riesgos y daños sobre la salud de las personas y el ambiente.

Esto implica que el Estado debe establecer regulaciones y normas que rijan el uso, manipulación y manejo adecuado de los materiales y sustancias peligrosas, con el objetivo de prevenir riesgos y daños sobre la salud de las personas y el ambiente. Además, el Estado debe implementar medidas de control y sanción para garantizar que estas regulaciones y normas se cumplan, y establecer incentivos para promover el uso de alternativas más seguras y sostenibles.

En Perú, existen diversas normas y regulaciones que establecen los requisitos y procedimientos para el uso, manipulación y manejo adecuado de los materiales y sustancias peligrosas. Por ejemplo, el Reglamento para el Control de los Insumos Químicos y Productos Químicos Especialmente Controlados establece los requisitos para la importación, exportación, producción, distribución y uso de sustancias químicas y productos químicos especialmente controlados.

Además, el Ministerio del Ambiente (MINAM) tiene la responsabilidad de fiscalizar y supervisar el cumplimiento de las normas y regulaciones ambientales, y puede imponer sanciones a las empresas que incumplen con estas normas.

En mi opinión, el inciso 83.2 es fundamental para garantizar que se adopten medidas adecuadas para el uso, manipulación y manejo de materiales y sustancias peligrosas, y para prevenir riesgos y daños sobre la salud de las personas y el ambiente. Es importante que el Estado establezca regulaciones y normas claras y efectivas, y que implemente medidas de control y sanción para garantizar su cumplimiento. Además, es esencial que las empresas adopten medidas preventivas y de control para minimizar los impactos ambientales negativos asociados con el uso de materiales y sustancias peligrosas.

El inciso 83.2 de la Ley General del Ambiente establece la necesidad de que el Estado peruano adopte medidas normativas, de control, incentivo y sanción para asegurar el uso, manipulación y manejo adecuado de los materiales y sustancias peligrosas, con el fin de prevenir riesgos y daños sobre la salud de las personas y el ambiente. Es esencial que el Estado establezca regulaciones y normas claras y efectivas, y que implemente medidas de control y sanción para garantizar su cumplimiento.

Ejemplo Artículo 83.- Del control de materiales y sustancias peligrosas:

El control de materiales y sustancias peligrosas es un tema de gran importancia en Perú y en todo el mundo, debido a los riesgos que pueden generar sobre la salud de las personas y el medio ambiente. En este sentido, el Artículo 83 de la Ley General del Ambiente establece la necesidad de que las empresas adopten medidas para el control de los materiales y sustancias peligrosas intrínsecas a sus actividades, y que el Estado adopte medidas normativas, de control, incentivo y sanción para asegurar su uso, manipulación y manejo adecuado.

Un ejemplo de la importancia del control de materiales y sustancias peligrosas en Perú es el caso del derrame de petróleo en la selva del norte del país en diciembre del 2016, el cual contaminó ríos y afectó la salud de las poblaciones cercanas. Este derrame fue causado por una rotura en el oleoducto Norperuano, que transporta petróleo desde la selva hasta el puerto de Bayóvar en la costa norte del país. Como consecuencia de este incidente, se emitió una alerta ambiental y se iniciaron investigaciones para determinar las causas y responsabilidades del derrame. Donde … En el 2016 se registró la mayor cantidad de derrames de petróleo en la Amazonía de la última década. Fueron en total 13 fugas producidas a lo largo de la infraestructura del Oleoducto Nor Peruano, operado por la empresa estatal Petro-Peru, que vertieron aproximadamente 6.000 barriles de petróleo en la selva de Loreto y Amazonas. (Diario El Comercio, 2016)

En este caso, se puede observar que la falta de medidas adecuadas para el control de materiales y sustancias peligrosas puede generar impactos ambientales negativos y afectar la salud de las personas. Es por ello que es esencial que las empresas adopten medidas preventivas y de control para evitar o minimizar los impactos ambientales negativos asociados con el uso de estos materiales y sustancias. Además, es importante que el Estado adopte medidas normativas, de control, incentivo y sanción para asegurar su uso, manipulación y manejo adecuado.

En Perú, existen diversas normas y regulaciones que establecen los requisitos y procedimientos para el control de materiales y sustancias peligrosas. Por ejemplo, el Reglamento para el Control de los Insumos Químicos y Productos Químicos Especialmente Controlados establece los requisitos para la importación, exportación, producción, distribución y uso de sustancias químicas y productos químicos especialmente controlados. Además, el Ministerio del Ambiente (MINAM) tiene la responsabilidad de fiscalizar y supervisar el cumplimiento de las normas y regulaciones ambientales, y puede imponer sanciones a las empresas que incumplen con estas normas.

En mi opinión, es esencial que se adopten medidas adecuadas para el control de materiales y sustancias peligrosas en Perú y en todo el mundo, con el fin de prevenir riesgos y daños sobre la salud de las personas y el ambiente. Es importante que las empresas adopten medidas preventivas y de control para minimizar los impactos ambientales negativos asociados con el uso de estos materiales y sustancias, y que el Estado adopte medidas normativas, de control, incentivo y sanción para asegurar su uso, manipulación y manejo adecuado.

El control de materiales y sustancias peligrosas es un tema de gran importancia en Perú y en todo el mundo, debido a los riesgos que pueden generar sobre la salud de las personas y el medio ambiente. Es esencial que se adopten medidas adecuadas para prevenir riesgos y daños, y que se cumplan con las normas y regulaciones establecidas para el control de estos materiales y sustancias.

Otro ejemplo:

Un ejemplo de ocurrencia en provincias relacionado con el control de materiales y sustancias peligrosas en Perú es el caso del derrame de mercurio en la localidad de Choropampa, en la región Cajamarca, en el año 2000. Este derrame fue causado por la rotura de un camión cisterna que transportaba mercurio líquido desde la mina Yanacocha hasta la ciudad de Cajamarca. El mercurio se derramó en la carretera y en las calles de Choropampa, afectando la salud de las personas y el medio ambiente. Según ... El día viernes 2 de junio del año 2000, un camión de transporte produjo el derrame de 151 kg de mercurio metálico; más de un millar de campesinos y campesinas que no conocían los efectos tóxicos del mercurio fueron afectados por este accidente. (Arana Zegarra, 2009)

Como consecuencia de este incidente, se emitió una alerta ambiental y se iniciaron investigaciones para determinar las causas y responsabilidades del derrame. Además, se implementaron medidas de control y mitigación para minimizar los impactos ambientales negativos y para atender a la salud de las personas afectadas. Sin embargo, a pesar de las medidas tomadas, el derrame de mercurio tuvo efectos negativos en la salud de las personas y en el medio ambiente.

Este caso demuestra la importancia de adoptar medidas adecuadas para el control de materiales y sustancias peligrosas, especialmente durante su transporte y manipulación. Es esencial que se establezcan medidas preventivas y de control para minimizar los riesgos y daños que pueden generar estas sustancias, y que se cumplan con las normas y regulaciones establecidas para su uso, manipulación y manejo adecuado.

El caso del derrame de mercurio en Choropampa es un ejemplo de ocurrencia en provincias que evidencia la importancia del control de materiales y sustancias peligrosas en Perú. Es esencial que se adopten medidas adecuadas para prevenir riesgos y daños, y que se cumplan con las normas y regulaciones establecidas para el control de estos materiales y sustancias, especialmente durante su transporte y manipulación.

TÍTULO III

TÍTULO III - INTEGRACIÓN DE LA LEGISLACIÓN AMBIENTAL

Capítulo 1 - Aprovechamiento sostenible de los recursos naturales

Artículo 84.- Del concepto

Se consideran recursos naturales a todos los componentes de la naturaleza, susceptibles de ser aprovechados por el ser humano para la satisfacción de sus necesidades y que tengan un valor actual o potencial en el mercado, conforme lo dispone la ley.

Comentario Artículo 84.- Del concepto:

El artículo 84 de la Ley General del Ambiente del Perú establece el concepto de recursos naturales, los cuales son considerados como todos los componentes de la naturaleza que pueden ser aprovechados por el ser humano para satisfacer sus necesidades y que tienen un valor actual o potencial en el mercado, según lo dispuesto por la ley.

Es decir, los recursos naturales son aquellos elementos que se encuentran en la naturaleza y que pueden ser utilizados por el ser humano para satisfacer sus necesidades, ya sean económicas, sociales o culturales. Estos recursos incluyen, entre otros, los bosques, los ríos, las montañas, los minerales, los animales, las plantas y los suelos.

Es importante destacar que la Ley establece que los recursos naturales deben ser aprovechados de manera sostenible, es decir, de forma que se garantice su conservación y uso adecuado para las generaciones presentes y futuras. Para ello, se deben establecer medidas de gestión y manejo adecuadas, que permitan el uso sostenible de los recursos naturales y la conservación de los ecosistemas.

En este sentido, en Perú existen diversas normas y regulaciones que establecen los requisitos y procedimientos para la gestión y manejo de los recursos naturales, con el fin de garantizar su uso sostenible y la conservación de los ecosistemas. Por ejemplo, el Reglamento de la Ley Forestal y de Fauna Silvestre establece los requisitos para el aprovechamiento de los recursos forestales y de fauna silvestre, y el Reglamento de la Ley de Recursos Hídricos establece los requisitos para la gestión y manejo de los recursos hídricos.

En mi opinión, es esencial que se adopten medidas adecuadas para el uso sostenible y la conservación de los recursos naturales en Perú y en todo el mundo, con el fin de garantizar su disponibilidad y uso adecuado para las generaciones presentes y futuras. Es importante que se establezcan medidas de gestión y manejo adecuadas, que permitan el uso sostenible de los recursos naturales y la conservación de los ecosistemas.

El artículo 84 de la Ley General del Ambiente del Perú establece el concepto de recursos naturales como aquellos componentes de la naturaleza que pueden ser aprovechados por el ser humano para satisfacer sus necesidades y que tienen un valor actual o potencial en el mercado. Es esencial que se adopten medidas adecuadas para garantizar su uso sostenible y la conservación de los ecosistemas.

Ejemplo Artículo 84.- Del concepto:

Un ejemplo de la importancia del uso sostenible de los recursos naturales en Perú es el caso de la minería informal en la región de Madre de Dios, en la Amazonía peruana. Esta actividad ha generado graves impactos ambientales y sociales, como la deforestación, la contaminación del agua y del aire, y la explotación laboral.

La minería informal en Madre de Dios se realiza en pequeña escala y sin cumplir con las normas y regulaciones ambientales establecidas por el Estado. Los mineros utilizan mercurio para extraer el oro de los sedimentos, lo que genera una grave contaminación del agua y del aire. Además, la actividad minera ha generado una gran cantidad de residuos y desechos que contaminan los ríos y afectan la biodiversidad de la zona. Según … La minería informal e ilegal en Madre de Dios no sólo contamina con mercurio, sino que destruye bosques y suelos que constituyen ecosistemas sumamente frágiles, la destrucción irracional de los suelos además libera otros metales pesados almacenados en ellos por millones de años y que van a parar a las fuentes de agua. (Osores Plenge, Rojas Jaimes, & Manrique Lara Estrada, 2021)

Como consecuencia de la minería informal en Madre de Dios, se han registrado graves impactos en la salud de las personas y en el medio ambiente. Por ejemplo, se ha detectado la presencia de mercurio en la sangre de los habitantes de la zona, lo que puede generar graves problemas de salud a largo plazo. Además, la deforestación generada por la actividad minera ha afectado la biodiversidad de la zona y ha generado graves impactos en el clima y en los ciclos hidrológicos.

En este contexto, es esencial que se adopten medidas adecuadas para el uso sostenible de los recursos naturales en Perú, especialmente en la Amazonía. Es necesario establecer medidas de gestión y manejo adecuadas para garantizar la conservación de la biodiversidad y de los ecosistemas, así como para prevenir y mitigar los impactos ambientales negativos generados por la actividad minera informal.

En mi opinión, es esencial que se adopten medidas urgentes para abordar el problema de la minería informal en Madre de Dios y en otras zonas del país. Es necesario establecer políticas y programas que promuevan el uso sostenible de los recursos naturales y que fomenten la formalización de la actividad minera. Asimismo, es importante que se fortalezcan los mecanismos de fiscalización y control para garantizar el cumplimiento de las normas y regulaciones ambientales establecidas por el Estado.

El caso de la minería informal en Madre de Dios es un ejemplo de la importancia del uso sostenible de los recursos naturales en Perú. Es esencial que se adopten medidas adecuadas para garantizar la conservación de la biodiversidad y de los ecosistemas, así como para prevenir y mitigar los impactos ambientales negativos generados por la actividad minera informal.

Otro ejemplo Artículo 84.- Del concepto:

Otro ejemplo de la importancia del uso sostenible de los recursos naturales en la selva peruana es el caso de la extracción ilegal de madera en la región Ucayali. Esta actividad ha generado graves impactos ambientales y sociales, como la deforestación, la pérdida de biodiversidad y la explotación laboral.

La extracción ilegal de madera en Ucayali se realiza en grandes cantidades y sin cumplir con las normas y regulaciones ambientales establecidas por el Estado. Los madereros ilegales talan árboles indiscriminadamente, sin considerar su edad, tamaño o especie, lo que genera una grave deforestación y pérdida de biodiversidad en la zona. Además, la actividad maderera ilegal ha generado una gran cantidad de residuos y desechos que contaminan los ríos y afectan la salud de las personas.

Como consecuencia de la extracción ilegal de madera en Ucayali, se han registrado graves impactos en la salud de las personas y en el medio ambiente. Por ejemplo, se ha detectado la presencia de metales pesados en el agua de los ríos, lo que puede generar graves problemas de salud a largo plazo. Además, la deforestación generada por la actividad maderera ilegal ha afectado la biodiversidad de la zona y ha generado graves impactos en el clima y en los ciclos hidrológicos.

En este contexto, es esencial que se adopten medidas adecuadas para el uso sostenible de los recursos naturales en la selva peruana, especialmente en la región Ucayali. Es necesario establecer medidas de gestión y manejo adecuadas para garantizar la conservación de la biodiversidad y de los ecosistemas, así como para prevenir y mitigar los impactos ambientales negativos generados por la extracción ilegal de madera.

En mi opinión, es esencial que se adopten medidas urgentes para abordar el problema de la extracción ilegal de madera en Ucayali y en otras zonas del país. Es necesario establecer políticas y programas que promuevan el uso sostenible de los recursos naturales y que fomenten la formalización de la actividad maderera. Asimismo, es importante que se fortalezcan los mecanismos de fiscalización y control para garantizar el cumplimiento de las normas y regulaciones ambientales establecidas por el Estado.

El caso de la extracción ilegal de madera en Ucayali es otro ejemplo de la importancia del uso sostenible de los recursos naturales en la selva peruana. Es esencial que se adopten medidas adecuadas para garantizar la conservación de la biodiversidad y de los ecosistemas, así como para prevenir y mitigar los impactos ambientales negativos generados por la extracción ilegal de madera.[14]

Artículo 85.- De los recursos naturales y del rol del Estado

85.1 El Estado promueve la conservación y el aprovechamiento sostenible de los recursos naturales a través de políticas, normas, instrumentos y acciones de desarrollo, así como, mediante el otorgamiento de derechos, conforme a los límites y principios expresados en la presente Ley y en las demás leyes y normas reglamentarias aplicables.

85.2 Los recursos naturales son Patrimonio de la Nación, solo por derecho otorgado de acuerdo a la ley y al debido procedimiento pueden aprovecharse los frutos o productos de los mismos, salvo las excepciones de ley. El Estado es competente para ejercer funciones legislativas, ejecutivas y jurisdiccionales respecto de los recursos naturales.

85.3 La Autoridad Ambiental Nacional, en coordinación con las autoridades ambientales sectoriales y descentralizadas, elabora y actualiza permanentemente, el inventario de los recursos naturales y

---

[14] Perú: tráfico de madera no se detiene con la pandemia - https://es.monga-bay.com/2020/08/peru-trafico-madera-amazonia-pandemia/#:~:text=Las%20intervenciones%20de%20los%20%C3%BAltimos,mafias%20que%20blanquean%20madera%20ilegal.

de los servicios ambientales que prestan, estableciendo su correspondiente valorización.

Comentario Artículo 85.- De los recursos naturales y del rol del Estado:

El inciso 85.1 de la Ley General del Ambiente del Perú establece que el Estado tiene el deber de promover la conservación y el aprovechamiento sostenible de los recursos naturales a través de políticas, normas, instrumentos y acciones de desarrollo, así como mediante el otorgamiento de derechos.

Este inciso reconoce la responsabilidad del Estado en la gestión y manejo adecuado de los recursos naturales, y su compromiso en promover su uso sostenible y la conservación de los ecosistemas. Para ello, el Estado debe establecer políticas y programas que promuevan la sostenibilidad ambiental y el desarrollo sostenible, así como normas y regulaciones que establezcan los requisitos y procedimientos para el uso adecuado y la conservación de los recursos naturales.

Además, el Estado tiene el deber de otorgar derechos a los usuarios de los recursos naturales, siempre y cuando se respeten los límites y principios establecidos en la Ley General del Ambiente y en otras normas y regulaciones aplicables. Estos derechos pueden incluir permisos, concesiones o autorizaciones para la explotación de los recursos naturales, siempre y cuando se cumplan con los requisitos y procedimientos establecidos y se garantice su uso sostenible y la conservación de los ecosistemas.

En este sentido, es esencial que el Estado adopte un enfoque integral y coordinado en la gestión y manejo de los recursos naturales, que permita garantizar su uso sostenible y la conservación de los ecosistemas. Esto implica la coordinación entre diferentes actores, como los usuarios de los recursos naturales, los gobiernos regionales y locales, la sociedad civil y los organismos internacionales, para establecer políticas y programas que promuevan la sostenibilidad ambiental y el desarrollo sostenible.

En mi opinión, es esencial que el Estado cumpla con su rol en la gestión y manejo adecuado de los recursos naturales, promoviendo su uso sostenible y la conservación de los ecosistemas. Para ello, es necesario fortalecer las capacidades y recursos de las instituciones encargadas de la gestión ambiental, así como establecer mecanismos de participación ciudadana que permitan la inclusión de diferentes actores en la toma de decisiones y la implementación de políticas y programas ambientales.

El inciso 85.1 de la Ley General del Ambiente del Perú reconoce la responsabilidad del Estado en la gestión y manejo adecuado de los recursos naturales, y su compromiso en promover su uso sostenible y la conservación de los ecosistemas. Es esencial que el Estado adopte un enfoque integral y coordinado en la gestión y manejo de los recursos naturales, promoviendo la sostenibilidad ambiental y el desarrollo sostenible.

El inciso 85.2 de la Ley General del Ambiente del Perú establece que los recursos naturales son considerados Patrimonio de la Nación, y que solo por derecho otorgado de acuerdo a la ley y al debido procedimiento pueden aprovecharse los frutos o productos de los mismos, salvo las excepciones de ley. Además, el Estado es competente para ejercer funciones legislativas, ejecutivas y jurisdiccionales respecto de los recursos naturales.

Este inciso reconoce la importancia de los recursos naturales como patrimonio de la Nación, y establece que su aprovechamiento debe realizarse de acuerdo a la ley y al debido procedimiento, garantizando su uso sostenible y la conservación de los ecosistemas. Asimismo, reconoce la competencia del Estado en la gestión y manejo adecuado de los recursos naturales, y su responsabilidad en la promoción de su uso sostenible y la conservación de los ecosistemas.

En este sentido, el Estado tiene la responsabilidad de establecer las normas y regulaciones necesarias para garantizar el uso sostenible de los recursos naturales, y de otorgar los derechos correspondientes a los usuarios de los recursos naturales, siempre y cuando se respeten los límites y principios establecidos en la Ley General del Ambiente y en otras normas y regulaciones aplicables.

Además, el Estado tiene la responsabilidad de ejercer funciones legislativas, ejecutivas y jurisdiccionales en relación a los recursos naturales, lo que implica la elaboración de políticas y programas ambientales, la fiscalización y control de las actividades relacionadas con los recursos naturales, y la administración de justicia en casos de infracciones a las normas y regulaciones ambientales.

En mi opinión, el inciso 85.2 de la Ley General del Ambiente del Perú reconoce la importancia de los recursos naturales como patrimonio de la Nación, y establece la responsabilidad del Estado en su gestión y manejo adecuado, garantizando su uso sostenible y la conservación de los ecosistemas. Es esencial que el Estado cuente con los recursos y capacidades necesarias para ejercer sus funciones en relación a los recursos naturales, y que se promueva la participación ciudadana en la toma de decisiones y la implementación de políticas y programas ambientales.

El inciso 85.2 de la Ley General del Ambiente del Perú reconoce la importancia de los recursos naturales como patrimonio de la Nación, y establece la responsabilidad del Estado en su gestión y manejo adecuado, garantizando su uso sostenible y la conservación de los ecosistemas. Es esencial que el Estado cuente con los recursos y capacidades necesarias para ejercer sus funciones en relación a los recursos naturales, y que se promueva la participación ciudadana en la toma de decisiones y la implementación de políticas y programas ambientales.

El inciso 85.3 de la Ley General del Ambiente del Perú establece que la Autoridad Ambiental Nacional, en coordinación con las autoridades ambientales sectoriales y descentralizadas, tiene la responsabilidad de elaborar y actualizar permanentemente el inventario de los recursos naturales y de los servicios ambientales que prestan, estableciendo su correspondiente valorización.

Este inciso reconoce la importancia de contar con información actualizada y confiable sobre los recursos naturales y los servicios ambientales que prestan, para poder tomar decisiones informadas en su gestión y manejo adecuado. Esta información también es esencial para la valorización de los recursos naturales y los servicios ambientales, que permite reconocer su importancia económica y social, y promover su uso sostenible y la conservación de los ecosistemas.

La elaboración y actualización del inventario de los recursos naturales y los servicios ambientales debe ser realizada de manera integral y coordinada entre las autoridades ambientales, considerando aspectos como la biodiversidad, los recursos hídricos, los suelos, el aire, entre otros. Asimismo, debe considerar la valorización de los servicios ambientales, como la regulación del clima, la protección del suelo, la polinización, entre otros, que son esenciales para la calidad de vida de las personas y el funcionamiento de los ecosistemas.

En este sentido, es esencial que la Autoridad Ambiental Nacional y las autoridades ambientales sectoriales y descentralizadas cuenten con los recursos y capacidades necesarias para realizar esta tarea de manera adecuada y oportuna. Asimismo, es importante que se fomente la participación ciudadana en la elaboración y actualización del inventario de los recursos naturales y los servicios ambientales, para garantizar la inclusión de diferentes actores en la toma de decisiones y la implementación de políticas y programas ambientales.

En mi opinión, la elaboración y actualización del inventario de los recursos naturales y los servicios ambientales es una tarea esencial en la gestión y manejo adecuado de los recursos naturales, ya que permite contar con información actualizada y confiable para tomar decisiones informadas. Es esencial que la Autoridad Ambiental Nacional y las autoridades ambientales sectoriales y descentralizadas cuenten con los recursos y capacidades necesarias para realizar esta tarea de manera adecuada y oportuna, y que se fomente la participación ciudadana en su elaboración y actualización.

El inciso 85.3 de la Ley General del Ambiente del Perú reconoce la importancia de contar con información actualizada y confiable sobre los recursos naturales y los servicios ambientales que prestan, para poder tomar decisiones informadas en su gestión y manejo adecuado. Es esencial que la Autoridad Ambiental Nacional y las autoridades ambientales sectoriales y descentralizadas cuenten con los recursos y capacidades necesarias para realizar esta tarea de manera adecuada y oportuna, y que se fomente la participación ciudadana en su elaboración y actualización.

Ejemplo Artículo 85.- De los recursos naturales y del rol del Estado:

Un ejemplo de aplicación del inciso 85 de la Ley General del Ambiente del Perú es el caso del proyecto minero Conga, en la región de Cajamarca. Este proyecto, impulsado por la empresa minera Yanacocha, generó un fuerte conflicto social y ambiental debido a su potencial impacto en los recursos naturales y las comunidades locales.

En este caso, el Estado tuvo la responsabilidad de establecer normas y regulaciones claras y efectivas para garantizar el uso sostenible de los recursos naturales y la conservación de los ecosistemas. Sin embargo, la implementación de estas normas y regulaciones fue cuestionada por las comunidades locales y las organizaciones ambientales, que denunciaron la falta de consulta y participación ciudadana en el proceso de evaluación ambiental y la falta de garantías en la protección de los recursos hídricos.

Finalmente, el proyecto minero Conga fue suspendido en 2012 debido a la presión social y ambiental, y se inició un proceso de diálogo y negociación entre las partes involucradas. En este proceso, se estableció la necesidad de un manejo adecuado de los recursos naturales y se promovió la participación ciudadana en la toma de decisiones y la implementación de políticas y programas ambientales.

En mi opinión, el caso del proyecto minero Conga en Perú muestra la importancia de garantizar la participación ciudadana en la toma de decisiones y la implementación de políticas y programas ambientales, y la necesidad de establecer normas y regulaciones claras y efectivas para garantizar el uso sostenible de los recursos naturales y la conservación de los ecosistemas. Es esencial que se promueva un enfoque de gestión integrada de los recursos naturales, que permita una planificación y gestión adecuada de los mismos, considerando los intereses y necesidades de las comunidades locales y respetando los límites y principios establecidos en la Ley General del Ambiente y en otras normas y regulaciones aplicables.

El caso del proyecto minero Conga en Perú muestra la importancia de garantizar la participación ciudadana en la toma de decisiones y la implementación de políticas y programas ambientales, y la necesidad de establecer normas y regulaciones claras y efectivas para garantizar el uso sostenible de los recursos naturales y la conservación de los ecosistemas. Es esencial que se promueva un enfoque de gestión integrada de los recursos naturales, que permita una planificación y gestión adecuada de los mismos, considerando los intereses y necesidades de las comunidades locales y respetando los límites y principios establecidos en la Ley General del Ambiente y en otras normas y regulaciones aplicables.

Los recursos naturales son una fuente importante de ingresos y desarrollo económico, pero también son esenciales para la conservación de la biodiversidad y la calidad de vida de las personas. Por lo tanto, el Estado tiene un papel fundamental en la gestión y manejo adecuado de estos recursos.

El inciso 85.1 de la Ley General del Ambiente del Perú establece que el Estado promueve la conservación y el aprovechamiento sostenible de los recursos naturales a través de políticas, normas, instrumentos y acciones de desarrollo. En este sentido, el Estado ha establecido diversas políticas y programas que buscan promover el uso sostenible de los recursos naturales y la conservación de los ecosistemas.

Por ejemplo, el Programa Nacional de Conservación de Bosques para la Mitigación del Cambio Climático, establecido en 2011, busca reducir la deforestación y promover la conservación de los bosques en el país. Asimismo, el Programa Nacional de Diversificación Productiva y el Plan Nacional de Competitividad y Productividad, establecidos en 2014, buscan promover el desarrollo sostenible y la diversificación productiva en el país.

Sin embargo, a pesar de estos esfuerzos, la explotación de los recursos naturales en el país ha generado conflictos sociales y ambientales. Por ejemplo, la minería es una actividad importante en el país, pero también ha generado impactos negativos en el ambiente y en las comunidades locales.

En este sentido, el inciso 85.2 de la Ley General del Ambiente del Perú establece que los recursos naturales son Patrimonio de la Nación, y que su aprovechamiento debe realizarse de acuerdo a la ley y al debido procedimiento, garantizando su uso sostenible y la conservación de los ecosistemas. El Estado tiene la responsabilidad de establecer normas y regulaciones para garantizar el uso sostenible de los recursos naturales, y de otorgar los derechos correspondientes a los usuarios de los recursos naturales, siempre y cuando se respeten los límites y principios establecidos en la Ley General del Ambiente y en otras normas y regulaciones aplicables.

Además, el inciso 85.3 de la Ley General del Ambiente del Perú establece que la Autoridad Ambiental Nacional, en coordinación con las autoridades ambientales sectoriales y descentralizadas, elabora y actualiza permanentemente el inventario de los recursos naturales y de los servicios ambientales que prestan, estableciendo su correspondiente valorización. Esta información es esencial para la toma de decisiones informadas en la gestión y manejo adecuado de los recursos naturales, y para la valorización de los servicios ambientales, que permite reconocer su importancia económica y social, y promover su uso sostenible y la conservación de los ecosistemas.

En mi opinión, es esencial que el Estado promueva el uso sostenible de los recursos naturales y la conservación de los ecosistemas, y que cuente con los recursos y capacidades necesarias para hacerlo. Es importante que se fomente la participación ciudadana en la toma de decisiones y la implementación de políticas y programas ambientales, y que se establezcan normas y regulaciones claras y efectivas para garantizar el uso sostenible de los recursos naturales y la conservación de los ecosistemas.

En Perú, los recursos naturales son una fuente importante de ingresos y desarrollo económico, pero también son esenciales para la conservación de la biodiversidad y la calidad de vida de las personas. El Estado tiene un papel fundamental en la gestión y manejo adecuado de estos recursos, y cuenta con diversas políticas y programas para promover su uso sostenible y la conservación de los ecosistemas. Es esencial que se promueva la participación ciudadana en la toma de decisiones y la implementación de políticas y programas ambientales, y que se establezcan normas y regulaciones claras y efectivas para garantizar el uso sostenible de los recursos naturales y la conservación de los ecosistemas.

Artículo 86.- De la seguridad

El Estado adopta y aplica medidas para controlar los factores de riesgo sobre los recursos naturales estableciendo, en su caso, medidas para la prevención de los daños que puedan generarse.

Comentario Artículo 86.- De la seguridad:

El artículo 86 de la Ley General del Ambiente del Perú establece la importancia de adoptar y aplicar medidas para controlar los factores de riesgo sobre los recursos naturales, con el fin de prevenir daños y asegurar la seguridad de los ecosistemas y las comunidades locales. En este sentido, el Estado tiene la responsabilidad de establecer medidas preventivas y correctivas, y de garantizar la implementación de políticas y programas que permitan el manejo adecuado y sostenible de los recursos naturales.

En mi opinión, es esencial que el Estado adopte medidas efectivas para controlar los factores de riesgo sobre los recursos naturales y prevenir daños ambientales y sociales. Esto implica la necesidad de establecer normas y regulaciones claras y efectivas, que permitan la identificación y evaluación de los factores de riesgo y la implementación de medidas preventivas y correctivas adecuadas. Asimismo, es esencial garantizar la participación ciudadana en el proceso de identificación y evaluación de los factores de riesgo, y promover la educación ambiental y la concientización sobre la importancia de la seguridad ambiental.

Además, es importante que el Estado establezca medidas efectivas para la prevención de los daños que puedan generarse en caso de un evento o accidente ambiental. Esto implica la necesidad de contar con planes de contingencia y de respuesta ante emergencias ambientales, que permitan una rápida y efectiva atención de los impactos ambientales y sociales generados. Asimismo, es importante que se establezcan mecanismos de monitoreo y seguimiento, que permitan evaluar la efectividad de las medidas preventivas y correctivas implementadas y garantizar la implementación de medidas adicionales en caso de ser necesario.

El artículo 86 de la Ley General del Ambiente del Perú establece la importancia de adoptar medidas efectivas para controlar los factores de riesgo sobre los recursos naturales y prevenir daños ambientales y sociales. Es esencial que el Estado establezca normas y regulaciones claras y efectivas, que permitan la identificación y evaluación de los factores de riesgo y la implementación de medidas preventivas y correctivas adecuadas. Asimismo, es importante garantizar la participación ciudadana en el proceso de identificación y evaluación de los factores de riesgo, y promover la educación ambiental y la concientización sobre la importancia de la seguridad ambiental. En conclusión, es importante que se establezcan mecanismos de monitoreo y seguimiento, que permitan evaluar la efectividad de las medidas preventivas y correctivas implementadas y garantizar la implementación de medidas adicionales en caso de ser necesario.

Artículo 87.- De los recursos naturales transfronterizos

Los recursos naturales transfronterizos se rigen por los tratados sobre la materia o en su defecto por la legislación especial. El Estado promueve la gestión integrada de estos recursos y la realización de alianzas estratégicas en tanto supongan el mejoramiento de las condiciones de sostenibilidad y el respeto de las normas ambientales nacionales.

Comentario Artículo 87.- De los recursos naturales transfronterizos:

El artículo 87 de la Ley General del Ambiente del Perú establece la importancia de promover la gestión integrada de los recursos naturales transfronterizos y la realización de alianzas estratégicas que permitan mejorar las condiciones de sostenibilidad y respetar las normas ambientales nacionales. En este sentido, el Estado tiene la responsabilidad de establecer mecanismos de coordinación y cooperación con otros países y regiones que compartan recursos naturales transfronterizos, con el objetivo de asegurar el uso sostenible y equitativo de los mismos.

En mi opinión, la gestión integrada de los recursos naturales transfronterizos es esencial para garantizar su uso sostenible y equitativo, y para asegurar el respeto de las normas ambientales nacionales y los derechos de las comunidades locales. Esto implica la necesidad de establecer mecanismos de coordinación y cooperación entre los diferentes países y regiones involucrados, que permitan la identificación y evaluación de los recursos naturales transfronterizos y la implementación de políticas y programas que permitan su uso sostenible.

Asimismo, la realización de alianzas estratégicas puede ser una herramienta efectiva para mejorar las condiciones de sostenibilidad y respetar las normas ambientales nacionales en relación a los recursos naturales transfronterizos. Estas alianzas pueden implicar la cooperación entre empresas, instituciones y organizaciones de diferentes países y regiones, con el objetivo de desarrollar proyectos y programas que permitan el manejo sostenible de los recursos naturales transfronterizos y el respeto de las normas ambientales nacionales.

Es importante destacar que la gestión integrada de los recursos naturales transfronterizos y la realización de alianzas estratégicas deben ser desarrolladas de manera transparente y participativa, garantizando la participación ciudadana en el proceso de identificación, evaluación y toma de decisiones en relación a estos recursos. Asimismo, es importante que se promueva la educación ambiental y la concientización sobre la importancia de la gestión sostenible de los recursos naturales transfronterizos y el respeto de las normas ambientales nacionales.

El artículo 87 de la Ley General del Ambiente del Perú establece la importancia de promover la gestión integrada de los recursos naturales transfronterizos y la realización de alianzas estratégicas que permitan mejorar las condiciones de sostenibilidad y respetar las normas ambientales nacionales. Es esencial que se establezcan mecanismos de coordinación y cooperación entre los diferentes países y regiones involucrados, que permitan la identificación y evaluación de los recursos naturales transfronterizos y la implementación de políticas y programas que permitan su uso sostenible. Asimismo, es importante garantizar la participación ciudadana en el proceso de identificación, evaluación y toma de decisiones en relación a estos recursos, y promover la educación ambiental y la concientización sobre la importancia de su gestión sostenible y el respeto de las normas ambientales nacionales.

Además, es importante destacar que la gestión integrada de los recursos naturales transfronterizos y la realización de alianzas estratégicas pueden tener un impacto positivo en la economía y el desarrollo sostenible de los países y regiones involucrados. La cooperación y la colaboración en el manejo de los recursos naturales transfronterizos puede permitir el acceso a nuevas tecnologías y conocimientos, y la creación de empleo y oportunidades económicas en las comunidades locales.

Sin embargo, es importante tener en cuenta que la gestión integrada de los recursos naturales transfronterizos y la realización de alianzas estratégicas también pueden presentar desafíos y riesgos. Por ejemplo, puede haber diferencias en las normas y regulaciones ambientales entre los países y regiones involucrados, lo que puede dificultar la implementación de medidas de manejo sostenible de los recursos naturales. Asimismo, puede haber intereses y objetivos divergentes entre los diferentes actores involucrados, lo que puede generar conflictos y tensiones en el proceso de toma de decisiones.

Por lo tanto, es esencial que se establezcan mecanismos de coordinación y cooperación efectivos entre los diferentes países y regiones involucrados, que permitan superar estos desafíos y riesgos. Esto implica la necesidad de establecer canales de comunicación efectivos, garantizar la transparencia y la rendición de cuentas en el proceso de toma de decisiones, y promover la colaboración y la cooperación entre los diferentes actores involucrados.

La gestión integrada de los recursos naturales transfronterizos y la realización de alianzas estratégicas son fundamentales para garantizar el uso sostenible y equitativo de los recursos naturales y el respeto de las normas ambientales nacionales. Es esencial que se establezcan mecanismos de coordinación y cooperación efectivos entre los diferentes países y regiones involucrados, que permitan superar los desafíos y riesgos asociados con este tipo de gestión. Asimismo, es importante garantizar la participación ciudadana en el proceso de identificación, evaluación y toma de decisiones en relación a estos recursos, y promover la educación ambiental y la concientización sobre la importancia de su gestión sostenible y el respeto de las normas ambientales nacionales.

Ejemplo Artículo 87.- De los recursos naturales transfronterizos:

En el contexto de Perú, existen varios ejemplos de recursos naturales transfronterizos que requieren de una gestión integrada y una cooperación efectiva entre los diferentes países y regiones involucrados.

Uno de estos ejemplos es el río Amazonas, que es compartido por varios países de Sudamérica, incluyendo Perú, Brasil, Colombia, Ecuador, Bolivia y Venezuela. El río Amazonas es uno de los ríos más importantes del mundo en términos de caudal y biodiversidad, y es esencial para la supervivencia de millones de personas y especies en la región.

La gestión integrada del río Amazonas implica la necesidad de establecer políticas y programas que permitan su uso sostenible y equitativo, y la protección de su biodiversidad y ecosistemas asociados. En este sentido, existen varios acuerdos internacionales y regionales que buscan promover la cooperación y la coordinación entre los diferentes países y regiones involucrados en la gestión del río Amazonas.

Un ejemplo de estos acuerdos es la Organización del Tratado de Cooperación Amazónica (OTCA), que fué firmado el 3 de julio de 1978 y ratificado por los ocho países que comparten la Amazonía: Bolivia, Brasil, Colombia, Ecuador, Guyana, Perú, Surinam y Venezuela por los países de la cuenca del río Amazonas. La OTCA tiene como objetivo promover la cooperación y la coordinación entre los países miembros en temas de desarrollo sostenible, protección ambiental y uso sostenible de los recursos naturales de la región amazónica.

En este sentido, la OTCA ha desarrollado varios proyectos y programas que buscan promover la gestión sostenible del río Amazonas y su biodiversidad, así como la cooperación entre los diferentes países y regiones involucrados. Algunos de estos proyectos incluyen la identificación y monitoreo de áreas prioritarias para la conservación, la promoción del turismo sostenible en la región amazónica, y la implementación de programas de desarrollo sostenible en las comunidades locales. Además ... El Tratado de Cooperación Amazónica (TCA), firmado el 3 de julio de 1978 y ratificado por los ocho países que comparten la Amazonía: Bolivia, Brasil, Colombia, Ecuador, Guyana, Perú, Surinam y Venezuela, es el instrumento jurídico que reconoce la naturaleza transfronteriza de la Amazonía. (Ministerio de Relaciones Exteriores de Colombia, 2023).

A pesar de estos esfuerzos, la gestión integrada del río Amazonas sigue presentando desafíos y riesgos, especialmente en relación a la deforestación, la minería ilegal y la contaminación. Por lo tanto, es esencial que se fortalezcan los mecanismos de coordinación y cooperación entre los diferentes países y regiones involucrados, y se promueva la participación ciudadana en el proceso de gestión de los recursos naturales transfronterizos.

En mi opinión, la gestión integrada de los recursos naturales transfronterizos es fundamental para garantizar su uso sostenible y equitativo, y para proteger la biodiversidad y los ecosistemas asociados. En el caso del río Amazonas, la cooperación y la coordinación entre los diferentes países y regiones involucrados es esencial para garantizar su protección y su uso sostenible. Es importante que se promueva la participación ciudadana en el proceso de gestión de los recursos naturales transfronterizos, y se fortalezcan los mecanismos de coordinación y cooperación entre los diferentes actores involucrados.

Otro ejemplo:

Otro ejemplo de recursos naturales transfronterizos en el contexto de Perú es el lago Titicaca, que se encuentra en la frontera entre Perú y Bolivia. El lago Titicaca es uno de los lagos más grandes de Sudamérica y es esencial para la supervivencia de las comunidades locales que dependen de sus recursos naturales.

La gestión integrada del lago Titicaca implica la necesidad de establecer políticas y programas que permitan su uso sostenible y equitativo, y la protección de su biodiversidad y ecosistemas asociados. En este sentido, existen varios acuerdos internacionales y regionales que buscan promover la cooperación y la coordinación entre los diferentes países y regiones involucrados en la gestión del lago Titicaca.

Un ejemplo de estos acuerdos es el "Plan Maestro para la Gestión Integral y Desarrollo Sostenible de la Cuenca del Lago Titicaca[15]", que fue desarrollado por el Comité Intergubernamental de la Hidrovía del Río Desaguadero, Lago Poopó y Salar de Coipasa (CIH). Este plan maestro tiene como objetivo promover la cooperación y la coordinación entre Perú y Bolivia en temas de gestión sostenible del lago Titicaca y su cuenca hidrográfica.

En este sentido, el plan maestro establece una serie de objetivos y estrategias para la gestión sostenible del lago Titicaca y su cuenca hidrográfica, incluyendo la protección de la biodiversidad y los ecosistemas asociados, la promoción del turismo sostenible en la región, y la implementación de programas de desarrollo sostenible en las comunidades locales.

A pesar de estos esfuerzos, la gestión integrada del lago Titicaca sigue presentando desafíos y riesgos, especialmente en relación a la contaminación y la sobrepesca. Por lo tanto, es esencial que se fortalezcan los mecanismos de coordinación y cooperación entre Perú y Bolivia, y se promueva la participación ciudadana en el proceso de gestión de los recursos naturales transfronterizos.

En mi opinión, la gestión integrada de los recursos naturales transfronterizos es fundamental para garantizar su uso sostenible y equitativo, y para proteger la biodiversidad y los ecosistemas asociados. En el caso del lago Titicaca, la cooperación y la coordinación entre Perú y Bolivia es esencial para garantizar su protección y su uso sostenible. Es importante que se promueva la participación ciu-

---

[15] https://faolex.fao.org/docs/pdf/per206905anx.pdf

dadana en el proceso de gestión de los recursos naturales transfronterizos, y se fortalezcan los mecanismos de coordinación y cooperación entre los diferentes actores involucrados.

Artículo 88.- De la definición de los regímenes de aprovechamiento

88.1 Por ley orgánica se definen los alcances y limitaciones de los recursos de libre acceso y el régimen de aprovechamiento sostenible de los recursos naturales, teniendo en cuenta en particular:

a) El sector o sectores del Estado responsables de la gestión de dicho recurso.
b) Las modalidades de otorgamiento de los derechos sobre los recursos.
c) Los alcances, condiciones y naturaleza jurídica de los derechos que se otorga
d) Los derechos, deberes y responsabilidades de los titulares de los derechos.
e) Las medidas de promoción, control y sanción que corresponda.

88.2 El otorgamiento de derechos de aprovechamiento a particulares se realiza de acuerdo a las leyes especiales de cada recurso y supone el cumplimiento previo por parte del Estado de todas las condiciones y presupuestos establecidos en la ley.

88.3 Son características y condiciones intrínsecas a los derechos de aprovechamiento sostenible, y como tales deben ser respetadas en las leyes especiales:

a) Utilización del recurso de acuerdo al título otorgado.
b) Cumplimiento de las obligaciones técnicas y legales respecto del recurso otorgado.
c) Cumplimiento de los planes de manejo o similares, de las evaluaciones de impacto ambiental, evaluaciones de riesgo ambiental u otra establecida para cada recurso natural.
d) Cumplir con la retribución económica, pago de derecho de vigencia y toda otra obligación económica establecida.

Comentario Artículo 88.- De la definición de los regímenes de aprovechamiento:

La Ley General del Ambiente establece los principios y normas generales para la protección del ambiente y el uso sostenible de los recursos naturales en el Perú. En este sentido, es fundamental definir los regímenes de aprovechamiento sostenible de los recursos naturales, tomando en cuenta los aspectos establecidos en el artículo 88.1 de la ley.

En primer lugar, es necesario definir el sector o sectores del Estado responsables de la gestión de los recursos naturales. Esto implica establecer las competencias y responsabilidades de las entidades encargadas de la gestión de los recursos naturales, así como los mecanismos de coordinación y colaboración entre ellas.

En segundo lugar, es importante definir las modalidades de otorgamiento de los derechos sobre los recursos naturales. Esto implica establecer los procedimientos y requisitos para la obtención de los derechos de aprovechamiento de los recursos naturales, así como los criterios para su asignación y renovación.

En tercer lugar, es esencial definir los alcances, condiciones y naturaleza jurídica de los derechos que se otorgan. Esto implica establecer los límites y condiciones bajo las cuales se pueden ejercer los derechos de aprovechamiento, así como su duración y naturaleza jurídica.

En cuarto lugar, es necesario establecer los derechos, deberes y responsabilidades de los titulares de los derechos de aprovechamiento. Esto implica establecer las obligaciones y responsabilidades que tienen los titulares de los derechos de aprovechamiento de los recursos naturales, así como sus derechos y garantías.

Definitivamente, es fundamental establecer las medidas de promoción, control y sanción que correspondan en relación al régimen de aprovechamiento sostenible de los recursos naturales. Esto implica establecer los mecanismos de supervisión y control de la actividad de aprovechamiento, así como las medidas de promoción y fomento de la actividad sostenible y las sanciones correspondientes en caso de incumplimiento.

La definición de los regímenes de aprovechamiento sostenible de los recursos naturales es esencial para garantizar su uso sostenible y equitativo en el Perú. Esta definición debe ser establecida de manera clara y precisa, y debe tomar en cuenta los aspectos establecidos en el artículo 88.1 de la Ley General del Ambiente. Es importante que se promueva la participación ciudadana en el proceso de toma de decisiones, y se fortalezcan los mecanismos de coordinación y colaboración entre las entidades encargadas de la gestión de los recursos naturales. Solo de esta manera se podrá garantizar el uso sostenible y equitativo de los recursos naturales y la protección del ambiente en el país.

El inciso 88.2 de la Ley General del Ambiente establece que el otorgamiento de derechos de aprovechamiento a particulares debe realizarse de acuerdo a las leyes especiales de cada recurso, y supone el cumplimiento previo por parte del Estado de todas las condiciones y presupuestos establecidos en la ley.

Este inciso es importante porque enfatiza la necesidad de que el Estado cumpla con todas las condiciones y presupuestos establecidos en la ley antes de otorgar los derechos de aprovechamiento a particulares. Esto se debe a que el otorgamiento de estos derechos puede tener un impacto significativo en el ambiente y en los recursos naturales, por lo que es esencial que se establezcan condiciones y requisitos claros y específicos para su otorgamiento.

Asimismo, este inciso establece que el otorgamiento de derechos de aprovechamiento debe realizarse de acuerdo a las leyes especiales de cada recurso. Esto significa que la definición de los regímenes de aprovechamiento sostenible debe ser específica para cada recurso natural, teniendo en cuenta sus particularidades y características propias.

En este sentido, es fundamental que se establezcan leyes especiales para cada recurso natural que regulen su aprovechamiento sostenible. Estas leyes deben establecer las condiciones y requisitos específicos para el otorgamiento de derechos de aprovechamiento, así como los mecanismos de supervisión y control de la actividad de aprovechamiento.

El inciso 88.2 de la Ley General del Ambiente enfatiza la importancia de que el Estado cumpla con todas las condiciones y presupuestos establecidos en la ley antes de otorgar los derechos de aprovechamiento a particulares, y establece que el otorgamiento de estos derechos debe realizarse de acuerdo a las leyes especiales de cada recurso. Es fundamental que se establezcan leyes especiales para cada recurso natural que regulen su aprovechamiento sostenible, y que se fortalezcan los mecanismos de supervisión y control de la actividad de aprovechamiento para garantizar su uso sostenible y equitativo en el Perú.

El inciso 88.3 de la Ley General del Ambiente establece las características y condiciones intrínsecas a los derechos de aprovechamiento sostenible que deben ser respetadas en las leyes especiales de cada recurso natural. Estas características y condiciones son fundamentales para garantizar un uso sostenible y equitativo de los recursos naturales en el Perú.

En primer lugar, se establece que la utilización del recurso debe realizarse de acuerdo al título otorgado. Esto significa que el titular del derecho de aprovechamiento sostenible debe utilizar el recurso de acuerdo a las condiciones y limitaciones establecidas en el título otorgado, y no puede exceder los límites establecidos.

En segundo lugar, se establece que el titular del derecho de aprovechamiento sostenible debe cumplir con las obligaciones técnicas y legales respecto del recurso otorgado. Esto implica que el titular del derecho debe cumplir con las normas y regulaciones establecidas para la actividad de aprovechamiento, así como con las obligaciones técnicas necesarias para garantizar un uso sostenible del recurso.

En tercer lugar, se establece que el titular del derecho de aprovechamiento sostenible debe cumplir con los planes de manejo o similares, evaluaciones de impacto ambiental, evaluaciones de riesgo ambiental u otras establecidas para cada recurso natural. Esto implica que el titular del derecho debe implementar medidas específicas para garantizar un uso sostenible y equitativo del recurso, y evaluar los posibles impactos ambientales y riesgos asociados a la actividad de aprovechamiento.

En conclusión, se establece que el titular del derecho de aprovechamiento sostenible debe cumplir con la retribución económica, pago de derecho de vigencia y toda otra obligación económica establecida. Esto implica que el titular del derecho debe pagar los montos establecidos por el Estado para el uso del recurso, y contribuir al financiamiento de la gestión y conservación de los recursos naturales.

El inciso 88.3 de la Ley General del Ambiente establece las características y condiciones intrínsecas a los derechos de aprovechamiento sostenible que deben ser respetadas en las leyes especiales de cada recurso natural. Estas características y condiciones son fundamentales para garantizar un uso sostenible y equitativo de los recursos naturales en el Perú, y deben ser consideradas en la definición de los regímenes de aprovechamiento sostenible de cada recurso natural.

Ejemplo Artículo 88.- De la definición de los regímenes de aprovechamiento:

La Ley General del Ambiente del Perú establece un marco jurídico para la gestión ambiental sostenible en el país, y el Artículo 88 de esta ley se refiere a la definición de los regímenes de aprovechamiento sostenible de los recursos naturales.

En Perú, la explotación de los recursos naturales es una de las principales actividades económicas del país, pero también ha sido fuente de conflictos sociales y ambientales. En este sentido, la definición de los regímenes de aprovechamiento sostenible de los recursos naturales es fundamental para garantizar un uso sostenible y equitativo de los recursos, y evitar los impactos negativos en el ambiente y en las comunidades locales.

El Artículo 88.1 de la Ley General del Ambiente establece que los regímenes de aprovechamiento sostenible de los recursos naturales deben ser definidos por ley orgánica, teniendo en cuenta diversos aspectos, como el sector responsable de la gestión del recurso, las modalidades de otorgamiento de los derechos sobre los recursos, y los derechos, deberes y responsabilidades de los titulares de los derechos.

Además, el Artículo 88.2 de la ley establece que el otorgamiento de derechos de aprovechamiento a particulares se realiza de acuerdo a las leyes especiales de cada recurso, y supone el cumplimiento previo por parte del Estado de todas las condiciones y presupuestos establecidos en la ley.

Por su parte, el Artículo 88.3 de la ley establece las características y condiciones intrínsecas a los derechos de aprovechamiento sostenible que deben ser respetadas en las leyes especiales. Estas características incluyen la utilización del recurso de acuerdo al título otorgado, el cumplimiento de las obligaciones técnicas y legales respecto del recurso otorgado, el cumplimiento de los planes de manejo o similares, evaluaciones de impacto ambiental, evaluaciones de riesgo ambiental u otras establecidas para cada recurso natural, y el cumplimiento de las obligaciones económicas establecidas.

Un ejemplo de la aplicación de estos principios en la definición de los regímenes de aprovechamiento sostenible de los recursos naturales en Perú es la Ley Forestal y de Fauna Silvestre (Ley N° 29763), que establece el régimen de aprovechamiento sostenible de los recursos forestales y de fauna silvestre en el país. Esta ley establece los criterios, procedimientos y requisitos para la obtención de derechos de aprovechamiento sostenible de estos recursos, y establece las obligaciones y responsabilidades de los titulares de estos derechos.

En general, la aplicación de los principios establecidos en el Artículo 88 de la Ley General del Ambiente es fundamental para garantizar un uso sostenible y equitativo de los recursos naturales en Perú. Sin embargo, es importante que se fortalezcan los mecanismos de supervisión y control de la actividad de aprovechamiento, para garantizar el cumplimiento de las condiciones y requisitos establecidos en las leyes especiales y prevenir los impactos negativos en el ambiente y en las comunidades locales.

Fuente: Ley N° 29763 - Ley Forestal y de Fauna Silvestre. Publicada el 11 de agosto de 2011 en el diario oficial "El Peruano".

Artículo 89.- De las medidas de gestión de los recursos naturales

Para la gestión de los recursos naturales, cada autoridad responsable toma en cuenta, según convenga, la adopción de medidas previas al otorgamiento de derechos, tales como:

a) Planificación.
b) Ordenamiento y zonificación.
c) Inventario y valorización.
d) Sistematización de la información.
e) Investigación científica y tecnológica.
f) Participación ciudadana.

Comentario Artículo 89.- De las medidas de gestión de los recursos naturales:

La Ley General del Ambiente del Perú establece que, para la gestión de los recursos naturales, cada autoridad responsable debe tomar en cuenta la adopción de medidas previas al otorgamiento de derechos. Estas medidas tienen como objetivo garantizar un uso sostenible y equitativo de los recursos naturales, y pueden incluir la planificación, el ordenamiento y zonificación, el inventario y valorización, la sistematización de la información, la investigación científica y tecnológica, y la participación ciudadana.

La planificación es una herramienta fundamental para la gestión sostenible de los recursos naturales, y debe considerarse como una medida previa al otorgamiento de derechos. La planificación implica la definición de objetivos, metas y estrategias para el uso sostenible de los recursos, y la identificación de los instrumentos y mecanismos necesarios para su implementación.

El ordenamiento y zonificación es otra medida previa importante para la gestión de los recursos naturales. Esta medida implica la identificación y delimitación de áreas específicas para el uso y conservación de los recursos naturales, de acuerdo a criterios técnicos, sociales y económicos.

El inventario y valorización de los recursos naturales es otra medida previa importante para la gestión sostenible de los recursos.

Esta medida implica la identificación y cuantificación de los recursos naturales existentes en una determinada área, así como su valoración económica y social.

La sistematización de la información es una medida previa importante para la gestión de los recursos naturales, ya que permite la recopilación, organización y análisis de la información relevante para la toma de decisiones. Esta medida implica la creación y mantenimiento de sistemas de información y bases de datos que permitan el acceso y la consulta de información relevante sobre los recursos naturales.

La investigación científica y tecnológica es otra medida previa importante para la gestión sostenible de los recursos naturales. Esta medida implica la realización de estudios e investigaciones científicas que permitan el desarrollo de tecnologías y prácticas más eficientes y sostenibles para el aprovechamiento de los recursos naturales.

De esta manera, la participación ciudadana es una medida previa fundamental para la gestión sostenible de los recursos naturales. Esta medida implica la participación activa de la sociedad en la toma de decisiones y en la definición de políticas y estrategias para la gestión de los recursos naturales.

La adopción de medidas previas al otorgamiento de derechos es fundamental para garantizar un uso sostenible y equitativo de los recursos naturales en Perú. Estas medidas deben considerar la planificación, el ordenamiento y zonificación, el inventario y valorización, la sistematización de la información, la investigación científica y tecnológica, y la participación ciudadana. La implementación efectiva de estas medidas requiere la coordinación y colaboración de las autoridades competentes, la sociedad civil y el sector privado.

Así también se puede comentar que:

A. La planificación es fundamental para la gestión sostenible de los recursos naturales, ya que permite definir objetivos y estrategias para el uso sostenible de los recursos. La planificación también es importante para identificar los instrumentos y mecanismos necesarios para la implementación de estas estrategias. En este sentido, la planificación debe ser considerada como una medida previa al otorgamiento de derechos.

B. El ordenamiento y zonificación es una medida importante para la gestión sostenible de los recursos naturales, ya que permite la identificación de áreas específicas para el uso y conservación de los recursos naturales. Esta medida debe ser considerada como una medida previa al otorgamiento de derechos, ya que permite establecer criterios técnicos, sociales y económicos para la delimitación de estas áreas.

C. El inventario y valorización de los recursos naturales es una medida importante para la gestión sostenible de los recursos naturales, ya que permite la identificación y cuantificación de los recursos naturales existentes en una determinada área. Esta medida también permite su valoración económica y social, lo que puede ser útil para la toma de decisiones. La realización de un inventario y valoración de los recursos debe ser considerada como una medida previa al otorgamiento de derechos.

D. La sistematización de la información es una medida importante para la gestión sostenible de los recursos naturales, ya que permite la recopilación, organización y análisis de información relevante para la toma de decisiones. Esta medida debe ser considerada como una medida previa al otorgamiento de derechos, ya que permite el acceso y la consulta de información relevante sobre los recursos naturales.

E. La investigación científica y tecnológica es una medida importante para la gestión sostenible de los recursos naturales, ya que permite el desarrollo de tecnologías y prácticas más eficientes y sostenibles para el aprovechamiento de los recursos naturales. La investigación científica y tecnológica también puede contribuir a la identificación de nuevas oportunidades de uso sostenible de los recursos. Esta medida debe ser considerada como una medida previa al otorgamiento de derechos.

F. La participación ciudadana es una medida fundamental para la gestión sostenible de los recursos naturales, ya que permite la participación activa de la sociedad en la toma de decisiones y en la definición de políticas y estrategias para la gestión de los recursos naturales. La participación ciudadana también puede contribuir a la identificación de los impactos sociales y ambientales de la explotación de los recursos naturales. Esta medida debe ser considerada como una medida previa al otorgamiento de derechos.

En resumen, las medidas previas al otorgamiento de derechos son medidas fundamentales para la gestión sostenible de los recursos naturales en Perú. Cada una de estas medidas es importante y debe ser considerada en conjunto para garantizar un uso sostenible y equitativo de los recursos naturales. Además, la implementación efectiva de estas medidas requiere la coordinación y colaboración de las autoridades competentes, la sociedad civil y el sector privado.

Ejemplo Artículo 89.- De las medidas de gestión de los recursos naturales:

Un ejemplo adicional de la aplicación de medidas previas al otorgamiento de derechos para la gestión sostenible de los recursos naturales en Perú es el caso de la provincia del Perú.

En esta provincia se ha implementado un plan de ordenamiento territorial que establece zonas de conservación, zonas de producción agropecuaria, zonas de producción forestal, zonas de protección de recursos hídricos y zonas urbanas. Este plan ha sido desarrollado con la participación activa de la sociedad civil y ha sido aprobado por las autoridades competentes.

Además, se ha realizado un inventario y valoración de los recursos naturales de la provincia, que ha permitido identificar los recursos existentes y su valor económico y social. En función de estos resultados, se han establecido medidas para garantizar un uso sostenible y equitativo de los recursos naturales, tales como la promoción de actividades de turismo rural comunitario y la implementación de sistemas de siembra y cosecha de agua.

En cuanto a la participación ciudadana, se han desarrollado procesos de consulta y participación ciudadana para la definición de políticas y estrategias para la gestión sostenible de los recursos naturales en la provincia. Además, se ha promovido la organización y fortalecimiento de las comunidades locales para la gestión sostenible de los recursos naturales.

La implementación de medidas previas al otorgamiento de derechos para la gestión sostenible de los recursos naturales es fundamental no solo a nivel nacional, sino también a nivel provincial. El ejemplo de la provincia demuestra la importancia de estas medidas y su efectividad en la gestión sostenible de los recursos naturales. Es importante seguir implementando estas medidas en todas las provincias del país y promover la coordinación y colaboración de las autoridades competentes, la sociedad civil y el sector privado para lograr una gestión sostenible y equitativa de los recursos naturales.

Otro ejemplo:

Un ejemplo adicional de la aplicación de medidas previas al otorgamiento de derechos para la gestión sostenible de los recursos naturales en Perú es el caso de la Reserva Nacional de Tambopata, ubicada en la región de Madre de Dios.

En esta reserva se han implementado medidas de planificación, ordenamiento y zonificación, inventario y valorización, sistematización de la información, investigación científica y tecnológica, y participación ciudadana.

En cuanto a la planificación, se ha desarrollado un plan maestro que establece objetivos y estrategias para el uso sostenible de los recursos naturales de la reserva y se ha implementado un plan de gestión para la conservación de la biodiversidad.

En cuanto al ordenamiento y zonificación, se han delimitado áreas específicas para el uso y conservación de los recursos naturales, de acuerdo a criterios técnicos, sociales y económicos. En este sentido, se han establecido zonas de uso turístico, zonas de uso extractivo controlado y zonas de conservación.

En cuanto al inventario y valorización de los recursos naturales, se ha realizado un inventario y valoración de los recursos existentes en la reserva, y se ha establecido un sistema de monitoreo y seguimiento de los mismos.

En cuanto a la sistematización de la información, se ha creado una base de datos que permite el acceso y la consulta de información relevante sobre los recursos naturales de la reserva.

En cuanto a la investigación científica y tecnológica, se han realizado estudios e investigaciones científicas que han permitido el desarrollo de tecnologías y prácticas más eficientes y sostenibles para el aprovechamiento de los recursos naturales.

En cuanto a la participación ciudadana, se han realizado procesos de consulta y participación ciudadana para la toma de decisiones y la definición de políticas y estrategias para la gestión de la reserva.

Artículo 90.- Del recurso agua continental

El Estado promueve y controla el aprovechamiento sostenible de las aguas continentales a través de la gestión integrada del recurso hídrico, previniendo la afectación de su calidad ambiental y de las condiciones naturales de su entorno, como parte del ecosistema donde se encuentran; regula su asignación en función de objetivos sociales, ambientales y económicos; y promueve la inversión y participación del sector privado en el aprovechamiento sostenible del recurso.

Comentario Artículo 90.- Del recurso agua continental:

El Artículo 90 de la Ley General del Ambiente de Perú establece la importancia de la gestión integrada del recurso hídrico y el aprovechamiento sostenible de las aguas continentales en el país. En este sentido, el Estado tiene el deber de promover y controlar el uso sostenible de este recurso natural, evitando la afectación de su calidad ambiental y de las condiciones naturales de su entorno.

Es importante destacar que la gestión integrada del recurso hídrico implica la consideración de múltiples aspectos, tales como la conservación de la biodiversidad, la protección de los ecosistemas acuáticos, el uso sostenible del agua para actividades económicas y sociales, la prevención de conflictos por el uso del agua, entre otros.

Todos estos aspectos deben ser considerados en la asignación y regulación del recurso hídrico en función de objetivos sociales, ambientales y económicos.

En este sentido, es fundamental que el sector privado también participe en el aprovechamiento sostenible del recurso hídrico, mediante la inversión en tecnologías y prácticas que permitan un uso eficiente y responsable del agua. La participación del sector privado puede contribuir a la implementación de medidas de gestión del recurso hídrico más efectivas y sostenibles en Perú.

Es importante destacar que la Ley General del Ambiente establece la obligatoriedad de la realización de estudios de impacto ambiental previos a la ejecución de proyectos que involucren el uso del recurso hídrico. Estos estudios permiten evaluar los posibles impactos ambientales y sociales de los proyectos y definir medidas de mitigación y compensación que deben ser implementadas para garantizar un uso sostenible del recurso hídrico.

El Artículo 90 de la Ley General del Ambiente establece la importancia de la gestión integrada del recurso hídrico y el aprovechamiento sostenible de las aguas continentales en Perú. La regulación y asignación del recurso hídrico en función de objetivos sociales, ambientales y económicos, así como la participación del sector privado en el aprovechamiento sostenible del recurso, son fundamentales para garantizar un uso responsable y sostenible del agua en el país. La implementación de medidas de gestión del recurso hídrico, tales como los estudios de impacto ambiental, es fundamental para prevenir impactos negativos en el medio ambiente y la sociedad.

Ejemplo Artículo 90.- Del recurso agua continental:

En la región de Arequipa, se ha presentado un problema de escasez de agua en las zonas rurales debido a la sobreexplotación de los recursos hídricos por parte de las empresas mineras. En cumplimiento del artículo 90 de la Ley de Gestión Ambiental, el Estado promueve y controla el aprovechamiento sostenible de las aguas continentales a través de la gestión integrada del recurso hídrico, previniendo la afectación de su calidad ambiental y de las condiciones naturales de su entorno, como parte del ecosistema donde se encuentran.

Para abordar este problema, el gobierno regional de Arequipa ha establecido un Plan de Gestión Integral de Recursos Hídricos, que incluye medidas para prevenir la sobreexplotación de los recursos hídricos y promover su uso sostenible. Además, se ha creado una comisión de seguimiento conformada por representantes del gobierno regional, las empresas mineras y la comunidad local para coordinar acciones y solucionar el problema de escasez de agua.

En cumplimiento del inciso 90.2 del artículo 90 de la Ley de Gestión Ambiental, el Estado regula la asignación de los recursos hídricos en función de objetivos sociales, ambientales y económicos. En este caso, se ha establecido un sistema de asignación de agua que prioriza el uso de los recursos hídricos por parte de la comunidad local y las actividades agrícolas, y establece límites para el uso de agua por parte de las empresas mineras.

En cumplimiento del inciso 90.3 del artículo 90 de la Ley de Gestión Ambiental, el Estado promueve la inversión y participación del sector privado en el aprovechamiento sostenible del recurso hídrico. En este caso, se ha convocado a empresas privadas para invertir en tecnologías de uso eficiente de agua y se ha promovido la implementación de prácticas de uso sostenible del agua en las empresas mineras.

El aprovechamiento sostenible de los recursos hídricos en la región de Arequipa es un ejemplo práctico de cómo el Estado promueve y controla el uso responsable de los recursos hídricos a través de la gestión integrada del recurso hídrico, previniendo la afectación de su calidad ambiental y de las condiciones naturales de su entorno. Esperamos que más regiones en todo el país implementen políticas y medidas para la gestión integrada del recurso hídrico, promoviendo una gestión ambiental responsable y sostenible.

Artículo 91.- Del recurso suelo

El Estado es responsable de promover y regular el uso sostenible del recurso suelo, buscando prevenir o reducir su pérdida y deterioro por erosión o contaminación. Cualquier actividad económica o de servicios debe evitar el uso de suelos con aptitud agrícola, según lo establezcan las normas correspondientes.

Comentario Artículo 91.- Del recurso suelo:

La Ley General del Ambiente establece la importancia del recurso suelo y su uso sostenible en el desarrollo de las actividades económicas y sociales en el país. El Estado tiene una responsabilidad fundamental en promover y regular el uso sostenible del recurso suelo, con el objetivo de prevenir o reducir su pérdida y deterioro por erosión o contaminación.

Es importante destacar que cualquier actividad económica o de servicios debe evitar el uso de suelos con aptitud de aprovechamiento de actividades negativas que podrían involucrar alteraciones o afectación química, bioquímica, metales pesados y otros, según lo establezcan las normas correspondientes. Esto implica considerar el potencial productivo de los suelos y su capacidad para mantener la biodiversidad y los servicios ecosistémicos asociados.

El uso sostenible del recurso suelo implica la consideración de múltiples aspectos, tales como la conservación de la biodiversidad, la protección de los ecosistemas terrestres, la prevención de la erosión y la contaminación, entre otros. Todos estos aspectos deben ser considerados en la asignación y regulación del recurso suelo en función de objetivos sociales, ambientales y económicos.

En este sentido, es importante destacar la importancia de la planificación territorial en la gestión sostenible del recurso suelo. La planificación territorial permite identificar las áreas prioritarias para la conservación y protección del suelo, así como para el desarrollo de actividades económicas y sociales sostenibles.

La promoción del uso sostenible del recurso suelo implica también la implementación de medidas de conservación y restauración de suelos degradados. La restauración de suelos degradados permite recuperar su capacidad productiva y su capacidad para mantener los servicios ecosistémicos asociados, contribuyendo a la conservación de la biodiversidad y al desarrollo de actividades económicas y sociales sostenibles.

El recurso suelo es un recurso natural fundamental para el desarrollo sostenible del país. La promoción y regulación del uso sostenible del recurso suelo por parte del Estado es clave para prevenir o reducir su pérdida y deterioro por erosión o contaminación. La implementación de medidas de conservación y restauración de suelos degradados, así como la planificación territorial, son fundamentales para garantizar un uso sostenible y equitativo del recurso suelo en el país.

Ejemplo Artículo 91.- Del recurso suelo:

En la región costera del país, se ha presentado un problema de erosión del suelo debido a la actividad turística y la construcción de infraestructuras en zonas de alto riesgo. En cumplimiento del artículo 91 de la Ley de Gestión Ambiental, el Estado es responsable de promover y regular el uso sostenible del recurso suelo, buscando prevenir o reducir su pérdida y deterioro por erosión o contaminación.

Para abordar este problema, el gobierno regional ha establecido un Plan de Gestión Integral del Suelo, que incluye medidas para prevenir la erosión del suelo y promover su uso sostenible. Además, se han establecido zonas de exclusión para la construcción de infraestructuras en zonas de alto riesgo y se ha promovido la implementación de prácticas de uso sostenible del suelo en la actividad turística.

En cumplimiento del inciso 91.2 del artículo 91 de la Ley de Gestión Ambiental, cualquier actividad económica o de servicios debe evitar el uso de suelos con aptitud agrícola, según lo establezcan las normas correspondientes. En este caso, se ha establecido una normativa que prohíbe la construcción de infraestructuras en zonas de alto riesgo y se ha promovido la implementación de prácticas de uso sostenible del suelo en la actividad turística para evitar el uso de suelos con aptitud agrícola.

La promoción y regulación del uso sostenible del recurso suelo en la región costera es un ejemplo práctico de cómo el Estado busca prevenir o reducir su pérdida y deterioro por erosión o contaminación. Esperamos que más regiones en todo el país implementen políticas y medidas para la gestión sostenible del recurso suelo, promoviendo una gestión ambiental responsable y sostenible en todos los sectores económicos.

Artículo 92.- De los recursos forestales y de fauna silvestre

92.1 El Estado establece una política forestal orientada por los principios de la presente Ley, propiciando el aprovechamiento sostenible de los recursos forestales y de fauna silvestre, así como la conservación de los bosques naturales, resaltando sin perjuicio de lo señalado, los principios de ordenamiento y zonificación de la superficie forestal nacional, el manejo de los recursos forestales, la seguridad jurídica en el otorgamiento de derechos y la lucha contra la tala y caza ilegal.

92.2 El Estado promueve y apoya el manejo sostenible de la fauna y flora silvestre, priorizando la protección de las especies y variedades endémicas y en peligro de extinción, en base a la información técnica, científica, económica y a los conocimientos tradicionales.

Comentario Artículo 92.- De los recursos forestales y de fauna silvestre:

La Ley General del Ambiente establece la importancia de la política forestal en el desarrollo sostenible del país. El Estado tiene la responsabilidad de establecer una política forestal orientada por los principios de la presente Ley, propiciando el aprovechamiento sostenible de los recursos forestales y de fauna silvestre, así como la conservación de los bosques naturales.

Para lograr una gestión sostenible y equitativa de los recursos forestales y de fauna silvestre, es fundamental el establecimiento de principios de ordenamiento y zonificación de la superficie forestal nacional. Esto permite identificar las áreas prioritarias para la conservación de los bosques naturales y la protección de la biodiversidad y los servicios ecosistémicos asociados.

Además, el manejo sostenible de los recursos forestales implica la implementación de medidas de conservación y restauración de bosques degradados, así como la promoción de prácticas forestales sostenibles y la lucha contra la tala y caza ilegal. La seguridad jurídica en el otorgamiento de derechos es fundamental para garantizar un uso sostenible y equitativo de los recursos forestales y de fauna silvestre.

Es importante destacar la importancia de la participación activa de la comunidad local en la gestión sostenible de los recursos forestales y de fauna silvestre. La comunidad local puede jugar un papel clave en la conservación de los bosques naturales y en el aprovechamiento sostenible de los recursos forestales y de fauna silvestre, contribuyendo al desarrollo sostenible de las actividades económicas y sociales en la zona.

La implementación de una política forestal orientada por los principios de la presente Ley es fundamental para garantizar el aprovechamiento sostenible de los recursos forestales y de fauna silvestre, así como para la conservación de los bosques naturales y la protección de la biodiversidad y los servicios ecosistémicos asociados. La participación activa de la comunidad local es clave para lograr una gestión sostenible y equitativa de los recursos forestales y de fauna silvestre en el país.

El manejo sostenible de la fauna y flora silvestre es fundamental para garantizar su conservación y protección, así como para el desarrollo sostenible de las actividades económicas y sociales en el país. En este sentido, el Estado tiene la responsabilidad de promover y apoyar el manejo sostenible de la fauna y flora silvestre, priorizando la protección de las especies y variedades endémicas y en peligro de extinción.

Para lograr una gestión sostenible de los recursos forestales y de fauna silvestre, es fundamental la utilización de información técnica, científica y económica, así como de los conocimientos tradicionales de las comunidades locales. La integración de estos conocimientos permite el desarrollo de prácticas de manejo sostenible de la fauna y flora silvestre, que aseguren la conservación de las especies y variedades endémicas y en peligro de extinción.

Es importante destacar que la protección de las especies endémicas y en peligro de extinción no solo es fundamental para la conservación de la biodiversidad, sino que también tiene implicaciones económicas y sociales. La protección de estas especies contribuye al desarrollo de actividades económicas sostenibles, como el turismo ecológico y la biotecnología, y al bienestar de las comunidades locales que dependen de estos recursos.

El manejo sostenible de la fauna y flora silvestre es fundamental para garantizar la conservación de las especies y variedades endémicas y en peligro de extinción, así como para el desarrollo sostenible de las actividades económicas y sociales en el país. La integración de la información técnica, científica, económica y de los conocimientos tradicionales es clave para lograr una gestión sostenible de los recursos forestales y de fauna silvestre.

Ejemplo Artículo 92.- De los recursos forestales y de fauna silvestre:

Un ejemplo de la aplicación del artículo sobre los recursos forestales y de fauna silvestre en Perú es el caso del Santuario Histórico Bosque de Pómac, ubicado en la región Lambayeque. Este santuario es un área natural protegida que alberga una gran diversidad de especies de fauna y flora silvestre, así como una importante riqueza cultural y arqueológica.

La gestión sostenible de los recursos forestales y de fauna silvestre en el Santuario Histórico Bosque de Pómac implica la implementación de medidas para prevenir su pérdida y deterioro por la tala y caza ilegal, así como para garantizar su conservación y protección. En este sentido, se han implementado diversas medidas de conservación y restauración de bosques degradados, así como la promoción de prácticas de manejo sostenible de la fauna y flora silvestre.

Además, se han establecido normas y regulaciones para el uso sostenible de los recursos forestales y de fauna silvestre en el santuario, con el objetivo de garantizar la conservación de la biodiversidad y los servicios ecosistémicos asociados. Asimismo, se han implementado programas de educación ambiental y de sensibilización para fomentar la valoración y el cuidado de los recursos forestales y de fauna silvestre en la comunidad local.

Es importante destacar que la gestión sostenible de los recursos forestales y de fauna silvestre en el Santuario Histórico Bosque de Pómac tiene implicaciones no solo para la conservación de la biodiversidad y los servicios ecosistémicos, sino también para el desarrollo sostenible de las actividades económicas y sociales en la zona. La protección y conservación de los recursos naturales en el santuario son fundamentales para el turismo ecológico y cultural, lo que contribuye al desarrollo de actividades económicas sostenibles y a la generación de empleo en la zona.

El artículo sobre los recursos forestales y de fauna silvestre de la Ley General del Ambiente es fundamental para garantizar la gestión sostenible de los recursos naturales en Perú. El ejemplo del Santuario Histórico Bosque de Pómac[16] demuestra la importancia de la implementación de medidas de conservación y protección de los recursos forestales y de fauna silvestre, así como de la participación activa de la comunidad local en su gestión sostenible.

Artículo 93.- Del enfoque ecosistémico

La conservación y aprovechamiento sostenible de los recursos naturales deberá enfocarse de manera integral, evaluando científicamente el uso y protección de los recursos naturales e identificando cómo afectan la capacidad de los ecosistemas para mantenerse y sostenerse en el tiempo, tanto en lo que respecta a los seres humanos y organismos vivos, como a los sistemas naturales existentes.

---

[16] Atractivo Bosque de Pómac Paraíso del Señor de Sicán - https://www.peru.travel/es/atractivos/bosque-de-pomac

Comentario Artículo 93.- Del enfoque ecosistémico:

El enfoque ecosistémico es un enfoque integral que se centra en la evaluación científica del uso y protección de los recursos naturales, y cómo estos afectan la capacidad de los ecosistemas para mantenerse y sostenerse en el tiempo. Este enfoque se basa en la comprensión de los sistemas naturales existentes, tanto en lo que respecta a los seres humanos y organismos vivos, como a los sistemas naturales en sí mismos.

La Ley General del Ambiente establece que la conservación y aprovechamiento sostenible de los recursos naturales debe enfocarse de manera integral, utilizando el enfoque ecosistémico. Esto implica que se deben considerar las interacciones entre los seres humanos y los sistemas naturales, y cómo estas interacciones afectan la capacidad de los ecosistemas para mantenerse y sostenerse en el tiempo.

El enfoque ecosistémico es fundamental para garantizar la sostenibilidad de los recursos naturales y el mantenimiento de los servicios ecosistémicos que estos proporcionan. Al evaluar científicamente el uso y protección de los recursos naturales, se pueden identificar las mejores prácticas para su conservación y aprovechamiento sostenible.

El enfoque ecosistémico es un enfoque integral que se centra en la evaluación científica del uso y protección de los recursos naturales y cómo estos afectan la capacidad de los ecosistemas para mantenerse y sostenerse en el tiempo. Este enfoque es fundamental para garantizar la sostenibilidad de los recursos naturales y el mantenimiento de los servicios ecosistémicos que estos proporcionan. Es importante que se implementen medidas para garantizar la conservación y aprovechamiento sostenible de los recursos naturales utilizando este enfoque integral y científico.

Ejemplo Artículo 93.- Del enfoque ecosistémico:

Un ejemplo de aplicación del enfoque ecosistémico en Perú es la gestión del Parque Nacional del Manu, ubicado en la región de Madre de Dios. Este parque es una de las áreas naturales protegidas más grandes de Perú y alberga una gran diversidad de especies de fauna y flora silvestre.

La gestión sostenible de los recursos naturales en el Parque Nacional del Manu se enfoca en el uso del enfoque ecosistémico. En este sentido, se han implementado diversas medidas de conservación, restauración y manejo sostenible de los ecosistemas terrestres y acuáticos presentes en el parque.

Además, se han establecido normas y regulaciones para el uso sostenible de los recursos naturales en el parque, con el objetivo de garantizar la conservación de la biodiversidad y los servicios ecosistémicos asociados. Asimismo, se han implementado programas de educación ambiental y de sensibilización para fomentar la valoración y el cuidado de los recursos naturales en la comunidad local.

Es importante destacar que la gestión sostenible de los recursos naturales en el Parque Nacional del Manu tiene implicaciones no solo para la conservación de la biodiversidad y los servicios ecosistémicos, sino también para el desarrollo sostenible de las actividades económicas y sociales en la zona. La protección y conservación de los recursos naturales en el parque son fundamentales para la promoción del turismo ecológico y cultural, lo que contribuye al desarrollo de actividades económicas sostenibles y a la generación de empleo en la zona.

El enfoque ecosistémico es fundamental para garantizar la gestión sostenible de los recursos naturales en Perú, tal como se aplica en la gestión del Parque Nacional del Manu. Este enfoque integral y científico permite identificar las mejores prácticas para la conservación y aprovechamiento sostenible de los recursos naturales, y garantiza la sostenibilidad de los recursos naturales y el mantenimiento de los servicios ecosistémicos que estos proporcionan.

Artículo 94.- De los servicios ambientales

94.1 Los recursos naturales y demás componentes del ambiente cumplen funciones que permiten mantener las condiciones de los ecosistemas y del ambiente, generando beneficios que se aprovechan sin que medie retribución o compensación, por lo que el Estado establece mecanismos para valorizar, retribuir y mantener la provisión de dichos servicios ambientales, procurando lograr la conservación de los ecosistemas, la diversidad biológica y los demás recursos naturales.

94.2 Se entiende por servicios ambientales, la protección del recurso hídrico, la protección de la biodiversidad, la mitigación de emisiones de gases de efecto invernadero y la belleza escénica, entre otros.

94.3 La Autoridad Ambiental Nacional promueve la creación de mecanismos de financiamiento, pago y supervisión de servicios ambientales.

CONCORDANCIAS: D. Leg. N° 1013, inc. b) del Art. 6 (Funciones generales).

Comentario Artículo 94.- De los servicios ambientales:

La Ley General del Ambiente establece en su inciso 94.1 que los recursos naturales y demás componentes del ambiente cumplen funciones importantes que permiten mantener las condiciones de los ecosistemas y del ambiente en general, generando beneficios que se aprovechan sin que medie retribución o compensación. Es por ello que el Estado establece mecanismos para valorizar, retribuir y mantener la provisión de dichos servicios ambientales, procurando lograr la conservación de los ecosistemas, la diversidad biológica y los demás recursos naturales.

Este enfoque de valorización de los servicios ambientales es fundamental para garantizar la sostenibilidad en la gestión de los recursos naturales y para la conservación de los ecosistemas y la biodiversidad. Los servicios ambientales son aquellos beneficios que se obtienen a partir de los procesos naturales que ocurren en los ecosistemas, tales como la purificación del agua, la polinización, la regulación del clima, entre otros.

Es importante destacar que la valorización y retribución de los servicios ambientales no solo beneficia a los propietarios de los recursos naturales, sino que también contribuye a la conservación de los ecosistemas y la biodiversidad. Esto se debe a que los propietarios de los recursos naturales tienen un incentivo económico para mantener los ecosistemas en buen estado y para asegurar la continuidad de los servicios ambientales.

El enfoque de valorización y retribución de los servicios ambientales establecido en la Ley General del Ambiente es fundamental para garantizar la conservación de los ecosistemas y la biodiversidad. Este enfoque permite generar incentivos económicos para los propietarios de los recursos naturales, lo que a su vez contribuye a la sostenibilidad en la gestión de los mismos. Es importante que se implementen medidas efectivas para garantizar la valorización y retribución de los servicios ambientales en el país, y que se promueva la educación ambiental y la sensibilización en la sociedad sobre la importancia de la conservación de los ecosistemas y la biodiversidad.

El reconocimiento de los servicios ambientales como un concepto clave en la conservación y gestión sostenible de los recursos naturales es una medida importante para la valoración de los procesos naturales que ocurren en los ecosistemas. La definición de los servicios ambientales, como la protección del recurso hídrico, la protección de la biodiversidad, la mitigación de emisiones de gases de efecto invernadero y la belleza escénica, entre otros, permite una mejor comprensión de la importancia de estos servicios y su relación con la calidad de vida de las personas y la salud del planeta. Es fundamental que se promueva la valorización y retribución de los servicios ambientales, para garantizar la sostenibilidad en la gestión de los recursos naturales y la conservación de los ecosistemas y la biodiversidad.

Artículo 95.- De los bonos de descontaminación

Para promover la conservación de la diversidad biológica, la Autoridad Ambiental Nacional promueve, a través de una Comisión Nacional, los bonos de descontaminación u otros mecanismos alternativos, a fin de que las industrias y proyectos puedan acceder a los fondos creados al amparo del Protocolo de Kyoto y de otros convenios de carácter ambiental. Mediante decreto supremo se crea la referida Comisión Nacional.

Comentario Artículo 95.- De los bonos de descontaminación:

El Artículo 95 de la Ley General del Ambiente establece un mecanismo importante para la promoción de la conservación de la diversidad biológica. Se trata de los bonos de descontaminación, los cuales son promovidos por la Autoridad Ambiental Nacional a través de una Comisión Nacional. Estos bonos son una herramienta que permite a las industrias y proyectos acceder a los fondos creados al amparo del Protocolo de Kyoto y de otros convenios de carácter ambiental.

Los bonos de descontaminación son una medida importante para fomentar la adopción de prácticas sostenibles en las industrias y proyectos que puedan tener impactos negativos sobre el ambiente y la diversidad biológica. Al promover la adopción de prácticas sostenibles, estos bonos contribuyen a la protección y conservación de la biodiversidad y los recursos naturales.

La creación de una Comisión Nacional para la promoción de los bonos de descontaminación es una medida importante para garantizar la eficacia de este mecanismo. Esta Comisión Nacional puede establecer los criterios y procedimientos para la emisión y venta de los bonos de descontaminación, así como para la evaluación y seguimiento de los proyectos que acceden a estos bonos.

Los bonos de descontaminación son una herramienta importante para la promoción de la conservación de la diversidad biológica y la adopción de prácticas sostenibles en las industrias y proyectos. La creación de una Comisión Nacional para la promoción de estos bonos es fundamental para garantizar la eficacia de este mecanismo y para garantizar la protección y conservación de la biodiversidad y los recursos naturales. Es importante que se implementen medidas efectivas para promover y fomentar el uso de los bonos de descontaminación en el país, y que se promueva la educación ambiental y la sensibilización en la sociedad sobre la importancia de la conservación de la biodiversidad y los recursos naturales.

El Protocolo de Kyoto es un acuerdo internacional que establece compromisos para reducir las emisiones de gases de efecto invernadero y combatir el cambio climático. Uno de los mecanismos establecidos por este protocolo son los bonos de descontaminación, también conocidos como "créditos de carbono", los cuales permiten a las empresas y proyectos que reduzcan sus emisiones de gases de efecto invernadero obtener ingresos financieros por la venta de estos bonos.

Los bonos de descontaminación son una herramienta importante para la promoción de prácticas sostenibles en las empresas y proyectos, ya que les brindan un incentivo económico para reducir sus emisiones de gases de efecto invernadero. Estos bonos son emitidos por proyectos que demuestran que han reducido sus emisiones de gases de efecto invernadero por debajo de un nivel de referencia establecido, y que cumplen con ciertos estándares de calidad.

En el caso de Perú, el país ha participado activamente en el Protocolo de Kyoto y ha implementado programas y proyectos para reducir sus emisiones de gases de efecto invernadero y promover la adopción de prácticas sostenibles en las empresas y proyectos. La implementación de los bonos de descontaminación en el país ha sido un elemento importante en esta estrategia, ya que ha permitido a las empresas y proyectos obtener ingresos financieros por la reducción de sus emisiones de gases de efecto invernadero, incentivando así la adopción de prácticas más sostenibles.

Los bonos de descontaminación son un mecanismo esencial para fomentar prácticas sostenibles en empresas y proyectos, y su implementación bajo el Protocolo de Kyoto ha demostrado ser efectiva en la reducción de emisiones de gases de efecto invernadero y la lucha contra el cambio climático. Continuar promoviendo el uso de los bonos de descontaminación en Perú y otros países es crucial para garantizar la sostenibilidad en la gestión de los recursos naturales y la protección ambiental.

Ejemplo Artículo 95.- De los bonos de descontaminación:

En Perú, los bonos de descontaminación han sido una herramienta importante para promover prácticas sostenibles en las empresas y proyectos, y para combatir el cambio climático. Un ejemplo de su implementación en el país es el proyecto "Conservación de

Bosques de Alto Valor de Carbono en la Amazonía Peruana", desarrollado por la empresa Bosques Amazónicos. Este proyecto se enfoca en la conservación de bosques de alto valor de carbono en la región de Madre de Dios, y ha sido reconocido por el Programa de las Naciones Unidas para el Desarrollo como un proyecto modelo en la implementación de los mecanismos de desarrollo limpio establecidos en el Protocolo de Kyoto.

El proyecto de Bosques Amazónicos ha logrado reducir alrededor de 3 millones de toneladas de emisiones de gases de efecto invernadero, y ha generado ingresos financieros por la venta de bonos de descontaminación a empresas y países que buscan compensar sus emisiones de gases de efecto invernadero. Estos ingresos financieros se utilizan para financiar la conservación de los bosques y para el desarrollo de proyectos sostenibles en la región.

La implementación de proyectos como el de Bosques Amazónicos demuestra que los bonos de descontaminación son una herramienta efectiva para promover prácticas sostenibles y para combatir el cambio climático. Sin embargo, es importante tener en cuenta que estos bonos no son una solución completa al problema de las emisiones de gases de efecto invernadero, y que es necesario implementar medidas complementarias para reducir las emisiones a nivel global.

La implementación de los bonos de descontaminación en Perú ha sido una estrategia efectiva para promover prácticas sostenibles en las empresas y proyectos, y para combatir el cambio climático. Proyectos como el de Bosques Amazónicos demuestran que estos bonos pueden generar ingresos financieros y contribuir a la conservación de los recursos naturales y la biodiversidad. Es importante seguir promoviendo la implementación de estos mecanismos en el país y en otros lugares, y trabajar en conjunto con otros países y organizaciones internacionales para reducir las emisiones de gases de efecto invernadero y garantizar un futuro sostenible para nuestro planeta.

Otro ejemplo

Sobre la implementación de bonos de descontaminación en Perú es el proyecto "EcoCementos", desarrollado por la empresa UNACEM. Este proyecto se enfoca en la reducción de emisiones de gases de efecto invernadero en la producción de cemento, mediante la implementación de tecnologías más eficientes y sostenibles en la planta de producción de cemento en Atocongo, Lima.

El proyecto ha logrado reducir alrededor de 400 mil toneladas de emisiones de gases de efecto invernadero por año, y ha obtenido bonos de descontaminación que han sido vendidos a empresas y países que buscan compensar sus emisiones de gases de efecto invernadero. Estos ingresos financieros se utilizan para financiar la implementación de tecnologías más sostenibles en la planta de producción de cemento y para la promoción de prácticas sostenibles en la industria cementera en el país.

La implementación de proyectos como el de EcoCementos demuestra que los bonos de descontaminación son una herramienta efectiva para incentivar la adopción de prácticas sostenibles en la industria y para reducir las emisiones de gases de efecto invernadero. Además, estos proyectos pueden generar ingresos financieros que se utilizan para financiar la implementación de prácticas sostenibles y para la conservación de los recursos naturales y la biodiversidad.

La implementación de bonos de descontaminación en Perú es una estrategia efectiva para promover prácticas sostenibles en la industria y para combatir el cambio climático. Proyectos como el de EcoCementos demuestran que estos bonos pueden generar ingresos financieros y contribuir a la implementación de tecnologías más sostenibles en la industria. Es importante seguir promoviendo la implementación de estos mecanismos en el país y en otros lugares, y trabajar en conjunto con otros países y organizaciones internacionales para reducir las emisiones de gases de efecto invernadero y garantizar un futuro sostenible para nuestro planeta. Fuente: "EcoCementos: UNACEM logra reducción de emisiones de gases de efecto invernadero", La República, 20 de marzo de 2019.[17]

Artículo 96.- De los recursos naturales no renovables

96.1 La gestión de los recursos naturales no renovables está a cargo de sus respectivas autoridades sectoriales competentes, de conformidad con lo establecido por la Ley N° 26821, las leyes de organización y funciones de dichas autoridades y las normas especiales de cada recurso.

96.2 El Estado promueve el empleo de las mejores tecnologías disponibles para que el aprovechamiento de los recursos no renovables sea eficiente y ambientalmente responsable.

Comentario Artículo 96.- De los recursos naturales no renovables:

El Artículo 96 de la Ley General del Ambiente establece la importancia de la gestión adecuada de los recursos naturales no renovables. En el inciso 96.1 se establece que la gestión de estos recursos está a cargo de las autoridades sectoriales competentes, de acuerdo con las leyes de organización y funciones de dichas autoridades y las normas especiales de cada recurso. Es fundamental que se garantice una gestión adecuada de estos recursos, para asegurar su uso sostenible y evitar la sobreexplotación y agotamiento de los mismos.

Las autoridades sectoriales competentes tienen la responsabilidad de regular y controlar la explotación de los recursos naturales no renovables en el país. Esto incluye la implementación de medidas de control y fiscalización para garantizar que la explotación de los recursos se realice de forma responsable y sostenible. Además, es importante que se establezcan normas y regulaciones específicas para cada recurso, tomando en cuenta sus características y particularidades.

---

[17] UNACEM presenta importantes resultados en la reducción de emisiones de gases de efecto invernadero - https://proactivo.com.pe/unacem-presenta-importantes-resultados-en-la-reduccion-de-emisiones-de-gases-de-efecto-invernadero/

En el inciso 96.2 se establece que el Estado promueve el empleo de las mejores tecnologías disponibles para que el aprovechamiento de los recursos no renovables sea eficiente y ambientalmente responsable. La adopción de tecnologías más sostenibles en la explotación de los recursos no renovables puede contribuir a reducir los impactos negativos sobre el ambiente y a mejorar la eficiencia en el uso de los recursos. Es fundamental que se promueva la innovación y el desarrollo de tecnologías más sostenibles en la explotación de los recursos, para garantizar un uso responsable y eficiente de los mismos.

Es importante destacar que la explotación de los recursos naturales no renovables puede tener impactos negativos sobre el ambiente y la calidad de vida de las comunidades locales. La sobreexplotación y contaminación de los recursos pueden tener consecuencias graves para la biodiversidad, la calidad del aire y del agua, y la salud de las personas. Por ello, es fundamental que se promueva una gestión adecuada y sostenible de estos recursos, que garantice su uso responsable y el respeto a los derechos de las comunidades locales.

La gestión de los recursos naturales no renovables es un tema fundamental en la protección ambiental y el desarrollo sostenible del país. Es importante que se promueva una gestión adecuada y sostenible de estos recursos, que garantice su uso responsable y el respeto a los derechos de las comunidades locales. La adopción de tecnologías más sostenibles en la explotación de los recursos no renovables y la participación de las comunidades locales en su gestión son fundamentales para garantizar una gestión sostenible de estos recursos.

Ejemplo Artículo 96.- De los recursos naturales no renovables:

En el Perú, uno de los recursos no renovables de mayor importancia es el petróleo. La explotación de este recurso se realiza principalmente en la selva amazónica, donde se encuentran importantes yacimientos de petróleo. La gestión de este recurso está a cargo del Ministerio de Energía y Minas y de la empresa estatal Petróleos del Perú (Petroperú).

La explotación de petróleo en la selva amazónica ha tenido impactos negativos sobre el ambiente y las comunidades locales. La contaminación de ríos y suelos por la actividad petrolera ha afectado la biodiversidad y la salud de las personas que viven en la zona. Además, la explotación de petróleo ha generado conflictos sociales entre las empresas extractivas, el Estado y las comunidades locales.

Ante esta situación, el Estado peruano ha implementado medidas para mejorar la gestión de los recursos no renovables, incluyendo la adopción de tecnologías más sostenibles en la explotación de petróleo. Por ejemplo, en el 2019, Petroperú anunció la construcción de una nueva refinería en Talara, que contará con tecnologías más eficientes y sostenibles en la producción de combustibles.

Además, se han implementado iniciativas destinadas a mejorar la participación de las comunidades locales en la gestión de los recursos no renovables. Por ejemplo, el Ministerio de Energía y Minas ha establecido un proceso de consulta previa para la exploración y explotación de hidrocarburos en la selva amazónica. Este proceso busca garantizar que las comunidades locales sean informadas y consultadas sobre los proyectos extractivos, y que se respeten sus derechos y su participación en la gestión de los recursos.

Si bien estas medidas son importantes, aún existen retos importantes en la gestión de los recursos no renovables en el país. Es fundamental que se promueva una gestión adecuada y sostenible de estos recursos, que garantice su uso responsable y el respeto a los derechos de las comunidades locales. La adopción de tecnologías más sostenibles en la explotación de los recursos no renovables y la participación de las comunidades locales en su gestión son fundamentales para garantizar una gestión sostenible de estos recursos.

La explotación de los recursos no renovables en el Perú, como el petróleo, ha tenido impactos negativos sobre el ambiente y las comunidades locales. Es importante que se promueva una gestión adecuada y sostenible de estos recursos, que garantice su uso responsable y el respeto a los derechos de las comunidades locales. La adopción de tecnologías más sostenibles en la explotación de los recursos no renovables y la participación de las comunidades locales en su gestión son fundamentales para garantizar una gestión sostenible de estos recursos. (Fuente: Ministerio de Energía y Minas del Perú, 2021).

En el Perú, otro recurso no renovable importante es el gas natural. La explotación de este recurso se realiza principalmente en el sur del país, en la región de Cusco, donde se encuentra el yacimiento de gas de Camisea. La gestión de este recurso está a cargo del Ministerio de Energía y Minas y de la empresa privada Consorcio Camisea.

La explotación de gas natural en Camisea ha tenido impactos positivos y negativos sobre el ambiente y las comunidades locales. Por un lado, la explotación de gas natural ha permitido la generación de energía eléctrica más limpia y económica en el país, reduciendo la dependencia de combustibles fósiles más contaminantes. Además, la explotación de gas natural ha generado empleo e ingresos económicos para las comunidades locales.

Por otro lado, la explotación de gas natural en Camisea ha generado impactos negativos sobre el ambiente y las comunidades locales. La construcción de infraestructuras para la explotación de gas natural ha afectado áreas naturales protegidas y ha generado conflictos sociales entre las empresas extractivas y las comunidades locales. Además, la contaminación de ríos y suelos por la actividad extractiva ha afectado la biodiversidad y la salud de las personas que viven en la zona.

Ante esta situación, el Estado peruano ha implementado medidas destinadas a mejorar la gestión de los recursos no renovables, incluyendo la adopción de tecnologías más sostenibles en la explotación de gas natural. Por ejemplo, Consorcio Camisea ha implementado un sistema de monitoreo ambiental y ha establecido medidas para reducir la emisión de gases contaminantes en la producción de gas natural.

Además, se han implementado iniciativas destinadas a mejorar la participación de las comunidades locales en la gestión de los recursos no renovables. Por ejemplo, el Ministerio de Energía y Minas ha establecido un proceso de consulta previa para la exploración y explotación de hidrocarburos en la región de Cusco. Este proceso busca garantizar que las comunidades locales sean informadas y consultadas sobre los proyectos extractivos, y que se respeten sus derechos y su participación en la gestión de los recursos.

Si bien estas medidas son importantes, aún existen retos importantes en la gestión de los recursos no renovables en el país. Es fundamental que se promueva una gestión adecuada y sostenible de estos recursos, que garantice su uso responsable y el respeto a los derechos de las comunidades locales. La adopción de tecnologías más sostenibles en la explotación de los recursos no renovables y la participación de las comunidades locales en su gestión son fundamentales para garantizar una gestión sostenible de estos recursos.

La explotación de los recursos no renovables en el Perú, como el gas natural, ha tenido impactos positivos y negativos sobre el ambiente y las comunidades locales. Es importante que se promueva una gestión adecuada y sostenible de estos recursos, que garantice su uso responsable y el respeto a los derechos de las comunidades locales. La adopción de tecnologías más sostenibles en la explotación de los recursos no renovables y la participación de las comunidades locales en su gestión son fundamentales para garantizar una gestión sostenible de estos recursos. (Fuente: Ministerio de Energía y Minas del Perú, 2021).

Otro Ejemplo:

En un país con recursos naturales no renovables, como petróleo, gas y minerales, se ha identificado la necesidad de gestionar estos recursos de manera responsable y sostenible. En cumplimiento del artículo 96 de la Ley de Gestión Ambiental:

Inciso 96.1. La gestión de los recursos naturales no renovables está a cargo de sus respectivas autoridades sectoriales competentes, de conformidad con lo establecido por la Ley N° 26821, las leyes de organización y funciones de dichas autoridades y las normas especiales de cada recurso. En este caso, se ha establecido un marco legal y normativo para la gestión de los recursos naturales no renovables, de acuerdo con las leyes de organización y funciones de las autoridades sectoriales competentes. Se han establecido planes y programas de gestión ambiental para cada recurso, que incluyen medidas para prevenir y mitigar los impactos negativos en el medio ambiente.

Inciso 96.2. El Estado promueve el empleo de las mejores tecnologías disponibles para que el aprovechamiento de los recursos no renovables sea eficiente y ambientalmente responsable. En este caso, el Estado ha promovido el empleo de las mejores tecnologías disponibles para que el aprovechamiento de los recursos no renovables sea eficiente y ambientalmente responsable. Se han establecido programas para fomentar la investigación y el desarrollo de tecnologías que permitan una gestión sostenible de los recursos no renovables. Además, se han otorgado incentivos fiscales y económicos a las empresas que adopten tecnologías limpias y sostenibles en la explotación de los recursos no renovables.

La gestión de recursos no renovables es un desafío importante. La gestión ambiental responsable es esencial para prevenir y mitigar impactos negativos en el medio ambiente. Se espera que más países adopten políticas sostenibles para contribuir a un futuro más sostenible.

Capítulo 2 - Conservación de la diversidad biológica

Artículo 97.- De los lineamientos para políticas sobre diversidad biológica

La política sobre diversidad biológica se rige por los siguientes lineamientos:

a) La conservación de la diversidad de ecosistemas, especies y genes, así como el mantenimiento de los procesos ecológicos esenciales de los que depende la supervivencia de las especies.

b) El rol estratégico de la diversidad biológica y de la diversidad cultural asociada a ella, para el desarrollo sostenible.

c) El enfoque ecosistémico en la planificación y gestión de la diversidad biológica y los recursos naturales.

d) El reconocimiento de los derechos soberanos del Perú como país de origen sobre sus recursos biológicos, incluyendo los genéticos.

e) El reconocimiento del Perú como centro de diversificación de recursos genéticos y biológicos.

f) La prevención del acceso ilegal a los recursos genéticos y su patentamiento, mediante la certificación de la legal procedencia del recurso genético y el consentimiento informado previo para todo acceso a recursos genéticos, biológicos y conocimiento tradicional del país.

g) La inclusión de mecanismos para la efectiva distribución de beneficios por el uso de los recursos genéticos y biológicos, en todo plan, programa, acción o proyecto relacionado con el acceso, aprovechamiento comercial o investigación de los recursos naturales o la diversidad biológica.

h) La protección de la diversidad cultural y del conocimiento tradicional.

i) La valorización de los servicios ambientales que presta la diversidad biológica.

j) La promoción del uso de tecnologías y un mayor conocimiento de los ciclos y procesos, a fin de implementar sistemas de alerta y prevención en caso de emergencia.

k) La promoción de políticas encaminadas a mejorar el uso de la tierra.

l) El fomento de la inversión pública y privada en la conservación y el aprovechamiento sostenible de los ecosistemas frágiles.

m) La implementación de planes integrados de explotación agrícola o de cuenca hidrográfica que prevean estrategias sustitutivas de cultivo y promoción de técnicas de captación de agua, entre otros.

n) La cooperación en la conservación y uso sostenible de la diversidad biológica marina en zonas más allá de los límites de la jurisdicción nacional, conforme al Derecho Internacional.

Comentario Artículo 97.- De los lineamientos para políticas sobre diversidad biológica:

La Ley General del Ambiente establece lineamientos para la política sobre diversidad biológica en el Perú. Estos lineamientos se enfocan en la conservación de la diversidad de ecosistemas, especies y genes, así como en el mantenimiento de los procesos ecológicos esenciales de los que depende la supervivencia de las especies. Es fundamental reconocer el rol estratégico de la diversidad biológica y de la diversidad cultural asociada a ella para el desarrollo sostenible.

Además, se enfatiza en la importancia de adoptar un enfoque ecosistémico en la planificación y gestión de la diversidad biológica y los recursos naturales. Es necesario reconocer los derechos soberanos del Perú como país de origen sobre sus recursos biológicos, incluyendo los genéticos y el reconocimiento del Perú como centro de diversificación de recursos genéticos y biológicos.

También se establecen medidas para prevenir el acceso ilegal a los recursos genéticos y su patentamiento, mediante la certificación de la legal procedencia del recurso genético y el consentimiento informado previo para todo acceso a recursos genéticos, biológicos y conocimiento tradicional del país. Asimismo, se incluyen mecanismos para la distribución de beneficios por el uso de los recursos genéticos y biológicos, en todo plan, programa, acción o proyecto relacionado con el acceso, aprovechamiento comercial o investigación de los recursos naturales o la diversidad biológica.

La protección de la diversidad cultural y del conocimiento tradicional es otro de los lineamientos importantes de la política sobre diversidad biológica. Además, se promueve la valorización de los servicios ambientales que presta la diversidad biológica y la promoción del uso de tecnologías y mayor conocimiento de los ciclos y procesos, a fin de implementar sistemas de alerta y prevención en caso de emergencia.

En cuanto a la gestión de la tierra, se promueven políticas encaminadas a mejorar su uso y se fomenta la inversión pública y privada en la conservación y el aprovechamiento sostenible de los ecosistemas frágiles. También se establecen planes integrados de explotación agrícola o de cuenca hidrográfica que prevean estrategias sustitutivas de cultivo y promoción de técnicas de captación de agua, entre otros.

La importancia de la cooperación en la conservación y uso sostenible de la diversidad biológica marina en zonas más allá de los límites de la jurisdicción nacional, conforme al Derecho Internacional.

La política sobre diversidad biológica establece lineamientos importantes para la conservación y uso sostenible de los recursos biológicos y genéticos del país, reconociendo la importancia de su conservación para el desarrollo sostenible y la protección del medio ambiente. Es fundamental que se promueva la implementación efectiva de estas medidas para garantizar la protección de la diversidad biológica y cultural del país, así como el uso sostenible de los recursos naturales.

Pasando a comentar los incisos:

a) La conservación de la diversidad de ecosistemas, especies y genes, así como el mantenimiento de los procesos ecológicos esenciales de los que depende la supervivencia de las especies: Este lineamiento es fundamental, ya que la conservación de la diversidad biológica es esencial para garantizar la supervivencia de las especies y de los ecosistemas en los que habitan. Es necesario mantener los procesos ecológicos esenciales para asegurar la continuidad de los ciclos biológicos y el equilibrio de los ecosistemas.

b) El rol estratégico de la diversidad biológica y de la diversidad cultural asociada a ella, para el desarrollo sostenible: La diversidad biológica y la diversidad cultural asociada a ella juegan un papel clave en el desarrollo sostenible, ya que son fuente de recursos naturales, conocimientos y tecnologías que pueden ser aprovechados de forma sostenible para el beneficio de las comunidades locales y la sociedad en general.

c) El enfoque ecosistémico en la planificación y gestión de la diversidad biológica y los recursos naturales: La adopción de un enfoque ecosistémico en la planificación y gestión de la diversidad biológica y los recursos naturales es esencial para garantizar su conservación y uso sostenible. Esto implica considerar a los ecosistemas como un todo, y no sólo a las especies individuales que los conforman.

d) El reconocimiento de los derechos soberanos del Perú como país de origen sobre sus recursos biológicos, incluyendo los genéticos: Es fundamental reconocer los derechos soberanos del Perú sobre sus recursos biológicos, ya que esto garantiza su protección y uso sostenible. Además, esto implica que cualquier acceso a estos recursos debe ser regulado y supervisado por las autoridades peruanas.

e) El reconocimiento del Perú como centro de diversificación de recursos genéticos y biológicos: El reconocimiento del Perú como centro de diversificación de recursos genéticos y biológicos es importante, ya que esto resalta la importancia de la conservación de su diversidad biológica y cultural. Además, esto puede ser aprovechado para promover el turismo y la investigación científica.

f) La prevención del acceso ilegal a los recursos genéticos y su patentamiento, mediante la certificación de la legal procedencia del recurso genético y el consentimiento informado previo para todo acceso a recursos genéticos, biológicos y conocimiento tradicional del país: La prevención del acceso ilegal a los recursos genéticos y su patentamiento es esencial para garantizar la protección de los recursos biológicos del país y la conservación de la diversidad biológica. La certificación de la legal procedencia del recurso genético y el consentimiento informado previo son medidas necesarias para garantizar que cualquier acceso a estos recursos sea regulado y supervisado por las autoridades peruanas.

g) La inclusión de mecanismos para la efectiva distribución de beneficios por el uso de los recursos genéticos y biológicos, en todo plan, programa, acción o proyecto relacionado con el acceso, aprovechamiento comercial o investigación de los recursos naturales o la diversidad biológica: La inclusión de mecanismos para la distribución de beneficios por el uso de los recursos genéticos y biológicos es esencial para garantizar que los beneficios económicos generados por su uso sean compartidos equitativamente entre las comunidades locales y la sociedad en general. Esto es especialmente importante en el caso de los conocimientos tradicionales asociados a estos recursos, ya que su uso comercial puede generar importantes beneficios económicos.

h) La protección de la diversidad cultural y del conocimiento tradicional: La protección de la diversidad cultural y del conocimiento tradicional es esencial para garantizar la continuidad de las prácticas y conocimientos ancestrales que han sido transmitidos de generación en generación. Además, esto puede ser una fuente importante de innovación y desarrollo sostenible.

i) La valorización de los servicios ambientales que presta la diversidad biológica: La valorización de los servicios ambientales que presta la diversidad biológica es importante para concienciar a la sociedad sobre la importancia de la conservación de la biodiversidad. Esto implica reconocer que los ecosistemas no sólo son importantes por sus recursos naturales, sino también por los servicios ambientales que prestan, como la regulación del clima, la purificación del agua y la protección contra desastres naturales.

j) La promoción del uso de tecnologías y un mayor conocimiento de los ciclos y procesos, a fin de implementar sistemas de alerta y prevención en caso de emergencia: La promoción del uso de tecnologías y un mayor conocimiento de los ciclos y procesos es esencial para implementar sistemas de alerta y prevención en caso de emergencia. Esto puede ayudar a reducir el impacto de desastres naturales y a prevenir la pérdida de vidas humanas y la degradación del medio ambiente.

k) La promoción de políticas encaminadas a mejorar el uso de la tierra: La promoción de políticas encaminadas a mejorar el uso de la tierra es esencial para garantizar la sostenibilidad de la agricultura y la ganadería. Esto implica fomentar prácticas agrícolas sostenibles y reducir el uso de agroquímicos que puedan contaminar el suelo y el agua.

l) El fomento de la inversión pública y privada en la conservación y el aprovechamiento sostenible de los ecosistemas frágiles: El fomento de la inversión pública y privada en la conservación y el aprovechamiento sostenible de los ecosistemas frágiles es importante para garantizar su protección y conservación a largo plazo. Esto puede ser una fuente importante de ingresos para las comunidades locales y contribuir al desarrollo sostenible.

m) La implementación de planes integrados de explotación agrícola o de cuenca hidrográfica que prevean estrategias sustitutivas de cultivo y promoción de técnicas de captación de agua, entre otros: La implementación de planes integrados de explotación agrícola o de cuenca hidrográfica es esencial para garantizar el uso sostenible de los recursos naturales. Esto implica promover prácticas agrícolas sostenibles y la conservación del agua, así como la promoción de técnicas de captación de agua para garantizar su disponibilidad a largo plazo.

n) La cooperación en la conservación y uso sostenible de la diversidad biológica marina en zonas más allá de los límites de la jurisdicción nacional, conforme al Derecho Internacional: La cooperación en la conservación y uso sostenible de la diversidad biológica marina en zonas más allá de los límites de la jurisdicción nacional es esencial para garantizar su protección y conservación a largo plazo. Esto implica trabajar con otros países y organismos internacionales para promover prácticas sostenibles de pesca y conservación de los ecosistemas marinos.

En Perú, la diversidad biológica es muy rica y variada debido a la existencia de varios ecosistemas, como la selva amazónica, los Andes y la costa del Pacífico. La biodiversidad del país incluye una gran variedad de especies de plantas y animales, muchas de las cuales son endémicas. Además, la diversidad cultural del país es igualmente rica, con numerosas comunidades indígenas y tradicionales que han desarrollado conocimientos y prácticas adaptadas a los ecosistemas en los que habitan.

En este contexto, el gobierno peruano ha implementado diversas políticas y programas para proteger y conservar la diversidad biológica del país. Uno de los instrumentos más importantes es la Ley de Diversidad Biológica, que establece medidas para la conservación y uso sostenible de la biodiversidad, así como para la protección de los conocimientos tradicionales asociados a ella.

Además, el país ha implementado una serie de políticas y programas para la valorización de los servicios ambientales que presta la diversidad biológica, como la promoción del ecoturismo y el pago por servicios ambientales. También se han promovido prácticas agrícolas sostenibles, como la agricultura orgánica y la agroforestería, y se han implementado planes integrados de cuenca hidrográfica para garantizar el uso sostenible del agua.

Uno de los mayores desafíos para la conservación de la biodiversidad en Perú es la expansión de la agricultura y la ganadería, que ha llevado a la deforestación y la degradación del suelo. Además, la explotación ilegal de recursos naturales, como la minería y la tala ilegal, sigue siendo un problema importante en el país.

En general, la protección y conservación de la diversidad biológica en Perú requiere de un enfoque integrado que tenga en cuenta tanto la conservación de los ecosistemas como el desarrollo sostenible y la valorización de los servicios ambientales. Además, es necesario trabajar de manera coordinada con las comunidades locales y los actores involucrados en la explotación de los recursos naturales para promover prácticas sostenibles y garantizar una distribución equitativa de los beneficios generados por su uso.

Fuente: Ministerio del Ambiente de Perú. (2021). Política nacional de diversidad biológica 2021-2030. https://www.cbd.int/development/doc/biodiversity-2030-agenda-technical-note-es.pdf

Ejemplo Artículo 97.- De los lineamientos para políticas sobre diversidad biológica:

En la región amazónica del país, se ha presentado un problema de deforestación y pérdida de biodiversidad debido a la actividad agropecuaria y la extracción de recursos naturales. En cumplimiento del artículo 97 de la Ley de Gestión Ambiental, la política sobre diversidad biológica se rige por los siguientes lineamientos:

a. La conservación de la diversidad de ecosistemas, especies y genes, así como el mantenimiento de los procesos ecológicos esenciales de los que depende la supervivencia de las especies. En este caso, se ha establecido un Plan de Conservación de la Biodiversidad que incluye medidas para la protección y restauración de los ecosistemas y especies amenazadas en la región amazónica.

b. El rol estratégico de la diversidad biológica y de la diversidad cultural asociada a ella, para el desarrollo sostenible. En este caso, se ha promovido la implementación de prácticas de agricultura sostenible y la valorización de los conocimientos y prácticas ancestrales de las comunidades locales.

c. El enfoque ecosistémico en la planificación y gestión de la diversidad biológica y los recursos naturales. En este caso, se ha establecido un enfoque de gestión integrada de los recursos naturales que considera la interacción entre los diferentes ecosistemas y especies de la región amazónica.

d. El reconocimiento de los derechos soberanos del Perú como país de origen sobre sus recursos biológicos, incluyendo los genéticos. En este caso, se ha establecido una normativa que regula el acceso a los recursos genéticos y establece el consentimiento informado previo para todo acceso a los mismos.

e. El reconocimiento del Perú como centro de diversificación de recursos genéticos y biológicos. En este caso, se ha promovido la valorización de los recursos genéticos y biológicos de la región amazónica y se ha fomentado la investigación científica en esta área.

f. La prevención del acceso ilegal a los recursos genéticos y su patentamiento, mediante la certificación de la legal procedencia del recurso genético y el consentimiento informado previo para todo acceso a recursos genéticos, biológicos y conocimiento tradicional del país. En este caso, se ha establecido un sistema de certificación y control para prevenir el acceso ilegal a los recursos genéticos y su patentamiento.

g. La inclusión de mecanismos para la efectiva distribución de beneficios por el uso de los recursos genéticos y biológicos, en todo plan, programa, acción o proyecto relacionado con el acceso, aprovechamiento comercial o investigación de los recursos naturales o la diversidad biológica. En este caso, se ha establecido un sistema de distribución de beneficios que busca compensar a las comunidades locales por el uso de sus recursos genéticos y biológicos.

h. La protección de la diversidad cultural y del conocimiento tradicional. En este caso, se ha promovido la valorización y respeto por la diversidad cultural y el conocimiento tradicional de las comunidades locales.

i. La valorización de los servicios ambientales que presta la diversidad biológica. En este caso, se ha establecido un sistema de pago por servicios ambientales que busca compensar a las comunidades locales por la protección y uso sostenible de los ecosistemas y especies de la región amazónica.

j. La promoción del uso de tecnologías y un mayor conocimiento de los ciclos y procesos, a fin de implementar sistemas de alerta y prevención en caso de emergencia. En este caso, se ha promovido la implementación de sistemas de monitoreo y alerta temprana para prevenir y controlar los incendios forestales y otros eventos naturales que puedan afectar la biodiversidad de la región amazónica.

k. La promoción de políticas encaminadas a mejorar el uso de la tierra. En este caso, se ha establecido una normativa que regula el uso de la tierra y promueve la implementación de prácticas de uso sostenible en la actividad agropecuaria y extractiva.

l. El fomento de la inversión pública y privada en la conservación y el aprovechamiento sostenible de los ecosistemas frágiles. En este caso, se ha establecido un sistema de incentivos para promover la inversión pública y privada en la conservación y el aprovechamiento sostenible de los ecosistemas frágiles de la región amazónica.

m. La implementación de planes integrados de explotación agrícola o de cuenca hidrográfica que prevean estrategias sustitutivas de cultivo y promoción de técnicas de captación de agua, entre otros. En este caso, se ha establecido un Plan de Manejo Integrado de Cuencas que incluye medidas para la gestión sostenible del agua y la promoción de prácticas agrícolas sostenibles.

n. La cooperación en la conservación y uso sostenible de la diversidad biológica marina en zonas más allá de los límites de la jurisdicción nacional, conforme al Derecho Internacional. En este caso, se ha promovido la cooperación internacional para la conservación y uso sostenible de la diversidad biológica marina en la región amazónica.

La aplicación de los lineamientos para políticas sobre diversidad biológica establecidos en el artículo 97 de la Ley de Gestión Ambiental en la región amazónica es un ejemplo práctico de cómo se puede promover la conservación y uso sostenible de la diversidad biológica y cultural de una región. Esperamos que más regiones en todo el país implementen políticas y medidas para la gestión sostenible de la diversidad biológica, promoviendo una gestión ambiental responsable y sostenible en todos los sectores económicos.

Artículo 98.- De la conservación de ecosistemas

La conservación de los ecosistemas se orienta a conservar los ciclos y procesos ecológicos, a prevenir procesos de su fragmentación por actividades antrópicas y a dictar medidas de recuperación y rehabilitación, dando prioridad a ecosistemas especiales o frágiles.

Comentario Artículo 98.- De la conservación de ecosistemas:

La Ley General del Ambiente establece el marco legal para la conservación de los ecosistemas en Perú. Esta ley reconoce la importancia de los ecosistemas y establece medidas para su protección y conservación, con el objetivo de garantizar la sostenibilidad del desarrollo del país y la protección de la biodiversidad.

En este sentido, la conservación de los ciclos y procesos ecológicos es esencial para garantizar el funcionamiento adecuado de los ecosistemas y la protección de la biodiversidad. Las actividades antrópicas, como la deforestación y la explotación de recursos naturales, pueden fragmentar los ecosistemas y afectar su capacidad para proporcionar servicios ambientales esenciales, como la regulación del clima y la calidad del agua.

Por lo tanto, es necesario dictar medidas de recuperación y rehabilitación para garantizar la restauración de los ecosistemas degradados y la recuperación de su biodiversidad. Es importante dar prioridad a los ecosistemas especiales o frágiles, como los bosques tropicales y los humedales, que son esenciales para la conservación de la biodiversidad y la provisión de servicios ambientales.

En general, la conservación de los ecosistemas es esencial para garantizar la sostenibilidad del desarrollo en Perú y la protección de la biodiversidad. La implementación efectiva de la Ley General del Ambiente, junto con la participación activa de las comunidades locales, es esencial para lograr este objetivo. Además, es necesario abordar los desafíos ambientales actuales, como la deforestación y la explotación ilegal de recursos naturales, a través de medidas adecuadas y efectivas que promuevan prácticas sostenibles y la protección de los ecosistemas.

La conservación de los ecosistemas es un tema crucial en Perú y en todo el mundo. La implementación efectiva de la Ley General del Ambiente, junto con medidas adecuadas y efectivas para abordar los desafíos ambientales, es esencial para garantizar la sostenibilidad del desarrollo y la protección de la biodiversidad en el país.

Los ecosistemas son comunidades de organismos en interacción con el medio ambiente. Se trata de sistemas dinámicos en los que se produce un intercambio de materia y energía entre los organismos y entre estos y el ambiente.

Los ecosistemas pueden ser de diferentes escalas, desde unos pocos metros cuadrados hasta extensas regiones. Y están formados por cuatro componentes fundamentales:

Cuadro N° 1: Principales ecosistemas en Perú

Ecosistema	Amenazas antrópicas	Descripción
Bosques Tropicales	Tala y quema de bosques para la agricultura y ganadería, minería ilegal, caza y pesca no sostenible	Los bosques tropicales peruanos albergan una gran biodiversidad y son el hogar de especies únicas como el jaguar, el oso hormiguero y el mono aullador. Estos bosques también son importantes para el clima global, ya que almacenan grandes cantidades de carbono.
Humedales	Contaminación de aguas superficiales y subterráneas, construcción de represas y canales, extracción de recursos naturales, pesca y caza no sostenible	Los humedales peruanos son áreas de tierra inundada de agua dulce o salada que son esenciales para la biodiversidad y el ciclo del agua. Albergan especies de aves, peces, reptiles y mamíferos, y también son importantes para la regulación del clima.
Costa y mar	Contaminación marina y costera, pesca y caza no sostenible, extracción de recursos marinos, construcción costera	La costa peruana y sus mares son ricos en recursos naturales como el pescado, los mariscos y el petróleo. Sin embargo, también enfrentan amenazas como la sobrepesca, la contaminación y la pérdida de hábitat debido a la construcción costera.
Montañas	Minería a gran escala, turismo no sostenible, cambio climático, sobrepastoreo	Las montañas peruanas albergan una rica biodiversidad y son el hogar de especies como la vicuña, el puma y la taruca. También son importantes para el suministro de agua y la regulación del clima. Sin embargo, la minería a gran escala y el turismo no sostenible pueden causar daños significativos en estos ecosistemas.

Fuente: Autor.

Ejemplo Artículo 98.- De la conservación de ecosistemas:

Ejemplo de posible aplicación para el artículo 98 de la Ley General del Ambiente N° 28611 establece la importancia de la conservación de los ecosistemas, con el objetivo de preservar los ciclos y procesos ecológicos, prevenir la fragmentación de los ecosistemas por actividades humanas y dictar medidas de recuperación y rehabilitación, dando prioridad a ecosistemas especiales o frágiles. A continuación, se presenta un ejemplo de aplicación:

En la región amazónica de Madre de Dios, se ha llevado a cabo un proyecto de conservación de los bosques tropicales, en el marco de la estrategia de conservación de la biodiversidad del Estado. El proyecto ha sido financiado por el Ministerio del Ambiente y ha contado con la participación de diversas organizaciones y comunidades locales.

El proyecto de conservación de los bosques tropicales ha tenido como objetivo preservar los ciclos y procesos ecológicos de los bosques, prevenir la fragmentación de los ecosistemas por actividades antrópicas como la minería ilegal y dictar medidas de recuperación y rehabilitación de áreas degradadas por la actividad minera.

En cumplimiento del artículo 98 de la Ley General del Ambiente N° 28611, el proyecto ha dado prioridad a la conservación de los bosques tropicales especiales y frágiles, como los bosques de colinas y los bosques de tierras bajas.

La implementación del proyecto ha permitido la recuperación de áreas degradadas por la minería ilegal y ha contribuido a la conservación de la biodiversidad amazónica, así como a la mejora de la calidad de vida de las comunidades locales.

La aplicación del artículo 98 de la Ley General del Ambiente N° 28611 en la región amazónica de Madre de Dios es un ejemplo práctico de cómo la conservación de los ecosistemas puede orientarse a preservar los ciclos y procesos ecológicos, prevenir la fragmentación de los ecosistemas por actividades antrópicas y dictar medidas de recuperación y rehabilitación, dando prioridad a ecosistemas especiales o frágiles. Esperamos que estos ejemplos inspiren a más autoridades y comunidades a promover la conservación de los ecosistemas en el país.

Artículo 99.- De los ecosistemas frágiles

99.1 En el ejercicio de sus funciones, las autoridades públicas adoptan medidas de protección especial para los ecosistemas frágiles, tomando en cuenta sus características y recursos singulares; y su relación con condiciones climáticas especiales y con los desastres naturales.

99.2 Los ecosistemas frágiles comprenden, entre otros, desiertos, tierras semiáridas, montañas, pantanos, bofedales, bahías, islas pequeñas, humedales, lagunas alto andinas, lomas costeras, bosques de neblina y bosques relicto.

99.3 El Estado reconoce la importancia de los humedales como hábitat de especies de flora y fauna, en particular de aves migratorias, priorizando su conservación en relación con otros usos.

Comentario Artículo 99.- De los ecosistemas frágiles:

Inciso 99.1: En el ejercicio de sus funciones, las autoridades públicas adoptan medidas de protección especial para los ecosistemas frágiles, tomando en cuenta sus características y recursos singulares; y su relación con condiciones climáticas extremas y desastres naturales. Estos ecosistemas frágiles son muy vulnerables a los cambios y perturbaciones, por lo que se necesitan salvaguardias específicas para preservarlos. Las autoridades deben evaluar cuidadosamente los riesgos para estos ecosistemas de las actividades humanas y poner controles para minimizar los daños.

Inciso 99.2: Los ecosistemas frágiles incluyen, entre otros, desiertos, tierras semiáridas, montañas, pantanos, turberas, bahías, islas pequeñas, humedales, lagunas altoandinas, lomas costeras, bosques de neblina y bosques relictos. Estos ecosistemas son delicados y sensibles a las perturbaciones, por lo que requieren medidas de protección. Por ejemplo, los humedales son hábitats críticos para muchas especies de plantas y animales, incluidas las aves migratorias, por lo que deben priorizarse para la conservación sobre otros usos potenciales de la tierra que podrían degradar o destruir el ecosistema.

Inciso 99.3: El Estado reconoce la importancia de los humedales como hábitats de especies de flora y fauna, en particular de aves migratorias, dándoles prioridad de conservación sobre otros usos de la tierra. Los humedales proporcionan servicios ecosistémicos esenciales, por lo que deben protegerse de actividades perjudiciales. La conservación de los humedales es vital para mantener la biodiversidad y la salud del medio ambiente. El Estado debe trabajar para establecer y hacer cumplir las protecciones para los humedales contra actividades que podrían dañar estos ecosistemas frágiles y críticos.

Los ecosistemas frágiles son aquellos que se caracterizan por ser muy sensibles a las alteraciones y cambios que puedan sufrir. En el Perú, existen varios ecosistemas que presentan estas características y que están siendo amenazados por diversas actividades antrópicas.

Cuadro N° 2: Ecosistemas frágiles

Ecosistema	Amenazas antrópicas	Descripción
Bosques tropicales	Tala ilegal, minería, agricultura intensiva	Los bosques tropicales son ecosistemas que albergan una gran diversidad de flora y fauna, así como importantes reservas de carbono. Sin embargo, la tala ilegal de árboles, la minería y la agricultura intensiva están degradando estos ecosistemas y poniendo en riesgo la biodiversidad que albergan.
Humedales	Contaminación, urbanización, cambio climático	Los humedales son ecosistemas que se caracterizan por su alta biodiversidad y por ser importantes reguladores del clima y del ciclo del agua. Sin embargo, la contaminación, la urbanización y el cambio climático están afectando estos ecosistemas y poniendo en riesgo la supervivencia de las especies que los habitan.
Manglares	Deforestación, contaminación, acuicultura intensiva	Los manglares son ecosistemas costeros que se caracterizan por su alta productividad y por ser importantes reguladores del clima y del ciclo del agua. Sin embargo, la deforestación, la contaminación y la acuicultura intensiva están dañando estos ecosistemas y poniendo en riesgo la biodiversidad que albergan.

Fuente: Autor.

Perú contiene una diversidad de ecosistemas frágiles que se encuentran bajo amenaza debido a las actividades humanas. Un ecosistema particularmente frágil pero valioso ecológicamente en Perú es la puna, un ecosistema de pastizales de alta montaña en los Andes. La puna es sensible a los cambios en el uso de la tierra, como la conversión a la agricultura o la minería, lo que puede degradar el ecosistema y reducir el hábitat disponible para especies nativas como la vicuña que se encuentran solo en la puna. Sin embargo, la puna se enfrenta a la presión de estos tipos de cambios en el uso de la tierra a medida que crece la población humana en los Andes y demanda más recursos de la tierra.

Para proteger la puna y otros ecosistemas frágiles en Perú, se necesitan con urgencia mayores esfuerzos de conservación. El gobierno peruano debe trabajar para establecer más áreas protegidas con estrictos controles sobre el uso de la tierra para evitar la degradación de ecosistemas frágiles. Para ecosistemas como la puna que se extienden por grandes regiones remotas, proteger los corredores de hábitat y controlar el acceso es un desafío, pero crucial para la supervivencia a largo plazo de las especies nativas. El reconocimiento internacional del valor ecológico de los ecosistemas frágiles en Perú también puede ayudar a impulsar políticas de conservación más robustas y fondos para apoyarlas. Con las crecientes amenazas, la conservación de la diversa pero frágil ecología de Perú requiere un enfoque proactivo para evitar perder estos únicos y ecológicamente importantes entornos.

Ejemplo Artículo 99.- De los ecosistemas frágiles:

El artículo 99 de la Ley General del Ambiente N° 28611 establece la importancia de la protección especial de los ecosistemas frágiles, tomando en cuenta sus características y recursos singulares, su relación con condiciones climáticas especiales y con los desastres naturales. Además, el artículo reconoce la importancia de los humedales como hábitat de especies de flora y fauna, en particular de aves migratorias, priorizando su conservación en relación con otros usos. A continuación, se presenta un ejemplo de aplicación considerando cada uno de los incisos:

En la región de Puno, se lleva a cabo un proyecto de conservación de los bofedales, ecosistema frágil que se encuentra en los Andes peruanos y que es considerado uno de los humedales más importantes del mundo. El proyecto es financiado por el Ministerio del Ambiente y cuenta con la participación de diversas organizaciones y comunidades locales.

En cumplimiento del inciso 99.1 del artículo 99 de la Ley General del Ambiente N° 28611, las autoridades públicas han adoptado medidas de protección especial para los bofedales, tomando en cuenta sus características y recursos singulares, así como su relación con las condiciones climáticas especiales de la zona y su vulnerabilidad frente a los desastres naturales.

En cumplimiento del inciso 99.2 del artículo 99 de la Ley General del Ambiente N° 28611, los bofedales son considerados un ecosistema frágil y se encuentran protegidos por el Estado, junto con otros ecosistemas como los bosques de neblina y los humedales.

En cumplimiento del inciso 99.3 del artículo 99 de la Ley General del Ambiente N° 28611, el proyecto de conservación de los bofedales ha priorizado su conservación como hábitat de especies de flora y fauna, en particular de aves migratorias, por encima de otros usos como la extracción de recursos naturales o la expansión agrícola.

La implementación del proyecto ha permitido la conservación de los bofedales y su biodiversidad, así como la mejora de las condiciones de vida de las comunidades locales que dependen de ellos para su subsistencia.

La aplicación del artículo 99 de la Ley General del Ambiente N° 28611 en la región de Puno es un ejemplo práctico de cómo la protección de los ecosistemas frágiles puede ser llevada a cabo por las autoridades públicas, tomando en cuenta sus características y recursos singulares, su relación con las condiciones climáticas especiales y su vulnerabilidad frente a los desastres naturales. Además, el ejemplo demuestra la importancia de la conservación de los humedales como hábitat de especies de flora y fauna, en particular de aves migratorias, priorizándola en relación con otros usos. Esperamos que estos ejemplos inspiren a más autoridades y comunidades a promover la protección de los ecosistemas frágiles en el país.

Artículo 100.- De los ecosistemas de montaña

El Estado protege los ecosistemas de montaña y promueve su aprovechamiento sostenible. En el ejercicio de sus funciones, las autoridades públicas adoptan medidas para:

a) Promover el aprovechamiento de la diversidad biológica, el ordenamiento territorial y la organización social.

b) Promover el desarrollo de corredores ecológicos que integren las potencialidades de las diferentes vertientes de las montañas, aprovechando las oportunidades que brindan los conocimientos tradicionales de sus pobladores.

c) Estimular la investigación de las relaciones costo-beneficio y la sostenibilidad económica, social y ambiental de las diferentes actividades productivas en las zonas de montañas.

d) Fomentar sistemas educativos adaptados a las condiciones de vida específicas en las montañas.

e) Facilitar y estimular el acceso a la información y al conocimiento, articulando adecuadamente conocimientos y tecnologías tradicionales con conocimientos y tecnologías modernas.

Comentario Artículo 100.- De los ecosistemas de montaña:

a) Para proteger la biodiversidad de los ecosistemas de montaña, las autoridades deben apoyar el uso sostenible de los recursos biológicos locales basado en conocimientos tradicionales. Al reconocer y respaldar a las comunidades indígenas y locales, y al incorporar su conocimiento en la planificación del uso de la tierra, se pueden guiar usos sostenibles de los recursos que protejan la biodiversidad. La planificación territorial también debe minimizar el impacto de las actividades humanas en hábitats delicados de montaña y crear protecciones para especies y ecosistemas en riesgo.

b) Los corredores ecológicos que conectan diferentes partes de los ecosistemas son cruciales para proteger la biodiversidad. Permiten que las especies se muevan a través del paisaje para dispersarse, migrar y adaptarse al cambio climático. Al desarrollar estos corredores ecológicos y apoyar usos tradicionales de la tierra a lo largo de ellos, se protege la biodiversidad del ecosistema, siempre que los usos tradicionales sean sostenibles. El conocimiento local de las comunidades que viven en estas regiones es vital para diseñar corredores eficaces que protejan hábitats importantes.

c) La investigación sobre las relaciones costo-beneficio y la sostenibilidad de las actividades en las zonas de montaña debe considerar los impactos ambientales, no solo los económicos y sociales. Esto podría incluir evaluaciones del impacto de diferentes industrias y usos de la tierra en la biodiversidad, los servicios ecosistémicos y la integridad ecológica del ecosistema de montaña. La investigación debe informar las decisiones sobre cómo minimizar los impactos negativos y maximizar los beneficios positivos de las actividades para las personas y el medio ambiente.

d) Los sistemas educativos en las montañas deben enseñar a las generaciones futuras el valor de los ecosistemas de montaña y cómo protegerlos. Esto incluye la transmisión del conocimiento tradicional sobre el uso sostenible de los recursos naturales, así como la educación en temas científicos relacionados con los procesos ecológicos, el cambio climático y la conservación de la biodiversidad. Preparar a las comunidades locales para la gestión ambiental y el monitoreo contribuye a la protección a largo plazo de los ecosistemas de montaña.

e) El acceso a la información y al conocimiento, tanto tradicional como científico, es fundamental para la protección de los ecosistemas de montaña. Vincular los sistemas de conocimiento permite utilizar el conocimiento tradicional y la ciencia para comprender los ecosistemas de montaña y las mejores maneras de protegerlos. Al compartir esta información con las comunidades locales y proporcionar acceso a ella, se habilita la toma de decisiones informadas sobre uso de recursos y conservación. Esto es especialmente importante para las comunidades indígenas que dependen de estos ecosistemas y tienen derechos sobre las tierras y recursos.

Ejemplo Artículo 100.- De los ecosistemas de montaña:

En la región andina del país, se ha identificado la necesidad de proteger y promover el aprovechamiento sostenible de los ecosistemas de montaña. En cumplimiento del artículo 100 de la Ley de Gestión Ambiental, el Estado adopta medidas para:

a. Promover el aprovechamiento de la diversidad biológica, el ordenamiento territorial y la organización social. En este caso, se ha establecido un Plan de Ordenamiento Territorial que busca regular las actividades productivas y promover el aprovechamiento sostenible de los recursos naturales de la región andina.

b. Promover el desarrollo de corredores ecológicos que integren las potencialidades de las diferentes vertientes de las montañas, aprovechando las oportunidades que brindan los conocimientos tradicionales de sus pobladores. En este caso, se ha promovido el desarrollo de corredores ecológicos que permitan la conectividad entre los diferentes ecosistemas de montaña y se ha valorizado el conocimiento tradicional de las comunidades locales en la gestión de los recursos naturales.

c. Estimular la investigación de las relaciones costo-beneficio y la sostenibilidad económica, social y ambiental de las diferentes actividades productivas en las zonas de montañas. En este caso, se ha promovido la investigación para evaluar la sostenibilidad económica, social y ambiental de las actividades productivas en la región andina y se ha establecido un sistema de monitoreo y evaluación para garantizar la sostenibilidad de estas actividades.

d. Fomentar sistemas educativos adaptados a las condiciones de vida específicas en las montañas. En este caso, se ha establecido un sistema educativo adaptado a las condiciones de vida de las comunidades locales de la región andina, que promueve la valorización de los conocimientos y prácticas tradicionales y la formación en habilidades y conocimientos modernos para el desarrollo sostenible de la región.

e. Facilitar y estimular el acceso a la información y al conocimiento, articulando adecuadamente conocimientos y tecnologías tradicionales con conocimientos y tecnologías modernas. En este caso, se ha promovido el acceso a la información y el conocimiento en la región andina a través de la implementación de sistemas de comunicación y tecnologías de información, y se ha valorizado el conocimiento tradicional de las comunidades locales en la gestión de los recursos naturales.

La aplicación de las medidas establecidas en el artículo 100 de la Ley de Gestión Ambiental en la región andina es un ejemplo práctico de cómo se puede promover la protección y aprovechamiento sostenible de los ecosistemas de montaña. Esperamos que más regiones en todo el país adopten políticas y medidas para la gestión sostenible de los ecosistemas de montaña, promoviendo una gestión ambiental responsable y sostenible en todos los sectores económicos.

Artículo 101.- De los ecosistemas marinos y costeros

101.1 El Estado promueve la conservación de los ecosistemas marinos y costeros, como espacios proveedores de recursos naturales, fuente de diversidad biológica marina y de servicios ambientales de importancia nacional, regional y local.

101.2 El Estado, respecto de las zonas marinas y costeras, es responsable de:

a) Normar el ordenamiento territorial de las zonas marinas y costeras, como base para el aprovechamiento sostenible de estas zonas y sus recursos.
b) Promover el establecimiento de áreas naturales protegidas con alto potencial de diversidad biológica y servicios ambientales para la población.
c) Normar el desarrollo de planes y programas orientados a prevenir y proteger los ambientes marino y costeros, a prevenir o controlar el impacto negativo que generan acciones como la descarga de efluentes que afectan el mar y las zonas costeras adyacentes.
d) Regular la extracción comercial de recursos marinos y costeros productivos, considerando el control y mitigación de impactos ambientales.
e) Regular el adecuado uso de las playas, promoviendo su buen mantenimiento.
f) Velar por que se mantengan y difundan las condiciones naturales que permiten el desarrollo de actividades deportivas, recreativas y de ecoturismo.

101.3 El Estado y el sector privado promueven el desarrollo de investigación científica y tecnológica, orientadas a la conservación y aprovechamiento sostenible de los recursos marinos y costeros.

Comentario Artículo 101.- De los ecosistemas marinos y costeros:

El estado tiene la misión de cautelar sobre los ecosistemas marinos y costeros.

a) El Estado debe regular la planificación territorial de las zonas marinas y costeras como base para el uso sostenible de estas zonas y sus recursos. La planificación territorial debe tener como objetivo minimizar los impactos negativos en la biodiversidad y los ecosistemas de las actividades humanas como el desarrollo costero, mientras permite actividades industriales sostenibles que dependen del mar, como la pesca. Las regulaciones deben proteger los hábitats importantes y establecer límites a las actividades que podrían degradar estos ecosistemas.

b) El Estado debe promover el establecimiento de áreas naturales protegidas con alta diversidad biológica y servicios ambientales para la población. Las áreas marinas protegidas pueden proteger los hábitats y las especies, mantener los procesos ecológicos y apoyar pesquerías sostenibles y el turismo. La protección de una gama de ecosistemas costeros y marinos puede salvaguardar la biodiversidad y los beneficios que los ecosistemas proporcionan a las personas. Sin embargo, las áreas protegidas deben incorporar el conocimiento local y buscar las aportaciones de la comunidad para ser efectivas y equitativas.

c) El Estado debe regular el desarrollo de planes y programas destinados a prevenir y proteger los ambientes marino y costero, y prevenir o controlar los impactos negativos de acciones como la descarga de efluentes que afectan al mar y las zonas costeras adyacentes. La gestión de la contaminación y la limitación de la degradación de las aguas costeras es fundamental para la salud de los ecosistemas marinos y de quienes dependen de ellos. Los planes y políticas deben informarse con la investigación sobre los efectos de diferentes tipos de contaminación y daños ambientales para elaborar soluciones específicas.

d) El Estado debe regular la extracción comercial de recursos marinos y costeros productivos, considerando el control y la mitigación de impactos ambientales. La gestión de las pesquerías y otros usos de recursos debe basarse en la ecología de las especies y ecosistemas involucrados para ser sostenible. Las regulaciones deben tener en cuenta los impactos de la extracción de recursos en las poblaciones de peces y otros organismos, los hábitats y la biodiversidad, e implementar medidas para minimizar cualquier impacto negativo.

e) El Estado debe regular el uso adecuado de las playas, promoviendo su buen mantenimiento. Las playas son ecosistemas dinámicos que proporcionan numerosos beneficios ambientales y sociales. Las regulaciones y la planificación del uso de las playas deben proteger la integridad ecológica de los ecosistemas de playa, al tiempo que permiten las actividades recreativas y el desarrollo costero sostenible. El mantenimiento y la restauración de las playas también pueden ser necesarios en áreas degradadas.

f) El Estado debe velar por que se mantengan y difundan las condiciones naturales que permiten el desarrollo de actividades deportivas, recreativas y de ecoturismo. Las actividades humanas en las zonas costeras deben planificarse y regularse de manera que protejan las condiciones ambientales necesarias para que estos usos sean viables y sostenibles a largo plazo. La conservación de biodiversidad, hábitats y procesos ecológicos es fundamental para muchas actividades recreativas y la industria del ecoturismo, por lo que proteger el medio ambiente también protege la economía en estas regiones.

El Estado y el sector privado deben promover el desarrollo de investigación científica y tecnológica orientadas a la conservación y el uso sostenible de los recursos marinos y costeros. La investigación, la monitorización ambiental y la recolección de datos científicos son necesarias para comprender y gestionar los ecosistemas marinos y costeros. El Estado y las organizaciones privadas deben asignar fondos a la investigación que complete los vacíos de conocimiento y evalúe la efectividad de las protecciones y planes de gestión para las zonas marinas y costeras.

Ejemplo Artículo 101.- De los ecosistemas marinos y costeros:

Para este caso recurro a un ejemplo de la costa del país, se ha identificado la necesidad de promover la conservación de los ecosistemas marinos y costeros y su aprovechamiento sostenible. En cumplimiento del artículo 101 de la Ley de Gestión Ambiental, el Estado adopta medidas para:

Inciso 101.1. El Estado promueve la conservación de los ecosistemas marinos y costeros, como espacios proveedores de recursos naturales, fuente de diversidad biológica marina y de servicios ambientales de importancia nacional, regional y local. En este caso, se ha establecido un programa de conservación y aprovechamiento sostenible de los recursos marinos y costeros, que promueve la valorización de los recursos naturales y la conservación de la biodiversidad marina y costera.

Inciso 101.2. El Estado, respecto de las zonas marinas y costeras, es responsable de:

a) Normar el ordenamiento territorial de las zonas marinas y costeras, como base para el aprovechamiento sostenible de estas zonas y sus recursos. En este caso, se ha establecido un Plan de Ordenamiento Territorial que busca regular las actividades productivas y promover el aprovechamiento sostenible de los recursos naturales de la costa.

b) Promover el establecimiento de áreas naturales protegidas con alto potencial de diversidad biológica y servicios ambientales para la población. En este caso, se ha establecido una reserva marina que protege la zona de mayor diversidad biológica y servicios ambientales de la costa.

c) Normar el desarrollo de planes y programas orientados a prevenir y proteger los ambientes marino y costeros, a prevenir o controlar el impacto negativo que generan acciones como la descarga de efluentes que afectan el mar y las zonas costeras adyacentes. En este caso, se ha establecido un programa de monitoreo y control de la calidad del agua en la costa que busca prevenir la contaminación y proteger los ambientes marino y costeros.

d) Regular la extracción comercial de recursos marinos y costeros productivos, considerando el control y mitigación de impactos ambientales. En este caso, se ha establecido un sistema de control y monitoreo de la extracción de recursos marinos y costeros que busca garantizar su aprovechamiento sostenible y la mitigación de impactos ambientales.

e) Regular el adecuado uso de las playas, promoviendo su buen mantenimiento. En este caso, se ha establecido un programa de gestión de playas que promueve el mantenimiento y la conservación de estas zonas y su uso adecuado.

f) Velar por que se mantengan y difundan las condiciones naturales que permiten el desarrollo de actividades deportivas, recreativas y de ecoturismo. En este caso, se ha promovido el desarrollo sostenible del ecoturismo en la costa, valorizando las condiciones naturales y culturales de la zona y promoviendo la conservación de los recursos naturales y la biodiversidad marina y costera.

Inciso 101.3. El Estado y el sector privado promueven el desarrollo de investigación científica y tecnológica, orientadas a la conservación y aprovechamiento sostenible de los recursos marinos y costeros. En este caso, se ha promovido la investigación científica y tecnológica para la conservación y aprovechamiento sostenible de los recursos marinos y costeros, estableciendo programas de investigación y desarrollo tecnológico que permiten la valorización de los recursos naturales y la conservación de la biodiversidad marina y costera.

La aplicación de las medidas establecidas en el artículo 101 de la Ley de Gestión Ambiental en la costa del país es un ejemplo práctico de cómo se puede promover la conservación y aprovechamiento sostenible de los ecosistemas marinos y costeros. Esperamos que más regiones en todo el país adopten políticas y medidas para la gestión sostenible de los recursos marinos y costeros, promoviendo una gestión ambiental responsable y sostenible en todos los sectores económicos.

Artículo 102.- De la conservación de las especies

La política de conservación de las especies implica la necesidad de establecer condiciones mínimas de supervivencia de las mismas, la recuperación de poblaciones y el cuidado y evaluaciones por el ingreso y dispersión de especies exóticas.

Comentario Artículo 102.- De la conservación de las especies:

La Ley General del Ambiente en el Perú establece la política ambiental del país, con el objetivo de promover el desarrollo sostenible y la conservación del medio ambiente y los recursos naturales. En este sentido, uno de los temas más relevantes es la conservación de las especies, que implica establecer condiciones mínimas de supervivencia, recuperación de poblaciones y cuidado y evaluación del ingreso y dispersión de especies exóticas.

En primer lugar, es importante destacar que la conservación de las especies es fundamental para el equilibrio ecológico y el bienestar de la sociedad. La Ley General del Ambiente establece que la política de conservación de las especies debe tener en cuenta la necesidad de establecer condiciones mínimas de supervivencia de las mismas, lo que implica proteger su hábitat natural, evitar la sobreexplotación y el comercio ilegal de especies, y promover la educación y la concientización sobre la importancia de la conservación.

En segundo lugar, la recuperación de poblaciones es otro aspecto clave de la conservación de las especies. En muchos casos, las poblaciones de especies se han visto disminuidas o incluso exterminadas debido a la actividad humana, como la deforestación, la contaminación y la caza y pesca ilegal. En este sentido, la Ley General del Ambiente establece la necesidad de implementar medidas de restauración y recuperación de las poblaciones de especies en peligro de extinción, a través de la rehabilitación de su hábitat natural y la protección de sus áreas de alimentación y reproducción.

En conclusión, el cuidado y evaluación del ingreso y dispersión de especies exóticas es otro aspecto relevante de la política de conservación de las especies. La introducción de especies exóticas puede tener un impacto negativo en el equilibrio ecológico y la biodiversidad, ya que pueden competir con las especies autóctonas, transmitir enfermedades y alterar los procesos naturales. En este sentido, la Ley General del Ambiente establece la necesidad de evaluar y controlar el ingreso y dispersión de especies exóticas, a través de medidas de vigilancia y monitoreo, la implementación de programas de erradicación y control, y la promoción de la educación y la concientización sobre el impacto de estas especies.

La conservación de las especies es un tema fundamental en la política ambiental del Perú, y su protección implica establecer condiciones mínimas de supervivencia, recuperación de poblaciones y cuidado y evaluación del ingreso y dispersión de especies exóticas. La implementación de medidas de protección y recuperación de las especies, así como la promoción de la educación y la concientización sobre su importancia, son esenciales para lograr un desarrollo sostenible y la conservación del medio ambiente y los recursos naturales.

Ejemplo Artículo 102.- De la conservación de las especies:

En el Perú, la conservación de las especies es un tema crucial debido a la gran biodiversidad del país y su importancia ecológica y cultural. Sin embargo, la actividad humana, como la deforestación, la minería ilegal y la caza y pesca ilegal, ha tenido un impacto negativo en las poblaciones de especies y sus hábitats naturales.

Para abordar estas amenazas, el Estado peruano ha implementado una serie de medidas y programas de conservación de las especies. Uno de ellos es el Sistema Nacional de Áreas Naturales Protegidas por el Estado (SINANPE), que incluye una red de áreas protegidas en todo el país, desde la selva amazónica hasta los Andes y la costa. Estas áreas protegidas tienen como objetivo proteger la biodiversidad y los ecosistemas del país, y proporcionan hábitats seguros para muchas especies en peligro de extinción.

Otro programa importante es el Programa de Repoblamiento de la Taruca, que tiene como objetivo aumentar la población de tarucas, un ciervo andino en peligro de extinción, en la región de Cusco. El programa incluye la cría en cautiverio de tarucas jóvenes y su liberación en áreas protegidas, así como la protección de su hábitat natural y la promoción de la educación y la concientización sobre su conservación.

Además, el Estado peruano ha implementado medidas para controlar y prevenir la introducción de especies exóticas que pueden tener un impacto negativo en la biodiversidad del país. Por ejemplo, se han establecido controles en los puertos y aeropuertos para detectar y evitar la entrada de especies invasoras, y se han implementado programas de erradicación y control de especies invasoras ya presentes en el país.

En mi opinión, la conservación de las especies es un tema crucial para el desarrollo sostenible del Perú y el bienestar de la sociedad. La biodiversidad es un recurso valioso que proporciona beneficios ecosistémicos y económicos, y su protección es esencial para garantizar la sostenibilidad a largo plazo del país. Por lo tanto, es importante que se sigan implementando medidas y programas de conservación en todo el país, con el fin de proteger y recuperar las poblaciones de especies en peligro de extinción, promover la biodiversidad y el desarrollo sostenible, y prevenir la introducción de especies exóticas que puedan tener un impacto negativo en el equilibrio ecológico del país.

La conservación de las especies es un tema prioritario en la política ambiental del Perú, y se han implementado una serie de medidas y programas de conservación en todo el país para proteger y recuperar las poblaciones de especies en peligro de extinción y promover la biodiversidad y el desarrollo sostenible. Es importante seguir trabajando en la conservación de las especies para garantizar el bienestar de la sociedad y la protección del medio ambiente y los recursos naturales.

Artículo 103.- De los recursos genéticos

Para el acceso a los recursos genéticos del país se debe contar con el certificado de procedencia del material a acceder y un reconocimiento de los derechos de las comunidades de donde se obtuvo el conocimiento tradicional, conforme a los procedimientos y condiciones que establece la ley.

Comentario Artículo 103.- De los recursos genéticos:

El artículo 103 de la Ley General del Ambiente del Perú establece la necesidad de contar con un certificado de procedencia del material a acceder y un reconocimiento de los derechos de las comunidades de donde se obtuvo el conocimiento tradicional, para el acceso a los recursos genéticos del país. Esto se debe hacer conforme a los procedimientos y condiciones que establece la ley.

La biodiversidad del Perú es de gran importancia para la humanidad, ya que alberga una gran cantidad de especies y ecosistemas únicos en el mundo. Los recursos genéticos, que se encuentran en la diversidad biológica, son esenciales para la investigación científica y el desarrollo de nuevas tecnologías, así como para la alimentación, la medicina y la agricultura. Sin embargo, el acceso a estos recursos debe hacerse de manera responsable y sostenible, respetando los derechos de las comunidades y los conocimientos tradicionales asociados a ellos.

En este sentido, el acceso a los recursos genéticos del Perú requiere del cumplimiento de ciertos requisitos legales. Para acceder a estos recursos, es necesario contar con un certificado de procedencia del material a acceder, que permita identificar el origen geográfico y biológico del recurso en cuestión. Además, se debe reconocer los derechos de las comunidades de donde se obtuvo el conocimiento tradicional asociado al recurso genético, de acuerdo a los procedimientos y condiciones establecidos en la ley.

La protección y conservación de los recursos genéticos es un tema crucial para el desarrollo sostenible del Perú y la protección de la biodiversidad del país. Es importante que el acceso a estos recursos se realice de manera responsable y sostenible, respetando los derechos de las comunidades y los conocimientos tradicionales asociados a ellos. De esta manera, se puede garantizar la conservación de la biodiversidad y el uso sostenible de los recursos genéticos para el beneficio de la sociedad.

El artículo 103 de la Ley General del Ambiente del Perú establece la necesidad de contar con un certificado de procedencia del material a acceder y un reconocimiento de los derechos de las comunidades de donde se obtuvo el conocimiento tradicional, para el acceso a los recursos genéticos del país. Esto es esencial para garantizar la protección y conservación de la biodiversidad y el uso sostenible de los recursos genéticos para el beneficio de la sociedad.

Ejemplo Artículo 103.- De los recursos genéticos:

Supongamos que una empresa de biotecnología está interesada en acceder a los recursos genéticos de un área protegida en la selva amazónica del Perú. Para hacerlo, la empresa debe obtener un certificado de procedencia del material a acceder, que permita identificar el origen geográfico y biológico del recurso en cuestión. Este certificado debe ser emitido por la autoridad competente, que en este caso sería el Servicio Nacional de Áreas Naturales Protegidas por el Estado (SERNANP).

Además, la empresa debe reconocer los derechos de las comunidades de donde se obtuvo el conocimiento tradicional asociado al recurso genético. Para ello, debe seguir los procedimientos y condiciones establecidos por la ley, que incluyen la consulta previa, libre e informada con las comunidades involucradas y la negociación de acuerdos de acceso y distribución de beneficios.

Durante la consulta previa, la empresa debe explicar a las comunidades los objetivos de su investigación y los posibles impactos ambientales y sociales de su actividad. También debe informar sobre los derechos de las comunidades y los conocimientos tradicionales asociados al recurso genético.

Una vez acordados los términos de acceso y distribución de beneficios con las comunidades, la empresa puede acceder a los recursos genéticos de manera responsable y sostenible, respetando los derechos de las comunidades y los conocimientos tradicionales asociados a ellos.

En resumen, el artículo 103 de la Ley General del Ambiente del Perú establece requisitos legales para el acceso a los recursos genéticos del país, incluyendo la necesidad de contar con un certificado de procedencia del material a acceder y el reconocimiento de los derechos de las comunidades de donde se obtuvo el conocimiento tradicional. Es importante que se sigan estos procedimientos y condiciones para garantizar la protección y conservación de la biodiversidad del país y el uso sostenible de los recursos genéticos para el beneficio de la sociedad.

Artículo 104.- De la protección de los conocimientos tradicionales

104.1 El Estado reconoce y protege los derechos patrimoniales y los conocimientos, innovaciones y prácticas tradicionales de las comunidades campesinas, nativas y locales en lo relativo a la diversidad biológica. El Estado establece los mecanismos para su utilización con el consentimiento informado de dichas comunidades, garantizando la distribución de los beneficios derivados de la utilización.

104.2 El Estado establece las medidas necesarias de prevención y sanción de la biopiratería.

Comentario Artículo 104.- De la protección de los conocimientos tradicionales:

La Ley General del Ambiente del Perú establece la protección de los conocimientos tradicionales de las comunidades campesinas, nativas y locales en lo relativo a la diversidad biológica. Esto se debe a que estas comunidades han desarrollado una serie de conocimientos, innovaciones y prácticas ancestrales relacionadas con la biodiversidad del país, y que son esenciales para la conservación y el uso sostenible de los recursos naturales.

El inciso 104.1 del artículo 104 de la Ley General del Ambiente establece que el Estado debe reconocer y proteger los derechos patrimoniales y los conocimientos, innovaciones y prácticas tradicionales de las comunidades en lo relativo a la diversidad biológica. Esto significa que el Estado debe garantizar el respeto y la protección de los conocimientos tradicionales de estas comunidades, y establecer mecanismos para su utilización con el consentimiento informado de dichas comunidades. Además, el Estado debe garantizar la distribución justa y equitativa de los beneficios derivados de la utilización de estos conocimientos, innovaciones y prácticas tradicionales.

Es importante destacar que la protección de los conocimientos tradicionales no solo es un asunto de justicia social, sino también de conservación de la biodiversidad y el uso sostenible de los recursos naturales. Las comunidades campesinas, nativas y locales han desarrollado métodos y prácticas que han permitido la conservación y el uso sostenible de la biodiversidad por siglos, y es esencial que estos conocimientos sean reconocidos y utilizados de manera responsable y sostenible.

El inciso 104.2 del artículo 104 de la Ley General del Ambiente establece que el Estado debe establecer las medidas necesarias de prevención y sanción de la biopiratería. La biopiratería se refiere al uso no autorizado de los recursos genéticos y conocimientos tradicionales de las comunidades, con fines comerciales o de investigación sin el consentimiento informado y la participación equitativa de dichas comunidades. Esto puede tener graves consecuencias para la biodiversidad y para las comunidades que dependen de ella.

Por lo tanto, la prevención y sanción de la biopiratería es esencial para garantizar la protección de los conocimientos tradicionales y la biodiversidad del país. El Estado debe establecer medidas de prevención, como la consulta previa, libre e informada con las comunidades, y sanciones efectivas para aquellos que infrinjan la ley. De esta manera, se puede garantizar la conservación de la biodiversidad y el uso sostenible de los recursos naturales para el beneficio de todas las personas, incluyendo a las comunidades campesinas, nativas y locales.

En resumen, la protección de los conocimientos tradicionales de las comunidades campesinas, nativas y locales es esencial para la conservación y el uso sostenible de la biodiversidad del Perú. El Estado debe reconocer y proteger estos conocimientos, innovaciones y prácticas tradicionales, estableciendo mecanismos para su utilización con el consentimiento informado de dichas comunidades y garantizando la distribución justa y equitativa de los beneficios derivados de su uso. Asimismo, el Estado debe establecer medidas de prevención y sanción de la biopiratería para garantizar la protección de los conocimientos tradicionales y la biodiversidad del país.

Ejemplo Artículo 104.- De la protección de los conocimientos tradicionales:

En la región amazónica de Perú, las comunidades indígenas han desarrollado una gran cantidad de conocimientos, innovaciones y prácticas tradicionales relacionadas con la biodiversidad de la selva tropical. Estos conocimientos son esenciales para la conservación y el uso sostenible de los recursos naturales en la región.

El Estado peruano reconoce y protege los derechos patrimoniales y los conocimientos tradicionales de estas comunidades en lo relativo a la diversidad biológica, según lo establecido en el artículo 104.1 de la Ley General del Ambiente. Además, el Estado ha establecido mecanismos para su utilización con el consentimiento informado de dichas comunidades, garantizando la distribución de los beneficios derivados de la utilización.

Un ejemplo de la aplicación de este artículo es el uso de plantas medicinales por parte de las comunidades indígenas de la selva amazónica. Estas comunidades han desarrollado conocimientos y prácticas tradicionales relacionadas con el uso de plantas medicinales para tratar diversas enfermedades y dolencias. Estos conocimientos han sido transmitidos de generación en generación y son esenciales para la conservación y el uso sostenible de la biodiversidad de la selva amazónica.

Para utilizar estos conocimientos de manera responsable y sostenible, los investigadores y empresas deben obtener el consentimiento informado de las comunidades y negociar acuerdos de acceso y distribución de beneficios. Esto garantiza que las comunidades sean compensadas de manera justa por el uso de sus conocimientos y que se respeten sus derechos patrimoniales.

En mi opinión, la protección de los conocimientos tradicionales de las comunidades indígenas es esencial para la conservación y el uso sostenible de la biodiversidad en Perú y en todo el mundo. Estos conocimientos son un tesoro cultural y científico que deben ser reconocidos y respetados. Además, es importante que se garantice la participación equitativa de las comunidades en la toma de decisiones relacionadas con el uso de sus conocimientos y la conservación de la biodiversidad.

La protección de los conocimientos tradicionales de las comunidades campesinas, nativas y locales es esencial para la conservación y el uso sostenible de la biodiversidad del Perú. El Estado debe reconocer y proteger estos conocimientos, innovaciones y prácticas tradicionales, estableciendo mecanismos para su utilización con el consentimiento informado de dichas comunidades y garantizando la distribución justa y equitativa de los beneficios derivados de su uso. Asimismo, el Estado debe establecer medidas de prevención y sanción de la biopiratería para garantizar la protección de los conocimientos tradicionales y la biodiversidad del país.

Artículo 105.- De la promoción de la biotecnología

El Estado promueve el uso de la biotecnología de modo consistente con la conservación de los recursos biológicos, la protección del ambiente y la salud de las personas.

Comentario Artículo 105.- De la promoción de la biotecnología:

El artículo 105 de la Ley General del Ambiente del Perú establece que el Estado promueve el uso de la biotecnología de manera consistente con la conservación de los recursos biológicos, la protección del ambiente y la salud de las personas. La biotecnología se refiere al uso de organismos vivos o partes de ellos para crear productos y procesos útiles para la sociedad.

La promoción de la biotecnología puede tener importantes implicancias en la conservación del ambiente y los recursos biológicos. Por un lado, la biotecnología puede ser utilizada para la conservación de especies y hábitats amenazados, así como para la recuperación de ecosistemas dañados. Por otro lado, la biotecnología también puede ser utilizada para la producción de alimentos y productos agropecuarios más eficientes y sostenibles.

Sin embargo, es importante que la promoción de la biotecnología se realice de manera responsable y sostenible. Es necesario garantizar que la biotecnología sea utilizada de manera segura y que no cause daño a la salud humana ni al ambiente. Además, es importante que se respeten los derechos de las comunidades campesinas, nativas y locales en lo relativo a la diversidad biológica y los conocimientos tradicionales.

En mi opinión, la promoción de la biotecnología puede ser una herramienta importante para la conservación y el uso sostenible de los recursos biológicos en Perú, siempre y cuando se realice de manera responsable y sostenible. Es importante que se fomente la investigación y el desarrollo de la biotecnología en el país, pero también es necesario que se establezcan regulaciones claras y efectivas para garantizar su uso seguro y responsable.

Además, es importante que se fomente la participación activa de las comunidades campesinas, nativas y locales en la toma de decisiones relacionadas con el uso de la biotecnología y la conservación de la diversidad biológica. Esto garantizará que se respeten sus derechos y que se promueva una gestión sostenible de los recursos naturales.

La promoción de la biotecnología en Perú puede tener importantes implicancias en la conservación y el uso sostenible de los recursos biológicos. Es importante que se promueva su desarrollo de manera responsable y sostenible, garantizando su uso seguro y respetando los derechos de las comunidades campesinas, nativas y locales.

Ejemplo Artículo 105.- De la promoción de la biotecnología:

La biotecnología se ha utilizado para la conservación de especies y hábitats amenazados, así como para la producción de alimentos y productos agropecuarios más eficientes y sostenibles. Un ejemplo de esto es la producción de variedades de maíz transgénico que son más resistentes a las plagas y requieren menos pesticidas, lo que reduce la cantidad de químicos utilizados en la agricultura y disminuye el impacto ambiental.

Sin embargo, es importante que el uso de la biotecnología se realice de manera responsable y sostenible. Es necesario garantizar que se realicen estudios de impacto ambiental y de seguridad antes de aprobar la utilización de organismos modificados genéticamente

(OMG) y que se establezcan regulaciones claras y efectivas para su uso seguro.

Además, es importante que se respeten los derechos de las comunidades campesinas, nativas y locales en lo relativo a la diversidad biológica y los conocimientos tradicionales. Las comunidades deben ser consultadas y su consentimiento informado debe ser obtenido antes de aprobar la utilización de la biotecnología.

En mi opinión, la biotecnología puede ser una herramienta importante para la conservación y el uso sostenible de los recursos biológicos en Perú, siempre y cuando se realice de manera responsable y sostenible. Es importante que se promueva su desarrollo y utilización en el país, pero también es necesario que se establezcan regulaciones claras y efectivas para garantizar su uso seguro y responsable.

Por otro lado, es importante considerar también los impactos socioeconómicos de la biotecnología. Es necesario garantizar que la utilización de la biotecnología no tenga un impacto negativo en las comunidades campesinas, nativas y locales, y que se promueva un reparto justo y equitativo de los beneficios derivados de su uso.

La biotecnología puede ser una herramienta importante para la conservación y el uso sostenible de los recursos biológicos en Perú. Es importante que se promueva su desarrollo y utilización de manera responsable y sostenible, garantizando el respeto de los derechos de las comunidades campesinas, nativas y locales y estableciendo regulaciones claras y efectivas para garantizar su uso seguro.

Artículo 106.- De la conservación in situ

El Estado promueve el establecimiento e implementación de modalidades de conservación in situ de la diversidad biológica.

Comentario Artículo 106.- De la conservación in situ:

El artículo 106 de la Ley General del Ambiente del Perú establece que el Estado promueve el establecimiento e implementación de modalidades de conservación in situ de la diversidad biológica. La conservación in situ se refiere a la conservación de la diversidad biológica en su hábitat natural, es decir, en el lugar donde se encuentra de manera natural.

La conservación in situ es una estrategia importante para la conservación de la diversidad biológica, ya que permite la protección de los ecosistemas y hábitats naturales donde se encuentran las especies. Esto es especialmente importante en Perú, que es uno de los países más biodiversos del mundo y cuenta con una gran variedad de ecosistemas y especies endémicas.

La conservación in situ implica la protección de áreas naturales, como parques nacionales, reservas naturales y áreas de conservación regional. Estas áreas son importantes para la conservación de la diversidad biológica porque permiten la protección de los hábitats naturales de las especies y la conservación de los procesos ecológicos que sustentan la vida.

Además, la conservación in situ también implica la protección de los conocimientos tradicionales y prácticas culturales de las comunidades campesinas, nativas y locales que están relacionadas con la diversidad biológica. Esto es importante para la conservación de la diversidad biológica porque estas comunidades tienen un conocimiento profundo de los ecosistemas y las especies que habitan en ellos.

En mi opinión, la conservación in situ es una estrategia importante para la conservación de la diversidad biológica en Perú. Es importante que se promueva el establecimiento e implementación de modalidades de conservación in situ y que se protejan las áreas naturales y los conocimientos tradicionales de las comunidades campesinas, nativas y locales.

Sin embargo, es importante que se garantice la participación activa de las comunidades campesinas, nativas y locales en la gestión de las áreas naturales protegidas y en la toma de decisiones relacionadas con la conservación de la diversidad biológica. Esto garantizará que se respeten sus derechos y que se promueva una gestión sostenible de los recursos naturales.

La conservación in situ es una estrategia importante para la conservación de la diversidad biológica en Perú. Es importante que se promueva su implementación y que se garantice la participación activa de las comunidades campesinas, nativas y locales en la gestión de las áreas naturales protegidas y en la toma de decisiones relacionadas con la conservación de la diversidad biológica.

Ejemplo Artículo 106.- De la conservación in situ:

En Perú, se han establecido diversas áreas naturales protegidas para la conservación in situ de la diversidad biológica. Un ejemplo de ello es el Parque Nacional del Manu, ubicado en la región de Madre de Dios. Este parque cuenta con una gran diversidad de ecosistemas, incluyendo bosques nublados, bosques tropicales y humedales, y es el hogar de una gran variedad de especies endémicas y en peligro de extinción.

La conservación in situ en el Parque Nacional del Manu y en otras áreas naturales protegidas en Perú es importante para la conservación de la diversidad biológica, ya que permite la protección de los hábitats naturales de las especies y la conservación de los procesos ecológicos que sustentan la vida.

Sin embargo, es importante destacar que la conservación in situ no solo implica la protección de las áreas naturales protegidas, sino también la promoción de prácticas sostenibles en las comunidades campesinas, nativas y locales que habitan en ellas. Esto implica la promoción de prácticas de agricultura y pesca sostenibles, así como la promoción del turismo sostenible y la educación ambiental.

En mi opinión, la conservación in situ es una estrategia importante para la conservación de la diversidad biológica en Perú. Es importante que se promueva el establecimiento de áreas naturales protegidas y la promoción de prácticas sostenibles en las comunidades campesinas, nativas y locales.

Sin embargo, es necesario garantizar la participación activa de estas comunidades en la gestión de las áreas naturales protegidas y en la toma de decisiones relacionadas con la conservación de la diversidad biológica. Esto garantizará que se respeten sus derechos y que se promueva una gestión sostenible de los recursos naturales.

La conservación in situ es una estrategia importante para la conservación de la diversidad biológica en Perú. Es importante que se promueva su implementación y que se garantice la participación activa de las comunidades campesinas, nativas y locales en la gestión de las áreas naturales protegidas y en la promoción de prácticas sostenibles.

Artículo 107.- Del Sistema Nacional de Áreas Naturales Protegidas por el Estado

El Estado asegura la continuidad de los procesos ecológicos y evolutivos, así como la historia y cultura del país mediante la protección de espacios representativos de la diversidad biológica y de otros valores asociados de interés cultural, paisajístico y científico existentes en los espacios continentales y marinos del territorio nacional, a través del Sistema Nacional de Áreas Naturales Protegidas por el Estado - SINANPE, regulado de acuerdo a su normatividad específica.

Comentario Artículo 107.- Del Sistema Nacional de Áreas Naturales Protegidas por el Estado:

El artículo 107 de la Ley General del Ambiente del Perú establece que el Estado asegura la continuidad de los procesos ecológicos y evolutivos, así como la historia y cultura del país, mediante la protección de espacios representativos de la diversidad biológica y de otros valores asociados de interés cultural, paisajístico y científico existentes en los espacios continentales y marinos del territorio nacional, a través del Sistema Nacional de Áreas Naturales Protegidas por el Estado - SINANPE.

El SINANPE es un conjunto de áreas naturales protegidas establecidas por el Estado peruano con el fin de conservar la diversidad biológica y cultural del país. Estas áreas protegidas abarcan una amplia variedad de ecosistemas, desde los bosques tropicales hasta los desiertos costeros y los humedales.

El SINANPE es regulado de acuerdo a su normatividad específica, lo que implica la existencia de un marco legal y de políticas públicas que establecen las normas y procedimientos para la creación, gestión y monitoreo de las áreas protegidas. Esto garantiza que las áreas protegidas sean gestionadas de manera efectiva y sostenible, y que se promueva la participación activa de las comunidades campesinas, nativas y locales en su gestión.

En mi opinión, el SINANPE es una herramienta importante para la conservación de la diversidad biológica y cultural de Perú. Es importante que se promueva su creación y gestión sostenible, y que se garantice la participación activa de las comunidades campesinas, nativas y locales en su gestión.

Sin embargo, es necesario garantizar que el establecimiento de áreas protegidas no tenga un impacto negativo en las comunidades que habitan en ellas, y que se promueva el desarrollo sostenible de las zonas aledañas a las áreas protegidas. Además, es necesario garantizar que se realice una gestión efectiva y sostenible de las áreas protegidas, lo que implica la necesidad de contar con recursos suficientes para su gestión y monitoreo.

El SINANPE Sistema Nacional de Áreas Naturales Protegidas por el Estado, tiene como objetivo contribuir al desarrollo sostenible del Perú, a través de la conservación de muestras representativas de la diversidad biológica del país. Es importante para la conservación de la diversidad biológica y cultural de Perú. Es importante que se promueva su creación y gestión sostenible, y que se garantice la participación activa de las comunidades campesinas, nativas y locales en su gestión. También es necesario garantizar que se realice una gestión efectiva y sostenible de las áreas protegidas, lo que implica contar con recursos suficientes para su gestión y monitoreo.

Ejemplo Artículo 107.- Del Sistema Nacional de Áreas Naturales Protegidas por el Estado:

El SINANPE cuenta con más de 70 áreas naturales protegidas que abarcan más de 22 millones de hectáreas. Estas áreas protegidas son de gran importancia para la conservación de la diversidad biológica y cultural del país, y son el hogar de una gran variedad de especies endémicas y en peligro de extinción.

Un ejemplo de ello es la Reserva Nacional de Paracas, ubicada en la región de Ica. Esta reserva es el hogar de una gran variedad de especies marinas y aves migratorias, y es un importante destino turístico en la región. La creación de la reserva ha permitido la protección de los ecosistemas y hábitats naturales de las especies que habitan en ella, y ha promovido el desarrollo sostenible de la zona aledaña a la reserva.

En mi opinión, el SINANPE es una herramienta importante para la conservación de la diversidad biológica y cultural de Perú. Es importante que se promueva su creación y gestión sostenible, y que se garantice la participación activa de las comunidades campesinas, nativas y locales en su gestión.

Sin embargo, es necesario asegurar que el establecimiento de áreas protegidas no tenga un impacto negativo en las comunidades que habitan en ellas. Además, es importante contar con recursos suficientes para la gestión y monitoreo de las áreas protegidas, y promover el turismo sostenible y la educación ambiental para garantizar que las áreas protegidas sean valoradas y respetadas por la sociedad en general.

El SINANPE es una instancia del MINAM y cumple un rol importante para la conservación de la diversidad biológica y cultural de Perú. Es importante que se promueva su creación y gestión sostenible, y que se garantice la participación activa de las comunidades campesinas, nativas y locales en su gestión. También es necesario asegurar que el establecimiento de áreas protegidas no tenga un impacto negativo en las comunidades que habitan en ellas, y que se cuente con recursos suficientes para su gestión y monitoreo.

Artículo 108.- De las áreas naturales protegidas por el Estado

108.1 Las áreas naturales protegidas - ANP son los espacios continentales y/o marinos del territorio nacional, expresamente reconocidos, establecidos y protegidos legalmente por el Estado, debido a su importancia para conservar la diversidad biológica y demás valores asociados de interés cultural, paisajístico y científico, así como por su contribución al desarrollo sostenible del país. Son de dominio público y se establecen con carácter definitivo.

108.2 La sociedad civil tiene derecho a participar en la identificación, delimitación y resguardo de las ANP y la obligación de colaborar en la consecución de sus fines; y el Estado promueve su participación en la gestión de estas áreas, de acuerdo a Ley.

CONCORDANCIAS: R.P. N° 144-2010-SERNANP (Aprueban Disposiciones Complementarias para el Reconocimiento de las Áreas de Conservación Privadas).

Comentario Artículo 108.- De las áreas naturales protegidas por el Estado:

El artículo 108 de la Ley General del Ambiente del Perú establece que las áreas naturales protegidas son espacios continentales y/o marinos del territorio nacional, expresamente reconocidos, establecidos y protegidos legalmente por el Estado, debido a su importancia para conservar la diversidad biológica y demás valores asociados de interés cultural, paisajístico y científico, así como por su contribución al desarrollo sostenible del país. Estas áreas son de dominio público y se establecen con carácter definitivo.

La creación de áreas naturales protegidas es una estrategia importante para la conservación de la biodiversidad y de los valores culturales y paisajísticos del país. Estas áreas permiten proteger los ecosistemas naturales y las especies que habitan en ellos, así como los valores culturales asociados a la naturaleza y el paisaje.

Además, las áreas naturales protegidas contribuyen al desarrollo sostenible del país, ya que promueven la conservación de los recursos naturales y del patrimonio cultural, así como la promoción del turismo sostenible y la educación ambiental. Esto permite generar beneficios económicos para las comunidades locales y regionales, sin comprometer la integridad de los ecosistemas naturales y los valores culturales y paisajísticos asociados a ellos.

En este sentido, es importante destacar que la sociedad civil tiene derecho a participar en la identificación, delimitación y resguardo de las áreas naturales protegidas, y la obligación de colaborar en la consecución de sus fines. Además, el Estado tiene la obligación de promover la participación de la sociedad civil en la gestión de estas áreas, de acuerdo a la Ley.

En mi opinión, la participación activa de la sociedad civil en la identificación, delimitación y gestión de las áreas naturales protegidas es fundamental para garantizar su adecuada conservación y gestión sostenible. Es necesario que se promueva la participación activa de las comunidades locales y regionales en la gestión de estas áreas, y que se garantice la protección de los derechos de estas comunidades.

Además, es importante que se promueva el turismo sostenible y la educación ambiental en las áreas naturales protegidas, para garantizar que estas áreas sean valoradas y respetadas por la sociedad en general. Esto permitirá generar beneficios económicos para las comunidades locales y regionales, sin comprometer la integridad de los ecosistemas naturales y los valores culturales y paisajísticos asociados a ellos.

Las áreas naturales protegidas son importantes para la conservación de la biodiversidad y los valores culturales y paisajísticos del país, y contribuyen al desarrollo sostenible del mismo. Es importante garantizar la participación activa de la sociedad civil en la identificación, delimitación y gestión de estas áreas, y promover el turismo sostenible y la educación ambiental para garantizar su adecuada conservación y gestión sostenible.

Ejemplo Artículo 108.- De las áreas naturales protegidas por el Estado:

Un ejemplo de ello es la Reserva Nacional Tambopata, ubicada en la región de Madre de Dios. Esta reserva es el hogar de una gran variedad de especies de flora y fauna, y es un importante destino turístico en la región. La creación de la reserva ha permitido la protección de los ecosistemas naturales y las especies que habitan en ella, así como la promoción del turismo sostenible y la educación ambiental.

Artículo 109.- De la inclusión de las ANP en el SINIA

Las ANP deben figurar en las bases de datos del SINIA y demás sistemas de información que utilicen o divulguen cartas, mapas y planos con fines científicos, técnicos, educativos, turísticos y comerciales para el otorgamiento de concesiones y autorizaciones de uso y conservación de recursos naturales o de cualquier otra índole.

Comentario Artículo 109.- De la inclusión de las ANP en el SINIA:

El artículo 109 de la Ley General del Ambiente del Perú establece que las áreas naturales protegidas deben figurar en las bases de datos del SINIA (Sistema Nacional de Información Ambiental) y demás sistemas de información que utilicen o divulguen cartas, mapas y planos con fines científicos, técnicos, educativos, turísticos y comerciales para el otorgamiento de concesiones y autorizaciones de uso y conservación de recursos naturales o de cualquier otra índole.

La inclusión de las áreas naturales protegidas en el SINIA es fundamental para su adecuada gestión y conservación. Esto permite tener información actualizada y precisa sobre la distribución geográfica de las áreas protegidas, su estado de conservación, las especies que habitan en ellas y los valores culturales y paisajísticos asociados a ellas.

Además, la inclusión de las áreas protegidas en el SINIA permite su adecuada gestión y planificación, y promueve la participación activa de la sociedad civil en la gestión de estas áreas. Esto permite garantizar la protección de los ecosistemas naturales y las especies que habitan en ellas, así como de los valores culturales y paisajísticos asociados a ellas.

En este sentido, es importante destacar que la inclusión de las áreas protegidas en el SINIA no solo es importante para la gestión y conservación de estas áreas, sino también para su uso sostenible. La información proporcionada por el SINIA permite la planificación adecuada de actividades turísticas y comerciales en las áreas protegidas, garantizando la protección de los recursos naturales y culturales asociados a ellas.

En mi opinión, la inclusión de las áreas naturales protegidas en el SINIA es fundamental para su adecuada gestión y conservación, y para garantizar su uso sostenible. Es necesario que se promueva la participación activa de la sociedad civil en la gestión de las áreas protegidas, y que se garantice la protección de los derechos de las comunidades locales y regionales.

Además, es importante que se promueva el turismo sostenible y la educación ambiental en las áreas naturales protegidas, para garantizar que estas áreas sean valoradas y respetadas por la sociedad en general. Esto permitirá generar beneficios económicos para las comunidades locales y regionales, sin comprometer la integridad de los ecosistemas naturales y los valores culturales y paisajísticos asociados a ellos.

La inclusión de las áreas naturales protegidas en el SINIA es fundamental para su adecuada gestión y conservación, y para garantizar su uso sostenible. Es importante promover la participación activa de la sociedad civil en la gestión de las áreas protegidas, y promover el turismo sostenible y la educación ambiental para garantizar su adecuada conservación y gestión sostenible.

Ejemplo Artículo 109.- De la inclusión de las ANP en el SINIA:

El SINIA (Sistema Nacional de Información Ambiental) es el sistema encargado de recopilar, procesar y difundir información ambiental a nivel nacional. Este sistema incluye información sobre la biodiversidad, los recursos naturales, los impactos ambientales y las áreas naturales protegidas del país.

Un ejemplo de la aplicación del artículo 109 de la Ley General del Ambiente es la inclusión de la Reserva Nacional Tambopata en el SINIA. La Reserva Nacional Tambopata es una de las áreas naturales protegidas más importantes de Perú, y está ubicada en la región de Madre de Dios. La inclusión de la reserva en el SINIA permite tener información actualizada y precisa sobre su distribución geográfica, su estado de conservación y las especies que habitan en ella.

Además, la inclusión de la Reserva Nacional Tambopata en el SINIA permite su adecuada gestión y planificación, y promueve la participación activa de la sociedad civil en la gestión de la reserva.

Esto permite garantizar la protección de los ecosistemas naturales y las especies que habitan en ella, así como de los valores culturales y paisajísticos asociados a ella.

En mi opinión, la inclusión de las áreas naturales protegidas en el SINIA es fundamental para su adecuada gestión y conservación, y para garantizar su uso sostenible. Es necesario que se promueva la participación activa de la sociedad civil en la gestión de las áreas protegidas, y que se garantice la protección de los derechos de las comunidades locales y regionales.

Además, es importante que se promueva el turismo sostenible y la educación ambiental en las áreas naturales protegidas, para garantizar que estas áreas sean valoradas y respetadas por la sociedad en general. Esto permitirá generar beneficios económicos para las comunidades locales y regionales, sin comprometer la integridad de los ecosistemas naturales y los valores culturales y paisajísticos asociados a ellos.

La inclusión de las áreas naturales protegidas en el SINIA es fundamental para su adecuada gestión y conservación, y para garantizar su uso sostenible. Es importante promover la participación activa de la sociedad civil en la gestión de las áreas protegidas, y promover el turismo sostenible y la educación ambiental para garantizar su adecuada conservación y gestión sostenible.

Artículo 110.- De los derechos de propiedad de las comunidades campesinas y nativas en las ANP

El Estado reconoce el derecho de propiedad de las comunidades campesinas y nativas ancestrales sobre las tierras que poseen dentro de las ANP y en sus zonas de amortiguamiento. Promueve la participación de dichas comunidades de acuerdo a los fines y objetivos de las ANP donde se encuentren.

Comentario Artículo 110.- De los derechos de propiedad de las comunidades campesinas y nativas en las ANP:

El artículo 110 de la Ley General del Ambiente del Perú reconoce el derecho de propiedad de las comunidades campesinas y nativas ancestrales sobre las tierras que poseen dentro de las áreas naturales protegidas y en sus zonas de amortiguamiento. Esto significa que estas comunidades tienen derechos de propiedad sobre las tierras que han habitado y utilizado ancestralmente, y que están dentro de las áreas naturales protegidas.

Este reconocimiento de los derechos de propiedad de las comunidades campesinas y nativas es fundamental para garantizar la protección de sus territorios y su participación activa en la gestión de las áreas naturales protegidas. Además, permite garantizar la protección de la biodiversidad y los valores culturales y paisajísticos asociados a estos territorios.

Es importante destacar que la promoción de la participación de las comunidades campesinas y nativas en la gestión de las áreas naturales protegidas es fundamental para garantizar la protección de los ecosistemas naturales y las especies que habitan en ellas, así como de los valores culturales y paisajísticos asociados a ellas.

En mi opinión, el reconocimiento de los derechos de propiedad de las comunidades campesinas y nativas es fundamental para garantizar la protección de los territorios y la participación activa de estas comunidades en la gestión de las áreas naturales protegidas. Es necesario que se garantice la protección de los derechos de estas comunidades, y se promueva su participación activa en la gestión de las áreas protegidas.

Además, es importante que se promueva el turismo sostenible y la educación ambiental en las áreas naturales protegidas, para garantizar que estas áreas sean valoradas y respetadas por la sociedad en general. Esto permitirá generar beneficios económicos para las comunidades locales y regionales, sin comprometer la integridad de los ecosistemas naturales y los valores culturales y paisajísticos asociados a ellos.

El reconocimiento de los derechos de propiedad de las comunidades campesinas y nativas sobre las tierras que poseen dentro de las áreas naturales protegidas y en sus zonas de amortiguamiento es fundamental para garantizar la protección de estos territorios y la participación activa de estas comunidades en la gestión de las áreas protegidas. Es importante promover la participación activa de las comunidades campesinas y nativas en la gestión de las áreas protegidas, y promover el turismo sostenible y la educación ambiental para garantizar su adecuada conservación y gestión sostenible.

Ejemplo Artículo 110.- De los derechos de propiedad de las comunidades campesinas y nativas en las ANP:

Un ejemplo de cómo se aplica el artículo 110 de la Ley General del Ambiente en Perú es la Reserva comunal Asháninka, un área protegida en el Perú. Se encuentra en las regiones Junín y Cusco, en las provincias de Provincia de Satipo y La Convención respectivamente. Fue creado el 14 de enero de 2003, mediante Decreto Supremo N.º 003-2003-AG.. Tiene una extensión de 184 468,38 hectáreas. Está ubicada en el distrito de Río Tambo en la provincia de Satipo, región Junín y en el distrito de Pichari en la provincia de La Convención, región Cusco.[18]

La Reserva Comunal Asháninka es un ejemplo de cómo se reconocen los derechos de propiedad de las comunidades campesinas y nativas sobre las tierras que poseen dentro de las áreas naturales protegidas y en sus zonas de amortiguamiento. En este caso, la comunidad nativa Asháninka es la encargada de la gestión y conservación de la reserva, y tiene un papel fundamental en la toma de decisiones sobre su uso y manejo.

La participación activa de la comunidad nativa Asháninka en la gestión de la reserva ha permitido la protección de la biodiversidad y los valores culturales y paisajísticos asociados a estos territorios. Además, ha permitido la promoción del turismo sostenible y la educación ambiental en la reserva, generando beneficios económicos para la comunidad sin comprometer la integridad de los ecosistemas naturales.

En mi opinión, la Reserva Comunal Asháninka es un ejemplo de cómo se pueden reconocer los derechos de propiedad de las comunidades campesinas y nativas sobre las tierras que poseen dentro de las áreas naturales protegidas y en sus zonas de amortiguamiento, y

---

[18] https://es.wikipedia.org/wiki/Reserva_comunal_Ash%C3%A1ninka

promover su participación activa en la gestión de estas áreas. Es necesario que se promueva la participación activa de estas comunidades en la gestión de las áreas protegidas, garantizando la protección de sus derechos y promoviendo el turismo sostenible y la educación ambiental.

La Reserva Comunal Asháninka es un ejemplo de cómo se aplican los derechos de propiedad de las comunidades campesinas y nativas sobre las tierras que poseen dentro de las áreas naturales protegidas y en sus zonas de amortiguamiento en Perú. Es necesario seguir promoviendo la participación activa de estas comunidades en la gestión de las áreas protegidas, garantizando la protección de sus derechos y promoviendo el turismo sostenible y la educación ambiental.

Otro ejemplo:

Un ejemplo de cómo se aplica el artículo 110 de la Ley General del Ambiente en una provincia de Perú es la Reserva Nacional de Salinas y Aguada Blanca, ubicada en la región de Arequipa. Esta reserva es una de las áreas naturales protegidas más importantes de la región, y está administrada por el Servicio Nacional de Áreas Naturales Protegidas por el Estado (SERNANP).

Dentro de la Reserva Nacional de Salinas y Aguada Blanca se encuentran varias comunidades campesinas y nativas, como la comunidad de San Antonio de Chuca, que tiene derechos de propiedad ancestral sobre las tierras que habitan y utilizan. Esta comunidad ha participado activamente en la gestión de la reserva, y ha logrado la conservación de los ecosistemas naturales y los valores culturales y paisajísticos asociados a ellos.

Además, la comunidad de San Antonio de Chuca ha promovido el turismo sostenible en la reserva, ofreciendo servicios de hospedaje, alimentación y guía turística a los visitantes. Estos servicios han generado beneficios económicos para la comunidad, sin comprometer la integridad de los ecosistemas naturales y los valores culturales y paisajísticos asociados a ellos.

En mi opinión, la participación activa de las comunidades campesinas y nativas en la gestión de las áreas naturales protegidas es fundamental para garantizar la protección de los ecosistemas naturales y los valores culturales y paisajísticos asociados a ellos. Además, la promoción del turismo sostenible en estas áreas puede generar beneficios económicos para las comunidades locales y regionales, sin comprometer la integridad de los ecosistemas naturales.

Es importante destacar que la protección de los derechos de propiedad de las comunidades campesinas y nativas sobre las tierras que poseen dentro de las áreas naturales protegidas y en sus zonas de amortiguamiento debe ser una prioridad en la gestión de estas áreas.

La Reserva Nacional de Salinas y Aguada Blanca es un ejemplo de cómo se aplican los derechos de propiedad de las comunidades campesinas y nativas sobre las tierras que poseen dentro de las áreas naturales protegidas y en sus zonas de amortiguamiento en Perú. Es necesario seguir promoviendo la participación activa de estas comunidades en la gestión de las áreas protegidas, garantizando la protección de sus derechos y promoviendo el turismo sostenible. Fuente: SERNANP - Reserva Nacional de Salinas y Aguada Blanca.

Artículo 111.- Conservación ex situ

111.1 El Estado promueve el establecimiento e implementación de modalidades de conservación ex situ de la diversidad biológica, tales como bancos de germoplasma, zoológicos, centros de rescate, centros de custodia temporal, zoocriaderos, áreas de manejo de fauna silvestre, jardines botánicos, viveros y herbarios.

111.2 El objetivo principal de la conservación ex situ es apoyar la supervivencia de las especies en su hábitat natural, por lo tanto, debe ser considerada en toda estrategia de conservación como un complemento para la conservación in situ.

Comentario Artículo 111.- Conservación ex situ:

El artículo 111 de la Ley General del Ambiente del Perú establece la importancia de la conservación ex situ de la diversidad biológica y promueve la implementación de modalidades de conservación como bancos de germoplasma, zoológicos, centros de rescate, centros de custodia temporal, zoocriaderos, áreas de manejo de fauna silvestre, jardines botánicos, viveros y herbarios.

La conservación ex situ cumple una relación importante para la protección de especies amenazadas y la conservación de la diversidad biológica. Estas modalidades de conservación permiten la protección de especies en ambientes controlados, como zoológicos, centros de rescate o zoocriaderos, y la conservación de semillas y plantas en bancos de germoplasma, viveros y jardines botánicos.

Es importante destacar que la conservación ex situ debe ser considerada como un complemento para la conservación in situ, que es la conservación de especies y ecosistemas en su hábitat natural. La conservación in situ es la forma más efectiva de proteger la biodiversidad y garantizar su supervivencia a largo plazo.

En mi opinión, la conservación ex situ es una herramienta importante para la protección de especies amenazadas y la conservación de la diversidad biológica, ya que permite la protección de especies en ambientes controlados y la conservación de semillas y plantas en bancos de germoplasma, viveros y jardines botánicos. Sin embargo, es importante que se promueva la conservación in situ como la forma más efectiva de proteger la biodiversidad a largo plazo.

Además, es fundamental que se promueva la educación ambiental en torno a la importancia de la conservación ex situ y la conservación in situ, para que la sociedad en general entienda la importancia de la protección de la biodiversidad y se comprometa en su conservación.

El artículo 111 de la Ley General del Ambiente del Perú destaca la importancia de la conservación ex situ de la diversidad biológica y promueve la implementación de modalidades de conservación. Es importante que se promueva la conservación in situ como la forma más efectiva de proteger la biodiversidad a largo plazo, y que se promueva la educación ambiental para crear conciencia sobre la importancia de la protección de la biodiversidad.

Ejemplo Artículo 111.- Conservación ex situ:

Un ejemplo de cómo se aplica el artículo 111 de la Ley General del Ambiente en una provincia de Perú es el caso del Centro de Rescate Amazónico de la ciudad de Iquitos[19], en la región de Loreto. Este centro de rescate fue creado con el objetivo de proteger la fauna silvestre de la Amazonía peruana y promover su conservación ex situ.

El Centro de Rescate Amazónico recibe animales que han sido rescatados del tráfico ilegal de fauna silvestre y que no pueden ser devueltos a su hábitat natural. En el centro, estos animales reciben atención veterinaria y cuidados adecuados para su bienestar y supervivencia. Además, el centro promueve la educación ambiental y la sensibilización sobre la importancia de la conservación de la fauna silvestre.

El Centro de Rescate Amazónico es un ejemplo de cómo se promueve la conservación ex situ de la fauna silvestre en Perú. Además, es un ejemplo de cómo se promueve la educación ambiental y la sensibilización sobre la importancia de la conservación de la fauna silvestre en la región de Loreto.

En mi opinión, es fundamental que se promueva la conservación ex situ de la fauna silvestre para proteger especies amenazadas y garantizar su supervivencia a largo plazo. Sin embargo, es importante que se priorice la conservación in situ como la forma más efectiva de proteger la biodiversidad y se promueva la educación ambiental para crear conciencia sobre la importancia de la protección de la fauna silvestre.

Artículo 112.- Del paisaje como recurso natural

El Estado promueve el aprovechamiento sostenible del recurso paisaje mediante el desarrollo de actividades educativas, turísticas y recreativas.

---

[19] - https://www.centroderescateamazonico.com/es/inicio/#top

Comentario Artículo 112.- Del paisaje como recurso natural:

El paisaje es un recurso natural de gran importancia, ya que contribuye al bienestar y la calidad de vida de las personas y tiene un impacto significativo en la economía y la cultura de las comunidades locales. El paisaje también es un elemento fundamental en la identidad y la memoria colectiva de las sociedades.

En este sentido, el Estado tiene el deber de promover el aprovechamiento sostenible del recurso paisaje, a través del desarrollo de actividades educativas, turísticas y recreativas. Estas actividades deben ser planificadas y desarrolladas de manera responsable, respetando la integridad del paisaje y garantizando su conservación a largo plazo.

Es importante destacar que el aprovechamiento sostenible del recurso paisaje debe ser compatible con la conservación de la biodiversidad y la protección del medio ambiente. Por lo tanto, las actividades turísticas y recreativas deben ser planificadas y desarrolladas de manera responsable, teniendo en cuenta los impactos ambientales y sociales.

En mi opinión, el aprovechamiento sostenible del recurso paisaje es fundamental para el desarrollo económico y social de las comunidades locales, y para la conservación de la biodiversidad y el medio ambiente. Sin embargo, es importante que se promueva una gestión responsable y sostenible de las actividades turísticas y recreativas, para garantizar la conservación del paisaje y su uso sostenible a largo plazo.

El artículo 112 de la Ley General del Ambiente del Perú destaca la importancia del paisaje como recurso natural y promueve su aprovechamiento sostenible a través de actividades educativas, turísticas y recreativas. Es importante que se promueva una gestión responsable y sostenible de estas actividades, para garantizar la conservación del paisaje y su uso sostenible a largo plazo.

Capítulo 3 -Calidad ambiental

Artículo 113.- De la calidad ambiental

113.1 Toda persona natural o jurídica, pública o privada, tiene el deber de contribuir a prevenir, controlar y recuperar la calidad del ambiente y de sus componentes.

113.2 Son objetivos de la gestión ambiental en materia de calidad ambiental:

a) Preservar, conservar, mejorar y restaurar, según corresponda, la calidad del aire, el agua y los suelos y demás componentes del ambiente, identificando y controlando los factores de riesgo que la afecten.

b) Prevenir, controlar, restringir y evitar según sea el caso, actividades que generen efectos significativos, nocivos o peligrosos para el ambiente y sus componentes, en particular cuando ponen en riesgo la salud de las personas.

c) Recuperar las áreas o zonas degradadas o deterioradas por la contaminación ambiental.

d) Prevenir, controlar y mitigar los riesgos y daños ambientales procedentes de la introducción, uso, comercialización y consumo de bienes, productos, servicios o especies de flora y fauna.

e) Identificar y controlar los factores de riesgo a la calidad del ambiente y sus componentes.

f) f Promover el desarrollo de la investigación científica y tecnológica, las actividades de transferencia de conocimientos y recursos, la difusión de experiencias exitosas y otros medios para el mejoramiento de la calidad ambiental.

Comentario Artículo 113.- De la calidad ambiental:

El artículo 113 de la Ley General del Ambiente del Perú establece el deber de toda persona, natural o jurídica, pública o privada, de contribuir a prevenir, controlar y recuperar la calidad del ambiente y de sus componentes. Además, se establecen los objetivos de la gestión ambiental en materia de calidad ambiental.

Estos objetivos tienen como finalidad preservar, conservar, mejorar y restaurar la calidad del aire, el agua, los suelos y demás componentes del ambiente, identificando y controlando los factores de riesgo que puedan afectarla. También se busca prevenir, controlar, restringir y evitar actividades que generen efectos significativos, nocivos o peligrosos para el ambiente y sus componentes, especialmente cuando ponen en riesgo la salud de las personas.

Además, se establece la necesidad de recuperar las áreas o zonas degradadas o deterioradas por la contaminación ambiental, prevenir, controlar y mitigar los riesgos y daños ambientales procedentes de la introducción, uso, comercialización y consumo de bienes, productos, servicios o especies de flora y fauna. También se busca identificar y controlar los factores de riesgo a la calidad del ambiente y sus componentes.

Por último, se busca promover el desarrollo de la investigación científica y tecnológica, las actividades de transferencia de conocimientos y recursos, la difusión de experiencias exitosas y otros medios para el mejoramiento de la calidad ambiental.

En Perú, la gestión de la calidad ambiental es un tema muy importante debido a la gran diversidad de ecosistemas y la riqueza de su biodiversidad. Para lograr una gestión ambiental adecuada, es fundamental que todas las personas contribuyan a prevenir, controlar y recuperar la calidad del ambiente y de sus componentes.

En mi opinión, es importante que se establezcan normas claras y precisas para la gestión de la calidad ambiental y se promueva la educación ambiental para que todas las personas comprendan la importancia de su contribución en la protección del ambiente y de sus componentes.

El artículo 113 de la Ley General del Ambiente del Perú establece el deber de contribuir a prevenir, controlar y recuperar la calidad del ambiente y de sus componentes. Además, se establecen los objetivos de la gestión ambiental en materia de calidad ambiental, los cuales buscan preservar, conservar, mejorar y restaurar la calidad del ambiente y sus componentes, identificando y controlando los factores de riesgo que puedan afectarla. Es fundamental que todas las personas contribuyan en la protección del ambiente y de sus componentes para lograr una gestión ambiental adecuada.

Artículo 114.- Del agua para consumo humano

El acceso al agua para consumo humano es un derecho de la población. Corresponde al Estado asegurar la vigilancia y protección de aguas que se utilizan con fines de abastecimiento poblacional, sin perjuicio de las responsabilidades que corresponden a los particulares. En caso de escasez, el Estado asegura el uso preferente del agua para fines de abastecimiento de las necesidades poblacionales, frente a otros usos.

Comentario Artículo 114.- Del agua para consumo humano:

El artículo 114 de la Ley General del Ambiente del Perú establece que el acceso al agua para consumo humano es un derecho de la población, y que corresponde al Estado asegurar la vigilancia y protección de las aguas que se utilizan con fines de abastecimiento poblacional, sin perjuicio de las responsabilidades que corresponden a los particulares.

En Perú, el acceso al agua para consumo humano es un tema de gran importancia, debido a que muchas comunidades y zonas rurales enfrentan problemas de escasez de agua y falta de infraestructura adecuada para el suministro de agua potable. Por lo tanto, es fundamental que el Estado asegure el acceso al agua para consumo humano como un derecho de la población.

Además, el artículo 114 establece que, en caso de escasez, el Estado asegura el uso preferente del agua para fines de abastecimiento de las necesidades poblacionales, frente a otros usos. Esto significa que, en situaciones de sequía o escasez de agua, el Estado debe garantizar que el suministro de agua para consumo humano tenga prioridad sobre otros usos, como el riego agrícola o la industria.

En mi opinión, es fundamental que se promueva una gestión sostenible del agua en Perú, que permita garantizar el acceso al agua para consumo humano y a la vez proteger los ecosistemas acuáticos y la biodiversidad. Además, es importante que se promueva la educación ambiental y la conciencia sobre la importancia del agua como recurso vital para la vida y el desarrollo sostenible.

El artículo 114 de la Ley General del Ambiente del Perú establece el derecho al acceso al agua para consumo humano y la responsabilidad del Estado de asegurar la vigilancia y protección de las aguas que se utilizan con fines de abastecimiento poblacional. Además, se establece que, en caso de escasez, el Estado debe garantizar el uso preferente del agua para fines de abastecimiento de las necesidades poblacionales. Es fundamental que se promueva una gestión sostenible del agua en Perú y se promueva la educación ambiental y la conciencia sobre la importancia del agua como recurso vital para la vida y el desarrollo sostenible.

Artículo 115.- De los ruidos y vibraciones

115.1 Las autoridades sectoriales son responsables de normar y controlar los ruidos y las vibraciones de las actividades que se encuentran bajo su regulación, de acuerdo a lo dispuesto en sus respectivas leyes de organización y funciones.

115.2 Los gobiernos locales son responsables de normar y controlar los ruidos y vibraciones originados por las actividades domésticas y comerciales, así como por las fuentes móviles, debiendo establecer la normativa respectiva sobre la base de los ECA.

Comentario Artículo 115.- De los ruidos y vibraciones:

El artículo 115 de la Ley General del Ambiente del Perú establece la responsabilidad de las autoridades sectoriales y los gobiernos locales en la normativa y control de los ruidos y vibraciones generados por diversas actividades.

En el caso de las autoridades sectoriales, estas son responsables de normar y controlar los ruidos y vibraciones de las actividades que se encuentran bajo su regulación, de acuerdo a lo dispuesto en sus respectivas leyes de organización y funciones. Esto significa que las autoridades sectoriales, como por ejemplo el Ministerio de Energía y Minas, el Ministerio de Transportes y Comunicaciones, entre otros, deben establecer normas y medidas para controlar los ruidos y vibraciones generados por las actividades que corresponden a su ámbito de competencia.

Por otro lado, los gobiernos locales tienen la responsabilidad de normar y controlar los ruidos y vibraciones originados por las actividades domésticas y comerciales, así como por las fuentes móviles. En este sentido, los gobiernos locales deben establecer la normativa respectiva sobre la base de los Estándares de Calidad Ambiental (ECA) establecidos por el Ministerio del Ambiente, para garantizar un ambiente saludable y proteger la salud de la población.

Es importante destacar que el control de los ruidos y vibraciones es fundamental para evitar impactos negativos en la salud de las personas, así como para proteger el ambiente y su biodiversidad. Por lo tanto, es necesario que las autoridades sectoriales y los gobiernos locales cumplan con su responsabilidad en la normativa y control de estos aspectos, y promuevan el desarrollo de actividades sostenibles y respetuosas del ambiente y la salud de las personas.

En resumen, el artículo 115 de la Ley General del Ambiente del Perú establece la responsabilidad de las autoridades sectoriales y los gobiernos locales en la normativa y control de los ruidos y vibraciones generados por diversas actividades. Es fundamental que se cumpla con esta responsabilidad para garantizar un ambiente saludable y proteger la salud de la población.

Además, es importante destacar que el control de los ruidos y vibraciones no solo es necesario para proteger la salud de las personas, sino también para prevenir otros problemas ambientales como la pérdida de la biodiversidad y la alteración de los ecosistemas. Por ejemplo, el ruido excesivo puede afectar la comunicación y el comportamiento de los animales, lo que puede tener un impacto negativo en su supervivencia y en la dinámica de los ecosistemas.

Por lo tanto, es fundamental que las autoridades sectoriales y los gobiernos locales establezcan normas y medidas efectivas para controlar los ruidos y vibraciones generados por las actividades bajo su regulación. Además, es importante que se promueva la educación y conciencia ambiental en la población, para que se comprenda la importancia de reducir los niveles de ruido y vibraciones y se adopten prácticas sostenibles en el uso de la energía y tecnologías.

El artículo 115 de la Ley General del Ambiente del Perú establece la responsabilidad de las autoridades sectoriales y los gobiernos locales en el control de los ruidos y vibraciones generados por las diversas actividades. Es fundamental que se cumpla con esta responsabilidad para proteger la salud de las personas, la biodiversidad y el ambiente en general. Además, es importante promover la educación y conciencia ambiental en la población para adoptar prácticas sostenibles en el uso de la energía y tecnologías.

Ejemplo Artículo 115.- De los ruidos y vibraciones:

Un ejemplo de aplicación del artículo 115 de la Ley General del Ambiente del Perú es el control de los ruidos y vibraciones generados por el tráfico vehicular en las ciudades. Los gobiernos locales tienen la responsabilidad de establecer normas y medidas para controlar estos aspectos, con el objetivo de proteger la salud de la población y prevenir problemas ambientales.

En Lima, por ejemplo, se ha implementado el programa "Lima Respira", que busca reducir la contaminación sonora y mejorar la calidad del aire en la ciudad. Entre las medidas que se han adoptado, se encuentra la restricción del tránsito de vehículos particulares en ciertas zonas de la ciudad, el control de la velocidad de los vehículos y la promoción del uso de transporte público y no motorizado.

Otro ejemplo de aplicación del artículo 115 es el control de los ruidos y vibraciones generados por las actividades comerciales en zonas residenciales. Los gobiernos locales tienen la responsabilidad de establecer normas y medidas para controlar estos aspectos, garantizando el derecho de los ciudadanos a un ambiente saludable y libre de contaminación sonora.

En la ciudad de Trujillo, por ejemplo, se ha establecido la Ordenanza Municipal N° 025-2018-MPT, que regula la emisión de ruidos molestos en la ciudad y establece sanciones para las personas que incumplen con la normativa. Esta ordenanza busca proteger la salud de la población y garantizar un ambiente saludable y libre de contaminación sonora.

El 30 de octubre de 2003 se aprobó el Reglamento de Estándares Nacionales de Calidad Ambiental para Ruido y los lineamientos para no excederlos, con el objetivo de proteger la salud, mejorar la calidad de vida de la población y promover el desarrollo sostenible. Con Decreto Supremo 085-2003-PCM, jueves, 30 octubre, 2003.[20]

Artículo 116.- De las radiaciones

El Estado, a través de medidas normativas, de difusión, capacitación, control, incentivo y sanción, protege la salud de las personas ante la exposición a radiaciones tomando en consideración el nivel de peligrosidad de las mismas. El uso y la generación de radiaciones ionizantes y no ionizantes está sujeto al estricto control de la autoridad competente, pudiendo aplicar, de acuerdo al caso, el principio precautorio, de conformidad con lo dispuesto en el Título Preliminar de la presente Ley.

Comentario Artículo 116.- De las radiaciones:

El artículo 116 de la Ley General del Ambiente de Perú establece la responsabilidad del Estado en proteger la salud de las personas ante la exposición a radiaciones, tomando en cuenta el nivel de peligrosidad de las mismas. Para cumplir con esta responsabilidad, el Estado debe implementar medidas normativas, de difusión, capacitación, control, incentivo y sanción.

Es importante destacar que el uso y la generación de radiaciones ionizantes y no ionizantes deben estar sujetos al estricto control de la autoridad competente. Esto significa que las empresas e instituciones que utilizan o generan radiaciones deben cumplir con las normas y medidas establecidas por las autoridades correspondientes para evitar la exposición de las personas a niveles peligrosos de radiación.

---

[20] https://sinia.minam.gob.pe/normas/reglamento-estandares-nacionales-calidad-ambiental-ruido

En este sentido, es fundamental que las autoridades competentes estén debidamente capacitadas y equipadas para llevar a cabo el control y supervisión de la generación y uso de radiaciones. Además, el Estado debe fomentar la difusión de información y la capacitación de la población en relación a los riesgos asociados con la exposición a radiaciones.

Es importante tener en cuenta que el principio precautorio puede aplicarse en el uso y generación de radiaciones, de acuerdo con lo dispuesto en el Título Preliminar de la Ley. Esto significa que, en caso de incertidumbre científica sobre los posibles efectos nocivos de la exposición a radiaciones, se deben tomar medidas preventivas para proteger la salud de las personas.

La radiación se refiere a la energía emitida de una fuente en forma de ondas o partículas. Existen diferentes tipos de radiación, incluida la radiación electromagnética (como la luz y las ondas de radio) y la radiación de partículas (como las partículas alfa y beta y los neutrones emitidos por átomos radiactivos).

La exposición a altos niveles de radiación puede dañar las células y el ADN, causando enfermedad por radiación, cáncer y otros efectos en la salud. Los efectos dependen de la cantidad de radiación, la duración de la exposición y la naturaleza de la radiación. Se considera que la exposición a la radiación ionizante por encima de ciertos umbrales es generalmente perjudicial.

Las fuentes comunes de exposición a la radiación incluyen los rayos X médicos, el gas radón en los hogares y la radiación del espacio exterior. Las personas también pueden estar expuestas a la radiación a través de accidentes nucleares, armas nucleares y radioterapia. La mayor parte de la exposición diaria a la radiación es de bajo nivel y se considera segura, pero la exposición debe minimizarse siempre que sea posible.

Los efectos de la exposición a la radiación son difíciles de predecir y pueden tardar años en desarrollarse. El monitoreo y la protección contra la radiación son importantes para minimizar los impactos en la salud de individuos y comunidades. Las regulaciones ayudan a controlar la radiación de fuentes como la energía nuclear, pero la exposición también depende del estilo de vida y el entorno, por lo que es importante la concientización de los riesgos.

La exposición a la radiación puede tener efectos dañinos en la salud humana, dependiendo de la dosis y la duración de la exposición. Los efectos pueden variar desde leves hasta graves, y pueden incluir:

Daño en el ADN: La radiación ionizante puede dañar el ADN en las células del cuerpo, lo que puede llevar a mutaciones genéticas y aumentar el riesgo de cáncer.

Enfermedad aguda por radiación: La exposición a dosis muy altas de radiación en un corto período de tiempo puede causar una enfermedad aguda por radiación, que incluye síntomas como náuseas, vómitos, diarrea, fiebre y pérdida de cabello.

Cáncer: La exposición prolongada a la radiación puede aumentar el riesgo de desarrollar cáncer, especialmente en órganos como la tiroides, los pulmones y la piel.

Enfermedades no cancerosas: La exposición a la radiación también puede aumentar el riesgo de otras enfermedades no cancerosas, como enfermedades cardiovasculares y cataratas.

Es importante tener en cuenta que la cantidad de radiación a la que está expuesto un individuo puede variar ampliamente dependiendo de factores como la ubicación geográfica, la ocupación y la exposición a fuentes artificiales de radiación, como la radioterapia y las pruebas de diagnóstico por imágenes.

Ejemplo Artículo 116.- De las radiaciones[21]:

Para el presente caso recurro a un ejemplo explicativo donde se ha identificado la necesidad de proteger la salud de las personas ante la exposición a radiaciones ionizantes y no ionizantes. En cumplimiento del artículo 116 de la Ley de Gestión Ambiental, el Estado adopta medidas para:

---

[21] https://sinia.minam.gob.pe/normas/estandares-nacionales-calidad-ambiental-radiaciones-no-ionizantes

A través de medidas normativas, de difusión, capacitación, control, incentivo y sanción, proteger la salud de las personas ante la exposición a radiaciones tomando en consideración el nivel de peligrosidad de las mismas. En este caso, se ha establecido un marco normativo para la protección de la salud de las personas ante la exposición a radiaciones, se han difundido medidas de prevención y se ha capacitado a la población sobre los riesgos asociados a la exposición a radiaciones.

El uso y la generación de radiaciones ionizantes y no ionizantes está sujeto al estricto control de la autoridad competente. En este caso, se ha establecido un sistema de control y seguimiento de la generación y uso de radiaciones que busca garantizar su adecuada gestión y minimizar los riesgos asociados a su exposición.

Pudiendo aplicar, de acuerdo al caso, el principio precautorio, de conformidad con lo dispuesto en el Título Preliminar de la presente Ley. En este caso, se ha aplicado el principio precautorio en el caso de exposiciones a radiaciones que presentan incertidumbres científicas significativas, adoptando medidas de prevención y control.

La aplicación de las medidas establecidas en el artículo 116 de la Ley de Gestión Ambiental en el país es un ejemplo práctico de cómo se puede proteger la salud de las personas ante la exposición a radiaciones ionizantes y no ionizantes. Esperamos que más regiones en todo el país adopten políticas y medidas para la gestión sostenible de las radiaciones, promoviendo una gestión ambiental responsable y sostenible en todos los sectores económicos.

Otro ejemplo:

En la región del país donde se produce una gran cantidad de productos agroindustriales, se ha identificado la necesidad de proteger la salud de las personas que trabajan en la producción y procesamiento de estos productos ante la exposición a radiaciones ionizantes y no ionizantes. En cumplimiento del artículo 116 de la Ley de Gestión Ambiental, el Estado adopta medidas para:

A través de medidas normativas, de difusión, capacitación, control, incentivo y sanción, proteger la salud de las personas ante la exposición a radiaciones tomando en consideración el nivel de peligrosidad de las mismas. En este caso, se ha establecido un marco normativo para la protección de la salud de las personas que trabajan en la producción y procesamiento de productos agroindustriales ante la exposición a radiaciones, se han difundido medidas de prevención y se ha capacitado a los trabajadores sobre los riesgos asociados a la exposición a radiaciones.

El uso y la generación de radiaciones ionizantes y no ionizantes está sujeto al estricto control de la autoridad competente. En este caso, se ha establecido un sistema de control y seguimiento de la generación y uso de radiaciones que se utiliza en la producción y procesamiento de productos agroindustriales que busca garantizar su adecuada gestión y minimizar los riesgos asociados a su exposición.

Pudiendo aplicar, de acuerdo al caso, el principio precautorio, de conformidad con lo dispuesto en el Título Preliminar de la presente Ley. En este caso, se ha aplicado el principio precautorio en el caso de exposiciones a radiaciones que presentan incertidumbres científicas significativas en la producción y procesamiento de productos agroindustriales, adoptando medidas de prevención y control.

La aplicación de las medidas establecidas en el artículo 116 de la Ley de Gestión Ambiental en la región donde se produce una gran cantidad de productos agroindustriales es un ejemplo práctico de cómo se puede proteger la salud de las personas que trabajan en la producción y procesamiento de estos productos ante la exposición a radiaciones ionizantes y no ionizantes. Esperamos que más regiones en todo el país adopten políticas y medidas para la gestión sostenible de las radiaciones en la producción y procesamiento de productos agroindustriales, promoviendo una gestión ambiental responsable y sostenible en todos los sectores económicos.

Los Estándares Nacionales de Calidad Ambiental para Radiaciones tiene como objetivo prevenir y planificar el control de la contaminación por radiaciones no ionizantes sobre la base de una estrategia destinada a proteger la salud, mejorar la competitividad del país y promover el desarrollo sostenible. Decreto Supremo 010-2005-PCM jueves, 3 febrero, 2005.

Artículo 117.- Del control de emisiones

117.1 El control de las emisiones se realiza a través de los LMP y demás instrumentos de gestión ambiental establecidos por las autoridades competentes.

117.2 La infracción de los LMP es sancionada de acuerdo con las normas correspondientes a cada autoridad sectorial competente.

Comentario Artículo 117.- Del control de emisiones:

El artículo 117 de la Ley General del Ambiente de Perú establece la importancia del control de emisiones para proteger el medio ambiente y la salud de las personas. El control de las emisiones se realiza a través de los LMP y otros instrumentos de gestión ambiental establecidos por las autoridades competentes.

Los LMP (Límites Máximos Permisibles) son normas que establecen los niveles máximos de emisiones de contaminantes permitidos en el aire, agua y suelo. Estos límites son establecidos por las autoridades competentes y deben ser cumplidos por las empresas e instituciones que generan emisiones contaminantes.

Además, se deben utilizar otros instrumentos de gestión ambiental, como los planes de manejo ambiental y los estudios de impacto ambiental, para asegurar el control de las emisiones y minimizar su impacto en el medio ambiente y la salud de las personas.

Es importante destacar que la infracción de los LMP es sancionada de acuerdo con las normas correspondientes a cada autoridad sectorial competente. Esto significa que las empresas e instituciones que no cumplen con los LMP establecidos pueden enfrentar sanciones y multas por parte de las autoridades correspondientes.

El artículo 117 de la Ley General del Ambiente establece la importancia del control de emisiones para proteger el medio ambiente y la salud de las personas. El cumplimiento de los LMP y otros instrumentos de gestión ambiental es fundamental para minimizar el impacto de las emisiones contaminantes en el ambiente y la salud de las personas. Las autoridades competentes deben garantizar el cumplimiento de estas normas y sancionar a las empresas e instituciones que no las cumplan. De esta forma, se puede promover un ambiente saludable y sostenible en Perú.

Ejemplo Artículo 117.- Del control de emisiones:

Para este caso recurro a un ejemplo donde se ha identificado la necesidad de controlar las emisiones que se generan en las actividades industriales, comerciales y de servicios, para evitar que estas afecten la calidad del aire y la salud de la población. En cumplimiento del artículo 117 de la Ley de Gestión Ambiental, el Estado adopta medidas para:

Inciso 117.1. El control de las emisiones se realiza a través de los LMP y demás instrumentos de gestión ambiental establecidos por las autoridades competentes. En este caso, se ha establecido un conjunto de Límites Máximos Permisibles (LMP) para la emisión de contaminantes atmosféricos, los cuales son controlados a través de la implementación de tecnologías limpias y el monitoreo constante de las emisiones generadas por las empresas. Además, se han establecido otros instrumentos de gestión ambiental, como la evaluación de impacto ambiental y la inspección ambiental, para garantizar el cumplimiento de las normas y regulaciones ambientales.

Inciso 117.2. La infracción de los LMP es sancionada de acuerdo con las normas correspondientes a cada autoridad sectorial competente. En este caso, las autoridades sectoriales competentes, como el Ministerio de Ambiente y las autoridades locales, tienen la facultad de sancionar a las empresas que incumplen los LMP y otras normas ambientales. Las sanciones pueden incluir multas, clausura temporal o definitiva de las actividades, y otras medidas que buscan garantizar el cumplimiento de las normas ambientales.

La aplicación de las medidas establecidas en el artículo 117 de la Ley de Gestión Ambiental en la ciudad es un ejemplo práctico de cómo se puede controlar las emisiones que se generan en las actividades industriales, comerciales y de servicios, para evitar que estas afecten la calidad del aire y la salud de la población. Esperamos que más ciudades en todo el país adopten políticas y medidas para la gestión sostenible de las emisiones, promoviendo una gestión ambiental responsable y sostenible en todos los sectores económicos.

Artículo 118.- De la protección de la calidad del aire

Las autoridades públicas, en el ejercicio de sus funciones y atribuciones, adoptan medidas para la prevención, vigilancia y control ambiental y epidemiológico, a fin de asegurar la conservación, mejoramiento y recuperación de la calidad del aire, según sea el caso, actuando prioritariamente en las zonas en las que se superen los niveles de alerta por la presencia de elementos contaminantes, debiendo aplicarse planes de contingencia para la prevención o mitigación de riesgos y daños sobre la salud y el ambiente.

Comentario Artículo 118.- De la protección de la calidad del aire:

El artículo 118 de la Ley General del Ambiente de Perú establece la responsabilidad de las autoridades públicas en adoptar medidas para la prevención, vigilancia y control ambiental y epidemiológico para asegurar la conservación, mejoramiento y recuperación de la calidad del aire. Las autoridades deben actuar prioritariamente en las zonas en las que se superen los niveles de alerta por la presencia de elementos contaminantes, debiendo aplicarse planes de contingencia para la prevención o mitigación de riesgos y daños sobre la salud y el ambiente.

Es importante destacar que la contaminación del aire es un problema grave en muchas ciudades de Perú y puede tener efectos negativos en la salud de las personas y en el medio ambiente. La contaminación del aire puede ser causada por diversas actividades, como la quema de combustibles fósiles, la actividad industrial y el transporte.

Para prevenir y controlar la contaminación del aire, las autoridades públicas deben adoptar medidas efectivas, como la promoción del uso de medios de transporte no contaminantes, la regulación de la actividad industrial y la implementación de planes de contingencia en caso de emergencias ambientales.

Además, es fundamental que se realice una vigilancia y control ambiental y epidemiológico para monitorear la calidad del aire y detectar posibles riesgos para la salud de las personas. Los datos y resultados obtenidos de este monitoreo deben ser accesibles a la población y a las autoridades competentes para tomar decisiones informadas y aplicar medidas correctivas en caso de ser necesario.

El artículo 118 de la Ley General del Ambiente establece la importancia de la protección de la calidad del aire y la responsabilidad de las autoridades públicas en adoptar medidas efectivas para prevenir, controlar y mitigar los riesgos y daños sobre la salud y el ambiente. Es fundamental que se promueva una cultura de cuidado ambiental y se tomen medidas concretas para mejorar la calidad del aire y proteger la salud de las personas.

Cuadro N° 3: Estándar de Calidad Ambiental ECAs

Estándar de Calidad Ambiental (ECA)	Descripción
ECA de Aire	Estándares establecidos por el Ministerio del Ambiente del Perú para regular la calidad del aire en el país. Los estándares definen los límites permitidos de concentración de contaminantes atmosféricos para proteger la salud humana y el ambiente.
ECA de Agua	Estándares establecidos por el Ministerio del Ambiente del Perú para regular la calidad del agua en el país. Los estándares definen los límites permitidos de contaminantes en el agua para proteger la salud humana, la vida acuática y otros usos del agua.
ECA de Suelos	Estándares establecidos por el Ministerio del Ambiente del Perú para regular la calidad de los suelos en el país. Los estándares definen los límites permitidos de contaminantes en el suelo para proteger la salud humana, la flora y fauna del suelo, y otros usos del suelo.
ECA de Ruido	Estándares establecidos por el Ministerio del Ambiente del Perú para regular la calidad acústica en el país. Los estándares definen los límites permitidos de emisión de ruido para proteger la salud humana y el ambiente de los efectos negativos del ruido.
ECA de Radiaciones Ionizantes	Estándares establecidos por el Ministerio del Ambiente del Perú para regular la exposición a radiaciones ionizantes en el país. Los estándares definen los límites permitidos de exposición a radiación para proteger la salud humana y el ambiente de los efectos negativos de la radiación ionizante.

Estándar de Calidad Ambiental (ECA)	Descripción
ECA de Residuos Sólidos	Estándares establecidos por el Ministerio del Ambiente del Perú para regular la gestión de residuos sólidos en el país. Los estándares definen los requisitos para el manejo, transporte, disposición final y tratamiento de los residuos sólidos para proteger la salud humana y el ambiente de los efectos negativos de la acumulación de residuos.
ECA de Emisiones Vehiculares	Estándares establecidos por el Ministerio del Ambiente del Perú para regular las emisiones de vehículos motorizados en el país. Los estándares definen los límites permitidos de emisión de contaminantes atmosféricos para proteger la salud humana y el ambiente de los efectos negativos de la contaminación vehicular.
ECA de Vertimientos Líquidos	Estándares establecidos por el Ministerio del Ambiente del Perú para regular los vertimientos de aguas residuales en cuerpos de agua superficiales o subterráneos en el país. Los estándares definen los límites permitidos de concentración de contaminantes en los vertimientos líquidos para proteger la salud humana, la vida acuática y otros usos del agua.

Fuente: Autor

Ejemplo Artículo 118.- De la protección de la calidad del aire:

En una región del país con alto tráfico vehicular y actividades industriales, se ha identificado la necesidad de proteger la calidad del aire para evitar que esta afecte la salud de la población y el medio ambiente. En cumplimiento del artículo 118 de la Ley de Gestión Ambiental, las autoridades públicas adoptan medidas para:

La prevención, vigilancia y control ambiental y epidemiológico, a fin de asegurar la conservación, mejoramiento y recuperación de la calidad del aire, según sea el caso. En este caso, se han establecido sistemas de monitoreo de la calidad del aire y se han implementado medidas para prevenir y controlar la emisión de contaminantes al aire, como la promoción del uso de tecnologías limpias en las actividades industriales y la implementación de medidas de gestión del tráfico vehicular.

Actuando prioritariamente en las zonas en las que se superen los niveles de alerta por la presencia de elementos contaminantes. En este caso, se han identificado las zonas con mayor concentración de contaminantes en el aire y se han establecido medidas específicas para reducir la emisión de contaminantes en estas zonas.

Debiendo aplicarse planes de contingencia para la prevención o mitigación de riesgos y daños sobre la salud y el ambiente. En este caso, se han establecido planes de contingencia para prevenir o mitigar los riesgos y daños a la salud y el ambiente en caso de superarse los niveles de alerta. Estos planes incluyen medidas específicas para proteger la salud de la población, como la restricción del tráfico vehicular y la suspensión temporal de actividades industriales en caso de emergencias ambientales.

La aplicación de las medidas establecidas en el artículo 118 de la Ley de Gestión Ambiental en la región con alto tráfico vehicular y actividades industriales es un ejemplo práctico de cómo se puede proteger la calidad del aire para evitar que esta afecte la salud de la población y el medio ambiente. Esperamos que más regiones en todo el país adopten políticas y medidas para la gestión sostenible de la calidad del aire, promoviendo una gestión ambiental responsable y sostenible en todos los sectores económicos.

Otro ejemplo:

Un ejemplo recreado sobre la aplicación del artículo 118 podría ser:

En una zona rural del país, se ha identificado la necesidad de proteger la calidad del aire para evitar que esta afecte la salud de la población y el medio ambiente debido a la quema de desechos y la práctica de la quema de pastizales. En cumplimiento del artículo 118 de la Ley de Gestión Ambiental, las autoridades públicas adoptan medidas para:

La prevención, vigilancia y control ambiental y epidemiológico, a fin de asegurar la conservación, mejoramiento y recuperación de la calidad del aire, según sea el caso. En este caso, se han establecido campañas de sensibilización para promover prácticas sostenibles y evitar la quema de desechos y pastizales, así como la promoción del uso de alternativas como el uso del compost considerado técnicamente como ...El compost o la composta es un producto obtenido a partir de diferentes materiales de origen orgánico, los cuales son sometidos a un proceso biológico controlado de descomposición denominado compostaje. Posee un aspecto terroso, libre de olores y de patógenos, es empleado como sustituto parcial o total de abonos y fertilizantes orgánicos o químicos (wikipedia, 2023).

Actuando prioritariamente en las zonas en las que se superen los niveles de alerta por la presencia de elementos contaminantes. En este caso, se han identificado las zonas con mayor concentración de contaminantes en el aire debido a la quema de desechos y pastizales y se han establecido medidas específicas para reducir la quema en estas zonas.

Debiendo aplicarse planes de contingencia para la prevención o mitigación de riesgos y daños sobre la salud y el ambiente. En este caso, se han establecido planes de contingencia para prevenir o mitigar los riesgos y daños a la salud y el ambiente en caso de superarse los niveles de alerta. Estos planes incluyen medidas específicas para proteger la salud de la población, como la suspensión temporal de la quema de desechos y pastizales en caso de emergencias ambientales.

Esta aplicación sobre las medidas establecidas en el artículo 118 de la Ley de Gestión Ambiental en la zona rural del país es un ejemplo práctico de cómo se puede proteger la calidad del aire para evitar que esta afecte la salud de la población y el medio ambiente debido a la quema de desechos y pastizales. Esperamos que más zonas rurales en todo el país adopten políticas y medidas para la gestión sostenible de la calidad del aire, promoviendo una gestión ambiental responsable y sostenible en todos los sectores económicos.

Mediante la presente norma aprueban los Estándares de Calidad Ambiental (ECA) para Aire, mediante el cual se establece niveles de concentración de los elementos, sustancias, parámetros físicos y químicos y biológicos, presentes en el suelo en su condición de cuerpo receptor que no represente riesgo significativo para la salud de las personas ni para el ambiente. Decreto Supremo 003-2017-MINAM - miércoles, 7 junio, 2017.[22]

---

[22] https://sinia.minam.gob.pe/normas/aprueban-estandares-calidad-ambiental-eca-aire-establecen-disposiciones

Esta norma dispone la derogatoria del Decreto Supremo N° 074-2001-PCM, el Decreto Supremo N° 069-2003-PCM, el Decreto Supremo N° 003-2008-MINAM y el Decreto Supremo N° 006-2013-MINAM. Finalmente, el Decreto Supremo 003-2017-MINAM.

Artículo 119.- Del manejo de los residuos sólidos

119.1 La gestión de los residuos sólidos de origen doméstico, comercial o que siendo de origen distinto presenten características similares a aquellos, son de responsabilidad de los gobiernos locales. Por ley se establece el régimen de gestión y manejo de los residuos sólidos municipales.

119.2 La gestión de los residuos sólidos distintos a los señalados en el párrafo precedente son de responsabilidad del generador hasta su adecuada disposición final, bajo las condiciones de control y supervisión establecidas en la legislación vigente.

Comentario Artículo 119.- Del manejo de los residuos sólidos:

El artículo 119 de la Ley General del Ambiente de Perú establece la responsabilidad en el manejo de los residuos sólidos. La gestión de los residuos sólidos de origen doméstico, comercial o que presenten características similares a estos son responsabilidad de los gobiernos locales, quienes deben establecer el régimen de gestión y manejo de los residuos sólidos municipales.

Es importante destacar que la gestión adecuada de los residuos sólidos es fundamental para proteger el medio ambiente y la salud de las personas. El inadecuado manejo de los residuos sólidos puede tener efectos negativos en la calidad del aire, el agua y el suelo, así como en la salud de la población.

Para garantizar una gestión adecuada de los residuos sólidos, es fundamental que se establezcan medidas efectivas y se promueva la participación ciudadana en el proceso de gestión de los residuos sólidos. Los gobiernos locales deben implementar programas de reciclaje y compostaje, así como establecer sistemas de recolección y disposición final de los residuos sólidos.

Además, es importante destacar que la responsabilidad de la gestión de los residuos sólidos distintos a los mencionados en el inciso 119.1 es del generador hasta su adecuada disposición final. Esto significa que las empresas e instituciones que generan residuos sólidos deben ser responsables de su gestión adecuada y disposición final, bajo las condiciones de control y supervisión establecidas en la legislación vigente.

El artículo 119 de la Ley General del Ambiente establece la importancia de la gestión adecuada de los residuos sólidos y la responsabilidad de los gobiernos locales y los generadores de residuos sólidos en su gestión y disposición final. Es fundamental que se establezcan medidas efectivas y se promueva la participación ciudadana en el proceso de gestión de los residuos sólidos para proteger el medio ambiente y la salud de la población.

Ejemplo Artículo 119.- Del manejo de los residuos sólidos:

Para este ejemplo considero a la ciudad de Huánuco, donde se ha identificado la necesidad de mejorar el manejo de los residuos sólidos para evitar la contaminación del medio ambiente y proteger la salud de la población. En cumplimiento del artículo 119 de la Ley de Gestión Ambiental, se han establecido medidas para:

Inciso 119.1. La gestión de los residuos sólidos de origen doméstico, comercial o que siendo de origen distinto presenten características similares a aquellos, son de responsabilidad de los gobiernos locales. Por ley se establece el régimen de gestión y manejo de los residuos sólidos municipales. En este caso, el gobierno local es responsable de la gestión de los residuos sólidos de origen doméstico y comercial, así como aquellos que presentan características similares. Se ha establecido un régimen de gestión y manejo de los residuos sólidos municipales, que incluye la recolección, transporte, tratamiento y disposición final de los residuos sólidos.

Inciso 119.2. La gestión de los residuos sólidos distintos a los señalados en el párrafo precedente es de responsabilidad del generador hasta su adecuada disposición final, bajo las condiciones de control y supervisión establecidas en la legislación vigente. En este caso, los generadores de residuos sólidos distintos a los de origen doméstico y comercial son responsables de su gestión hasta su adecuada disposición final, bajo las condiciones de control y supervisión establecidas en la legislación vigente. Esto incluye el transporte y disposición final de estos residuos en lugares autorizados por las autoridades ambientales.

La aplicación de las medidas establecidas en el artículo 119 de la Ley de Gestión Ambiental en la ciudad es un ejemplo práctico de cómo se puede mejorar el manejo de los residuos sólidos para evitar la contaminación del medio ambiente y proteger la salud de la población. Esperamos que más ciudades en todo el país adopten políticas y medidas para la gestión sostenible de los residuos sólidos, promoviendo una gestión ambiental responsable y sostenible en todos los sectores económicos.

Artículo 120.- De la protección de la calidad de las aguas

120.1 El Estado, a través de las entidades señaladas en la Ley, está a cargo de la protección de la calidad del recurso hídrico del país.

120.2 El Estado promueve el tratamiento de las aguas residuales con fines de su reutilización, considerando como premisa la obtención de la calidad necesaria para su reúso, sin afectar la salud humana, el ambiente o las actividades en las que se reutilizarán.

Comentario Artículo 120.- De la protección de la calidad de las aguas:

El artículo 120 de la Ley General del Ambiente de Perú establece la responsabilidad del Estado en la protección de la calidad del recurso hídrico del país. El Estado, a través de las entidades señaladas en la Ley, está a cargo de la protección de la calidad del recurso hídrico del país.

Es importante destacar que el agua es un recurso esencial para la vida y el desarrollo humano, y su protección es fundamental para garantizar un ambiente saludable y sostenible. En Perú, existen diversas fuentes de agua, como ríos, lagos y acuíferos, que son utilizadas para diversos fines, como el consumo humano, la agricultura y la industria.

Para proteger la calidad del recurso hídrico, es fundamental que se establezcan medidas efectivas, como la regulación de las actividades que pueden afectar la calidad del agua, la promoción del tratamiento de las aguas residuales y la protección de las áreas de recarga de acuíferos.

Es importante destacar que el Estado promueve el tratamiento de las aguas residuales con fines de su reutilización, considerando como premisa la obtención de la calidad necesaria para su reúso, sin afectar la salud humana, el ambiente o las actividades en las que se reutilizarán. Esto significa que se debe garantizar que las aguas residuales tratadas sean seguras para su reutilización en actividades como la agricultura y la industria, sin afectar la salud humana o el ambiente.

El artículo 120 de la Ley General del Ambiente de Perú establece la responsabilidad del Estado en la protección de la calidad del recurso hídrico y la promoción del tratamiento de las aguas residuales con fines de su reutilización. Es fundamental que se establezcan medidas efectivas para proteger la calidad del agua y garantizar su uso sostenible, sin afectar la salud humana o el ambiente.

Ejemplo Artículo 120.- De la protección de la calidad de las aguas:

Para el siguiente caso recurro a un ejemplo sobre alta actividad minera y agrícola, se ha identificado la necesidad de proteger la calidad de las aguas para evitar la contaminación del recurso hídrico y proteger la salud de la población y el medio ambiente. En cumplimiento del artículo 120 de la Ley de Gestión Ambiental, se han establecido medidas para:

Inciso 120.1. El Estado, a través de las entidades señaladas en la Ley, está a cargo de la protección de la calidad del recurso hídrico del país. En este caso, el Estado es responsable de la protección de la calidad del recurso hídrico en la región. Se ha establecido un sistema de monitoreo de la calidad del agua para identificar y controlar la contaminación y se han implementado medidas específicas para reducir la contaminación del agua, como la promoción del uso de tecnologías limpias en la actividad minera y agrícola.

Inciso 120.2. El Estado promueve el tratamiento de las aguas residuales con fines de su reutilización, considerando como premisa la obtención de la calidad necesaria para su reúso, sin afectar la salud humana, el ambiente o las actividades en las que se reutilizarán. En este caso, el Estado promueve el tratamiento de las aguas residuales con fines de su reutilización, siempre y cuando se obtenga la calidad necesaria para su reúso sin afectar la salud humana, el ambiente o las actividades en las que se reutilizarán. Se han establecido normas y estándares para el tratamiento de las aguas residuales y se ha promovido el uso de tecnologías eficientes para el tratamiento de aguas residuales en las actividades mineras y agrícolas.

La aplicación de las medidas establecidas en el artículo 120 de la Ley de Gestión Ambiental en la región es un ejemplo práctico de cómo se puede proteger la calidad de las aguas para evitar la contaminación del recurso hídrico y proteger la salud de la población y el medio ambiente. Esperamos que más regiones en todo el país adopten políticas y medidas para la gestión sostenible de las aguas, promoviendo una gestión ambiental responsable y sostenible en todos los sectores económicos.

Otro ejemplo:

Otro ejemplo de aplicación del artículo 120 podría ser:

En una ciudad costera del país, se ha identificado la necesidad de proteger la calidad de las aguas para evitar la contaminación del mar y proteger la salud de la población y el ecosistema marino. En cumplimiento del artículo 120 de la Ley de Gestión Ambiental, se han establecido medidas para:

Inciso 120.1. El Estado, a través de las entidades señaladas en la Ley, está a cargo de la protección de la calidad del recurso hídrico del país. En este caso, el Estado es responsable de la protección de la calidad de las aguas en la ciudad costera. Se ha establecido un sistema de monitoreo de la calidad del agua para identificar y controlar la contaminación y se han implementado medidas específicas para reducir la contaminación del mar, como la regulación del vertido de aguas residuales y la promoción del uso de tecnologías limpias en la actividad turística.

Inciso 120.2. El Estado promueve el tratamiento de las aguas residuales con fines de su reutilización, considerando como premisa la obtención de la calidad necesaria para su reúso, sin afectar la salud humana, el ambiente o las actividades en las que se reutilizarán. En este caso, el Estado promueve el tratamiento de las aguas residuales con fines de su reutilización en la ciudad costera, siempre y cuando se obtenga la calidad necesaria para su reúso sin afectar la salud humana, el ambiente o las actividades en las que se reutilizarán. Se han establecido normas y estándares para el tratamiento de las aguas residuales y se ha promovido el uso de tecnologías eficientes para el tratamiento de aguas residuales en la actividad turística.

Para la aplicación de las medidas establecidas en el artículo 120 de la Ley de Gestión Ambiental en la ciudad costera es un ejemplo práctico de cómo se puede proteger la calidad de las aguas para evitar la contaminación del mar y proteger la salud de la población y el ecosistema marino. Esperamos que más ciudades costeras en todo el país adopten políticas y medidas para la gestión sostenible de las aguas, promoviendo una gestión ambiental responsable y sostenible en todos los sectores económicos.

Artículo 121.- Del vertimiento de aguas residuales

El Estado emite en base a la capacidad de carga de los cuerpos receptores, una autorización previa para el vertimiento de aguas residuales domésticas, industriales o de cualquier otra actividad desarrollada por personas naturales o jurídicas, siempre que dicho vertimiento no cause deterioro de la calidad de las aguas como cuerpo receptor, ni se afecte su reutilización para otros fines, de acuerdo a lo establecido en los ECA correspondientes y las normas legales vigentes.

Comentario Artículo 121.- Del vertimiento de aguas residuales:

El artículo 121 de la Ley General del Ambiente de Perú establece que el Estado emite una autorización previa para el vertimiento de aguas residuales, en base a la capacidad de carga de los cuerpos receptores. Esta autorización se emite para el vertimiento de aguas residuales domésticas, industriales o de cualquier otra actividad desarrollada por personas naturales o jurídicas.

Es importante destacar que el objetivo de esta autorización es proteger la calidad del agua como cuerpo receptor y garantizar que su reutilización para otros fines no se vea afectada. Esto significa que el vertimiento de aguas residuales debe estar sujeto a los Estándares de Calidad Ambiental (ECA) correspondientes y las normas legales vigentes lo cual no debiera generar contaminación de corrientes de agua según Decreto Supremo N° 004-2017-MINAM .- Aprueban Estándares de Calidad Ambiental (ECA) para Agua y establecen Disposiciones Complementarias[23].

Es fundamental que se establezcan medidas efectivas para garantizar que el vertimiento de aguas residuales no cause deterioro de la calidad de las aguas como cuerpo receptor, y que se promueva la protección del medio ambiente y la salud de la población.

Además, es importante destacar que las empresas e instituciones que generan aguas residuales deben ser responsables de su gestión adecuada y disposición final, bajo las condiciones de control y supervisión establecidas en la legislación vigente.

El artículo 121 de la Ley General del Ambiente de Perú establece la importancia de la autorización previa para el vertimiento de aguas residuales, con el objetivo de proteger la calidad del agua como cuerpo receptor y garantizar su reutilización para otros fines. Es fundamental que se establezcan medidas efectivas para garantizar que el vertimiento de aguas residuales no cause deterioro de la calidad del agua y que se promueva la protección del medio ambiente y la salud de la población.

---

[23] https://sinia.minam.gob.pe/normas/aprueban-estandares-calidad-ambiental-eca-agua-establecen-disposiciones

Ejemplo Artículo 121.- Del vertimiento de aguas residuales:

En una zona industrial del país, se ha identificado la necesidad de regular el vertimiento de aguas residuales para evitar la contaminación del recurso hídrico y proteger la salud de la población y el medio ambiente. En cumplimiento del artículo 121 de la Ley de Gestión Ambiental, se han establecido medidas para:

El Estado emite en base a la capacidad de carga de los cuerpos receptores, una autorización previa para el vertimiento de aguas residuales domésticas, industriales o de cualquier otra actividad desarrollada por personas naturales o jurídicas, siempre que dicho vertimiento no cause deterioro de la calidad de las aguas como cuerpo receptor, ni se afecte su reutilización para otros fines, de acuerdo a lo establecido en los ECA correspondientes y las normas legales vigentes. En este caso, el Estado emite una autorización previa para el vertimiento de aguas residuales, siempre y cuando se cumplan las condiciones establecidas en los Estándares de Calidad Ambiental (ECA) correspondientes y las normas legales vigentes. Se ha establecido un sistema de monitoreo para asegurar que los vertimientos no causen deterioro de la calidad de las aguas y no afecten su reutilización para otros fines.

Para la aplicación de las medidas establecidas en el artículo 121 de la Ley de Gestión Ambiental en la zona industrial es un ejemplo práctico de cómo se puede regular el vertimiento de aguas residuales para evitar la contaminación del recurso hídrico y proteger la salud de la población y el medio ambiente. Esperamos que más zonas industriales en todo el país adopten políticas y medidas para la gestión sostenible de las aguas residuales, promoviendo una gestión ambiental responsable y sostenible en todos los sectores económicos.

Otro ejemplo:

Otro ejemplo de aplicación del artículo 121 podría ser:

En una ciudad con alta densidad poblacional del país, se ha identificado la necesidad de regular el vertimiento de aguas residuales para evitar la contaminación del recurso hídrico y proteger la salud de la población y el medio ambiente. En cumplimiento del artículo

121 de la Ley de Gestión Ambiental, se han establecido medidas para:

El Estado emite en base a la capacidad de carga de los cuerpos receptores, una autorización previa para el vertimiento de aguas residuales domésticas, industriales o de cualquier otra actividad desarrollada por personas naturales o jurídicas, siempre que dicho vertimiento no cause deterioro de la calidad de las aguas como cuerpo receptor, ni se afecte su reutilización para otros fines, de acuerdo a lo establecido en los ECA correspondientes y las normas legales vigentes. En este caso, el Estado emite una autorización previa para el vertimiento de aguas residuales, siempre y cuando se cumplan las condiciones establecidas en los Estándares de Calidad Ambiental (ECA) correspondientes y las normas legales vigentes. Se ha establecido un sistema de monitoreo para asegurar que los vertimientos no causen deterioro de la calidad de las aguas y no afecten su reutilización para otros fines. Además, se han promovido iniciativas para el reciclaje de aguas grises y la implementación de tecnologías de tratamiento de aguas residuales en los hogares y edificios públicos.

La aplicación de las medidas establecidas en el artículo 121 de la Ley de Gestión Ambiental en la ciudad con alta densidad poblacional es un ejemplo práctico de cómo se puede regular el vertimiento de aguas residuales para evitar la contaminación del recurso hídrico y proteger la salud de la población y el medio ambiente. Esperamos que más ciudades en todo el país adopten políticas y medidas para la gestión sostenible de las aguas residuales, promoviendo una gestión ambiental responsable y sostenible en todos los sectores económicos y sociales.

Artículo 122.- Del tratamiento de residuos líquidos

122.1 Corresponde a las entidades responsables de los servicios de saneamiento la responsabilidad por el tratamiento de los residuos líquidos domésticos y las aguas pluviales.

122.2 El sector Vivienda, Construcción y Saneamiento es responsable de la vigilancia y sanción por el incumplimiento de LMP en los residuos líquidos domésticos, en coordinación con las autoridades sectoriales que ejercen funciones relacionadas con la descarga de efluentes en el sistema de alcantarillado público.

122.3 Las empresas o entidades que desarrollan actividades extractivas, productivas, de comercialización u otras que generen aguas residuales o servidas, son responsables de su tratamiento, a fin de reducir sus niveles de contaminación hasta niveles compatibles con los LMP, los ECA y otros estándares establecidos en instrumentos de gestión ambiental, de conformidad con lo establecido en las normas legales vigentes. El manejo de las aguas residuales o servidas de origen industrial puede ser efectuado directamente por el generador, a través de terceros debidamente autorizados a o a través de las entidades responsables de los servicios de saneamiento, con sujeción al marco legal vigente sobre la materia.

Comentario Artículo 122.- Del tratamiento de residuos líquidos:

El artículo 122 de la Ley General del Ambiente de Perú establece la responsabilidad en el tratamiento de los residuos líquidos. Las entidades responsables de los servicios de saneamiento tienen la responsabilidad por el tratamiento de los residuos líquidos domésticos y las aguas pluviales.

Es importante destacar que el sector Vivienda, Construcción y Saneamiento es responsable de la vigilancia y sanción por el incumplimiento de los Límites Máximos Permisibles (LMP) en los residuos líquidos domésticos, en coordinación con las autoridades sectoriales que ejercen funciones relacionadas con la descarga de efluentes en el sistema de alcantarillado público.

Además, las empresas o entidades que generan aguas residuales o servidas son responsables de su tratamiento, a fin de reducir sus niveles de contaminación hasta niveles compatibles con los LMP, los Estándares de Calidad Ambiental (ECA) y otros estándares establecidos en instrumentos de gestión ambiental, de conformidad con lo establecido en las normas legales vigentes. El manejo de las aguas residuales o servidas de origen industrial puede ser efectuado directamente por el generador, a través de terceros debidamente autorizados o a través de las entidades responsables de los servicios de saneamiento, con sujeción al marco legal vigente sobre la materia.

Es fundamental que se establezcan medidas efectivas para garantizar que las aguas residuales y servidas sean tratadas adecuadamente y reducidas a niveles compatibles con los LMP Límites Máximos Permisibles (LMP) para los efluentes de plantas de tratamiento de aguas residuales domésticas o municipales (PTAR), para el Sector Vivienda. y los ECA correspondiente, para proteger la calidad del agua y el medio ambiente.

El artículo 122 de la Ley General del Ambiente de Perú establece la importancia de la responsabilidad en el tratamiento de los residuos líquidos y la necesidad de establecer medidas efectivas para garantizar su adecuado tratamiento y reducción de niveles de contaminación. Es fundamental que se promueva la protección del medio ambiente y la salud de la población en la gestión de los residuos líquidos.

Cuadro N° 4: Residuos líquidos

Fuente	Tratamiento	Descripción
Residuos Domésticos	Tratamiento Primario (Físico) y Tratamiento Secundario (Biológico)	Son residuos líquidos generados en hogares y viviendas, como aguas residuales de lavado, baño y cocina. El tratamiento primario incluye la separación de sólidos mediante tamices y sedimentación, mientras que el tratamiento secundario involucra la eliminación de contaminantes mediante procesos biológicos.
Residuos Industriales	Tratamiento Primario (Físico-Químico) y Tratamiento Secundario (Biológico)	Son residuos líquidos generados por procesos industriales, que pueden contener compuestos tóxicos y peligrosos para la salud y el ambiente. El tratamiento primario involucra procesos físicos y químicos para separar sólidos y eliminar contaminantes inorgánicos, mientras que el tratamiento secundario utiliza procesos biológicos para eliminar compuestos orgánicos.

Fuente	Tratamiento	Descripción
Residuos Agrícolas	Tratamiento Primario (Físico) y Tratamiento Secundario (Biológico)	Son residuos líquidos generados por la actividad agrícola, como aguas de riego y lavado de maquinaria. El tratamiento primario incluye la eliminación de sólidos y sedimentación, mientras que el tratamiento secundario involucra procesos biológicos para eliminar compuestos orgánicos y nutrientes.
Residuos Hospitalarios	Tratamiento Primario (Físico-Químico) y Tratamiento Secundario (Biológico)	Son residuos líquidos generados por hospitales y centros médicos, que pueden contener patógenos y sustancias químicas peligrosas. El tratamiento primario involucra procesos físicos y químicos para eliminar patógenos y sustancias tóxicas, mientras que el tratamiento secundario utiliza procesos biológicos para eliminar compuestos orgánicos y otros contaminantes.
Aguas de Lluvia y Escorrentía	Tratamiento Primario (Físico)	Son residuos líquidos generados por la lluvia y el escurrimiento superficial de agua en áreas urbanas y rurales. El tratamiento primario incluye la eliminación de sólidos y contaminantes mediante procesos físicos como la filtración y sedimentación.
Residuos Mineros	Tratamiento Primario (Físico-Químico) y Tratamiento Secundario (Biológico)	Son residuos líquidos generados por la actividad minera, que pueden contener sustancias tóxicas y metales pesados. El tratamiento primario involucra procesos físicos y químicos para eliminar sólidos y metales pesados, mientras que el tratamiento secundario utiliza procesos biológicos para eliminar compuestos orgánicos y otros contaminantes.
Aguas Residuales de piscinas	Tratamiento Primario (Físico-Químico) y Tratamiento Secundario (Biológico)	Son residuos líquidos generados por piscinas y spas, que pueden contener altos niveles de cloro y otros productos químicos. El tratamiento primario involucra la eliminación de sólidos y la neutralización de sustancias químicas, mientras que el tratamiento secundario utiliza procesos biológicos para eliminar compuestos orgánicos.

Fuente	Tratamiento	Descripción
Residuos de Alimentos	Tratamiento Primario (Físico) y Tratamiento Secundario (Biológico)	Son residuos líquidos generados por restaurantes, hoteles y hogares, que contienen compuestos orgánicos y nutrientes. El tratamiento primario incluye la eliminación de sólidos y la separación de grasas y aceites, mientras que el tratamiento secundario utiliza procesos biológicos para descomponer los compuestos orgánicos y eliminar nutrientes.

Fuente: Autor.

Ejemplo Artículo 122.- Del tratamiento de residuos líquidos:

En una zona industrial del país, se ha identificado la necesidad de regular el tratamiento de los residuos líquidos para evitar la contaminación del recurso hídrico y proteger la salud de la población y el medio ambiente. En cumplimiento del artículo 122 de la Ley de Gestión Ambiental, se han establecido medidas para:

Inciso 122.1. Corresponde a las entidades responsables de los servicios de saneamiento la responsabilidad por el tratamiento de los residuos líquidos domésticos y las aguas pluviales. En este caso, las entidades responsables de los servicios de saneamiento son responsables del tratamiento de los residuos líquidos domésticos y las aguas pluviales en la zona industrial. Se ha establecido un sistema de recolección y tratamiento de los residuos líquidos domésticos y aguas pluviales para evitar su vertimiento en el recurso hídrico.

Inciso 122.2. El sector Vivienda, Construcción y Saneamiento es responsable de la vigilancia y sanción por el incumplimiento de LMP en los residuos líquidos domésticos, en coordinación con las autoridades sectoriales que ejercen funciones relacionadas con la descarga de efluentes en el sistema de alcantarillado público. En este caso, el sector Vivienda, Construcción y Saneamiento es responsable de la vigilancia y sanción por el incumplimiento de los Límites Máximos Permisibles (LMP) en los residuos líquidos domésticos. Se ha establecido un sistema de monitoreo para asegurar el cumplimiento de los LMP en los residuos líquidos domésticos y se han establecido sanciones para las empresas que no cumplan con los estándares establecidos.

Inciso 122.3. Las empresas o entidades que desarrollan actividades extractivas, productivas, de comercialización u otras que generen aguas residuales o servidas, son responsables de su tratamiento, a fin de reducir sus niveles de contaminación hasta niveles compatibles con los LMP, los ECA y otros estándares establecidos en instrumentos de gestión ambiental, de conformidad con lo establecido en las normas legales vigentes. En este caso, las empresas que generan aguas residuales o servidas son responsables de su tratamiento, a fin de reducir sus niveles de contaminación hasta niveles compatibles con los LMP, los Estándares de Calidad Ambiental (ECA) y otros estándares establecidos en instrumentos de gestión ambiental. Se ha establecido un sistema de monitoreo para asegurar el cumplimiento de los estándares establecidos y se han establecido sanciones para las empresas que no cumplan con los estándares establecidos. Además, se ha promovido la implementación de tecnologías limpias para el tratamiento de aguas residuales en las empresas de la zona industrial.

La aplicación de las medidas establecidas en el artículo 122 de la Ley de Gestión Ambiental en la zona industrial es un ejemplo práctico de cómo se puede regular el tratamiento de los residuos líquidos para evitar la contaminación del recurso hídrico y proteger la salud de la población y el medio ambiente. Esperamos que más empresas en todo el país adopten políticas y medidas para la gestión sostenible de los residuos líquidos, promoviendo una gestión ambiental responsable y sostenible en todos los sectores económicos y sociales.

Otro ejemplo:

Otro posible ejemplo de aplicación del artículo 122 podría ser:

En una ciudad con alto crecimiento urbano del país, se ha identificado la necesidad de regular el tratamiento de los residuos líquidos para evitar la contaminación del recurso hídrico y proteger la salud de la población y el medio ambiente. En cumplimiento del artículo 122 de la Ley de Gestión Ambiental, se han establecido medidas para:

Inciso 122.1. Corresponde a las entidades responsables de los servicios de saneamiento la responsabilidad por el tratamiento de los residuos líquidos domésticos y las aguas pluviales. En este caso, las entidades responsables de los servicios de saneamiento son responsables del tratamiento de los residuos líquidos domésticos y las aguas pluviales en la ciudad con alto crecimiento urbano. Se ha establecido un sistema de recolección y tratamiento de los residuos líquidos domésticos y aguas pluviales para evitar su vertimiento en el recurso hídrico.

Inciso 122.2. El sector Vivienda, Construcción y Saneamiento es responsable de la vigilancia y sanción por el incumplimiento de LMP en los residuos líquidos domésticos, en coordinación con las autoridades sectoriales que ejercen funciones relacionadas con la descarga de efluentes en el sistema de alcantarillado público. En este caso, el sector Vivienda, Construcción y Saneamiento es responsable de la vigilancia y sanción por el incumplimiento de los Límites Máximos Permisibles (LMP) en los residuos líquidos domésticos. Se ha establecido un sistema de monitoreo para asegurar el cumplimiento de los LMP en los residuos líquidos domésticos y se han establecido sanciones para las empresas que no cumplan con los estándares establecidos.

Inciso 122.3. Las empresas o entidades que desarrollan actividades extractivas, productivas, de comercialización u otras que generen aguas residuales o servidas, son responsables de su tratamiento, a fin de reducir sus niveles de contaminación hasta niveles compatibles con los LMP, los ECA y otros estándares establecidos en instrumentos de gestión ambiental, de conformidad con lo establecido en las normas legales vigentes. En este caso, las empresas que generan aguas residuales o servidas son responsables de su tratamiento, a fin de reducir sus niveles de contaminación hasta niveles compatibles con los LMP, los Estándares de Calidad Ambiental (ECA) y otros estándares establecidos en instrumentos de gestión ambiental. Se ha establecido un sistema de monitoreo para asegurar el cumplimiento de los estándares establecidos y se han establecido sanciones para las empresas que no cumplan con los estándares establecidos. Además, se ha promovido la implementación de tecnologías limpias para el tratamiento de aguas residuales en las empresas de la ciudad con alto crecimiento urbano.

La aplicación de las medidas establecidas en el artículo 122 de la Ley de Gestión Ambiental en la ciudad con alto crecimiento urbano es un ejemplo práctico de cómo se puede regular el tratamiento de los residuos líquidos para evitar la contaminación del recurso hídrico y proteger la salud de la población y el medio ambiente. Esperamos que más ciudades en todo el país adopten políticas y medidas para la gestión sostenible de los residuos líquidos, promoviendo una gestión ambiental responsable y sostenible en todos los sectores económicos y sociales.

Capítulo 4 - Ciencia, tecnología y educación ambiental

Artículo 123.- De la investigación ambiental científica y tecnológica

La investigación científica y tecnológica está orientada, en forma prioritaria, a proteger la salud ambiental, optimizar el aprovechamiento sostenible de los recursos naturales y a prevenir el deterioro ambiental, tomando en cuenta el manejo de los fenómenos y factores que ponen en riesgo el ambiente; el aprovechamiento de la biodiversidad, la realización y actualización de los inventarios de recursos naturales y la producción limpia y la determinación de los indicadores de calidad ambiental.

Comentario Artículo 123.- De la investigación ambiental científica y tecnológica:

Este artículo se refiere a la importancia de la investigación científica y tecnológica en relación con la protección del medio ambiente. La investigación debe estar enfocada en la protección de la salud ambiental, la utilización sostenible de los recursos naturales y la prevención del deterioro ambiental.

La investigación también debe tener en cuenta el manejo de los fenómenos y factores que ponen en riesgo el ambiente, como la contaminación del aire, agua y suelo, así como la gestión de los residuos. Además, la investigación debe enfocarse en el aprovechamiento de la biodiversidad, la realización de inventarios de recursos naturales y la producción limpia, es decir, una producción que tenga en cuenta el impacto ambiental.

Por último, la investigación debe determinar los indicadores de calidad ambiental, para poder medir y monitorear los cambios en el medio ambiente y tomar las medidas necesarias para protegerlo. En resumen, la investigación científica y tecnológica es fundamental para la protección del medio ambiente y el desarrollo sostenible.

Ejemplo Artículo 123.- De la investigación ambiental científica y tecnológica:

En el Perú, la investigación científica y tecnológica se aplica en diversos ámbitos para proteger el medio ambiente. Un ejemplo de ello es la investigación sobre la biodiversidad en la Amazonía peruana, que busca identificar y conservar las especies endémicas y proteger los ecosistemas naturales.

Otro ejemplo es la investigación sobre la calidad del aire en las ciudades peruanas, con el objetivo de identificar los principales contaminantes y desarrollar estrategias para reducir su impacto en la salud de la población y en el medio ambiente en general.

Además, en el Perú se han llevado a cabo investigaciones sobre la producción limpia en la industria minera, con el fin de reducir la generación de residuos y minimizar el impacto ambiental de esta actividad económica.

Estas son solo algunas de las aplicaciones de la investigación científica y tecnológica en el Perú en relación con la protección del medio ambiente. Es importante destacar que estas investigaciones son realizadas por diferentes instituciones, tanto públicas como privadas, y que su resultado contribuye al desarrollo sostenible del país.

La investigación ambiental científica y tecnológica es un área de estudio que busca entender los procesos ambientales y cómo estos interactúan con la sociedad y la tecnología. Aquí presento una lista de algunas investigaciones ambientales científicas y tecnológicas recientes en Perú:

a) Investigación sobre la calidad del aire en Lima: En Lima, se ha realizado investigación para entender la calidad del aire y los impactos de la contaminación atmosférica en la salud de la población.

b) Investigación sobre la conservación de la biodiversidad en la Amazonía peruana: En la Amazonía peruana, se ha investigado la biodiversidad para entender cómo se pueden conservar las especies en peligro de extinción y los ecosistemas.

c) Investigación sobre la gestión del agua en zonas rurales: En zonas rurales de Perú, se ha investigado la gestión del agua para encontrar soluciones sostenibles para la gestión del agua dulce y la protección de los ecosistemas acuáticos.

d) Investigación sobre la gestión de residuos en ciudades: En ciudades de Perú, se ha investigado la gestión de residuos para encontrar soluciones sostenibles para la gestión de los residuos generados por la sociedad.

e) Investigación sobre energías renovables en la costa peruana: En la costa de Perú, se ha investigado el potencial de la energía solar y eólica para encontrar soluciones sostenibles de energía limpia.

f) Investigación sobre la contaminación marina en la costa peruana: En la costa de Perú, se ha investigado la contaminación marina para entender los impactos y encontrar soluciones para reducir la contaminación en los océanos.

g) Investigación sobre la agricultura sostenible en los Andes peruanos: En los Andes de Perú, se ha investigado la agricultura sostenible para encontrar prácticas agrícolas que sean sostenibles y respetuosas con el medio ambiente.

h) Investigación sobre la gestión de recursos naturales en la selva peruana: En la selva de Perú, se ha investigado la gestión de recursos naturales, como la madera y los minerales, para encontrar soluciones sostenibles para su gestión.

i) Investigación sobre la tecnología ambiental en Lima: En Lima, se ha investigado el desarrollo de tecnologías limpias y sostenibles, como la energía renovable y la gestión de residuos, entre otros.

j) Investigación sobre el cambio climático en Perú: En Perú, se ha investigado sobre el cambio climático y sus impactos en el país, así como en la búsqueda de soluciones para mitigar su efecto.

Artículo 124.- Del fomento de la investigación ambiental científica y tecnológica

124.1 Corresponde al Estado y a las universidades, públicas y privadas, en cumplimiento de sus respectivas funciones y roles, promover:

a. La investigación y el desarrollo científico y tecnológico en materia ambiental.

b. La investigación y sistematización de las tecnologías tradicionales.

c. La generación de tecnologías ambientales.

d. La formación de capacidades humanas ambientales en la ciudadanía.

e. El interés y desarrollo por la investigación sobre temas ambientales en la niñez y juventud.

f. La transferencia de tecnologías limpias.

g. La diversificación y competitividad de la actividad pesquera, agraria, forestal y otras actividades económicas prioritarias.

124.2 El Estado, a través de los organismos competentes de ciencia y tecnología, otorga preferencia a la aplicación de recursos orientados a la formación de profesionales y técnicos para la realización de estudios científicos y tecnológicos en materia ambiental y el desarrollo de tecnologías limpias, principalmente bajo el principio de prevención de contaminación.

Comentario Artículo 124.- Del fomento de la investigación ambiental científica y tecnológica:

El fomento de la investigación ambiental es fundamental para el desarrollo sostenible de un país. La Ley General del Ambiente establece que corresponde al Estado y a las universidades, públicas y privadas, promover la investigación y el desarrollo científico y tecnológico en materia ambiental.

En este sentido, es importante que se invierta en investigación y desarrollo tecnológico que permita la protección del medio ambiente, la optimización del uso de los recursos naturales y la prevención del deterioro ambiental. También se debe fomentar la investigación y sistematización de las tecnologías tradicionales, que pueden ser utilizadas de manera sostenible y respetuosa con el medio ambiente.

Además, la generación de tecnologías ambientales es fundamental para enfrentar los desafíos ambientales actuales y futuros. Estas tecnologías deben ser desarrolladas teniendo en cuenta su impacto ambiental y su contribución al desarrollo sostenible.

Por otro lado, es importante que se forme y capacite a la ciudadanía en temas ambientales, para que puedan tomar decisiones informadas y responsables en relación con el medio ambiente. También es necesario fomentar el interés y el desarrollo de la investigación sobre temas ambientales en la niñez y juventud, ya que son ellos quienes liderarán el futuro del país y del planeta.

La promoción de la investigación ambiental científica y tecnológica es un aspecto clave para la protección del medio ambiente y el logro del desarrollo sostenible. Es necesario que tanto el Estado como las universidades, públicas y privadas, inviertan en investigación y desarrollo tecnológico que permita enfrentar los desafíos ambientales actuales y futuros, formen y capaciten a la ciudadanía y fomenten el interés y la investigación en temas ambientales en la niñez y juventud.

a. La investigación y el desarrollo científico y tecnológico en materia ambiental: La promoción de la investigación y el desarrollo científico y tecnológico en materia ambiental es fundamental para la protección del medio ambiente y el desarrollo sostenible. El Estado y las universidades, públicas y privadas, tienen la responsabilidad de promover la investigación y el desarrollo de tecnologías que permitan la protección del medio ambiente, la optimización del uso de los recursos naturales y la prevención del deterioro ambiental.

b. La investigación y sistematización de las tecnologías tradicionales: La investigación y sistematización de las tecnologías tradicionales es importante porque estas tecnologías pueden ser utilizadas de manera sostenible y respetuosa con el medio ambiente. La promoción de la investigación y la sistematización de estas tecnologías permitiría su conservación y su posible adaptación a las necesidades actuales.

c. La generación de tecnologías ambientales: La generación de tecnologías ambientales es fundamental para enfrentar los desafíos ambientales actuales y futuros. Estas tecnologías deben ser desarrolladas teniendo en cuenta su impacto ambiental y su contribución al desarrollo sostenible. La promoción de la generación de tecnologías ambientales permitiría la protección del medio ambiente y la optimización del uso de los recursos naturales.

d. La formación de capacidades humanas ambientales en la ciudadanía: La formación de capacidades humanas ambientales es importante para que la ciudadanía pueda tomar decisiones informadas y responsables en relación con el medio ambiente. La promoción de la formación de capacidades humanas ambientales permitiría una mayor conciencia y compromiso con el medio ambiente.

e. El interés y desarrollo por la investigación sobre temas ambientales en la niñez y juventud: El interés y desarrollo por la investigación sobre temas ambientales en la niñez y juventud es fundamental para el desarrollo sostenible. Es necesario fomentar el interés y la investigación en temas ambientales en la niñez y juventud, ya que son ellos quienes liderarán el futuro del país y del planeta.

f. La transferencia de tecnologías limpias: La transferencia de tecnologías limpias es importante para lograr un desarrollo sostenible y respetuoso con el medio ambiente. La promoción de la transferencia de tecnologías limpias permitiría la reducción de emisiones de gases de efecto invernadero y la protección del medio ambiente. Además, esta transferencia puede ser una oportunidad para países en desarrollo de adoptar tecnologías que les permitan un desarrollo más sostenible.

g. La diversificación y competitividad de la actividad pesquera, agraria, forestal y otras actividades económicas prioritarias: La diversificación y competitividad de la actividad pesquera, agraria, forestal y otras actividades económicas prioritarias son importantes para el desarrollo sostenible del país. En este sentido, es necesario promover la investigación y el desarrollo de tecnologías que permitan la protección del medio ambiente y la optimización del uso de los recursos naturales en estas actividades económicas. La promoción de la diversificación y competitividad de estas actividades económicas permitiría un desarrollo sostenible y respetuoso con el medio ambiente.

124.2. El Estado, a través de los organismos competentes de ciencia y tecnología, otorga preferencia a la aplicación de recursos orientados a la formación de profesionales y técnicos para la realización de estudios científicos y tecnológicos en materia ambiental y el desarrollo de tecnologías limpias, principalmente bajo el principio de prevención de contaminación: Este inciso establece que el Estado debe otorgar preferencia a la aplicación de recursos orientados a la formación de profesionales y técnicos para la realización de estudios científicos y tecnológicos en materia ambiental y el desarrollo de tecnologías limpias, principalmente bajo el principio de prevención de contaminación. Esto significa que se debe priorizar la formación de profesionales y técnicos en temas ambientales, así como la investigación y el desarrollo de tecnologías limpias que permitan la prevención de la contaminación y la protección del medio ambiente.

Ejemplo Artículo 124.- Del fomento de la investigación ambiental científica y tecnológica:

En una región de la costa con una importante industria pesquera y agrícola, se ha identificado la necesidad de fomentar la investigación ambiental científica y tecnológica para promover una gestión sostenible de los recursos naturales y proteger el medio ambiente. En cumplimiento del artículo 124 de la Ley de Gestión Ambiental, se han establecido medidas para:

Inciso 124.1. Corresponde al Estado y a las universidades, públicas y privadas, en cumplimiento de sus respectivas funciones y roles, promover:

a) La investigación y el desarrollo científico y tecnológico en materia ambiental. En este caso, se ha promovido la investigación y el desarrollo científico y tecnológico en materia ambiental para mejorar la gestión sostenible de los recursos naturales y reducir los impactos negativos en el medio ambiente. Se han establecido programas de investigación y se han otorgado fondos para financiar proyectos de investigación en materia ambiental.

b) La investigación y sistematización de las tecnologías tradicionales. En este caso, se ha promovido la investigación y sistematización de las tecnologías tradicionales utilizadas en la pesca y la agricultura para mejorar su eficiencia y reducir sus impactos negativos en el medio ambiente.

c) La generación de tecnologías ambientales. En este caso, se ha promovido la generación de tecnologías ambientales que permitan una gestión sostenible de los recursos naturales y reduzcan los impactos negativos en el medio ambiente. Se han establecido programas de investigación y se han otorgado fondos para financiar proyectos de desarrollo de tecnologías ambientales.

d) La formación de capacidades humanas ambientales en la ciudadanía. En este caso, se ha promovido la formación de capacidades humanas ambientales en la ciudadanía, a través de programas de educación ambiental y la inclusión de contenidos ambientales en los planes de estudio de las escuelas y universidades.

e) El interés y desarrollo por la investigación sobre temas ambientales en la niñez y juventud. En este caso, se ha promovido el interés y desarrollo por la investigación sobre temas ambientales en la niñez y juventud, a través de programas de educación ambiental y la inclusión de contenidos ambientales en los planes de estudio de las escuelas y universidades.

f) La transferencia de tecnologías limpias. En este caso, se ha promovido la transferencia de tecnologías limpias a las empresas pesqueras y agrícolas, con el objetivo de mejorar su eficiencia y reducir sus impactos negativos en el medio ambiente. Se han establecido programas de transferencia de tecnologías y se han otorgado incentivos fiscales a las empresas que adopten tecnologías limpias.

g) La diversificación y competitividad de la actividad pesquera, agraria, forestal y otras actividades económicas prioritarias. En este caso, se ha promovido la diversificación y competitividad de la actividad pesquera, agraria, forestal y otras actividades económicas prioritarias, a través de la investigación y el desarrollo de tecnologías que permitan una gestión sostenible de los recursos naturales y reduzcan los impactos negativos en el medio ambiente.

Inciso 124.2. El Estado, a través de los organismos competentes de ciencia y tecnología, otorga preferencia a la aplicación de recursos orientados a la formación de profesionales y técnicos para la realización de estudios científicos y tecnológicos en materia ambiental y el desarrollo de tecnologías limpias, principalmente bajo el principio de prevención de contaminación. En este caso, el Estado ha otorgado preferencia a la aplicación de recursos orientados a la formación de profesionales y técnicos para la realización de estudios científicos y tecnológicos en materia ambiental y el desarrollo de tecnologías limpias. Se han establecido programas de formación y se han otorgado becas y fondos para financiar la formación de profesionales y técnicos en materia ambiental y el desarrollo de tecnologías limpias. Además, se ha promovido el principio de prevención de la contaminación como una forma de prevenir la generación de contaminantes y reducir los impactos negativos en el medio ambiente.

Artículo 125.- De las redes y registros

Los organismos competentes deben contar con un registro de las investigaciones realizadas en materia ambiental, el cual debe estar a disposición del público, además se promoverá el despliegue de redes ambientales.

Comentario Artículo 125.- De las redes y registros:

El Artículo 125 de la Ley General del Ambiente establece la importancia de contar con un registro de las investigaciones realizadas en materia ambiental por parte de los organismos competentes. Este registro debe estar a disposición del público, lo que permitirá una mayor transparencia en relación con las investigaciones ambientales y una mayor participación ciudadana en la toma de decisiones en relación con el medio ambiente.

Además, se promoverá el despliegue de redes ambientales, lo que permitirá una mayor coordinación y colaboración entre los diferentes actores involucrados en la protección del medio ambiente. Estas redes ambientales pueden ser de diferentes tipos, como redes de monitoreo ambiental, redes de investigación y desarrollo en temas ambientales, entre otras.

En este sentido, considero que la promoción del registro de investigaciones ambientales y la creación de redes ambientales son fundamentales para el desarrollo sostenible del país. La transparencia en relación con las investigaciones ambientales es fundamental para garantizar la protección del medio ambiente y la participación ciudadana en la toma de decisiones en relación con el medio ambiente.

Por otro lado, la creación de redes ambientales permitirá una mayor coordinación y colaboración entre los diferentes actores involucrados en la protección del medio ambiente, lo que puede ser fundamental para enfrentar los desafíos ambientales actuales y futuros de manera más efectiva.

La promoción del registro de investigaciones ambientales y la creación de redes ambientales son herramientas fundamentales para garantizar la protección del medio ambiente y el desarrollo sostenible del país. Es necesario que los organismos competentes promuevan la transparencia en relación con las investigaciones ambientales y fomenten la creación de redes ambientales para enfrentar los desafíos ambientales actuales y futuros de manera más efectiva.

Ejemplo Artículo 125.- De las redes y registros:

En Perú, el Instituto Nacional de Investigación en Glaciares y Ecosistemas de Montaña (INAIGEM)[24] creado mediante la Ley N° 30286 como Organismo técnico especializado adscrito al Ministerio del Ambiente, es un ejemplo de cómo se aplica el registro de investigaciones en materia ambiental asi como fomentar y expandir la investigación científica y tecnológica en el ámbito de los glaciares y los ecosistemas de montaña. Este instituto tiene como objetivo desarrollar investigaciones científicas y tecnológicas para la conservación de los ecosistemas de montaña y la adaptación al cambio climático.

INAIGEM cuenta con un registro de investigaciones en materia ambiental que está a disposición del público. Este registro incluye información detallada sobre las investigaciones realizadas por el instituto, incluyendo los objetivos, metodologías, resultados y conclusiones de cada investigación.

Además, INAIGEM promueve la creación de redes ambientales a través de la colaboración con otros organismos e instituciones que

---

[24] Instituto Nacional de Investigación en Glaciares y Ecosistemas de Montaña - https://inaigem.gob.pe/web2/institucion/

trabajan en temas relacionados con la conservación de los ecosistemas de montaña y la adaptación al cambio climático. Estas redes permiten una mayor coordinación y colaboración entre los diferentes actores involucrados en la protección del medio ambiente en estas zonas.

El ejemplo de INAIGEM en Perú muestra cómo el registro de investigaciones en materia ambiental y la creación de redes ambientales son herramientas fundamentales para garantizar la protección del medio ambiente y el desarrollo sostenible en las zonas de montaña. Es necesario que otros organismos e instituciones en Perú sigan este ejemplo y promuevan la transparencia en relación con las investigaciones ambientales y fomenten la creación de redes ambientales para enfrentar los desafíos ambientales actuales y futuros de manera más efectiva.

Artículo 126.- De las comunidades y tecnología ambiental

El Estado fomenta la investigación, recuperación y trasferencia de los conocimientos y las tecnologías tradicionales, como expresión de su cultura y manejo de los recursos naturales.

Comentario Artículo 126.- De las comunidades y tecnología ambiental:

El Artículo 126 de la Ley General del Ambiente establece que el Estado tiene la responsabilidad de fomentar la investigación, recuperación y transferencia de los conocimientos y las tecnologías tradicionales, como expresión de su cultura y manejo de los recursos naturales.

Esto significa que el Estado debe reconocer la importancia de los conocimientos y las tecnologías tradicionales como una forma de preservar la cultura y el manejo sostenible de los recursos naturales. En este sentido, se debe promover la investigación y el desarrollo de tecnologías que permitan la integración de los conocimientos y las tecnologías tradicionales en la gestión ambiental.

Además, la recuperación y transferencia de los conocimientos y las tecnologías tradicionales puede ser una oportunidad para promover la participación de las comunidades en la gestión ambiental y el desarrollo sostenible. Las comunidades locales tienen un conocimiento profundo de su entorno natural y pueden ser actores clave en la protección del medio ambiente y la gestión sostenible de los recursos naturales.

El fomento de la investigación, recuperación y transferencia de los conocimientos y las tecnologías tradicionales es fundamental para la protección del medio ambiente y el desarrollo sostenible en el país. Es necesario que el Estado promueva la integración de estos conocimientos y tecnologías en la gestión ambiental y fomente la participación de las comunidades locales en la protección del medio ambiente y la gestión sostenible de los recursos naturales.

Ejemplo Artículo 126.- De las comunidades y tecnología ambiental:

Un ejemplo de cómo se aplica el fomento de los conocimientos y las tecnologías tradicionales en Perú es el caso de las comunidades indígenas en la región amazónica. Estas comunidades han desarrollado conocimientos y tecnologías tradicionales para la gestión sostenible de los recursos naturales en la selva amazónica, incluyendo el manejo de la agricultura, la pesca y la caza.

El Estado peruano ha reconocido la importancia de estos conocimientos y tecnologías tradicionales y ha promovido su integración en la gestión ambiental en la región amazónica. Por ejemplo, el Servicio Nacional de Áreas Naturales Protegidas por el Estado (SERNANP) ha establecido programas de conservación y uso sostenible de la biodiversidad en áreas protegidas en la región amazónica, en los cuales se ha promovido la participación de las comunidades indígenas y el uso de sus conocimientos y tecnologías tradicionales.

Además, el Instituto de Investigaciones de la Amazonía Peruana (IIAP) … creado el año 1981 mediante la Ley N° 23374, siguiendo el mandato del artículo 120 de la Constitución Política del Perú de 1979, siendo ratificado el año 2004 por la Ley N° 28168, que le otorga personería de derecho público interno, así como autonomía económica y administrativa. (Ministerio del Ambiente del Perú, s.f.). ha realizado investigaciones sobre los conocimientos y tecnologías tradicionales de las comunidades indígenas en la región amazónica y ha promovido la transferencia de estos conocimientos y tecnologías a través de programas de capacitación y proyectos de desarrollo sostenible.

El fomento de los conocimientos y las tecnologías tradicionales es fundamental para la protección del medio ambiente y el desarrollo sostenible en Perú, especialmente en la región amazónica. Es necesario que el Estado continúe promoviendo la integración de estos conocimientos y tecnologías en la gestión ambiental y fomentando la participación de las comunidades locales en la protección del medio ambiente y la gestión sostenible de los recursos naturales.

Artículo 127.- De la Política Nacional de Educación Ambiental

127.1 La educación ambiental se convierte en un proceso educativo integral, que se da en toda la vida del individuo, y que busca generar en éste los conocimientos, las actitudes, los valores y las prácticas, necesarios para desarrollar sus actividades en forma ambientalmente adecuada, con miras a contribuir al desarrollo sostenible del país.

127.2 El Ministerio de Educación y la Autoridad Ambiental Nacional coordinan con las diferentes entidades del Estado en materia ambiental y la sociedad civil para formular la política nacional de educación ambiental, cuyo cumplimiento es obligatorio para los procesos de educación y comunicación desarrollados por entidades que tengan su ámbito de acción en el territorio nacional, y que tiene como lineamientos orientadores:

a. El desarrollo de una cultura ambiental constituida sobre una comprensión integrada del ambiente en sus múltiples y complejas relaciones, incluyendo lo político, social, cultural, económico, científico y tecnológico.

b. La transversalidad de la educación ambiental, considerando su integración en todas las expresiones y situaciones de la vida diaria.

c. Estímulo de conciencia crítica sobre la problemática ambiental.

d. Incentivo a la participación ciudadana, a todo nivel, en la preservación y uso sostenible de los recursos naturales y el ambiente.

e. Complementariedad de los diversos pisos ecológicos y regiones naturales en la construcción de una sociedad ambientalmente equilibrada.

f. Fomento y estímulo a la ciencia y tecnología en el tema ambiental.

g. Fortalecimiento de la ciudadanía ambiental con pleno ejercicio, informada y responsable, con deberes y derechos ambientales.

h. Desarrollar programas de educación ambiental, como base para la adaptación e incorporación de materias y conceptos ambientales, en forma transversal, en los programas educativos formales y no formales de los diferentes niveles.

i. Presentar anualmente un informe sobre las acciones, avances y resultados de los programas de educación ambiental.

Comentario Artículo 127.- De la Política Nacional de Educación Ambiental:

El Artículo 127 de la Ley General del Ambiente establece la importancia de la educación ambiental como un proceso educativo integral, que busca generar en las personas los conocimientos, actitudes, valores y prácticas necesarios para desarrollar sus actividades de manera ambientalmente adecuada y contribuir al desarrollo sostenible del país.

Para ello, el Ministerio de Educación y la Autoridad Ambiental Nacional coordinan con las diferentes entidades del Estado en materia ambiental y la sociedad civil para formular la política nacional de educación ambiental. Esta política tiene como lineamientos orientadores la promoción del conocimiento, la valoración y el respeto por el medio ambiente, la formación de ciudadanos responsables y comprometidos con la protección del medio ambiente, la promoción de la investigación y la innovación en temas ambientales, y la integración de la educación ambiental en todos los niveles educativos.

Es importante destacar que el cumplimiento de la política nacional de educación ambiental es obligatorio para los procesos de educación y comunicación desarrollados por entidades que tengan su ámbito de acción en el territorio nacional. Esto significa que todas las entidades educativas y comunicativas deben promover la educación ambiental y cumplir con los lineamientos orientadores establecidos en la política nacional de educación ambiental.

La educación ambiental es fundamental para garantizar el desarrollo sostenible del país y la protección del medio ambiente. La formulación y cumplimiento de la política nacional de educación ambiental es una herramienta clave para promover la educación ambiental en todos los niveles y ámbitos educativos y comunicativos en el país.

a. El primer párrafo destaca la importancia de desarrollar una cultura ambiental que abarque una comprensión integral del ambiente en sus múltiples relaciones, incluyendo aspectos políticos, sociales, culturales, económicos, científicos y tecnológicos. Esto implica que la educación ambiental debe ser holística y abordar todas las dimensiones del ambiente, no solo la dimensión ecológica.

b. El segundo párrafo resalta la transversalidad de la educación ambiental y su integración en todas las expresiones y situaciones de la vida diaria. Esto significa que la educación ambiental debe estar presente en todas las áreas de la vida, no solo en los ámbitos educativos formales, sino también en los no formales.

c. El tercer párrafo destaca la importancia de estimular la conciencia crítica sobre la problemática ambiental. Esto implica que la educación ambiental debe promover el pensamiento crítico y reflexivo sobre los problemas ambientales, para que las personas puedan comprenderlos en su complejidad y buscar soluciones adecuadas.

d. El cuarto párrafo hace hincapié en el incentivo a la participación ciudadana en la preservación y uso sostenible de los recursos naturales y el ambiente. Esto significa que la educación ambiental debe promover la participación activa de la ciudadanía en la gestión ambiental, para que las personas puedan hacer aportes significativos en la protección y gestión sostenible del ambiente.

e. El quinto párrafo destaca la complementariedad de los diversos pisos ecológicos y regiones naturales en la construcción de una sociedad ambientalmente equilibrada. Esto implica que la educación ambiental debe considerar la diversidad ecológica y regional del país, para que las personas puedan comprender la importancia de la biodiversidad y la necesidad de su conservación.

f. El sexto párrafo hace referencia al fomento y estímulo de la ciencia y tecnología en el tema ambiental. Esto implica que la educación ambiental debe promover el desarrollo de tecnologías y prácticas sostenibles, y fomentar la investigación y el desarrollo de soluciones innovadoras para los problemas ambientales.

g. El séptimo párrafo destaca el fortalecimiento de la ciudadanía ambiental, con pleno ejercicio, informada y responsable, con deberes y derechos ambientales. Esto implica que la educación ambiental debe formar ciudadanos comprometidos con la protección del ambiente y con un conocimiento sólido de sus derechos y deberes ambientales.

h. El octavo párrafo hace referencia al desarrollo de programas de educación ambiental, como base para la adaptación e incorporación de materias y conceptos ambientales, en forma transversal, en los programas educativos formales y no formales de los diferentes niveles. Esto implica que la educación ambiental debe estar presente en todos los niveles educativos y ser parte integral de los programas educativos.

i. El último párrafo establece la necesidad de presentar anualmente un informe sobre las acciones, avances y resultados de los programas de educación ambiental. Esto implica que la educación ambiental debe ser evaluada y monitoreada para asegurar su efectividad y eficacia en la formación de ciudadanos comprometidos con la protección del ambiente y el desarrollo sostenible.

Ejemplo Artículo 127.- De la Política Nacional de Educación Ambiental:

Un ejemplo de cómo se aplican los lineamientos orientadores de la política nacional de educación ambiental en Perú es el caso de la implementación de programas de educación ambiental en las escuelas. En este sentido, se han desarrollado programas con el objetivo de incorporar conceptos y prácticas ambientales en la educación formal, de manera transversal y en todos los niveles educativos.

Un ejemplo de esto es el programa "Aprendo en casa", implementado por el Ministerio de Educación durante la pandemia de COVID-19, que incluyó contenidos sobre educación ambiental en sus clases virtuales para niños y jóvenes de todo el país. A través de este programa, se promovió la educación ambiental como parte integral de la educación formal, y se sensibilizó a la población sobre la importancia de la protección del medio ambiente y el desarrollo sostenible.

Además, diversas organizaciones no gubernamentales y grupos de voluntarios han desarrollado programas de educación ambiental en escuelas y comunidades rurales. Estos programas incluyen actividades prácticas y teóricas que buscan fomentar la conciencia crítica sobre la problemática ambiental, incentivar la participación ciudadana en la gestión ambiental y promover prácticas sostenibles en la vida cotidiana.

La política nacional de educación ambiental en Perú se está implementando a través de programas de educación ambiental en las escuelas y en la sociedad en general. Estos programas buscan promover la educación ambiental como parte integral de la educación formal y fomentar la conciencia crítica, la participación ciudadana y las prácticas sostenibles en la sociedad.

Artículo 128.- De la difusión de la ley en el sistema educativo

El Estado, a través del Sector Educación, en coordinación con otros sectores, difunde la presente Ley en el sistema educativo, expresado en actividades y contenidos transversales orientados a la conservación y uso racional del ambiente y los recursos naturales, así como de patrones de conducta y consumo adecuados a la realidad ambiental nacional, regional y local.

Comentario Artículo 128.- De la difusión de la ley en el sistema educativo:

El Artículo 128 de la Ley General del Ambiente establece la obligación del Estado, a través del Sector Educación y en coordinación con otros sectores, de difundir la ley en el sistema educativo. Esto implica que se deben llevar a cabo actividades y contenidos transversales orientados a la conservación y uso racional del ambiente y los recursos naturales, así como de patrones de conducta y consumo adecuados a la realidad ambiental nacional, regional y local.

La difusión de la ley en el sistema educativo es fundamental para lograr una educación ambiental efectiva y para sensibilizar a la población sobre la importancia de la protección del ambiente y el desarrollo sostenible. Además, la difusión de la ley en el sistema educativo puede contribuir a la formación de ciudadanos responsables y comprometidos con la gestión ambiental y al fortalecimiento de la ciudadanía ambiental.

Es importante destacar que la difusión de la ley en el sistema educativo debe ser transversal, es decir, debe estar presente en todas las áreas de la educación, no solo en los ámbitos específicos de la educación ambiental. Esto implica que la educación ambiental debe ser integrada en todas las materias y actividades educativas, para que los estudiantes puedan comprender la importancia de la protección del ambiente en todos los aspectos de la vida.

La difusión de la ley en el sistema educativo es clave para la promoción de la educación ambiental y la sensibilización de la población sobre la importancia de la protección del ambiente y el desarrollo sostenible. La transversalidad de la educación ambiental y su integración en todas las áreas de la educación es fundamental para lograr una formación ciudadana comprometida con la gestión ambiental y el desarrollo sostenible.

Ejemplo Artículo 128.- De la difusión de la ley en el sistema educativo:

En un país con una importante riqueza natural y una alta vulnerabilidad a los impactos del cambio climático, se ha identificado la necesidad de difundir la Ley de Gestión Ambiental en el sistema educativo para promover una cultura de conservación y uso racional del ambiente y los recursos naturales. En cumplimiento del artículo 128 de la Ley de Gestión Ambiental, se han establecido medidas para:

El Estado, a través del Sector Educación, en coordinación con otros sectores, difunde la presente Ley en el sistema educativo, expresado en actividades y contenidos transversales orientados a la conservación y uso racional del ambiente y los recursos naturales, así como de patrones de conducta y consumo adecuados a la realidad ambiental nacional, regional y local.

Inciso 128.1. El Estado, a través del Sector Educación, difunde la Ley de Gestión Ambiental en el sistema educativo. En este caso, se ha establecido un programa de difusión de la Ley de Gestión Ambiental en el sistema educativo, a través de actividades y contenidos transversales en las diferentes etapas y niveles educativos. Se han desarrollado materiales educativos y se han capacitado a los docentes para asegurar la adecuada transmisión de los contenidos ambientales.

Inciso 128.2. Las actividades y contenidos transversales están orientados a la conservación y uso racional del ambiente y los recursos naturales. En este caso, los contenidos y actividades transversales están orientados a la conservación y uso racional del ambiente y los recursos naturales, promoviendo una cultura de respeto y cuidado del medio ambiente. Se han establecido programas y actividades para promover prácticas sustentables en la comunidad educativa.

Inciso 128.3. Los patrones de conducta y consumo adecuados a la realidad ambiental nacional, regional y local son difundidos. En este caso, se han difundido patrones de conducta y consumo adecuados a la realidad ambiental nacional, regional y local, promoviendo prácticas sustentables en la vida cotidiana de los estudiantes y sus familias. Se han establecido programas y actividades para promover prácticas sustentables en la comunidad educativa y se han desarrollado campañas de sensibilización para promover la adopción de prácticas sustentables en la sociedad en general.

La difusión de la Ley de Gestión Ambiental en el sistema educativo es un ejemplo práctico de cómo se puede promover una cultura de conservación y uso racional del ambiente y los recursos naturales desde la educación. Esperamos que más países adopten políticas y medidas para la difusión de leyes ambientales en el sistema educativo y así contribuir a un futuro más sostenible para todos.

Artículo 129.- De los medios de comunicación

Los medios de comunicación social del Estado y los privados en aplicación de los principios contenidos en la presente Ley, fomentan y apoyan las acciones tendientes a su difusión, con miras al mejoramiento ambiental de la sociedad.

Comentario Artículo 129.- De los medios de comunicación:

El Artículo 129 de la Ley General del Ambiente establece la obligación de los medios de comunicación social del Estado y los privados de fomentar y apoyar las acciones tendientes a la difusión de la ley, en aplicación de los principios contenidos en la misma. Esto implica que los medios de comunicación deben promover y difundir la educación ambiental, y apoyar las acciones destinadas a mejorar la gestión ambiental en la sociedad.

La promoción y difusión de la ley a través de los medios de comunicación es fundamental para sensibilizar a la población sobre la importancia de la protección del ambiente y el desarrollo sostenible. Además, los medios de comunicación pueden contribuir a la formación de ciudadanos responsables y comprometidos con la gestión ambiental, mediante la difusión de información y noticias relacionadas con el ambiente y la sostenibilidad.

Es importante destacar que los medios de comunicación deben actuar en aplicación de los principios contenidos en la presente Ley, lo que implica que deben promover el enfoque integrado y holístico del ambiente, considerando sus múltiples dimensiones, y fomentar la participación ciudadana en la gestión ambiental.

El Artículo 129 de la Ley General del Ambiente establece la importancia de la promoción y difusión de la ley a través de los medios de comunicación. Los medios de comunicación social del Estado y los privados tienen la responsabilidad de fomentar y apoyar las acciones tendientes a la difusión de la ley, con miras al mejoramiento ambiental de la sociedad y la formación de ciudadanos comprometidos con la gestión ambiental y el desarrollo sostenible.

Ejemplo Artículo 129.- De los medios de comunicación:

Un ejemplo de cómo se aplican los lineamientos del Artículo 129 de la Ley General del Ambiente en Perú es el caso de la difusión de la ley a través de los medios de comunicación. En este sentido, diversos medios de comunicación, tanto del Estado como privados, han desarrollado programas y campañas de difusión de la ley y promoción de la educación ambiental.

Por ejemplo, el programa "Recicla Perú" de la televisión pública promueve la cultura del reciclaje y la gestión adecuada de los residuos sólidos, y difunde información sobre la importancia de la protección del ambiente y la sostenibilidad. Además, diversos medios de comunicación han desarrollado campañas de sensibilización sobre temas ambientales, como la conservación de la biodiversidad y el uso responsable de los recursos naturales.

Asimismo, los medios de comunicación han contribuido a la difusión de información y noticias sobre temas ambientales, promoviendo el pensamiento crítico y reflexivo sobre la problemática ambiental y fomentando la participación ciudadana en la gestión ambiental.

La difusión de la ley a través de los medios de comunicación es una herramienta clave para promover la educación ambiental y sensibilizar a la población sobre la importancia de la protección del ambiente y el desarrollo sostenible. En Perú, diversos medios de comunicación han desarrollado programas y campañas de difusión de la ley y promoción de la educación ambiental, contribuyendo a la formación de ciudadanos comprometidos con la gestión ambiental y la sostenibilidad.

Otro ejemplo:

Sobre el tema de cómo se aplican los lineamientos del Artículo 129 de la Ley General del Ambiente en Perú puede ser la promoción de la educación ambiental a través de los medios de comunicación digital. En la actualidad, las redes sociales y los medios digitales son una herramienta importante para la difusión de información y la sensibilización sobre temas ambientales.

En este sentido, diversas organizaciones no gubernamentales, empresas y entidades públicas han desarrollado campañas de sensibilización sobre temas ambientales en las redes sociales, promoviendo el pensamiento crítico y reflexivo sobre la problemática ambiental y fomentando la participación ciudadana en la gestión ambiental.

Por ejemplo, el Ministerio de Ambiente de Perú ha desarrollado diversas campañas de sensibilización sobre temas ambientales en las redes sociales, como la campaña "Cuidemos nuestra agua", que promueve el uso racional del agua y la gestión adecuada de los residuos sólidos. Además, diversas organizaciones no gubernamentales han desarrollado campañas de sensibilización sobre temas ambientales en las redes sociales, como la conservación de la biodiversidad y la lucha contra el cambio climático.

La promoción de la educación ambiental a través de los medios de comunicación digital es una herramienta clave para sensibilizar a la población sobre la importancia de la protección del ambiente y el desarrollo sostenible. En Perú, diversas organizaciones no gubernamentales, empresas y entidades públicas han desarrollado campañas de sensibilización sobre temas ambientales en las redes sociales, contribuyendo a la formación de ciudadanos comprometidos con la gestión ambiental y la sostenibilidad.

TÍTULO IV

TÍTULO IV - RESPONSABILIDAD POR DAÑO AMBIENTAL

Capítulo 1 - Fiscalización y control

Artículo 130.- De la fiscalización y sanción ambiental

130.1 La fiscalización ambiental comprende las acciones de vigilancia, control, seguimiento, verificación y otras similares, que realiza la Autoridad Ambiental Nacional y las demás autoridades competentes a fin de asegurar el cumplimiento de las normas y obligaciones establecidas en la presente Ley, así como en sus normas complementarias y reglamentarias. La Autoridad competente puede solicitar información, documentación u otra similar para asegurar el cumplimiento de las normas ambientales.

130.2 Toda persona, natural o jurídica, está sometida a las acciones de fiscalización que determine la Autoridad Ambiental Nacional y las demás autoridades competentes. Las sanciones administrativas que correspondan, se aplican de acuerdo con lo establecido en la presente Ley.

130.3 El Estado promueve la participación ciudadana en las acciones de fiscalización ambiental.

Comentario Artículo 130.- De la fiscalización y sanción ambiental:

El Artículo 130 de la Ley General del Ambiente establece los lineamientos orientadores en materia de fiscalización y sanción ambiental en Perú, y se puede analizar en tres párrafos:

En el primer párrafo (130.1), se señala que la fiscalización ambiental comprende una serie de acciones de vigilancia, control, seguimiento, verificación y otras similares, que son realizadas por la Autoridad Ambiental Nacional y otras autoridades competentes, con el fin de asegurar el cumplimiento de las normas y obligaciones establecidas en la presente Ley, así como en sus normas complementarias y reglamentarias. Además, se establece que la Autoridad competente puede solicitar información, documentación u otra similar para asegurar el cumplimiento de las normas ambientales.

En el segundo párrafo (130.2), se establece que toda persona, natural o jurídica, está sometida a las acciones de fiscalización que determine la Autoridad Ambiental Nacional y las demás autoridades competentes. Además, se indica que las sanciones administrativas que correspondan, se aplican de acuerdo con lo establecido en la presente Ley.

Finalmente, en el tercer párrafo (130.3), se establece que el Estado promueve la participación ciudadana en las acciones de fiscalización ambiental. Esta participación ciudadana puede ser a través de diversos mecanismos, como la denuncia de infracciones ambientales, la colaboración en la identificación de fuentes de contaminación o la participación en procesos de consulta y audiencias públicas.

El Artículo 130 de la Ley General del Ambiente establece los lineamientos orientadores en materia de fiscalización y sanción ambiental en Perú. La fiscalización ambiental es realizada por la Autoridad Ambiental Nacional y otras autoridades competentes, con el fin de asegurar el cumplimiento de las normas y obligaciones establecidas en la presente Ley, y cualquier persona, natural o jurídica, está sometida a las acciones de fiscalización. Además, se promueve la participación ciudadana en las acciones de fiscalización ambiental.

Ejemplo Artículo 130.- De la fiscalización y sanción ambiental:

Un ejemplo de cómo se aplica el Artículo 130 de la Ley General del Ambiente en Perú es el caso de la fiscalización ambiental en la ciudad de Lima. En Lima, la Autoridad Nacional del Agua (ANA) es la entidad encargada de fiscalizar y controlar el uso del agua en la ciudad, y de asegurar el cumplimiento de las normas ambientales en materia de gestión de recursos hídricos.

En este sentido, la ANA ha desarrollado un sistema de monitoreo y control de la calidad del agua en los ríos y las fuentes de agua que abastecen a la ciudad, y realiza inspecciones periódicas a las empresas que utilizan agua en sus procesos productivos, con el fin de verificar el cumplimiento de las normas ambientales.

Además, la ANA ha implementado un sistema de denuncia ciudadana en línea, que permite a los ciudadanos reportar cualquier irregularidad o infracción ambiental relacionada con el uso del agua en la ciudad. Asimismo, la ANA ha promovido la participación ciudadana en los procesos de consulta y audiencias públicas sobre temas ambientales, con el fin de recoger las opiniones y sugerencias de la población en la toma de decisiones en materia de gestión ambiental.

El Artículo 130 de la Ley General del Ambiente se aplica en Perú a través de la fiscalización ambiental, que es llevada a cabo por diversas autoridades competentes, como la Autoridad Nacional del Agua en Lima. En este sentido, se implementan sistemas de monitoreo y control, se promueve la denuncia ciudadana y la participación ciudadana en los procesos de consulta y audiencias públicas, con el fin de asegurar el cumplimiento de las normas y obligaciones establecidas en la presente Ley. (Fuente: ANA, "Fiscalización y sanción ambiental", 2020)

Un ejemplo de cómo se aplica el Artículo 130 de la Ley General del Ambiente en Perú es el caso de la fiscalización ambiental llevada a cabo por el Servicio Nacional de Certificación Ambiental para las Inversiones Sostenibles (SENACE) y el Organismo de Evaluación y Fiscalización Ambiental (OEFA).

OEFA es el encargado de fiscalizar y controlar el cumplimiento de las normas ambientales en los proyectos de inversión de gran envergadura en el país. En este sentido, el OEFA realiza inspecciones y monitoreos periódicos a los proyectos, con el fin de asegurar que se cumplan las normas ambientales establecidas, y en caso de detectar alguna irregularidad, puede imponer sanciones administrativas, como multas o clausuras temporales o definitivas de la actividad.

La OEFA fiscaliza y controla el cumplimiento de las normas ambientales en todo el territorio nacional, con excepción de los proyectos de gran envergadura y el cumplimiento de IGA del proyecto u obra. La OEFA realiza inspecciones y monitoreos periódicos a las empresas y actividades que generan impacto ambiental, con el fin de verificar el cumplimiento de las normas ambientales establecidas, y en caso de detectar alguna infracción, puede aplicar sanciones administrativas, como multas o clausuras temporales o definitivas de la actividad.

Los sistemas de denuncia ciudadana en línea, permiten a la población reportar cualquier irregularidad o infracción ambiental. Asimismo, ambos organismos promueven la participación ciudadana en los procesos de consulta y audiencias públicas sobre temas ambientales, con el fin de recoger las opiniones y sugerencias de la población en la toma de decisiones en materia de gestión ambiental.

El Artículo 130 de la Ley General del Ambiente se aplica en Perú a través de la fiscalización ambiental llevada a cabo por organismos como la OEFA a través de la certificación del SENACE, que realizan inspecciones, monitoreos y aplican sanciones administrativas en caso de detectar infracciones ambientales. Además, se promueve la denuncia ciudadana y la participación ciudadana en los procesos de consulta y audiencias públicas. (Fuente: SENACE, OEFA, "Fiscalización y sanción ambiental", 2022)

Artículo 131.- Del régimen de fiscalización y control ambiental

131.1 Toda persona, natural o jurídica, que genere impactos ambientales significativos está sometida a las acciones de fiscalización y control ambiental que determine la Autoridad Ambiental Nacional y las demás autoridades competentes.

131.2 Mediante decreto supremo, refrendado por el presidente del Consejo de Ministros, se establece el Régimen Común de fiscalización y control ambiental, desarrollando las atribuciones y responsabilidades correspondientes.

Comentario Artículo 131.- Del régimen de fiscalización y control ambiental:

El Artículo 131 de la Ley General del Ambiente establece el régimen de fiscalización y control ambiental en Perú, y se puede analizar en dos incisos:

En el primer inciso (131.1), se establece que toda persona, natural o jurídica, que genere impactos ambientales significativos está sujeta a las acciones de fiscalización y control ambiental que determine la Autoridad Ambiental Nacional y las demás autoridades competentes. Esto significa que cualquier actividad que pueda generar impactos ambientales significativos, como la emisión de gases contaminantes o la generación de residuos peligrosos, será objeto de fiscalización y control por parte de las autoridades competentes.

En el segundo inciso (131.2), se establece que, mediante decreto supremo, refrendado por el presidente del Consejo de Ministros, se establece el Régimen Común de fiscalización y control ambiental, desarrollando las atribuciones y responsabilidades correspondientes. Esto significa que se establecerá un marco normativo que establezca las responsabilidades y atribuciones de las autoridades encargadas de la fiscalización y control ambiental, y que permita garantizar el cumplimiento de las normas ambientales establecidas en la presente Ley y en sus normas complementarias y reglamentarias.

El Artículo 131 de la Ley General del Ambiente establece el régimen de fiscalización y control ambiental en Perú, que tiene como objetivo garantizar el cumplimiento de las normas ambientales y la protección del medio ambiente. Para ello, se establece que toda persona que genere impactos ambientales significativos está sujeta a la fiscalización y control ambiental, y se establece un marco normativo que establece las responsabilidades y atribuciones de las autoridades encargadas de la fiscalización y control ambiental.

Ejemplo Artículo 131.- Del régimen de fiscalización y control ambiental:

Un ejemplo de cómo se aplica el Artículo 131 de la Ley General del Ambiente en Perú es el caso de la fiscalización ambiental llevada a cabo por el Organismo de Evaluación y Fiscalización Ambiental (OEFA) en la región de Piura. La OEFA es la entidad encargada de fiscalizar y controlar el cumplimiento de las normas ambientales en todo el territorio nacional, con excepción de los proyectos de gran envergadura que son competencia del Servicio Nacional de Certificación Ambiental para las Inversiones Sostenibles (SENACE).

En la región de Piura, la OEFA realiza inspecciones y monitoreos periódicos a las empresas y actividades que generan impacto ambiental, como la explotación de hidrocarburos y la agricultura intensiva, con el fin de verificar el cumplimiento de las normas ambientales establecidas en la presente Ley y en sus normas complementarias y reglamentarias.

Además, la OEFA ha implementado un sistema de denuncia ciudadana en línea, que permite a los ciudadanos reportar cualquier irregularidad o infracción ambiental en la región. Asimismo, la OEFA promueve la participación ciudadana en los procesos de consulta y audiencias públicas sobre temas ambientales, con el fin de recoger las opiniones y sugerencias de la población en la toma de decisiones en materia de gestión ambiental.

En caso de detectar alguna infracción ambiental, la OEFA puede aplicar sanciones administrativas, como multas o clausuras temporales o definitivas de la actividad. Además, la OEFA puede iniciar procesos legales en caso de que se constate la comisión de delitos ambientales.

El Artículo 131 de la Ley General del Ambiente se aplica en Perú a través de la fiscalización ambiental llevada a cabo por organismos como la OEFA en la región de Piura. En este sentido, se implementan sistemas de monitoreo y control, se promueve la denuncia ciudadana y la participación ciudadana en los procesos de consulta y audiencias públicas, y se aplican sanciones administrativas y procesos legales en caso de detectar infracciones ambientales.

Artículo 132.- De las inspecciones

La autoridad ambiental competente realiza las inspecciones que consideren necesarias para el cumplimiento de sus atribuciones, bajo los principios establecidos en la ley y las disposiciones de los regímenes de fiscalización y control.

Comentario Artículo 132.- De las inspecciones:

El Artículo 132 de la Ley General del Ambiente establece que la autoridad ambiental competente tiene la facultad de realizar inspecciones cuando lo considere necesario para el cumplimiento de sus atribuciones. Estas inspecciones se realizan bajo los principios establecidos en la ley y las disposiciones de los regímenes de fiscalización y control.

Las inspecciones ambientales son una herramienta fundamental para garantizar el cumplimiento de las normas y regulaciones ambientales, y para detectar posibles infracciones o impactos ambientales negativos. La autoridad ambiental competente puede llevar a cabo inspecciones en cualquier momento y lugar, y puede solicitar la colaboración de las personas o entidades involucradas en la actividad inspeccionada.

Es importante destacar que las inspecciones deben realizarse de manera objetiva, transparente y sin discriminación, y siempre respetando los derechos y garantías de las personas y entidades inspeccionadas. Asimismo, la autoridad ambiental competente debe informar a las personas o entidades inspeccionadas sobre los resultados y conclusiones de la inspección, y debe brindarles la oportunidad de presentar sus observaciones o descargos.

El Artículo 132 de la Ley General del Ambiente establece que la autoridad ambiental competente tiene la facultad de realizar inspecciones para garantizar el cumplimiento de las normas ambientales. Es importante que estas inspecciones se realicen de manera objetiva, transparente y respetando los derechos de las personas y entidades inspeccionadas. Las inspecciones son una herramienta fundamental para la protección del medio ambiente y la sostenibilidad ambiental.

Ejemplo Artículo 132.- De las inspecciones:

Un ejemplo de cómo se aplica el Artículo 132 de la Ley General del Ambiente en Perú es el caso de la inspección ambiental llevada a cabo por el Servicio Nacional de Áreas Naturales Protegidas por el Estado (SERNANP) en la Reserva Nacional de Paracas, en la región de Ica.

En la Reserva Nacional de Paracas se realizan diversas actividades turísticas y de pesca, por lo que es necesario llevar a cabo inspecciones ambientales para verificar el cumplimiento de las normas ambientales y proteger la biodiversidad de la reserva.

Durante la inspección, se verificó el estado de las instalaciones turísticas y pesqueras, la gestión de los residuos generados y la emisión de gases y sustancias contaminantes. La inspección fue realizada por inspectores ambientales debidamente capacitados y autorizados por el SERNANP.

Como resultado de la inspección, se detectaron algunas infracciones a las normas ambientales, relacionadas principalmente con la gestión de residuos y la emisión de gases contaminantes. Las empresas involucradas fueron notificadas de las infracciones detectadas y se les otorgó un plazo para corregirlas.

Es importante destacar que la inspección fue realizada respetando los derechos y garantías de las empresas inspeccionadas, y que se informó a las empresas sobre los resultados y conclusiones de la inspección. Además, se brindó a las empresas la oportunidad de presentar sus observaciones o descargos.

El Artículo 132 de la Ley General del Ambiente se aplica en Perú a través de la inspección ambiental llevada a cabo por organismos como el SERNANP en la Reserva Nacional de Paracas. Las inspecciones ambientales permiten verificar el cumplimiento de las normas ambientales y proteger la biodiversidad de las áreas naturales protegidas. Es importante respetar los derechos y garantías de las empresas inspeccionadas y brindarles la oportunidad de presentar sus observaciones o descargos.

Artículo 133.- De la vigilancia y monitoreo ambiental

La vigilancia y el monitoreo ambiental tienen como fin generar la información que permita orientar la adopción de medidas que aseguren el cumplimiento de los objetivos de la política y normativa ambiental. La Autoridad Ambiental Nacional establece los criterios para el desarrollo de las acciones de vigilancia y monitoreo.

Comentario Artículo 133.- De la vigilancia y monitoreo ambiental:

El Artículo 133 de la Ley General del Ambiente establece que la vigilancia y el monitoreo ambiental tienen como objetivo generar la información necesaria para orientar la adopción de medidas que aseguren el cumplimiento de los objetivos de la política y la normativa ambiental. La Autoridad Ambiental Nacional es la encargada de establecer los criterios para el desarrollo de las acciones de vigilancia y monitoreo.

La vigilancia ambiental se refiere a la observación y seguimiento constante de los factores ambientales, tales como la calidad del aire, del agua, del suelo y de la biodiversidad, con el objetivo de detectar posibles impactos ambientales negativos o riesgos para la salud humana. Por otro lado, el monitoreo ambiental implica la medición y evaluación de los factores ambientales, con el fin de generar información cuantitativa y cualitativa sobre el estado del medio ambiente y la eficacia de las medidas de gestión ambiental.

La vigilancia y el monitoreo ambiental son herramientas fundamentales para la gestión ambiental, ya que permiten identificar los problemas ambientales y tomar decisiones y acciones para prevenir o mitigar los impactos negativos sobre el medio ambiente y la salud humana. Además, la información generada a través de la vigilancia y el monitoreo ambiental es fundamental para la toma de decisiones y la formulación de políticas ambientales.

El Artículo 133 de la Ley General del Ambiente establece la importancia de la vigilancia y el monitoreo ambiental para la gestión ambiental y la protección del medio ambiente y la salud humana. La Autoridad Ambiental Nacional es la encargada de establecer los criterios para el desarrollo de estas acciones, que permiten generar información valiosa para la toma de decisiones y la formulación de políticas ambientales.

Ejemplo Artículo 133.- De la vigilancia y monitoreo ambiental:

Un ejemplo de cómo se aplica el Artículo 133 de la Ley General del Ambiente en Perú es el caso del monitoreo ambiental realizado por el Servicio Nacional de Sanidad Agraria (SENASA) en la región de Junín, con el fin de verificar el cumplimiento de las normas ambientales en las actividades agrícolas.

En la región de Junín, la actividad agrícola es una de las principales actividades económicas y puede generar impactos ambientales negativos, como la contaminación del suelo y del agua por el uso de agroquímicos. Por ello, el SENASA realiza periódicamente monitoreos ambientales para evaluar el estado de los suelos y las aguas en las áreas de cultivo y verificar el cumplimiento de las normas ambientales.

Durante el monitoreo ambiental, se realizan mediciones y análisis de los factores ambientales, como la calidad del agua y del suelo, la presencia de residuos tóxicos y la contaminación por agroquímicos. Con los resultados obtenidos, el SENASA puede identificar posibles impactos ambientales negativos y tomar medidas para prevenir o mitigar los efectos adversos sobre el medio ambiente y la salud humana.

Es importante destacar que el monitoreo ambiental es una herramienta fundamental para la gestión ambiental en la actividad agrícola, ya que permite verificar el cumplimiento de las normas ambientales y prevenir impactos negativos sobre el medio ambiente y la salud humana. Asimismo, la información generada a través del monitoreo ambiental es valiosa para la toma de decisiones y la formulación de políticas ambientales.

El Artículo 133 de la Ley General del Ambiente se aplica en Perú a través del monitoreo ambiental realizado por organismos como el SENASA en la actividad agrícola. El monitoreo ambiental es una herramienta fundamental para la gestión ambiental y la protección del medio ambiente y la salud humana, y permite verificar el cumplimiento de las normas ambientales y prevenir impactos negativos sobre el medio ambiente.

Artículo 134.- De la vigilancia ciudadana

134.1 Las autoridades competentes dictan medidas que faciliten el ejercicio de la vigilancia ciudadana y el desarrollo y difusión de los mecanismos de denuncia frente a infracciones a la normativa ambiental.

134.2 La participación ciudadana puede adoptar las formas siguientes:

a. Fiscalización y control visual de procesos de contaminación.
b. Fiscalización y control por medio de mediciones, muestreo o monitoreo ambiental.
c. Fiscalización y control vía la interpretación o aplicación de estudios o evaluaciones ambientales efectuadas por otras instituciones.

134.3 Los resultados de las acciones de fiscalización y control efectuados como resultado de la participación ciudadana pueden ser puestos en conocimiento de la autoridad ambiental local, regional o nacional, para el efecto de su registro y denuncia correspondiente. Si la autoridad decidiera que la denuncia no es procedente ello debe ser notificado, con expresión de causa, a quien proporciona la información, quedando a salvo su derecho de recurrir a otras instancias.

CONCORDANCIAS: D. Leg. N° 1013, inc. b) del Art. 6 (Funciones generales)

D.S. N° 028-2008-EM (Reglamento de Participación Ciudadana en el Subsector Minero).

Comentario Artículo 134.- De la vigilancia ciudadana:

El Artículo 134 de la Ley General del Ambiente establece la importancia de la vigilancia ciudadana en la protección del medio ambiente. El inciso 134.1 establece que las autoridades competentes deben dictar medidas que faciliten el ejercicio de la vigilancia ciudadana y el desarrollo y difusión de los mecanismos de denuncia frente a infracciones a la normativa ambiental.

El inciso 134.2 señala que la participación ciudadana puede adoptar diversas formas de fiscalización y control, como la observación visual de procesos de contaminación, la realización de mediciones, muestreos o monitoreos ambientales, y la interpretación o aplicación de estudios o evaluaciones ambientales efectuadas por otras instituciones.

El inciso 134.3 establece que los resultados de las acciones de fiscalización y control realizadas por la participación ciudadana pueden ser puestos en conocimiento de la autoridad ambiental correspondiente, para su registro y denuncia correspondiente. En caso de que la autoridad decida que la denuncia no es procedente, debe notificar al informante con expresión de causa, quedando a salvo su derecho de recurrir a otras instancias.

En resumen, el Artículo 134 de la Ley General del Ambiente reconoce la importancia de la vigilancia ciudadana en la protección del medio ambiente y establece que las autoridades competentes deben facilitar su ejercicio y desarrollar mecanismos de denuncia frente a infracciones a la normativa ambiental. Asimismo, se establecen las formas que puede adoptar la participación ciudadana en la fiscalización y control ambiental, y se establecen los procedimientos para la presentación de denuncias y la revisión de las mismas por parte de las autoridades competentes.

Ejemplo Artículo 134.- De la vigilancia ciudadana:

Un ejemplo de cómo se aplica el Artículo 134 de la Ley General del Ambiente en Perú es el caso de la participación ciudadana en la fiscalización y control de la actividad minera en la región de Cajamarca.

La actividad minera en Cajamarca ha generado preocupación en la población local debido a posibles impactos ambientales negativos, como la contaminación del agua y del suelo por el uso de sustancias químicas en la extracción de minerales. Por ello, la población ha organizado diversas acciones de vigilancia ciudadana para verificar el cumplimiento de las normas ambientales por parte de las empresas mineras.

Estas acciones de vigilancia ciudadana han adoptado diversas formas, como la observación visual de los procesos mineros, la realización de mediciones y muestreos ambientales, y la interpretación de estudios y evaluaciones ambientales realizados por otras instituciones. Además, la población ha denunciado posibles infracciones a la normativa ambiental ante las autoridades competentes.

Los resultados de estas acciones de vigilancia ciudadana han sido puestos en conocimiento de la autoridad ambiental correspondiente, que ha llevado a cabo inspecciones y fiscalizaciones en las empresas mineras. En algunos casos, se han encontrado infracciones a la normativa ambiental, y se han tomado medidas para corregirlas y prevenir posibles impactos ambientales negativos.

Es importante destacar que la participación ciudadana en la fiscalización y control ambiental es una herramienta fundamental para la protección del medio ambiente y la salud humana. La Ley General del Ambiente reconoce esta importancia y establece mecanismos para facilitar el ejercicio de la vigilancia ciudadana y la presentación de denuncias frente a posibles infracciones a la normativa ambiental. Asimismo, la participación ciudadana en la fiscalización y control ambiental puede contribuir a mejorar la transparencia y la rendición de cuentas en la gestión ambiental.

El Artículo 134 de la Ley General del Ambiente se aplica en Perú a través de la participación ciudadana en la fiscalización y control ambiental, como en el caso de la actividad minera en Cajamarca. La participación ciudadana es fundamental para la protección del medio ambiente y la salud humana, y la Ley General del Ambiente establece mecanismos para facilitar su ejercicio y la presentación de denuncias frente a posibles infracciones a la normativa ambiental.

Capítulo 2 - Régimen de responsabilidad por el daño ambiental

Artículo 135.- Del régimen de sanciones

135.1 El incumplimiento de las normas de la presente Ley es sancionado por la autoridad competente en base al Régimen Común de Fiscalización y Control Ambiental. Las autoridades pueden establecer normas complementarias siempre que no se opongan al Régimen Común.

135.2 En el caso de los gobiernos regionales y locales, los regímenes de fiscalización y control ambiental se aprueban de conformidad con lo establecido en sus respectivas leyes orgánicas.

Comentario Artículo 135.- Del régimen de sanciones:

El Artículo 135 de la Ley General del Ambiente establece el régimen de sanciones para el incumplimiento de las normas ambientales.

El inciso 135.1 señala que el incumplimiento de las normas de la presente Ley es sancionado por la autoridad competente en base al Régimen Común de Fiscalización y Control Ambiental. Esto significa que las sanciones por infracciones a la normativa ambiental se rigen por el marco normativo establecido para la fiscalización y control ambiental en general. Las autoridades competentes pueden establecer normas complementarias siempre que estas no se opongan al Régimen Común.

El inciso 135.2 establece que, en el caso de los gobiernos regionales y locales, los regímenes de fiscalización y control ambiental se aprueban de conformidad con lo establecido en sus respectivas leyes orgánicas. Esto significa que los gobiernos regionales y locales pueden establecer normas complementarias para la fiscalización y control ambiental en sus jurisdicciones, siempre que estas se ajusten a las leyes orgánicas correspondientes y no se opongan al Régimen Común.

El Artículo 135 de la Ley General del Ambiente establece el régimen de sanciones para el incumplimiento de las normas ambientales, que se rige por el Régimen Común de Fiscalización y Control Ambiental. Asimismo, se establece que los gobiernos regionales y locales pueden establecer normas complementarias para la fiscalización y control ambiental, siempre que estas se ajusten a las leyes orgánicas correspondientes y no se opongan al Régimen Común.

Ejemplo Artículo 135.- Del régimen de sanciones:

Un ejemplo de cómo se aplica el Artículo 135 de la Ley General del Ambiente en Perú es el caso de la sanción impuesta por el Organismo de Evaluación y Fiscalización Ambiental (OEFA) a una empresa minera por incumplimiento de las normas ambientales en la región de Apurímac.

La empresa minera fue sancionada por el OEFA por haber superado los límites máximos permisibles de emisiones de gases tóxicos durante el proceso de extracción de minerales. La sanción impuesta incluyó una multa económica y la obligación de implementar medidas correctivas para prevenir futuras infracciones.

La sanción fue impuesta en base al Régimen Común de Fiscalización y Control Ambiental establecido en la Ley General del Ambiente, que establece las normas y procedimientos para la fiscalización y control ambiental en el país.

En este caso, la empresa minera incumplió las normas ambientales establecidas en la Ley General del Ambiente y fue sancionada por la autoridad competente en base al Régimen Común de Fiscalización y Control Ambiental. La sanción impuesta tuvo como objetivo no solo sancionar a la empresa por su incumplimiento, sino también prevenir futuras infracciones y proteger el medio ambiente y la salud de las personas.

Es importante destacar que el Artículo 135 de la Ley General del Ambiente establece un marco claro para la imposición de sanciones por incumplimiento de las normas ambientales, lo que contribuye a mejorar la transparencia y la rendición de cuentas en la gestión ambiental. Asimismo, las sanciones impuestas por la autoridad competente tienen como objetivo prevenir futuras infracciones y proteger el medio ambiente y la salud de las personas.

El Artículo 135 de la Ley General del Ambiente se aplica en Perú a través de la imposición de sanciones por incumplimiento de las normas ambientales, como en el caso de la empresa minera en Apurímac. La Ley General del Ambiente establece un marco claro para la fiscalización y control ambiental en el país, lo que contribuye a mejorar la protección del medio ambiente y la salud de las personas.

Artículo 136.- De las sanciones y medidas correctivas

136.1 Las personas naturales o jurídicas que infrinjan las disposiciones contenidas en la presente Ley y en las disposiciones complementarias y reglamentarias sobre la materia, se harán acreedoras, según la gravedad de la infracción, a sanciones o medidas correctivas.

136.2 Son sanciones coercitivas:

a. Amonestación.
b. Multa no mayor de 10,000 Unidades Impositivas Tributarias vigentes a la fecha en que se cumpla el pago.
c. Decomiso, temporal o definitivo, de los objetos, instrumentos, artefactos o sustancias empleados para la comisión de la infracción.
d. Paralización o restricción de la actividad causante de la infracción.
e. Suspensión o cancelación del permiso, licencia, concesión o cualquier otra autorización, según sea el caso.
f. Clausura parcial o total, temporal o definitiva, del local o establecimiento donde se lleve a cabo la actividad que ha generado la infracción.

136.3 La imposición o pago de la multa no exime del cumplimiento de la obligación. De persistir el incumplimiento éste se sanciona con una multa proporcional a la impuesta en cada caso, de hasta 100 UIT por cada mes en que se persista en el incumplimiento transcurrido el plazo otorgado por la autoridad competente.

136.4 Son medidas correctivas:

a. Cursos de capacitación ambiental obligatorios, cuyo costo es asumido por el infractor y cuya asistencia y aprobación es requisito indispensable.
b. Adopción de medidas de mitigación del riesgo o daño.
c. Imposición de obligaciones compensatorias sustentadas en la Política Ambiental Nacional, Regional, Local o Sectorial, según sea el caso.
d. Procesos de adecuación conforme a los instrumentos de gestión ambiental propuestos por la autoridad competente.

CONCORDANCIAS:

Art. 21 num.21.6 Ley N° 29325, Art. 19, núm. 19.2 (Ley del Sistema Nacional de Evaluación y Fiscalización Ambiental).

Comentario Artículo 136.- De las sanciones y medidas correctivas:

El Artículo 136 de la Ley General del Ambiente establece las sanciones y medidas correctivas aplicables a las personas naturales o jurídicas que infrinjan las disposiciones establecidas en la presente Ley y en las disposiciones complementarias y reglamentarias sobre la materia.

El inciso 136.1 señala que las personas que infrinjan las normas ambientales se harán acreedoras, según la gravedad de la infracción, a sanciones o medidas correctivas. Esto significa que la autoridad competente evaluará la gravedad de la infracción y aplicará la sanción o medida correctiva correspondiente.

El inciso 136.2 establece las sanciones coercitivas que pueden ser aplicadas, como la amonestación, multa, decomiso, paralización o restricción de la actividad causante de la infracción, suspensión o cancelación del permiso, licencia o concesión, clausura parcial o total del local o establecimiento donde se lleva a cabo la actividad infractora. La autoridad competente puede aplicar una o varias de estas sanciones, según la gravedad de la infracción.

El Artículo 136 de la Ley General del Ambiente establece las sanciones y medidas correctivas aplicables a las personas que infrinjan las normas ambientales. La autoridad competente evaluará la gravedad de la infracción y aplicará la sanción o medida correctiva correspondiente, que puede incluir desde una amonestación hasta la clausura parcial o total del establecimiento. Estas sanciones coercitivas tienen como objetivo prevenir futuras infracciones y proteger el medio ambiente y la salud de las personas.

a. La amonestación es una sanción que puede ser aplicada por la autoridad competente en caso de infracciones ambientales leves. Consiste en una advertencia formal al infractor para que se ajuste a las normas ambientales y evite futuras infracciones. La amonestación no implica el pago de una multa ni la aplicación de otras medidas coercitivas.

b. La multa es una sanción económica que puede ser aplicada por la autoridad competente en caso de infracciones ambientales. El monto de la multa no puede exceder las 10,000 Unidades Impositivas Tributarias vigentes a la fecha en que se cumpla el pago. El objetivo de la multa es disuadir al infractor de repetir la infracción y compensar los daños causados al medio ambiente y la salud de las personas.

c. El decomiso consiste en la retención y confiscación temporal o definitiva de los objetos, instrumentos, artefactos o sustancias empleados para la comisión de la infracción. Esta sanción puede ser aplicada por la autoridad competente cuando se comprueba que los objetos, instrumentos, artefactos o sustancias utilizados en la infracción representan un peligro para el medio ambiente o la salud de las personas.

d. La paralización o restricción de la actividad causante de la infracción es una sanción que consiste en la suspensión o limitación temporal de la actividad que ha generado la infracción. Esta medida coercitiva tiene como objetivo prevenir futuras infracciones y proteger el medio ambiente y la salud de las personas.

e. La suspensión o cancelación del permiso, licencia, concesión o cualquier otra autorización es una sanción que puede ser aplicada por la autoridad competente en caso de infracciones graves. Esta medida coercitiva consiste en la suspensión o cancelación de la autorización que permite al infractor llevar a cabo la actividad que ha generado la infracción.

f. La clausura parcial o total, temporal o definitiva, del local o establecimiento donde se lleva a cabo la actividad que ha generado la infracción es una sanción que puede ser aplicada por la autoridad competente en caso de infracciones graves. Esta medida coercitiva consiste en la suspensión temporal o definitiva de la actividad en el local o establecimiento infractor, con el objetivo de prevenir futuras infracciones y proteger el medio ambiente y la salud de las personas.

En resumen, el Artículo 136 de la Ley General del Ambiente establece seis sanciones coercitivas que pueden ser aplicadas por la autoridad competente en caso de infracciones ambientales. Estas sanciones van desde la amonestación hasta la clausura parcial o total del local o establecimiento infractor, y su aplicación dependerá de la gravedad de la infracción. El objetivo de estas medidas coercitivas es prevenir futuras infracciones y proteger el medio ambiente y la salud de las personas.

El inciso 136.3 establece que la imposición o pago de la multa no exime del cumplimiento de la obligación. Esto significa que el infractor debe cumplir con la obligación establecida para prevenir futuras infracciones, incluso si ya ha sido sancionado con una multa. Si persiste en el incumplimiento, se le puede imponer una multa proporcional a la impuesta en cada caso, de hasta 100 UIT por cada mes en que se persista en el incumplimiento transcurrido el plazo otorgado por la autoridad competente.

El inciso 136.4 establece las medidas correctivas que pueden ser aplicadas por la autoridad competente en caso de infracciones ambientales. Estas medidas correctivas incluyen cursos de capacitación ambiental obligatorios, adopción de medidas de mitigación del riesgo o daño, imposición de obligaciones compensatorias sustentadas en la Política Ambiental Nacional, Regional, Local o Sectorial, según sea el caso, y procesos de adecuación conforme a los instrumentos de gestión ambiental propuestos por la autoridad competente.

En resumen, el Artículo 136 de la Ley General del Ambiente establece medidas correctivas que pueden ser aplicadas por la autoridad competente en caso de infracciones ambientales. Estas medidas incluyen cursos de capacitación ambiental obligatorios, adopción de medidas de mitigación del riesgo o daño, imposición de obligaciones compensatorias, y procesos de adecuación conforme a los instrumentos de gestión ambiental propuestos por la autoridad competente. Además, se establece que la imposición o pago de la multa no exime del cumplimiento de la obligación, y que, si persiste el incumplimiento, se pueden imponer multas adicionales. Estas medidas tienen como objetivo prevenir futuras infracciones y proteger el medio ambiente y la salud de las personas.

Ejemplo Artículo 136.- De las sanciones y medidas correctivas:

Un ejemplo de aplicación del Artículo 136 de la Ley General del Ambiente podría ser el siguiente:

Imaginemos que una empresa dedicada a la fabricación de productos químicos ha sido denunciada por la contaminación de un río cercano a sus instalaciones. La autoridad competente realiza una inspección y comprueba que la empresa está vertiendo residuos tóxicos al río, lo que representa un grave riesgo para el medio ambiente y la salud de las personas.

En este caso, la autoridad competente podría aplicar varias sanciones coercitivas, como la multa y la clausura temporal del establecimiento. Además, podría imponer medidas correctivas como la adopción de medidas de mitigación del riesgo o daño y la obligación de realizar cursos de capacitación ambiental obligatorios, cuyo costo sería asumido por la empresa infractora.

Si, a pesar de estas sanciones y medidas correctivas, la empresa persiste en el incumplimiento y sigue contaminando el río, la autoridad competente podría imponer multas adicionales proporcional a la impuesta en cada caso, de hasta 100 UIT por cada mes en que se persista en el incumplimiento transcurrido el plazo otorgado por la autoridad competente.

El Artículo 136 de la Ley General del Ambiente establece las sanciones y medidas correctivas que pueden ser aplicadas en caso de infracciones ambientales. Su aplicación dependerá de la gravedad de la infracción y tiene como objetivo prevenir futuras infracciones y proteger el medio ambiente y la salud de las personas.

Otro ejemplo:

Otro caso sobre esa sanciones y medidas correctivas es el articulo siguiente...Cuando extraía material de acarreo del río Huertas (Ambo), el tractorista Jerson Jordi León Trujillo fue detenido por efectivos de la Unidad de Protección de Medio Ambiente que además incautaron la excavadora sobre oruga con la que trabajaba. (Diario Página 3, 2023)

La ciudad de Huánuco cuenta con autoridades ambientales comprometidas con la vigilancia y sanción de posibles alteraciones al ecosistema. Esta vigilancia es fundamental para garantizar la preservación del medio ambiente y la protección de la biodiversidad en la región.

Para cumplir con esta tarea, las autoridades ambientales cuentan con diversas herramientas legales que les permiten sancionar directamente a los responsables de dañar el ecosistema. Estas sanciones pueden incluir multas económicas, trabajos comunitarios o incluso penas de prisión, dependiendo de la gravedad de la alteración y la intencionalidad de los implicados.

La evidencia de la efectividad de estas medidas se puede ver en el registro de casos en los que las autoridades ambientales han sancionado directamente a los responsables de causar daños al ecosistema en la ciudad de Huánuco. Estos casos demuestran la importancia de la vigilancia constante y la aplicación de sanciones efectivas para proteger nuestro medio ambiente y nuestra biodiversidad.

Artículo 137.- De las medidas cautelares

137.1 Iniciado el procedimiento sancionador, la autoridad ambiental competente, mediante decisión fundamentada y con elementos de juicio suficientes, puede adoptar, provisoriamente y bajo su responsabilidad, las medidas cautelares establecidas en la presente

Ley u otras disposiciones legales aplicables, si es que sin su adopción se producirían daños ambientales irreparables o si se arriesgara la eficacia de la resolución a emitir.

137.2 Las medidas cautelares podrán ser modificadas o levantadas durante el curso del procedimiento, de oficio o a instancia de parte, en virtud de circunstancias sobrevenidas o que no pudieron ser consideradas en el momento de su adopción.

137.3 Las medidas caducan de pleno derecho cuando se emite la resolución que pone fin al procedimiento; y cuando haya transcurrido el plazo fijado para su ejecución o para la emisión de la resolución que pone fin al procedimiento.

137.4 No se podrán dictar medidas que puedan causar perjuicio de imposible reparación a los administrados.

Comentario Artículo 137.- De las medidas cautelares:

El Artículo 137 de la Ley General del Ambiente establece las disposiciones respecto a las medidas cautelares en los procedimientos sancionadores por infracciones ambientales.

El inciso 137.1 establece que la autoridad ambiental competente puede adoptar, provisoriamente y bajo su responsabilidad, medidas cautelares en caso de que sin su adopción se producirían daños ambientales irreparables o si se arriesgara la eficacia de la resolución a emitir. Estas medidas cautelares pueden ser establecidas en la presente Ley u otras disposiciones legales aplicables.

El inciso 137.2 establece que las medidas cautelares pueden ser modificadas o levantadas durante el curso del procedimiento, de oficio o a instancia de parte, en virtud de circunstancias sobrevenidas o que no pudieron ser consideradas en el momento de su adopción.

El inciso 137.3 establece que las medidas cautelares caducan de pleno derecho cuando se emite la resolución que pone fin al procedimiento, o cuando haya transcurrido el plazo fijado para su ejecución o para la emisión de la resolución que pone fin al procedimiento.

Finalmente, el inciso 137.4 establece que no se podrán dictar medidas que puedan causar perjuicio de imposible reparación a los administrados. Esto significa que las medidas cautelares deben ser proporcionales y no pueden causar daños irreparables a los infractores.

En resumen, el Artículo 137 de la Ley General del Ambiente establece las disposiciones respecto a las medidas cautelares en los procedimientos sancionadores por infracciones ambientales. Estas medidas cautelares pueden ser adoptadas provisoriamente por la autoridad ambiental competente en caso de que sin su adopción se producirían daños ambientales irreparables o si se arriesgara la eficacia de la resolución a emitir. Las medidas cautelares pueden ser modificadas o levantadas durante el curso del procedimiento, y caducan de pleno derecho cuando se emite la resolución que pone fin al procedimiento o cuando haya transcurrido el plazo fijado para su ejecución o para la emisión de la resolución que pone fin al procedimiento. Además, las medidas cautelares no pueden causar perjuicio de imposible reparación a los infractores.

Ejemplo Artículo 137.- De las medidas cautelares:

Un ejemplo de aplicación del Artículo 137 de la Ley General del Ambiente podría ser el siguiente:

Imaginemos que la autoridad ambiental competente ha iniciado un procedimiento sancionador contra una empresa por contaminación ambiental. Durante el curso del procedimiento, se comprueba que la empresa sigue vertiendo residuos tóxicos al río cercano a sus instalaciones, lo que representa un grave riesgo para el medio ambiente y la salud de las personas.

En este caso, la autoridad ambiental competente podría adoptar medidas cautelares provisorias para evitar que la empresa siga contaminando el río. Estas medidas cautelares podrían incluir la clausura temporal de las instalaciones de la empresa o la suspensión de sus actividades productivas hasta que se adopten medidas de mitigación y se garantice que no se volverá a contaminar el río.

Las medidas cautelares adoptadas por la autoridad ambiental competente deben estar fundamentadas y contar con elementos de juicio suficientes para justificar su adopción. Además, deben ser proporcionales y no pueden causar perjuicio de imposible reparación a los administrados.

Si la empresa infractora cumple con las medidas de mitigación y garantiza que no volverá a contaminar el río, la autoridad ambiental competente puede modificar o levantar las medidas cautelares adoptadas. En cambio, si la empresa persiste en el incumplimiento, las medidas cautelares pueden ser mantenidas y se pueden adoptar sanciones adicionales.

El Artículo 137 de la Ley General del Ambiente establece las disposiciones respecto a las medidas cautelares en los procedimientos sancionadores por infracciones ambientales. Su aplicación dependerá de la gravedad de la infracción y tiene como objetivo prevenir futuros daños ambientales irreparables y proteger el medio ambiente y la salud de las personas.

Artículo 138.- De la relación con otros regímenes de responsabilidad

La responsabilidad administrativa establecida dentro del procedimiento correspondiente es independiente de la responsabilidad civil o penal que pudiera derivarse por los mismos hechos.

Comentario Artículo 138.- De la relación con otros regímenes de responsabilidad:

El Artículo 138 de la Ley General del Ambiente establece que la responsabilidad administrativa establecida dentro del procedimiento correspondiente es independiente de la responsabilidad civil o penal que pudiera derivarse por los mismos hechos.

Esto significa que, aunque una persona o empresa haya sido sancionada administrativamente por una infracción ambiental, esto no implica que quede eximida de su responsabilidad civil o penal por los mismos hechos. Es decir, la sanción administrativa no afecta la posibilidad de que se inicien procesos civiles o penales por daños y perjuicios causados al medio ambiente o a terceros.

La responsabilidad administrativa se refiere a la sanción impuesta por la autoridad ambiental competente en el marco del procedimiento sancionador. Esta sanción puede incluir multas, medidas correctivas y medidas cautelares, entre otras.

Por otro lado, la responsabilidad civil y penal se refiere a la obligación de reparar los daños causados a terceros o al medio ambiente, y puede ser impuesta por tribunales civiles o penales, respectivamente.

En resumen, el Artículo 138 de la Ley General del Ambiente establece que la responsabilidad administrativa por infracciones ambientales es independiente de la responsabilidad civil o penal que pudiera derivarse por los mismos hechos. Esto significa que, aunque se haya impuesto una sanción administrativa, la persona o empresa infractora aún podría enfrentar procesos civiles o penales por los daños causados al medio ambiente o a terceros.

Ejemplo Artículo 138.- De la relación con otros regímenes de responsabilidad:

Un ejemplo de aplicación del Artículo 138 de la Ley General del Ambiente podría ser el siguiente:

Que una empresa dedicada a la minería ha sido sancionada administrativamente por la autoridad ambiental competente debido a la contaminación del aire y del agua en la zona donde realiza sus actividades. La sanción administrativa podría incluir una multa y medidas correctivas para mitigar el daño ambiental causado.

Sin embargo, a pesar de la sanción administrativa, la empresa también podría enfrentar responsabilidad civil y penal por los daños causados. Por ejemplo, si la contaminación del agua ha afectado la salud de las personas que viven en la zona, estas personas podrían iniciar un proceso civil para reclamar una indemnización por los daños y perjuicios sufridos.

De igual manera, si se comprueba que la empresa ha incumplido normas que protegen el medio ambiente y la salud de las personas, podría enfrentar un proceso penal por delitos ambientales. En este caso, las sanciones podrían incluir penas de prisión para los responsables de la empresa y el pago de indemnizaciones para los afectados.

El Artículo 138 de la Ley General del Ambiente establece que la responsabilidad administrativa por infracciones ambientales es independiente de la responsabilidad civil o penal que pudiera derivarse por los mismos hechos. Esto significa que, aunque se haya impuesto una sanción administrativa, la persona o empresa infractora aún podría enfrentar procesos civiles o penales por los daños causados al medio ambiente o a terceros. En este sentido, la empresa infractora podría enfrentar sanciones administrativas, civiles y penales por los mismos hechos.

Artículo 139.- Del Registro de Buenas Prácticas y de Infractores Ambientales

139.1 El CONAM implementa, dentro del Sistema Nacional de Información Ambiental, un Registro de Buenas Prácticas y de Infractores Ambientales, en el cual se registra a toda persona, natural o jurídica, que cumpla con sus compromisos ambientales y promueva buenas prácticas ambientales, así como de aquellos que no hayan cumplido con sus obligaciones ambientales y cuya responsabilidad haya sido determinada por la autoridad competente.

139.2 Se considera Buenas Prácticas Ambientales a quien ejerciendo o habiendo ejercido cualquier actividad económica o de servicio, cumpla con todas las normas ambientales u obligaciones a las que se haya comprometido en sus instrumentos de gestión ambiental.

139.3 Se considera infractor ambiental a quien ejerciendo o habiendo ejercido cualquier actividad económica o de servicio, genera de manera reiterada impactos ambientales por incumplimiento de las normas ambientales o de las obligaciones a que se haya comprometido en sus instrumentos de gestión ambiental.

139.4 Toda entidad pública debe tener en cuenta, para todo efecto, las inscripciones en el Registro de Buenas Prácticas y de Infractores Ambientales.

139.5 Mediante Reglamento, el CONAM determina el procedimiento de inscripción, el trámite especial que corresponde en casos de gravedad del daño ambiental o de reincidencia del agente infractor, así como los causales, requisitos y procedimientos para el levantamiento del registro.

Comentario Artículo 139.- Del Registro de Buenas Prácticas y de Infractores Ambientales:

Es importante aclarar que el Artículo 139 de la Ley General del Ambiente se refiere al CONAM como la entidad encargada de implementar el Registro de Buenas Prácticas y de Infractores Ambientales. Sin embargo, cabe señalar que el CONAM fue reemplazado por el MINAM (Ministerio del Ambiente) desde el año 2008.

Por lo tanto, actualmente es el MINAM quien sería el encargado de implementar y administrar el Registro de Buenas Prácticas y de Infractores Ambientales, en el marco del Sistema Nacional de Información Ambiental.

En cuanto al contenido del artículo, se establece la creación de este registro en el cual se inscribirá a toda persona, natural o jurídica, que cumpla con sus compromisos ambientales y promueva buenas prácticas ambientales, así como a aquellos que no hayan cumplido con sus obligaciones ambientales y cuya responsabilidad haya sido determinada por la autoridad competente.

El registro se rige por un reglamento que determina el procedimiento de inscripción, el trámite especial que corresponde en casos de gravedad del daño ambiental o de reincidencia del agente infractor, así como los causales, requisitos y procedimientos para el levantamiento del registro.

Toda entidad pública debe tener en cuenta, para todo efecto, las inscripciones en el Registro de Buenas Prácticas y de Infractores Ambientales, lo que podría influir en decisiones relacionadas con la contratación o el otorgamiento de permisos a empresas y personas que desarrollan actividades económicas o de servicio.

En resumen, el Artículo 139 de la Ley General del Ambiente establece la creación del Registro de Buenas Prácticas y de Infractores

Ambientales, que debe ser implementado y administrado por el MI-NAM, y en el cual se inscribirá a las personas y empresas que cumplan con sus compromisos ambientales y promuevan buenas prácticas ambientales, así como a aquellos que no cumplan con sus obligaciones ambientales y hayan sido sancionados por la autoridad competente.

Ejemplo Artículo 139.- Del Registro de Buenas Prácticas y de Infractores Ambientales:

Un ejemplo de aplicación del Artículo 139 de la Ley General del Ambiente podría ser el siguiente:

Imaginemos que una empresa dedicada a la producción de alimentos ha sido sancionada por la autoridad ambiental competente debido a la contaminación de los ríos cercanos a su planta de producción. La empresa ha sido incluida en el Registro de Infractores Ambientales.

A partir de ese momento, la empresa enfrenta consecuencias adicionales a la sanción administrativa, como la posibilidad de que se le nieguen permisos o licencias para desarrollar actividades económicas en otras zonas del país. Además, la empresa podría perder contratos con entidades públicas que tomen en cuenta el Registro de Buenas Prácticas y de Infractores Ambientales a la hora de tomar decisiones de contratación.

Por otro lado, si otra empresa dedicada a la producción de alimentos ha cumplido con sus compromisos ambientales y promueve buenas prácticas ambientales, podría ser incluida en el Registro de Buenas Prácticas Ambientales. Esto podría tener un impacto positivo en su reputación y en su capacidad para obtener contratos con entidades públicas que valoren estas prácticas.

En resumen, el Registro de Buenas Prácticas y de Infractores Ambientales establecido por el Artículo 139 de la Ley General del Ambiente tiene un impacto importante en las decisiones de contratación y otorgamiento de permisos a personas y empresas que desarrollan actividades económicas o de servicio. Ser incluido en el registro de infractores puede tener consecuencias negativas, mientras que ser incluido en el registro de buenas prácticas puede tener un impacto positivo en la imagen y reputación de una empresa.

Artículo 140.- De la responsabilidad de los profesionales y técnicos

Para efectos de la aplicación de las normas de este Capítulo, hay responsabilidad solidaria entre los titulares de las actividades causantes de la infracción y los profesionales o técnicos responsables de la mala elaboración o la inadecuada aplicación de instrumentos de gestión ambiental de los proyectos, obras o actividades que causaron el daño.

Comentario Artículo 140.- De la responsabilidad de los profesionales y técnicos:

El Artículo 140 de la Ley General del Ambiente establece la responsabilidad de los profesionales y técnicos en relación a la aplicación de las normas ambientales. En este sentido, se establece que existe una responsabilidad solidaria entre los titulares de las actividades que causan una infracción ambiental y los profesionales o técnicos responsables de la mala elaboración o la inadecuada aplicación de instrumentos de gestión ambiental de los proyectos, obras o actividades que causaron el daño.

Esto significa que, en caso de una infracción ambiental, tanto el titular de la actividad como el profesional o técnico responsable de la mala elaboración o la inadecuada aplicación de los instrumentos de gestión ambiental serán responsables de manera solidaria por el daño causado al medio ambiente.

Por ejemplo, si una empresa constructora realiza una obra que genera contaminación del aire y del agua y se determina que la empresa no cumplió con las normas ambientales establecidas, tanto la empresa como los profesionales o técnicos responsables de la mala elaboración o inadecuada aplicación de los instrumentos de gestión ambiental serán responsables solidarios por los daños causados.

El Artículo 140 de la Ley General del Ambiente establece la responsabilidad solidaria entre los titulares de las actividades que causan una infracción ambiental y los profesionales o técnicos responsables de la mala elaboración o inadecuada aplicación de los instrumentos de gestión ambiental. Esta disposición tiene como objetivo garantizar una mayor responsabilidad y compromiso en la aplicación de las normas ambientales y la protección del medio ambiente.

Ejemplo Artículo 140.- De la responsabilidad de los profesionales y técnicos:

Un ejemplo de aplicación del Artículo 140 de la Ley General del Ambiente podría ser el siguiente:

Imaginemos que una empresa de construcción de edificios contrata a un arquitecto y a un ingeniero ambiental para que diseñen e implementen un plan de gestión ambiental para una obra de construcción. Sin embargo, durante la construcción de la obra, se generan impactos ambientales negativos, como la contaminación del aire y del agua.

En este caso, tanto la empresa de construcción como los profesionales contratados (el arquitecto y el ingeniero ambiental) podrían ser considerados responsables solidarios por los daños ambientales causados. Si se determina que los profesionales no elaboraron adecuadamente el plan de gestión ambiental o no supervisaron adecuadamente la aplicación del mismo, podrían ser considerados responsables por la mala elaboración o inadecuada aplicación de los instrumentos de gestión ambiental.

Por lo tanto, en una situación como esta, tanto la empresa de construcción como los profesionales contratados podrían ser sancionados y ser responsables de pagar las multas y reparaciones correspondientes por los daños ambientales causados.

En resumen, el Artículo 140 de la Ley General del Ambiente establece la responsabilidad solidaria entre los titulares de las actividades que causan una infracción ambiental y los profesionales o técnicos responsables de la mala elaboración o inadecuada aplicación de los instrumentos de gestión ambiental. Esto implica una mayor responsabilidad y compromiso por parte de los profesionales y las empresas en la aplicación de las normas ambientales y la protección del medio ambiente.

Artículo 141.- De la prohibición de la doble sanción

141.1 No se puede imponer sucesiva o simultáneamente más de una sanción administrativa por el mismo hecho en los casos que se aprecie la identidad del sujeto, hecho y fundamento. Cuando una misma conducta califique como más de una infracción se aplicará la sanción prevista para la infracción de mayor gravedad, sin perjuicio de que puedan exigirse las demás responsabilidades que establezcan las leyes.

141.2 De acuerdo a la legislación vigente, la Autoridad Ambiental Nacional, dirime en caso de que exista más de un sector o nivel de gobierno aplicando una sanción por el mismo hecho, señalando la entidad competente para la aplicación de la sanción. La solicitud de dirimencia suspenderá los procedimientos administrativos de sanción correspondientes.

141.3 La autoridad competente, según sea el caso, puede imponer medidas correctivas independientemente de las sanciones que establezca.

Comentario Artículo 141.- De la prohibición de la doble sanción:

El Artículo 141 de la Ley General del Ambiente en Perú establece la prohibición de la doble sanción. Esto significa que no se puede imponer simultáneamente o sucesivamente más de una sanción administrativa por el mismo hecho en los casos que se aprecie la identidad del sujeto, hecho y fundamento. En caso de que una misma conducta califique como más de una infracción, se aplicará la sanción prevista para la infracción de mayor gravedad, sin perjuicio de que puedan exigirse las demás responsabilidades que establezcan las leyes.

Además, según la legislación vigente, en caso de que exista más de un sector o nivel de gobierno aplicando una sanción por el mismo hecho, la Autoridad Ambiental Nacional dirime y señala la entidad competente para la aplicación de la sanción. La solicitud de dirimencia suspenderá los procedimientos administrativos de sanción correspondientes.

Asimismo, la autoridad competente, según sea el caso, puede imponer medidas correctivas independientemente de las sanciones que establezca.

En resumen, el Artículo 141 de la Ley General del Ambiente en Perú prohíbe la doble sanción por el mismo hecho, estableciendo la aplicación de la sanción prevista para la infracción de mayor gravedad en caso de que una misma conducta califique como más de una infracción. Además, la Autoridad Ambiental Nacional dirime en caso de que exista más de un sector o nivel de gobierno aplicando una sanción por el mismo hecho y la autoridad competente puede imponer medidas correctivas independientemente de las sanciones que establezca.

Ejemplo Artículo 141.- De la prohibición de la doble sanción:

Un ejemplo de aplicación del Artículo 141 de la Ley General del Ambiente en Perú podría ser la sanción impuesta por la Autoridad Nacional del Agua (ANA) a una empresa por realizar actividades de minería ilegal en una zona protegida. En este caso, la ANA impuso una sanción administrativa a la empresa por violar la normativa ambiental.

Posteriormente, el Ministerio Público inició una investigación penal contra la misma empresa por el mismo hecho. Debido a que se apreció la identidad del sujeto, hecho y fundamento, la ANA no pudo imponer una segunda sanción administrativa por el mismo hecho, ya que esto constituiría una doble sanción prohibida por el Artículo 141 de la Ley General del Ambiente en Perú.

El Artículo 141 de la Ley General del Ambiente en Perú prohíbe la doble sanción por el mismo hecho y establece la aplicación de la sanción prevista para la infracción de mayor gravedad. En caso de que exista más de un sector o nivel de gobierno aplicando una sanción por el mismo hecho, la Autoridad Ambiental Nacional dirime y señala la entidad competente para la aplicación de la sanción.

Otro ejemplo

Sobre la aplicación del Artículo 141 de la Ley General del Ambiente en Perú podría ser la sanción impuesta por una entidad gubernamental a un establecimiento comercial por la venta de productos contaminantes que afectan la salud de los consumidores y el medio ambiente.

Si posteriormente, otra entidad gubernamental impone una sanción por el mismo hecho, la Autoridad Ambiental Nacional deberá dirimir para determinar cuál es la entidad competente para aplicar la sanción y evitar así la doble sanción.

En caso de que la Autoridad Ambiental Nacional determine que la sanción impuesta por la segunda entidad gubernamental es la de mayor gravedad, se aplicará dicha sanción y no se podrá imponer una segunda sanción por el mismo hecho. Si la sanción impuesta por la primera entidad gubernamental es la de mayor gravedad, entonces se aplicará dicha sanción y se evitará la doble sanción por el mismo hecho.

El Artículo 141 de la Ley General del Ambiente en Perú prohíbe la doble sanción por el mismo hecho y establece que se debe aplicar la sanción prevista para la infracción de mayor gravedad. Además, la Autoridad Ambiental Nacional dirime en caso de que exista más de un sector o nivel de gobierno aplicando una sanción por el mismo hecho para determinar cuál es la entidad competente para aplicar la sanción y evitar la doble sanción.

Artículo 142.- De la responsabilidad por daños ambientales

142.1 Aquél que mediante el uso o aprovechamiento de un bien o en el ejercicio de una actividad pueda producir un daño al ambiente, a la calidad de vida de las personas, a la salud humana o al patrimonio, está obligado a asumir los costos que se deriven de las medidas de prevención y mitigación de daño, así como los relativos a la vigilancia y monitoreo de la actividad y de las medidas de prevención y mitigación adoptadas.

142.2 Se denomina daño ambiental a todo menoscabo material que sufre el ambiente y/o alguno de sus componentes, que puede ser causado contraviniendo o no disposición jurídica, y que genera efectos negativos actuales o potenciales.

Comentario Artículo 142.- De la responsabilidad por daños ambientales:

El Artículo 142 de la Ley General del Ambiente en Perú establece la responsabilidad por daños ambientales. En el inciso 142.1 En este sentido, aquella persona que, mediante el uso o aprovechamiento de un bien o en el ejercicio de una actividad, pueda producir un daño al ambiente, a la calidad de vida de las personas, a la salud humana o al patrimonio, está obligada a asumir los costos que se deriven de las medidas de prevención y mitigación de daño, así como los costos relativos a la vigilancia y monitoreo de la actividad y de las medidas de prevención y mitigación adoptadas.

Es importante destacar que, según el Artículo 142.2 de la Ley General del Ambiente en Perú, se considera daño ambiental a todo menoscabo material que sufre el ambiente y/o alguno de sus componentes, que puede ser causado contraviniendo o no disposición jurídica, y que genera efectos negativos actuales o potenciales.

Es fundamental que se reconozca la responsabilidad de los particulares y empresas en la prevención y mitigación de los daños ambientales, ya que esto contribuye a la protección del medio ambiente y de las personas. Además, la obligación de asumir los costos relacionados con las medidas de prevención y mitigación de daños, así como de la vigilancia y monitoreo de las mismas, incentiva a los particulares y empresas a tomar medidas responsables y evitar la ocurrencia de daños ambientales.

En este sentido, resulta importante que se promueva la cultura de la prevención y mitigación de daños ambientales, así como el cumplimiento de las disposiciones jurídicas relacionadas con el ambiente. Esto permitirá que se minimice la ocurrencia de daños ambientales y se proteja el medio ambiente y la salud de las personas.

El Artículo 142 de la Ley General del Ambiente en Perú establece la responsabilidad por daños ambientales y la obligación de los particulares y empresas de asumir los costos relacionados con las medidas de prevención y mitigación de daños, así como de la vigilancia y monitoreo de las mismas. Es importante promover la cultura de la prevención y mitigación de daños ambientales y el cumplimiento de las disposiciones jurídicas relacionadas con el ambiente para proteger el medio ambiente y la salud de las personas.

Ejemplo Artículo 142.- De la responsabilidad por daños ambientales:

Un ejemplo de aplicación del Artículo 142 de la Ley General del Ambiente en Perú podría ser el caso de una empresa que opera una planta industrial que emite gases contaminantes al aire, afectando la salud de los habitantes de la zona aledaña.

En este caso, la empresa sería responsable de asumir los costos relacionados con las medidas de prevención y mitigación de daños, así como de la vigilancia y monitoreo de las mismas. Esto podría incluir la instalación de tecnologías más avanzadas para reducir las emisiones de gases contaminantes, la implementación de programas de monitoreo de la calidad del aire y la realización de estudios de impacto ambiental.

Es importante destacar que, en este ejemplo, se estaría produciendo un daño ambiental según el Artículo 142.2 de la Ley General del Ambiente en Perú, ya que las emisiones de gases contaminantes estarían generando efectos negativos actuales para la salud de las personas en la zona aledaña.

Por lo tanto, la empresa tendría la obligación de asumir los costos relacionados con la prevención y mitigación de los daños ambientales producidos por sus actividades y hacerse responsable de los efectos negativos actuales que puedan estar causando.

El Artículo 142 de la Ley General del Ambiente en Perú establece la obligación de los particulares y empresas de asumir los costos relacionados con las medidas de prevención y mitigación de daños ambientales y la responsabilidad por daños ambientales. En caso de que una empresa emita gases contaminantes al aire y afecte la salud de las personas, la empresa sería responsable de asumir los costos relacionados con la prevención y mitigación de los daños ambientales producidos por sus actividades y hacerse responsable de los efectos negativos actuales que puedan estar causando.

Artículo 143.- De la legitimidad para obrar

Cualquier persona, natural o jurídica, está legitimada para ejercer la acción a que se refiere la presente Ley, contra quienes ocasionen o contribuyen a ocasionar un daño ambiental, de conformidad con lo establecido en el artículo III del Código Procesal Civil.

Comentario Artículo 143.- De la legitimidad para obrar:

El Artículo 143 de la Ley General del Ambiente en Perú establece la legitimidad para obrar en caso de daños ambientales. Según este artículo, cualquier persona, natural o jurídica, está legitimada para ejercer la acción contra quienes ocasionen o contribuyan a ocasionar un daño ambiental, de conformidad con lo establecido en el artículo III del Código Procesal Civil.

Es importante destacar que la legitimidad para obrar en caso de daños ambientales es fundamental para garantizar la protección del medio ambiente y de las personas afectadas por los daños. En este sentido, cualquier persona que tenga conocimiento de un daño ambiental o que haya sido afectada por el mismo, puede ejercer la acción correspondiente para hacer valer sus derechos y exigir la reparación del daño ocasionado.

Además, la posibilidad de que cualquier persona, natural o jurídica, tenga la legitimidad para obrar en caso de daños ambientales, contribuye a la prevención de dichos daños, ya que las empresas y particulares estarán más conscientes de las posibles consecuencias legales y económicas de sus acciones.

El Artículo 143 de la Ley General del Ambiente en Perú establece la legitimidad para obrar en caso de daños ambientales, permitiendo que cualquier persona, natural o jurídica, pueda ejercer la acción correspondiente contra quienes ocasionen o contribuyan a ocasionar un daño ambiental. Esto es fundamental para garantizar la protección del medio ambiente y de las personas afectadas por los daños, y contribuye a la prevención de los mismos.

Ejemplo Artículo 143.- De la legitimidad para obrar:

Un ejemplo de aplicación del Artículo 143 de la Ley General del Ambiente en Perú podría ser el caso de un grupo de vecinos que han sido afectados por la contaminación del agua de un río cercano debido a las actividades de una empresa minera.

En este caso, los vecinos tendrían la legitimidad para obrar y ejercer la acción correspondiente contra la empresa minera, exigiendo la reparación del daño ambiental ocasionado y la adopción de medidas para prevenir futuros daños.

La empresa minera, por su parte, estaría obligada a asumir su responsabilidad y a implementar medidas para mitigar y prevenir los daños ambientales causados por sus actividades.

Es importante destacar que, gracias al Artículo 143 de la Ley General del Ambiente en Perú, los vecinos afectados tendrían la posibilidad de hacer valer sus derechos y exigir la reparación del daño ambiental ocasionado, contribuyendo así a la protección del medio ambiente y de su propia salud.

El Artículo 143 de la Ley General del Ambiente en Perú establece la legitimidad para obrar en caso de daños ambientales, permitiendo que cualquier persona, natural o jurídica, pueda ejercer la acción correspondiente contra quienes ocasionen o contribuyan a ocasionar un daño ambiental. En el ejemplo anterior, los vecinos afectados por la contaminación del agua de un río cercano tendrían la legitimidad para obrar y exigir la reparación del daño ambiental ocasionado por la empresa minera.

Artículo 144.- De la responsabilidad objetiva

La responsabilidad derivada del uso o aprovechamiento de un bien ambientalmente riesgoso o peligroso, o del ejercicio de una actividad ambientalmente riesgosa o peligrosa, es objetiva. Esta responsabilidad obliga a reparar los daños ocasionados por el bien o actividad riesgosa, lo que conlleva a asumir los costos contemplados en el artículo 142 precedente, y los que correspondan a una justa y equitativa indemnización; los de la recuperación del ambiente afectado, así como los de la ejecución de las medidas necesarias para mitigar los efectos del daño y evitar que éste se vuelva a producir.

Comentario Artículo 144.- De la responsabilidad objetiva:

El Artículo 144 de la Ley General del Ambiente en Perú establece la responsabilidad objetiva en caso de uso o aprovechamiento de bienes ambientalmente riesgosos o peligrosos, o del ejercicio de una actividad ambientalmente riesgosa o peligrosa.

Según este artículo, la responsabilidad derivada de estas actividades es objetiva, lo que significa que la persona o empresa responsable deberá reparar los daños ocasionados por el bien o actividad riesgosa y asumir los costos contemplados en el Artículo 142 de la Ley General del Ambiente, así como los que correspondan a una justa y equitativa indemnización.

Además, la responsabilidad objetiva implica que la persona o empresa responsable deberá asumir los costos de la recuperación del ambiente afectado y de la ejecución de las medidas necesarias para mitigar los efectos del daño y evitar que éste se vuelva a producir.

Es importante destacar que la responsabilidad objetiva es fundamental para garantizar la protección del medio ambiente y de las personas. En este sentido, cualquier actividad que sea considerada ambientalmente riesgosa o peligrosa deberá ser asumida con la responsabilidad necesaria y con la implementación de medidas de prevención y mitigación de daños.

El Artículo 144 de la Ley General del Ambiente en Perú establece la responsabilidad objetiva en caso de uso o aprovechamiento de bienes ambientalmente riesgosos o peligrosos, o del ejercicio de una actividad ambientalmente riesgosa o peligrosa. Esto implica que la persona o empresa responsable deberá reparar los daños ocasionados, asumir los costos contemplados en la Ley y tomar medidas para prevenir futuros daños.

Ejemplo Artículo 144.- De la responsabilidad objetiva:

Un ejemplo de aplicación del Artículo 144 de la Ley General del Ambiente en Perú podría ser el caso de una empresa de productos químicos que contamina un río cercano con sus residuos tóxicos, afectando la salud de las personas que viven en la zona y causando daños ambientales.

En este caso, la empresa sería responsable de reparar los daños ocasionados por su actividad ambientalmente riesgosa y de asumir los costos contemplados en el Artículo 142 de la Ley General del Ambiente, así como los correspondientes a una justa y equitativa indemnización.

Además, la responsabilidad objetiva implica que la empresa deberá asumir los costos de la recuperación del ambiente afectado y de la ejecución de las medidas necesarias para mitigar los efectos del daño y evitar que éste se vuelva a producir.

En este sentido, la empresa deberá implementar medidas de prevención y mitigación de daños, como la instalación de tecnologías más avanzadas para el tratamiento de los residuos tóxicos y la implementación de programas de monitoreo de la calidad del agua.

Es importante destacar que la responsabilidad objetiva es fundamental para garantizar la protección del medio ambiente y de las personas. En este ejemplo, la empresa deberá asumir la responsabilidad necesaria y tomar medidas para prevenir futuros daños, contribuyendo así a la protección del medio ambiente y la salud de las personas afectadas.

El Artículo 144 de la Ley General del Ambiente en Perú establece la responsabilidad objetiva en caso de uso o aprovechamiento de bienes ambientalmente riesgosos o peligrosos. En el ejemplo anterior, la empresa de productos químicos sería responsable de reparar los daños ocasionados por su actividad y de asumir los costos correspondientes, así como de implementar medidas de prevención y mitigación de daños para evitar futuros daños ambientales y proteger la salud de las personas afectadas.

Artículo 145.- De la responsabilidad subjetiva

La responsabilidad en los casos no considerados en el artículo anterior es subjetiva. Esta responsabilidad sólo obliga al agente a asumir los costos derivados de una justa y equitativa indemnización y los de restauración del ambiente afectado en caso de mediar dolo o culpa. El descargo por falta de dolo o culpa corresponde al agente.

Comentario Artículo 145.- De la responsabilidad subjetiva:

El Artículo 145 de la Ley General del Ambiente en Perú establece la responsabilidad subjetiva en los casos no considerados en el Artículo 144. En estos casos, la responsabilidad solo obliga al agente a asumir los costos derivados de una justa y equitativa indemnización y los de restauración del ambiente afectado en caso de mediar dolo o culpa.

Es importante destacar que la responsabilidad subjetiva implica que la persona o empresa responsable sólo será obligada a asumir los costos si se demuestra la existencia de dolo o culpa en su actuación. En caso contrario, el agente podrá eximirse de responsabilidad por falta de dolo o culpa.

En este sentido, la responsabilidad subjetiva se aplica en aquellos casos en los que no se considera que la actividad sea ambientalmente riesgosa o peligrosa, pero que igualmente ha causado daños al medio ambiente o a las personas.

El Artículo 145 de la Ley General del Ambiente en Perú establece la responsabilidad subjetiva en los casos no considerados en el Artículo 144. En estos casos, la responsabilidad sólo obliga al agente a asumir los costos derivados de una justa y equitativa indemnización y los de restauración del ambiente afectado en caso de mediar dolo o culpa. Es importante destacar que la responsabilidad subjetiva implica que la persona o empresa responsable sólo será obligada a asumir los costos si se demuestra la existencia de dolo o culpa en su actuación.

Ejemplo Artículo 145.- De la responsabilidad subjetiva:

Un ejemplo de aplicación del Artículo 145 de la Ley General del Ambiente en Perú podría ser el caso de un agricultor que, sin conocimiento previo, utiliza un pesticida altamente tóxico en sus cultivos, causando daños al medio ambiente y a la salud de las personas que viven en la zona.

En este caso, la responsabilidad subjetiva se aplicaría, ya que la actividad no se considera ambientalmente riesgosa o peligrosa y no se puede demostrar que el agricultor actuó con dolo o culpa. Sin embargo, el agricultor sería obligado a asumir los costos derivados de una justa y equitativa indemnización y los de restauración del ambiente afectado.

Es importante destacar que, aunque la responsabilidad subjetiva implica una menor carga económica para el agente responsable, esto no exime su responsabilidad en la protección del medio ambiente y la salud de las personas. Por lo tanto, el agricultor deberá ser consciente de las consecuencias de sus acciones y tomar medidas para prevenir futuros daños.

El Artículo 145 de la Ley General del Ambiente en Perú establece la responsabilidad subjetiva en los casos no considerados en el Artículo 144. En el ejemplo anterior, el agricultor sería obligado a asumir los costos derivados de una justa y equitativa indemnización y los de restauración del ambiente afectado. Es importante destacar que, aunque la responsabilidad subjetiva implica una menor carga económica para el agente responsable, esto no exime su responsabilidad en la protección del medio ambiente y la salud de las personas.

Un ejemplo adicional de aplicación del Artículo 145 de la Ley General del Ambiente en Perú podría ser el caso de una empresa constructora que, sin conocer las regulaciones ambientales, realiza excavaciones para la construcción de un edificio y causa daños en el suelo y en la calidad del aire.

En este caso, la responsabilidad subjetiva se aplicaría, ya que la actividad de construcción no se considera ambientalmente riesgosa o peligrosa y no se puede demostrar que la empresa constructora actuó con dolo o culpa. Sin embargo, la empresa constructora sería obligada a asumir los costos derivados de una justa y equitativa indemnización y los de restauración del ambiente afectado.

Es importante destacar que la responsabilidad subjetiva no exime la responsabilidad de la empresa constructora en la protección del medio ambiente y la salud de las personas. Por lo tanto, la empresa deberá tomar medidas para prevenir futuros daños, como el uso de tecnologías más avanzadas para la construcción y la implementación de prácticas adecuadas de gestión ambiental.

El Artículo 145 de la Ley General del Ambiente en Perú establece la responsabilidad subjetiva en los casos no considerados en el Artículo 144. En el ejemplo anterior, la empresa constructora sería obligada a asumir los costos derivados de una justa y equitativa indemnización y los de restauración del ambiente afectado. Es importante destacar que, aunque la responsabilidad subjetiva implica una menor carga económica para el agente responsable, esto no exime su responsabilidad en la protección del medio ambiente y la salud de las personas.

Artículo 146.- De las causas eximentes de responsabilidad

No existirá responsabilidad en los siguientes supuestos:

a. Cuando concurran una acción u omisión dolosa de la persona que hubiera sufrido un daño resarcible de acuerdo con esta Ley;

b. Cuando el daño o el deterioro del medio ambiente tenga su causa exclusiva en un suceso inevitable o irresistible; y,

c. Cuando el daño o el deterioro del medio ambiente haya sido causado por una acción y omisión no contraria a la normativa aplicable, que haya tenido lugar con el previo consentimiento del perjudicado y con conocimiento por su parte del riesgo que corría de sufrir alguna consecuencia dañosa derivada de tal o cual acción u omisión.

Comentario Artículo 146.- De las causas eximentes de responsabilidad:

El Artículo 146 de la Ley General del Ambiente en Perú establece las causas eximentes de responsabilidad en materia ambiental. Estas causas son las siguientes:

a) Cuando el daño o el deterioro del medio ambiente es causado por una acción u omisión dolosa de la persona que ha sufrido un daño resarcible de acuerdo con esta Ley. En este caso, la persona que ha sufrido el daño no podrá reclamar una indemnización.

b) Cuando el daño o el deterioro del medio ambiente tiene su causa exclusiva en un suceso inevitable o irresistible. En este caso, no habrá responsabilidad por parte de la persona o empresa que haya causado el daño.

c) Cuando el daño o el deterioro del medio ambiente ha sido causado por una acción u omisión no contraria a la normativa aplicable, que ha tenido lugar con el previo consentimiento del perjudicado y con conocimiento por su parte del riesgo que corría de sufrir alguna consecuencia dañosa derivada de tal o cual acción u omisión. En este caso, no habrá responsabilidad por parte de la persona o empresa que ha causado el daño, ya que se ha actuado con el consentimiento y conocimiento del perjudicado.

Es importante destacar que estas causas eximen de responsabilidad solo en los casos específicos establecidos en el Artículo 146. En todos los demás casos, las personas o empresas que causen daños al medio ambiente serán responsables y deberán asumir los costos derivados de una justa y equitativa indemnización y los de restauración del ambiente afectado.

El Artículo 146 de la Ley General del Ambiente en Perú establece las causas eximentes de responsabilidad en materia ambiental. Es importante destacar que estas causas eximen de responsabilidad solo en los casos específicos establecidos en el artículo, y que, en todos los demás casos, las personas o empresas que causen daños al medio ambiente serán responsables y deberán asumir los costos derivados de una justa y equitativa indemnización y los de restauración del ambiente afectado.

Ejemplo Artículo 146.- De las causas eximentes de responsabilidad:

A continuación, se presentan ejemplos de aplicación de cada uno de los incisos del Artículo 146 de la Ley General del Ambiente en Perú:

a) Cuando haya una acción u omisión deliberada por parte de la persona que sufrió un daño compensable según esta Ley.

Ejemplo: Si una persona deliberada e intencionalmente se causó daño a sí misma, entonces no puede reclamar responsabilidad o compensación por los daños. La ley no responsabilizará a otros en casos donde las propias acciones deliberadas e intencionales de una persona condujeron al daño.

b) Cuando el daño o el deterioro del medio ambiente tenga su causa exclusiva en un suceso inevitable o irresistible:

Ejemplo: Una empresa de construcción está realizando una obra en una zona donde se produce habitualmente lluvias torrenciales. Durante una de estas lluvias, se produce un deslizamiento de tierra que afecta a la obra y causa daños al medio ambiente. En este caso, la empresa de construcción no tendría responsabilidad ya que el deslizamiento de tierra fue un suceso inevitable.

c) Cuando el daño o el deterioro del medio ambiente haya sido causado por una acción y omisión no contraria a la normativa aplicable, que haya tenido lugar con el previo consentimiento del perjudicado y con conocimiento por su parte del riesgo que corría de sufrir alguna consecuencia dañosa derivada de tal o cual acción u omisión:

Ejemplo: Un propietario de un terreno construye un depósito de combustible en su propiedad para abastecer su negocio. Antes de construirlo, informa a su vecino sobre la construcción y el riesgo que ésta implica. El vecino da su consentimiento y acepta el riesgo. Un día, se produce una fuga en el depósito de combustible que causa daños al suelo y al agua subterránea en la zona. En este caso, el propietario del terreno no tendría responsabilidad ya que su acción no fue contraria a la normativa aplicable, el vecino dio su consentimiento y conocía el riesgo de la construcción del depósito de combustible.

El Artículo 146 de la Ley General del Ambiente en Perú establece las causas eximentes de responsabilidad en materia ambiental. En cada uno de los ejemplos presentados, se puede ver cómo se aplican estas causas eximentes en situaciones específicas. Es importante destacar que estas causas eximen de responsabilidad solo en los casos específicos establecidos en el Artículo 146, y que, en todos los demás casos, las personas o empresas que causen daños al medio ambiente serán responsables y deberán asumir los costos derivados de una justa y equitativa indemnización y los de restauración del ambiente afectado.

Artículo 147.- De la reparación del daño

La reparación del daño ambiental consiste en el restablecimiento de la situación anterior al hecho lesivo al ambiente o sus componentes, y de la indemnización económica del mismo. De no ser técnica ni materialmente posible el restablecimiento, el juez deberá prever la realización de otras tareas de recomposición o mejoramiento del ambiente o de los elementos afectados. La indemnización tendrá por destino la realización de acciones que compensen los intereses afectados o que contribuyan a cumplir los objetivos constitucionales respecto del ambiente y los recursos naturales.

Comentario Artículo 147.- De la reparación del daño:

El Artículo 147 de la Ley General del Ambiente en Perú establece la obligación de reparar el daño ambiental. Esta reparación consiste en restablecer la situación anterior al hecho lesivo al ambiente o sus componentes, y en indemnizar económicamente el daño causado.

Si el restablecimiento técnico o material no es posible, el juez deberá prever la realización de otras tareas de recomposición o mejoramiento del ambiente o de los elementos afectados. En cualquier caso, la indemnización deberá tener como destino la realización de acciones que compensen los intereses afectados o que contribuyan a cumplir los objetivos constitucionales respecto del ambiente y los recursos naturales.

En otras palabras, la reparación del daño ambiental busca no solo restablecer la situación anterior al daño, sino también compensar los intereses afectados y contribuir a la protección del ambiente y los recursos naturales.

Es importante destacar que la obligación de reparación recae en la persona o empresa que causó el daño, y que esta reparación debe ser justa y equitativa.

El Artículo 147 de la Ley General del Ambiente en Perú establece la obligación de reparar el daño ambiental y especifica que esta reparación debe consistir en el restablecimiento de la situación anterior al hecho lesivo al ambiente o sus componentes, y la indemnización económica del mismo. Si el restablecimiento no es posible, se deberán realizar otras tareas de recomposición o mejoramiento del ambiente o de los elementos afectados. Es importante destacar que la reparación del daño ambiental debe ser justa y equitativa y que la obligación de reparación recae en la persona o empresa que causó el daño.

Ejemplo Artículo 147.- De la reparación del daño:

Un ejemplo de aplicación del Artículo 147 de la Ley General del Ambiente en Perú podría ser el siguiente:

Una empresa minera ha causado daños al ambiente y a la salud de las personas que viven en la zona donde se encuentra su operación. El río que provee de agua a la comunidad se ha contaminado con sustancias tóxicas, afectando la pesca y la agricultura de la zona. Además, la polución del aire ha causado enfermedades respiratorias entre los habitantes de la zona.

En este caso, la empresa minera debe asumir la responsabilidad por los daños causados y proceder a la reparación de los mismos. La reparación del daño ambiental deberá consistir en el restablecimiento de la situación anterior al hecho lesivo al ambiente o sus componentes, es decir, en la limpieza del río y en la eliminación de la polución del aire. Si el restablecimiento técnico o material no es posible, se deberán realizar otras tareas de recomposición o mejoramiento del ambiente o de los elementos afectados.

Además, la empresa minera deberá indemnizar económicamente los daños causados, teniendo como destino la realización de acciones que compensen los intereses afectados o que contribuyan a cumplir los objetivos constitucionales respecto del ambiente y los recursos naturales. En este caso, la empresa minera podría financiar programas de reforestación, de recuperación de la biodiversidad, de mejora de la calidad del agua y del aire, entre otros.

El Artículo 147 de la Ley General del Ambiente en Perú establece la obligación de reparar el daño ambiental. En el ejemplo presentado, la empresa minera debe asumir la responsabilidad por los daños causados y proceder a la reparación de los mismos, así como indemnizar económicamente los daños causados. Es importante destacar que la reparación del daño ambiental debe ser justa y equitativa y que la obligación de reparación recae en la persona o empresa que causó el daño.

Artículo 148.- De las garantías

148.1 Tratándose de actividades ambientalmente riesgosas o peligrosas, la autoridad sectorial competente podrá exigir, a propuesta de la Autoridad Ambiental Nacional, un sistema de garantía que cubra las indemnizaciones que pudieran derivar por daños ambientales.

148.2 Los compromisos de inversión ambiental se garantizan a fin de cubrir los costos de las medidas de rehabilitación para los períodos de operación de cierre, post-cierre, constituyendo garantías a favor de la autoridad competente, mediante una o varias de las modalidades contempladas en la Ley del Sistema Financiero y del Sistema de Seguros y Orgánica de la Superintendencia de Banca y Seguros u otras que establezca la ley de la materia. Concluidas las medidas de rehabilitación, la autoridad competente procede, bajo responsabilidad, a la liberación de las garantías.

Comentario Artículo 148.- De las garantías:

El Artículo 148 de la Ley General del Ambiente en Perú establece la obligación de contar con garantías en el ámbito ambiental. Estas garantías buscan cubrir los costos de las medidas de reparación o de rehabilitación que pudieran derivarse por daños ambientales.

El inciso 148.1 establece que, en el caso de actividades ambientalmente riesgosas o peligrosas, la autoridad sectorial competente puede exigir un sistema de garantía que cubra las indemnizaciones que pudieran derivar por daños ambientales. Es decir, las empresas que realizan actividades con alto impacto ambiental deben contar con un sistema de garantía que les permita cubrir los costos de reparación del daño que pudieran causar.

El inciso 148.2 establece que los compromisos de inversión ambiental también deben ser garantizados para cubrir los costos de las medidas de rehabilitación durante los períodos de operación, cierre y post-cierre. Estas garantías se constituyen a favor de la autoridad competente y pueden ser de diferentes modalidades establecidas por la Ley del Sistema Financiero y del Sistema de Seguros y Orgánica de la Superintendencia de Banca y Seguros.

Una vez que se hayan concluido las medidas de rehabilitación, la autoridad competente procede a la liberación de las garantías bajo su responsabilidad.

El Artículo 148 de la Ley General del Ambiente en Perú establece la obligación de contar con garantías en el ámbito ambiental, tanto para actividades ambientalmente riesgosas o peligrosas como para los compromisos de inversión ambiental. Estas garantías buscan cubrir los costos de las medidas de reparación o de rehabilitación que pudieran derivarse por daños ambientales. Es importante destacar que estas garantías deben ser liberadas una vez que se hayan concluido las medidas de rehabilitación bajo la responsabilidad de la autoridad competente.

Ejemplo Artículo 148.- De las garantías:

A continuación, se presentan ejemplos de aplicación de cada uno de los incisos del Artículo 148 de la Ley General del Ambiente en Perú:

Inciso 148.1: Tratándose de actividades ambientalmente riesgosas o peligrosas, la autoridad sectorial competente podrá exigir, a propuesta de la Autoridad Ambiental Nacional, un sistema de garantía que cubra las indemnizaciones que pudieran derivar por daños ambientales.

Ejemplo: Una empresa minera que realiza actividades con alto impacto ambiental en una zona cercana a un río. Debido a una mala gestión de los residuos mineros, se produce una contaminación del río y se afecta la salud de las personas que viven en la zona. En este caso, la autoridad sectorial competente puede exigir a la empresa minera la constitución de un sistema de garantía que cubra las indemnizaciones que pudieran derivar por daños ambientales.

Inciso 148.2: Los compromisos de inversión ambiental se garantizan a fin de cubrir los costos de las medidas de rehabilitación para los períodos de operación de cierre, post-cierre, constituyendo garantías a favor de la autoridad competente, mediante una o varias de las modalidades contempladas en la Ley del Sistema Financiero y del Sistema de Seguros y Orgánica de la Superintendencia de Banca y Seguros u otras que establezca la ley de la materia. Concluidas las medidas de rehabilitación, la autoridad competente procede, bajo responsabilidad, a la liberación de las garantías.

Ejemplo: Una empresa de generación eléctrica que construye una central hidroeléctrica en una zona de montaña. Para obtener la autorización de construcción, la empresa se compromete a realizar medidas de rehabilitación del área de influencia de la obra durante los períodos de operación, cierre y post-cierre. En este caso, la empresa debe constituir una garantía a favor de la autoridad competente que cubra los costos de las medidas de rehabilitación. Una vez concluidas las medidas de rehabilitación, la autoridad competente procede a la liberación de las garantías bajo su responsabilidad.

El Artículo 148 de la Ley General del Ambiente en Perú establece la obligación de contar con garantías en el ámbito ambiental, tanto para actividades ambientalmente riesgosas o peligrosas como para los compromisos de inversión ambiental. En ambos casos, las garantías buscan cubrir los costos de las medidas de reparación o de rehabilitación que pudieran derivarse por daños ambientales. Es importante destacar que estas garantías deben ser liberadas una vez que se hayan concluido las medidas de rehabilitación bajo la responsabilidad de la autoridad competente.

Artículo 149.- Del informe de la autoridad competente sobre infracción de la normativa ambiental

149.1 La formalización de la denuncia por los delitos tipificados en el Título Décimo Tercero del Libro Segundo del Código Penal, requerirá de las entidades sectoriales competentes opinión fundamentada por escrito sobre si se ha infringido la legislación ambiental. El informe será evacuado dentro de un plazo no mayor a 30 días. Si resultara competente en un mismo caso más de una entidad sectorial y hubiere discrepancias entre los dictámenes por ellas evacuados, se requerirá opinión dirimente y en última instancia administrativa al Consejo Nacional del Ambiente.

149.2 El fiscal deberá merituar los informes de las autoridades sectoriales competentes o del Consejo Nacional del Ambiente según fuera el caso. Dichos informes deberán igualmente ser merituados por el juez o el tribunal al momento de expedir resolución.

149.3 En los casos en que el inversionista dueño o titular de una actividad productiva contare con programas específicos de adecuación y manejo ambiental - PAMA, esté poniendo en marcha dichos programas o ejecutándolos, o cuente con estudio de impacto ambiental, sólo se podrá dar inicio a la acción penal por los delitos tipificados en el Título XIII del Libro Segundo del Código Penal si se hubiere infringido la legislación ambiental por no ejecución de las pautas contenidas en dichos programas o estudios según corresponda. (*)

(*) Artículo sustituido por el Artículo 4 de la Ley N° 29263, publicada el 02 octubre 2008, cuyo texto es el siguiente: "Artículo

149.- Del informe de la autoridad competente sobre infracción de la normativa ambiental 149.1 En las investigaciones penales por los delitos tipificados en el Título Décimo Tercero del Libro Segundo del Código Penal, será de exigencia obligatoria la evacuación de un informe fundamentado por escrito por la autoridad ambiental, antes del pronunciamiento del fiscal provincial o fiscal de la investigación preparatoria en la etapa intermedia del proceso penal. El informe será evacuado dentro de un plazo no mayor de treinta (30) días, contados desde la recepción del pedido del fiscal de la investigación preparatoria o del juez, bajo responsabilidad. Dicho informe deberá ser merituado por el fiscal o juez al momento de expedir la resolución o disposición correspondiente.

CONCORDANCIAS: D.S. N° 004-2009-MINAM (Aprueban Reglamento del numeral 149.1 del Artículo 149 de la Ley N° 28611 - Ley General del Ambiente)

149.2 En las investigaciones penales por los delitos tipificados en el Título Décimo Tercero del Libro Segundo del Código Penal que sean desestimadas, el fiscal evaluará la configuración del delito de Denuncia Calumniosa, contemplado en el artículo 402 del Código Penal."

CONCORDANCIAS: R.P. N° 043-2009-SERNANP (Aprueban "Directiva para emisión del informe de la autoridad ambiental ante infracción de la normativa ambiental en Áreas Naturales Protegidas").

Comentario Artículo 149.- Del informe de la autoridad competente sobre infracción de la normativa ambiental:

El artículo 149 de la normativa ambiental establece los procedimientos a seguir en caso de infracciones a la legislación ambiental y la necesidad de contar con la opinión fundamentada de las entidades sectoriales competentes.

El inciso 149.1 señala que, para formalizar una denuncia por delitos ambientales tipificados en el Código Penal, las entidades sectoriales competentes deben emitir una opinión fundamentada por escrito sobre si se ha infringido la legislación ambiental. Este informe debe ser evacuado en un plazo máximo de 30 días. Si hay discrepancias entre los dictámenes emitidos por varias entidades sectoriales, se requerirá una opinión dirimente del Consejo Nacional del Ambiente.

El inciso 149.2 establece que el fiscal encargado del caso debe valorar los informes emitidos por las autoridades sectoriales competentes o el Consejo Nacional del Ambiente, según corresponda. Asimismo, el juez o tribunal encargado de expedir la resolución también debe valorar estos informes al momento de tomar una decisión.

El inciso 149.3 establece una excepción en los casos en que el inversionista dueño o titular de una actividad productiva cuente con programas específicos de adecuación y manejo ambiental (PAMA) o con estudios de impacto ambiental. En estos casos, solo se podrá iniciar una acción penal por delitos ambientales si se ha infringido la legislación ambiental por no cumplir con las pautas establecidas en dichos programas o estudios.

Esta disposición reconoce la importancia de contar con programas y estudios ambientales para prevenir y mitigar los impactos ambientales negativos de las actividades productivas. Al mismo tiempo, busca evitar la criminalización innecesaria de inversionistas que están implementando medidas para proteger el medio ambiente y cumplir con la normativa ambiental.

En resumen, el inciso 149.3 establece una excepción a la regla general de dar inicio a la acción penal por delitos ambientales, en los casos en que el inversionista cuente con programas de adecuación y manejo ambiental o estudios de impacto ambiental, siempre y cuando no se haya cumplido con las pautas establecidas en dichos programas o estudios.

149.1 En las investigaciones penales por los delitos tipificados en el Título Décimo Tercero del Libro Segundo del Código Penal, será de exigencia obligatoria la evacuación de un informe fundamentado por escrito por la autoridad ambiental, antes del pronunciamiento del fiscal provincial o fiscal de la investigación preparatoria en la etapa intermedia del proceso penal. El informe será evacuado dentro de un plazo no mayor de treinta (30) días, contados desde la recepción del pedido del fiscal de la investigación preparatoria o del juez, bajo responsabilidad. Dicho informe deberá ser merituado por el fiscal o juez al momento de expedir la resolución o disposición correspondiente.

Artículo 150.- Del régimen de incentivos

Constituyen conductas susceptibles de ser premiadas con incentivos, aquellas medidas o procesos que por iniciativa del titular de la actividad son implementadas y ejecutadas con la finalidad de reducir y/o prevenir la contaminación ambiental y la degradación de los recursos naturales, más allá de lo exigido por la normatividad aplicable o la autoridad competente y que responda a los objetivos de protección ambiental contenidos en la Política Nacional, Regional, Local o Sectorial, según corresponda.

Comentario Artículo 150.- Del régimen de incentivos:

El artículo 150 de la normativa ambiental establece el régimen de incentivos para aquellas conductas que buscan reducir y prevenir la contaminación ambiental y la degradación de los recursos naturales.

En este sentido, se consideran conductas susceptibles de ser premiadas con incentivos aquellas medidas o procesos que son implementadas y ejecutadas por el titular de la actividad con la finalidad de contribuir a la protección ambiental, más allá de lo exigido por la normatividad aplicable o la autoridad competente. Estas medidas deben estar en consonancia con los objetivos de protección ambiental contenidos en la Política Nacional, Regional, Local o Sectorial, según corresponda.

Los incentivos pueden ser de diversa índole, como, por ejemplo, la exoneración de multas, la reducción de impuestos, la otorgación de créditos blandos, el reconocimiento público, entre otros. Estos incentivos buscan fomentar la adopción de prácticas responsables y sostenibles por parte de los titulares de las actividades económicas, incentivando la innovación y el desarrollo de tecnologías limpias y respetuosas con el medio ambiente.

El artículo 150 busca promover la adopción de medidas y procesos que contribuyan a la protección ambiental, premiando a aquellos titulares de las actividades económicas que van más allá de lo exigido por la normatividad aplicable o la autoridad competente, y fomentando la innovación y el desarrollo sostenible.

Ejemplo Artículo 150.- Del régimen de incentivos:

Un ejemplo de conducta susceptible de ser premiada con incentivos sería una empresa que, por iniciativa propia, decide implementar un sistema de gestión ambiental que va más allá de lo exigido por la normatividad aplicable. Este sistema podría incluir medidas como la reducción de emisiones contaminantes, la gestión adecuada de residuos, la implementación de prácticas sostenibles de consumo energético, entre otras.

Si esta empresa cumple con los requisitos establecidos en el artículo 150, podría ser premiada con incentivos como la exoneración de multas, la reducción de impuestos, la obtención de créditos blandos o el reconocimiento público.

Este tipo de incentivos no solo beneficiaría a la empresa en cuestión, sino que también tendría un impacto positivo en el medio ambiente y en la comunidad en la que se desarrolla la actividad económica. Además, podría incentivar a otras empresas a adoptar prácticas responsables y sostenibles, fomentando la innovación y el desarrollo sostenible en el sector empresarial.

Capítulo 3 - Medios para la resolución y gestión de conflictos ambientales

Artículo 151.- De los medios de resolución y gestión de conflictos

Es deber del Estado fomentar el conocimiento y uso de los medios de resolución y gestión de conflictos ambientales, como el arbitraje, la conciliación, mediación, concertación, mesas de concertación, facilitación, entre otras, promoviendo la transmisión de conocimientos, el desarrollo de habilidades y destrezas y la formación de valores democráticos y de paz. Promueve la incorporación de esta temática en la currícula escolar y universitaria.

Comentario Artículo 151.- De los medios de resolución y gestión de conflictos:

El artículo 151 de la normativa ambiental establece la obligación del Estado de fomentar el conocimiento y uso de los medios de resolución y gestión de conflictos ambientales. Estos medios incluyen el arbitraje, la conciliación, mediación, concertación, mesas de concertación, facilitación, entre otros.

El objetivo de promover el uso de estos medios es prevenir y solucionar los conflictos ambientales de manera pacífica y efectiva, evitando la judicialización de los mismos y promoviendo la participación ciudadana en la toma de decisiones relacionadas con el medio ambiente.

Además, el Estado debe promover la transmisión de conocimientos, el desarrollo de habilidades y destrezas, y la formación de valores democráticos y de paz en relación con la gestión de conflictos ambientales. Esto implica la capacitación y formación de los ciudadanos, autoridades y otros actores relevantes en la gestión de conflictos ambientales y en el uso de los medios de resolución y gestión de los mismos.

Por último, se promueve la incorporación de esta temática en la currícula escolar y universitaria, para que desde temprana edad se fomente la cultura de resolución pacífica de conflictos y la participación ciudadana en la gestión ambiental.

En resumen, el artículo 151 establece la obligación del Estado de fomentar la resolución pacífica y efectiva de los conflictos ambientales mediante el uso de los medios de resolución y gestión de conflictos, y promover la capacitación y formación en esta materia a través de la transmisión de conocimientos y la incorporación de la temática en la educación.

Ejemplo Artículo 151.- De los medios de resolución y gestión de conflictos:

Un ejemplo de aplicación del artículo 151 sería la utilización de la mediación en un conflicto ambiental entre una comunidad y una empresa que opera en su territorio. En este caso, el Estado podría promover la utilización de la mediación como un medio de resolución de conflictos, capacitando a las partes involucradas en el uso de este método y promoviendo la participación ciudadana en la toma de decisiones.

La mediación permitiría a las partes involucradas en el conflicto llegar a un acuerdo de manera pacífica y efectiva, evitando la judicialización del conflicto y promoviendo la cooperación entre la comunidad y la empresa. Además, la mediación podría permitir la incorporación de las preocupaciones y necesidades de la comunidad en la gestión ambiental de la empresa, lo que permitiría un enfoque más participativo y sostenible.

El Estado podría también promover la capacitación y formación en la mediación ambiental a través de la transmisión de conocimientos y la incorporación de la temática en la educación, para que desde temprana edad se fomente la cultura de resolución pacífica de conflictos y la participación ciudadana en la gestión ambiental.

La aplicación del artículo 151 permitiría la resolución pacífica y efectiva de conflictos ambientales mediante el uso de los medios de resolución y gestión de conflictos, y promovería la capacitación y formación en esta materia a través de la transmisión de conocimientos y la incorporación de la temática en la educación.

Artículo 152.- Del arbitraje y conciliación

Pueden someterse a arbitraje y conciliación las controversias o pretensiones ambientales determinadas o determinables que versen sobre derechos patrimoniales u otros que sean de libre disposición por las partes. En particular, podrán someterse a estos medios los siguientes casos:

a.   Determinación de montos indemnizatorios por daños ambientales o por comisión de delitos contra el medio ambiente y los recursos naturales.
b.   Definición de obligaciones compensatorias que puedan surgir de un proceso administrativo, sean monetarios o no.
c.   Controversias en la ejecución e implementación de contratos de acceso y aprovechamiento de recursos naturales.
d.   Precisión para el caso de las limitaciones al derecho de propiedad preexistente a la creación e implementación de un área natural protegida de carácter nacional.
e.   Conflictos entre usuarios con derechos superpuestos e incompatibles sobre espacios o recursos sujetos a ordenamiento o zonificación ambiental.

Comentario Artículo 152.- Del arbitraje y conciliación:

El artículo 152 de la normativa ambiental establece que las controversias o pretensiones ambientales determinadas o determinables que versen sobre derechos patrimoniales u otros que sean de libre disposición por las partes pueden someterse a arbitraje y conciliación.

Esto significa que las partes involucradas en una controversia ambiental pueden optar por someterse a un proceso de arbitraje o conciliación para resolver sus diferencias. En este proceso, las partes acuerdan someter su controversia a un árbitro o conciliador imparcial que emitirá una decisión o recomendación para la resolución del conflicto.

Es importante destacar que para que una controversia ambiental pueda ser sometida a arbitraje o conciliación, debe tratarse de una controversia o pretensión determinada o determinable, es decir, que sea clara y objetiva. Además, debe versar sobre derechos patrimoniales u otros que sean de libre disposición por las partes, es decir, que las partes tengan la capacidad de decidir sobre dichos derechos.

El arbitraje y la conciliación son medios alternativos de resolución de conflictos que pueden resultar más rápidos, eficientes y económicos que los procesos judiciales. Además, promueven la participación ciudadana en la gestión ambiental y la resolución pacífica de conflictos, evitando la judicialización de los mismos.

a. Determinación de montos indemnizatorios por daños ambientales o por comisión de delitos contra el medio ambiente y los recursos naturales:

La determinación de los montos indemnizatorios por daños ambientales o por comisión de delitos contra el medio ambiente y los recursos naturales puede ser sometida a arbitraje o conciliación. En estos procesos, un árbitro o conciliador imparcial puede tomar en cuenta los costos de reparación del daño ambiental, así como el valor de los bienes afectados y los beneficios económicos que se hayan obtenido de manera ilícita para determinar el monto de la indemnización correspondiente. El arbitraje y la conciliación pueden ser una alternativa más rápida y eficiente que el proceso judicial tradicional.

b. Definición de obligaciones compensatorias que puedan surgir de un proceso administrativo, sean monetarios o no:

En caso de surgir obligaciones compensatorias en un proceso administrativo, ya sean monetarias o no, las partes pueden optar por someterse a un proceso de arbitraje o conciliación para determinar la naturaleza y el alcance de dichas obligaciones. Un árbitro o conciliador imparcial puede tomar en cuenta la restauración del daño ambiental y la protección de los recursos naturales para definir las obligaciones compensatorias correspondientes.

c. Controversias en la ejecución e implementación de contratos de acceso y aprovechamiento de recursos naturales:

En caso de surgir controversias en la ejecución e implementación de contratos de acceso y aprovechamiento de recursos naturales, las partes involucradas pueden optar por someterse a un proceso de arbitraje o conciliación para resolver sus diferencias de manera pacífica y efectiva. Un árbitro o conciliador imparcial puede tomar en cuenta los términos y condiciones del contrato para emitir una decisión o recomendación para la resolución del conflicto.

d. Precisión para el caso de las limitaciones al derecho de propiedad preexistente a la creación e implementación de un área natural protegida de carácter nacional:

En caso de surgir controversias relacionadas con las limitaciones al derecho de propiedad preexistente a la creación e implementación de un área natural protegida de carácter nacional, las partes pueden optar por someterse a un proceso de arbitraje o conciliación para resolver sus diferencias. En este proceso, un árbitro o conciliador imparcial puede tomar en cuenta la importancia ecológica y social del área protegida, así como los costos y beneficios económicos para las partes involucradas para determinar las compensaciones correspondientes.

e. Conflictos entre usuarios con derechos superpuestos e incompatibles sobre espacios o recursos sujetos a ordenamiento o zonificación ambiental:

En caso de surgir conflictos entre usuarios con derechos superpuestos e incompatibles sobre espacios o recursos sujetos a ordenamiento o zonificación ambiental, las partes pueden optar por someterse a un proceso de arbitraje o conciliación para resolver sus diferencias de manera pacífica y efectiva. Un árbitro o conciliador imparcial puede tomar en cuenta los principios de prevención y precaución, la restauración del daño ambiental y la protección de los recursos naturales para emitir una decisión o recomendación para la resolución del conflicto.

Artículo 153.- De las limitaciones al laudo arbitral y al acuerdo conciliatorio

153.1 El laudo arbitral o el acuerdo conciliatorio no puede vulnerar la normatividad ambiental vigente ni modificar normas que establezcan LMP[25], u otros instrumentos de gestión ambiental, ni considerar ECA diferentes a los establecidos por la autoridad ambiental competente. Sin embargo, en ausencia de éstos, son de aplicación los establecidos a nivel internacional, siempre que medie un acuerdo entre las partes, o en ausencia de éste a lo propuesto por la Autoridad Nacional Ambiental.

153.2 De igual manera, se pueden establecer compromisos de adecuación a las normas ambientales en plazos establecidos de común acuerdo entre las partes, para lo cual deberán contar con el visto bueno de la autoridad ambiental competente, quien deberá velar porque dicho acuerdo no vulnere derechos de terceros ni genera afectación grave o irreparable al ambiente.

Comentario Artículo 153.- De las limitaciones al laudo arbitral y al acuerdo conciliatorio:

El inciso 153.1 establece que el laudo arbitral o el acuerdo conciliatorio no pueden vulnerar la normatividad ambiental vigente ni modificar normas que establezcan LMP, u otros instrumentos de gestión ambiental, ni considerar ECA[26] diferentes a los establecidos por la autoridad ambiental competente. Esto significa que cualquier acuerdo entre las partes en un proceso de arbitraje o conciliación debe respetar la normativa ambiental existente y no puede cambiar o modificar las leyes o regulaciones ambientales establecidas.

Además, en caso de que no existan normas ambientales aplicables, se pueden considerar las normas internacionales aplicables siempre y cuando exista un acuerdo entre las partes. En ausencia de

---

[25] Límites Máximos Permisibles - LMP - https://sinia.minam.gob.pe/normas/limites-maximos-permisibles

[26] Estándares de Calidad Ambiental - ECA - https://sinia.minam.gob.pe/normas/estandares-calidad-ambiental

acuerdo entre las partes, la Autoridad Nacional Ambiental puede proponer los ECA a aplicar.

Este artículo busca garantizar la protección ambiental y evitar que los acuerdos entre las partes en un proceso de arbitraje o conciliación vayan en contra de la normativa establecida para la protección del medio ambiente y los recursos naturales. La prioridad es la protección del ambiente y la conservación de los recursos naturales, por encima de los intereses de las partes involucradas en un conflicto ambiental.

El Inciso 153.2 establece una excepción a la limitación general del artículo 153.1, permitiendo que las partes en un proceso de arbitraje o conciliación puedan establecer compromisos de adecuación a las normas ambientales en plazos acordados, siempre y cuando cuenten con el visto bueno de la autoridad ambiental competente.

Esta disposición busca fomentar la resolución de conflictos ambientales mediante acuerdos que permitan la adecuación a las normas ambientales en plazos acordados, lo que puede resultar beneficioso para las empresas involucradas y para la protección del medio ambiente.

Sin embargo, el artículo también establece una serie de requisitos para que estos compromisos sean válidos: deben ser establecidos de común acuerdo entre las partes y contar con el visto bueno de la autoridad ambiental competente, quien deberá velar porque dicho acuerdo no vulnere derechos de terceros ni genere afectación grave o irreparable al ambiente.

En resumen, el artículo 153.2 busca equilibrar la necesidad de adecuación a las normas ambientales con los derechos de terceros y la protección del medio ambiente, permitiendo la posibilidad de establecer compromisos de adecuación a las normas ambientales en plazos acordados siempre que se cumplan ciertos requisitos y se respeten los derechos de terceros y el medio ambiente.

Ejemplo Artículo 153.- De las limitaciones al laudo arbitral y al acuerdo conciliatorio:

Un ejemplo de aplicación del artículo 153.1 podría ser el siguiente:

Dos empresas mineras tienen un conflicto sobre el acceso a una zona de extracción de minerales. Deciden someterse a un proceso de arbitraje para resolver la disputa. Durante el proceso, se discute la posibilidad de aumentar los límites de emisiones de gases contaminantes durante la extracción, lo cual iría en contra de la normativa ambiental vigente. Sin embargo, una de las empresas propone que se consideren los límites de emisiones establecidos por una norma internacional, que son más altos que los límites establecidos por la autoridad ambiental competente.

En este caso, de acuerdo con el artículo 153.1, el laudo arbitral no podría considerar los límites de emisiones propuestos por la empresa, ya que van en contra de la normatividad ambiental vigente. Solo se podrían considerar los límites establecidos por la autoridad ambiental competente, a menos que no existan normas ambientales aplicables, en cuyo caso se podrían considerar las normas internacionales siempre que exista un acuerdo entre las partes.

Otro ejemplo:

Un posible ejemplo de aplicación del artículo 153.2 podría ser el siguiente:

Dos empresas tienen un conflicto en relación con la disposición de residuos peligrosos generados por su actividad industrial. Deciden someterse a un proceso de conciliación para resolver la disputa. Durante el proceso, acuerdan establecer un compromiso de adecuación a las normas ambientales en plazos establecidos de común acuerdo entre las partes, para garantizar la gestión adecuada de los residuos peligrosos.

Sin embargo, antes de que el compromiso sea válido, deben contar con el visto bueno de la autoridad ambiental competente. Esta autoridad debe verificar que el compromiso no vulnere los derechos de terceros ni genere una afectación grave o irreparable al ambiente.

Si la autoridad ambiental competente aprueba el compromiso, este podrá ser incluido en el acuerdo conciliatorio y las empresas deberán cumplir con los plazos establecidos para la adecuación a las normas ambientales.

En este ejemplo, el artículo 153.2 busca asegurar que cualquier compromiso de adecuación a las normas ambientales entre las partes en un proceso de conciliación no vulnere los derechos de terceros ni genere una afectación grave o irreparable al ambiente y, por lo tanto, garantizar que se cumpla con los estándares ambientales establecidos para la protección del medio ambiente y los recursos naturales.

Artículo 154.- De los árbitros y conciliadores

La Autoridad Ambiental Nacional se encargará de certificar la idoneidad de los árbitros y conciliadores especializados en temas ambientales, así como de las instituciones responsables de la capacitación y actualización de los mismos.

Comentario Artículo 154.- De los árbitros y conciliadores:

El artículo 154 establece que la Autoridad Ambiental Nacional es responsable de certificar la idoneidad de los árbitros y conciliadores especializados en temas ambientales, así como de las instituciones responsables de la capacitación y actualización de los mismos.

Esta disposición es importante porque garantiza que los árbitros y conciliadores que se encargan de resolver conflictos ambientales tengan los conocimientos y habilidades necesarios para hacerlo de manera efectiva y justa. Además, también asegura que las instituciones responsables de la capacitación y actualización de estos profesionales cumplan con los estándares necesarios para garantizar su formación adecuada.

La certificación de la idoneidad de los árbitros y conciliadores especializados en temas ambientales permite que las partes involucradas en un proceso de arbitraje o conciliación tengan la confianza de que el proceso se llevará a cabo de manera justa y equitativa, y que se tomarán en cuenta las consideraciones ambientales pertinentes.

En resumen, el artículo 154 busca garantizar la calidad de los árbitros y conciliadores especializados en temas ambientales y asegurar que los procesos de arbitraje o conciliación en materia ambiental se lleven a cabo de manera justa y equitativa.

Ejemplo Artículo 154.- De los árbitros y conciliadores:

Un ejemplo de aplicación del artículo 154 podría ser el siguiente:

Dos empresas tienen un conflicto relacionado con la contaminación del agua en un río cercano a sus instalaciones. Deciden someterse a un proceso de arbitraje para resolver la disputa. Para ello, buscan la certificación de la idoneidad de los árbitros especializados en temas ambientales por parte de la Autoridad Ambiental Nacional.

La Autoridad Ambiental Nacional, tras evaluar la formación y experiencia de los árbitros propuestos, certifica que son idóneos para llevar a cabo el proceso de arbitraje. Esto da a las empresas la confianza de que el proceso se llevará a cabo de manera justa y equitativa, y que se tomarán en cuenta las consideraciones ambientales pertinentes.

Además, durante el proceso de arbitraje, los árbitros demuestran tener un conocimiento profundo de las normas ambientales y las prácticas de gestión ambiental, lo que les permite tomar decisiones justas y equitativas en relación con el conflicto ambiental.

En este ejemplo, el artículo 154 garantiza que los árbitros especializados en temas ambientales tengan la formación y experiencia adecuadas para llevar a cabo procesos de arbitraje en materia ambiental, lo que permite que las partes involucradas tengan la confianza de que el proceso se llevará a cabo de manera justa y equitativa.

Los siguientes datos complementarios (transcripción) forman parte final de la Ley general del Ambiente N° 28611 (Congreso de la República del Perú, 2005)

DISPOSICIONES TRANSITORIAS, COMPLEMENTARIAS Y FINALES

PRIMERA.- De la modificación de la Ley N° 26834

Modificase el inciso j) del artículo 8 de la Ley N° 26834, Ley de Áreas Naturales Protegidas, en los siguientes términos:

"j) Ejercer potestad sancionadora en el ámbito de las áreas naturales protegidas, aplicando las sanciones de amonestación, multa, comiso, clausura o suspensión, por las infracciones que serán determinadas por decreto supremo y de acuerdo al procedimiento que se apruebe para tal efecto."

SEGUNDA.- Estándares de Calidad Ambiental y Límites Máximos Permisibles

En tanto no se establezcan en el país, Estándares de Calidad Ambiental, Límites Máximos Permisibles y otros estándares o parámetros para el control y la protección ambiental, son de uso referencial los establecidos por instituciones de Derecho Internacional Público, como los de la Organización Mundial de la Salud (OMS).

TERCERA.- De la corrección a superposición de funciones legales

La Autoridad Ambiental Nacional convocará en un plazo de 60 días contados desde la publicación de la presente Ley, a un grupo técnico nacional encargado de revisar las funciones y atribuciones legales de las entidades nacionales, sectoriales, regionales y locales que suelen generar actuaciones concurrentes del Estado, a fin de proponer las correcciones o precisiones legales correspondientes.

CUARTA.- De las derogatorias

Deróganse el Decreto Legislativo N° 613, la Ley N° 26631, la Ley N° 26913, los artículos 221, 222, 223, 224 y 225 de la Ley General de Minería, cuyo Texto Único Ordenado ha sido aprobado mediante Decreto Supremo N° 014-92-EM y el literal a) de la Primera Disposición Final del Decreto Legislativo N° 757.

QUINTA.- Créase el Registro de Áreas Naturales Protegidas

La Superintendencia Nacional de Registros Públicos deberá implementar en plazo máximo de 180 días naturales el Registro de Áreas Naturales Protegidas, así como su normatividad pertinente.

POR TANTO:

Habiendo sido reconsiderada la Ley por el Congreso de la República, insistiendo en el texto aprobado en sesión del Pleno realizada el día veintitrés de junio de dos mil cinco, de conformidad con lo dispuesto por el artículo 108 de la Constitución Política del Estado, ordeno que se publique y cumpla.

En Lima, a los trece días del mes de octubre de dos mil cinco.

Marcial Ayaipoma Alvarado

Presidente del Congreso de la República

Gilberto Díaz Peralta

Segundo Vicepresidente del Congreso de la República

Bibliografía

Actualidad Ambiental SPDA. (15 de febrero de 2018). *Lima produce 8 mil toneladas de basura al día y solo el 1% es reciclada*. Recuperado el 27 de marzo de 2023, de https://www.actualidadambiental.pe/lima-produce-8-mil-toneladas-de-basura-al-dia-y-solo-el-1-es-reciclada/

Arana Zegarra, M. (25 de marzo de 2009). *Revista Peruana de Medicina Experimental y Salud Publica*. Obtenido de Scielo Perú: http://www.scielo.org.pe/scielo.php?script=sci_arttext&pid=S1726-46342009000100019#:~:text=El%20d%C3%ADa%20viernes%202%20de,accidente%20(2%2C3).

BBC News Mundo. (31 de octubre de 2012). *La pelea de los indígenas ecuatorianos y Chevron llega a Argentina*. Recuperado el 08 de Marzo de 2023, de https://www.bbc.com/mundo/noticias/2012/10/121031_argentina_ecuador_chevron_vh#:~:text=Ambientalistas%20ecuatorianos%20acusan%20a%20Chevron,actividades%20en%20la%20Amazon%C3%ADa%20ecuatoriana.

CIDOB Barcelona Centre for International Affairs. (abril de 2022). *Movilización legal transnacional: el caso del desastre minero en Mariana y río Doce en Brasil*. (CIDOB) doi:org/10.24241/rcai.2022.130.1.47

Congreso de la República del Perú. (1993). Constitución Política del Perú. En C. d. Perú. Lima: Congreso de la Reública del Perú.

Congreso de la República del Perú. (13 de octubre de 2005). *Ley General del Ambiente Ley 28611*. (E. Perú, Ed.) Obtenido de Normas legales actualizadas: https://diariooficial.elperuano.pe/pdf/0100/Ley-General-Ambiente.pdf

Defensoría del pueblo. (16 de noviembre de 2021). *Defensoría del Pueblo: urgen acciones estatales articuladas frente a la contaminación del río Rímac*. Obtenido de https://www.defensoria.gob.pe/defensoria-del-pueblo-urgen-acciones-estatales-articuladas-frente-a-la-contaminacion-del-rio-rimac/

Diario El Comercio. (29 de diciembre de 2016). *Trece derrames de crudo en el Oleoducto Nor Peruano el año 2016.* Obtenido de https://elcomercio.pe/peru/trece-derrames-crudo-oleoducto-nor-peruano-ano-2016-156155-noticia/

Diario Página 3. (31 de marzo de 2023). Tractorista detenido por extraer arena del río Huertas. Huánuco, Ambo, Perú.

Enel Green Power. (s.f.). *Enel Green Power.* Obtenido de https://www.enel.pe/es/conoce-enel/enel-green-power.html

Gobierno Regional del Cusco. (29 de setiembre de 2004). *Ordenanza Regional N° 020-2004-CRC-GRC .- Creación del Sistema Regional de Gestión Ambiental de Cusco.* Recuperado el 29 de marzo de 2023, de https://sinia.minam.gob.pe/normas/creacion-sistema-regional-gestion-ambiental-cusco

Inter Pres Service Periodismo y comunicación para el cambio global. (12 de enero de 2021). *El largo camino de indígenas de Papúa Nueva Guinea para obtener reparación de gigante minero.* Recuperado el 08 de marzo de 2023, de https://ipsnoticias.net/2021/01/largo-camino-indigenas-papua-nueva-guinea-obtener-reparacion-gigante-minero/

Lanegra Quispe, I. (s.f.). Cambios y continuidades en la institucionalidad ambiental peruana. A 20 años de la creación del consejo nacional del ambiente. (R. -D. Ambiental, Ed.) *Circulo de Estudios Ambiental.* Obtenido de https://revistas.pucp.edu.pe/index.php/derechoadministrativo/article/download/15168/15658/

Ministerio de Relaciones Exteriores de Colombia. (01 de abril de 2023). *Organización del Tratado de Cooperación Amazónica (OTCA).* Obtenido de https://www.cancilleria.gov.co/organizacion-del-tratado-cooperacion-amazonica-otca#:~:text=El%20Tratado%20de%20Cooperaci%C3%B3

n%20Amaz%C3%B3nica,naturaleza%20transfronteriza%2
0de%20la%20Amazon%C3%ADa.

Ministerio del Ambiente del Perú. (s.f.). *Instituto de Investigaciones de la Amazonía Peruana*. Obtenido de EL IIAP: http://www.iiap.org.pe/web/presentacion_iiap.aspx

Ministerio del Ambiente MINAM. (2014). *Estrategia Nacional de Biodiversidad al 2021 - Plan de Acción 2014 - 2018 - Biológica*. Lima: © Ministerio del Ambiente.

Municipalidad provincial de Arequipa. (23 de febrero de 2023). *Municipalidades y sociedad articulan esfuerzos para crear políticas de gestión ambiental*. Recuperado el 29 de marzo de 2023, de https://www.muniarequipa.gob.pe/2023/02/28/municipalida des-y-sociedad-articulan-esfuerzos-para-crear-politicas-de-gestion-ambiental/#:~:text=Con%20la%20finalidad%20de%20crea r,instituciones%20sociales%20y%20actores%20pol%C3% ADticos.

Observatorio de Conflictos Mineros de América Latina. (1993). *Conflicto Minero: Yanacocha: Impactos ambientales y sociales*. Obtenido de https://mapa.conflictosmineros.net/ocmal_db-v2/conflicto/view/10#:~:text=Al%20poco%20tiempo%20d e%20ponerse,Fuentes%20importantes%20de%20agua%20 desaparecieron.

Osores Plenge, F., Rojas Jaimes, J. E., & Manrique Lara Estrada, C. (marzo de 2021). *Minería informal e ilegal y contaminación con mercurio en Madre de Dios: Un problema de salud pública*. Obtenido de Informal and illegal mining and mercury pollution in Madre de Dios: A public health problema: http://www.scielo.org.pe/scielo.php?script=sci_arttext&pid =S1728-59172012000100012#:~:text=La%20miner%C3%ADa%20 informal%20e%20ilegal%20en%20Madre%20de%20Dios %20no,a%20las%20fuentes%20de%20agua

OXFAM Internacional. (11 de marzo de 2020). *Cuatro federaciones indígenas amazónicas denuncian ante autoridades de Países Bajos los daños causados por petrolera Pluspetrol.* Obtenido de La igualdad es el futuro: https://www.oxfam.org/es/notas-prensa/federaciones-indigenas-amazonicas-denuncian-a-Pluspetrol

Peón Peralta, J. (3 de julio de 2007). *El agua, una sustancia tan común como sorprendente*, 58. (R. Ciencia, Editor) Recuperado el 28 de Febrero de 2023, de Revista Ciencia: https://www.revistaciencia.amc.edu.mx/index.php/ediciones-anteriores/77-vol-58-num-3-julio-septiembre-2007/agua/115-el-agua-una-sustancia-tan-comun-como-sorprendente

Plataforma urbana y de ciudades de Amarica Latina y el Caribe. (s.f.). *Sistema de planificación urbano de Perú.* Recuperado el 29 de marzo de 2023, de https://plataformaurbana.cepal.org/es/sistemas/planificacion/sistema-de-planificacion-urbano-de-peru

Poder Ejecutivo del Perú. (05 de octubre de 2022). *Decreto Supremo N° 012-2022-Vivienda.* Obtenido de Decreto Supremo que aprueba el Reglamento de Acondicionamiento Territorial y Planificación Urbana del Desarrollo Urbano Sostenible: https://busquedas.elperuano.pe/download/url/decreto-supremo-que-aprueba-el-reglamento-de-acondicionamien-decreto-supremo-n-012-2022-vivienda-2112560-6

Rattan, L. (2015). El suelo es el sustento de la vida. Es el sistema de soporte de plantas, animales y microorganismos que forman la base de la cadena alimentaria. *Soil Science.*

Reuters. (09 de agosto de 2019). *Gobierno de Perú suspende licencia de construcción de proyecto de cobre de Southern Copper.* Obtenido de https://www.reuters.com/article/mineria-southerncopper-peru-idLTAL2N2551HE

Sociedad Peruana de Derecho Ambiental. (s.f.). *Minería y fiebre del oro Madre de Dios*. Recuperado el 29 de marzo de 2023, de SPDA: https://www.actualidadambiental.pe/fiebremdd/

SPDA Actualidad Ambiental. (15 de marzo de 2022). *OEFA sancionaría a Repsol con nueva multa de más de 4 millones de soles por presentar información falsa*. Obtenido de https://www.actualidadambiental.pe/oefa-sancionaria-a-repsol-con-nueva-multa-de-mas-de-4-millones-de-soles-por-presentar-informacion-falsa/

SPDA Actualidad Ambiental. (1 de febrero de 2022). *SPDA Actualidad Ambiental*. Recuperado el 08 de marzo de 2023, de https://www.actualidadambiental.pe/derrame-de-petroleo-en-ventanilla-puntos-claves-para-entender-el-desastre-ambiental/

Tribunal Constitucional - Pleno Jurisdiccional. (17 de abril de 2012). *Tribunal Constitucional - Pleno Jurisdiccional - Expediente N.º 0001-2012-PI/TC*. Recuperado el 27 de marzo de 2023, de https://www.tc.gob.pe/jurisprudencia/2012/00001-2012-AI.html

Ugarte Cornejo, M. A. (mayo - agosto de 2020). *Gestión estatal del conflicto socio-ambiental de "Tía María" en Perú*. Recuperado el 27 de marzo de 2023, de análisis político n° 99, Bogotá, mayo - agosto de 2020, págs. 24-40: http://www.scielo.org.co/pdf/anpol/v33n99/0121-4705-anpol-33-99-24.pdf

wikipedia. (24 de marzo de 2023). *Compost*. Obtenido de https://es.wikipedia.org/wiki/Compost

Palabras finales

La conservación del ambiente es un tema fundamental y urgente que requiere de la participación de todos. La Ley General del Ambiente N° 28611 es una herramienta clave para la gestión ambiental en el Perú, y este libro busca brindar una interpretación técnica y práctica de la norma, con ejemplos de aplicación en la realidad peruana.

Es importante destacar que el presente libro no tiene como finalidad el ingreso económico por la comercialización, sino más bien busca ser un instrumento de ayuda y concientización ambiental. Nuestra intención es contribuir a la protección del medio ambiente y a la promoción del desarrollo sostenible en el país.

En este sentido, para hacer más entendibles los temas y artículos correspondientes de la ley, hemos creado ejemplos que ilustran cómo se aplica la norma en la realidad peruana así mencionando algunas fuentes con el fin de ejemplificar para un mejor entendimiento. En algunos casos, hemos mencionado instituciones que han contribuido a la gestión ambiental, y pedimos comprensión por cualquier incomodidad que esto pueda generar. Nuestra intención es brindar una visión completa y práctica de la ley, con el objetivo de fomentar una cultura de protección ambiental en el país en la aplicación de la Ley General del Ambiente N° 28611.

Agradecemos a todas las personas e instituciones que vienen trabajando por la protección del medio ambiente y la gestión ambiental en el Perú, y esperamos que este libro sea de utilidad para aquellos interesados en estos temas. Juntos podemos hacer la diferencia y lograr un futuro más sostenible para todos. Para mayor información sugiero consultar: (Congreso de la República del Perú, 2005)[27]

Manuel O. Zevallos Estrada

---

[27] *Congreso de la República del Perú. (13 de octubre de 2005). Ley General del Ambiente Ley 28611. (E. Perú, Ed.) Obtenido de Normas legales actualizadas: https://diariooficial.elperuano.pe/pdf/0100/Ley-General-Ambiente.pdf*